특별하게 싱가포르
Singapore

특별하게 싱가포르

지은이 설혜원

초판 발행일 2023년 4월 20일
개정판 발행일 2024년 12월 5일

기획 및 발행 유명종
편집 이지혜
디자인 이다혜, 이민
조판 신우인쇄
용지 에스에이치페이퍼
인쇄 신우인쇄

발행처 디스커버리미디어
출판등록 제 2021-000025(2004. 02. 11)
주소 서울시 마포구 연남로5길 32, 202호
전화 02-587-5558

ISBN 979-11-88829-46-0 13980

* 사진 및 자료를 제공해준 모든 분들께 감사드립니다.

특별하게 싱가포르
Singapore

설혜원 지음

디스커버리미디어

©Erwin Soo_flickr

작가의 말

개정판을 내면서

여행이 돌아왔다.

되돌아보면……, 코로나는 나에게 병과 약, 둘 다 주었다. 싱가포르로 이주한 지 3개월이 지날 즈음 코로나 시대를 맞았다. 낯선 이방인에게는 참 힘든 시기였다. 비행기가 뜨지 않으니 되돌아올 수 없었다. 우리나라는커녕 이웃 나라도 갈 수 없었다. 해외로 나갈 수 없었으므로, 싱가포르만 돌아다녔다. 이곳저곳, 참 열심히 여행했다. 보고, 놀고, 체험하고, 먹으러 다녔다. 작열하는 태양도 나를 방해하지 못했다. 몸은 꽤 힘들었지만 오랜만에 잡지 기자 때의 열정이 되살아나 마음은 행복했다. 코로나 탓에 싱가포르를 벗어날 수 없었지만, 역설적으로 코로나 덕에 싱가포르를 깊이 경험할 수 있었다. 코로나가 나를 〈특별하게 싱가포르〉로 이끈 셈이다.

다시, 여행이 돌아왔다.

2024년 달력의 마지막 장을 남겨 놓은 지금, TV 채널을 돌리면 해외여행 프로그램이 경쟁적으로 쏟아져 나온다. 인스타그램, 유튜브 콘텐츠도 예외는 아니다. 조금 호들갑스럽기까지 한 이런 들뜬 분위기를 나는 몹시 즐기고 있다. 휴가와 연차, 아이들 방학, 연휴와 샌드위치 휴일 등을 파악하며 곧잘 항공권 비교 사이트와 숙박 앱을 돌려본다. 그렇다. 다시 여행의 시대가 돌아왔다.

〈특별하게 싱가포르〉 2025~2026 개정판을 내기 위해 한 달 가까이 싱가포르에 다녀왔다. 나를 매료시켰던 초록의 정원 도시는 여전히 싱그러웠다. 그동안 여기저기 새로

들고 난 장소가 많아 열심히 돌아다녔다. 특히 2024년 3월에 센토사에 개장한 '센서리 스케이프'는 싱가포르를 대표하는 또 하나의 명소로 자리매김할 예감이 든다. 낮보다는 밤이 더 아름다운 곳이다. 꼭 저녁에 찾아가 보길 바란다. 새로 생긴 핫한 레스토랑들, 지난번에 미처 취재하지 못했던 맛집과 체험 공간들도 꼼꼼하게 취재하고 촬영했다. 그사이 바뀌고 추가된 내용도 일일이 점검하여 구성을 바꾸고, 내용을 추가하였다. 2023~2024 버전보다 한결 알차고 정보도 풍성해졌다.

휴대전화를 조금만 들여다봐도 여행 정보가 넘쳐난다. 하지만 그만큼 너무도 쉽게 휘발된다. 나는 꾹꾹 눌러쓴 활자의 힘을 여전히 믿는다. 싱가포르에 살았던 4년의 경험과 재취재를 통해 가장 최근의 싱가포르 여행 정보를 이 책에 차곡차곡 담았다. 부디 이 책을 통해 싱가포르의 매력을 새롭게 발견할 수 있기를 진심으로 바란다. 개정판이 나오기까지 애써주신 디스커버리미디어의 식구들에게 감사드린다. 현지 취재를 허락해 주고 자료 등을 제공해 주신 싱가포르의 다양한 업체 분들께도 지면을 통해 고마운 마음을 전한다. 그리고 언제나 응원과 지원을 아끼지 않는 나의 '절친'인 남편, 우리의 소중한 분신인 세아, 상윤이에게도 깊은 사랑을 전한다.

2024년 초겨울

설혜원

일러두기

『특별하게 싱가포르』 100% 활용법

독자 여러분의 싱가포르 여행이 더 즐겁고, 더 특별하길 바라며 이 책의 특징과 구성, 그리고 요긴하게 활용하는 방법을 알려드립니다. 『특별하게 싱가포르』가 어러분에게 친절한 가이드이자 동행이 되길 기대합니다.

① 이렇게 구성됐습니다

휴대용 대형 여행지도 + 싱가포르 여행을 위한 필수 정보 + 싱가포르를 특별하게 즐기는 방법 26가지 + 권역별 여행 정보 + 실전에 꼭 필요한 여행 영어

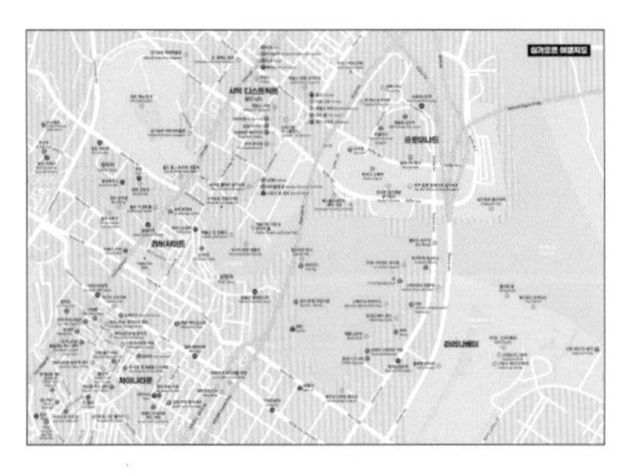

『특별하게 싱가포르』는 크게 특별부록과 권역별 여행 정보를 담은 본문, 그리고 여행 영어를 풍성하게 실은 권말부록으로 구성돼 있습니다. 특별부록은 휴대용 대형지도와 싱가포르 지하철(MRT) 노선도를 담고 있습니다. 본문은 여행 준비 정보, 명소·체험·맛집 등 주제별로 싱가포르를 특별하게 즐기는 방법 16가지를 제안하는 '하이라이트', 그리고 11개 구역으로 나눈 권역별 정보가 중심을 이룹니다. 실전에 꼭 필요한 여행 영어를 담은 권말부록도 주목해주세요. 공항과 관광지, 숙소와 음식점, 쇼핑과 대중교통 이용 시 자주 일어나는 40개 상황을 먼저 설계한 뒤 상황별로 꼭 필요한 필수 단어와 회화 예제를 풍부하게 담았습니다.

② 특별부록 : 휴대용 대형 여행지도 + 대형 지하철 노선도

책에 나오는 모든 장소를 담은 싱가포르 대형 여행지도 + 크게 보는 싱가포르 지하철노선도

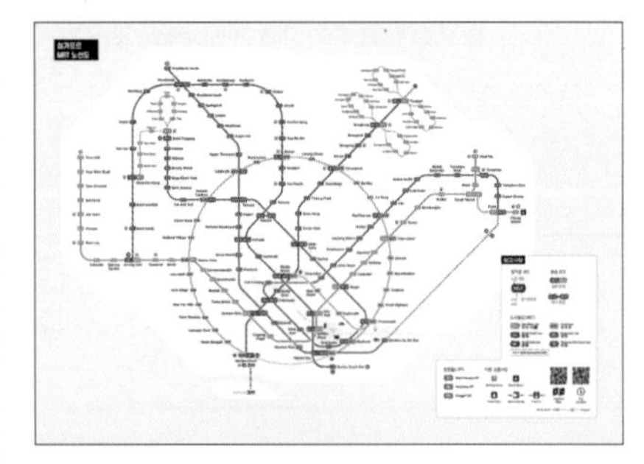

휴대용 특별부록엔 두 가지 지도를 담았습니다. 먼저, 두 팔로 펼쳐 보기 딱 좋은 대형 여행지도를 주목해주세요. 관광지·체험 명소·맛집·카페·바·쇼핑 스폿 등 『특별하게 싱가포르』에 나오는 모든 장소를 아이콘과 함께 실었습니다. 명소 앞엔 카메라 아이콘을, 맛집엔 포크와 나이프, 카페와 베이커리엔 커피잔 아이콘, 칵테일 바엔 술잔 아이콘을 함께 표기했습니다. 지도를 펼쳐 아이콘과 장소 이름을 확인하면 그곳의 위치와 성격을 금방 알 수 있습니다. 대형지도 뒷면엔 싱가포르 지하철노선도를 실었습니다. 싱가포르 대형 여행지도와 크게 보는 지하철노선도는 창이공항에 도착하는 순간부터 싱가포르 여행을 마칠 때까지 독자 여러분에게 친절한 나침반 역할을 해줄 것입니다.

③ 싱가포르 여행을 위한 필수 정보

여행 전에 알아야 할 7문 7답 + 출국과 입국 정보 + 현지 교통 정보 + 월별 날씨와 기온 + 꼭 필요한 교통카드와 여행 앱 + 상황별 추천 숙소 + 일정별 추천 코스

싱가포르 여행 준비를 위한 필수 정보는 여행계획을 설계하는 단계부터 실제로 여행하는 데 필요로 하는 모든 정보를 상세하게 안내합니다. 싱가포르 한눈에 보기, 10분 만에 읽는 싱가포르 역사, 싱가포르 여행자가 꼭 알아야 할 상식과 에티켓, 짐 싸기 체크리스트, 출국과 입국 정보, 여행 전에 알아야 할 Q&A 7, 현지 교통 정보, 월별 날씨와 기온, 꼭 필요한 여행 앱과 교통카드, 위급 상황 시 대처법, 상황별 추천 숙소, 일정별·상황별 추천 코스 등 여행 준비와 여행 실전에 필요한 모든 정보를 빠짐없이 담았습니다.

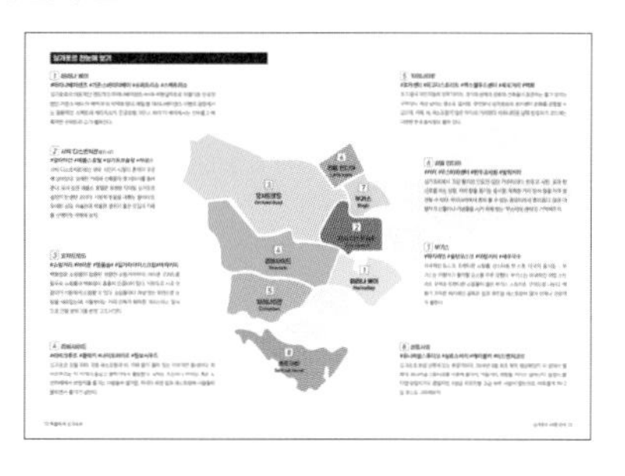

④ 싱가포르 하이라이트 : 싱가포르를 특별하게 여행하는 21가지 방법

인기 명소 베스트 + 체험 여행지 베스트 5 + 꼭 먹어야 할 음식 + 호커센터와 미슐랭 맛집 + 야경이 환상적인 칵테일 바 + 꼭 사야 할 기념품 리스트

하이라이트에선 싱가포르를 특별하게 여행하는 21가지 방법을 친절하게 안내합니다. 인기 명소 베스트 5, 놓치면 후회할 박물관과 미술관 다섯 곳, 자연과 액비비티를 체험하기 좋은 핫 스폿, 싱가포르에서 꼭 먹어야 할 음식, 유네스코에 등록된 노점 식당촌 호커센터, 미슐랭 스타 레스토랑, 언제 가도 부담 없는 가성비 맛집, 브런치 카페 베스트, 세계 순위 50위 안에 든 바 투어, 야경이 환상적인 칵테일 바, 쇼핑 핫 스폿 베스트 5, 싱가포르에서 꼭 사야 할 쇼핑 리스트…. 21가지 주제 중에서 당신에게 딱 맞는 테마를 골라보세요.

⑤ 12개 권역별 여행 정보 : 싱가포르 구석구석으로 여러분을 안내합니다

마리나베이 + 오차드 로드 + 센토사 + 차이나타운 + 리틀 인디아 + 시빅 디스트릭트 + 리버사이드

싱가포르는 보석 같은 여행지를 가득 품고 있습니다. 마리나베이는 싱가포르 여행 1번지입니다. 아름답고 신비스러운 슈퍼트리 인피니티 풀로 유명한 배를 닮은 건축물 마리나 베이 샌즈가 당신을 기다립니다. 영국 식민지 시절 건축물이 많은 시빅 디스트릭트, 쇼핑 여행자들이 가장 먼저 찾는 오차드 로드, 인도 이주민의 문화가 인상적인 리틀 인디아, 싱가포르의 작은 중국 차이나타운, 유니버설 스튜디오와 다양한 액티비티 시설이 몰려 있는 센토사…. 『특별하게 싱가포르』는 12개 권역으로 세분해 매력적인 도시 구석구석으로 여러분을 안내합니다.

목차
Contents

PART 1
싱가포르 여행 준비

PART 2
싱가포르 하이라이트

Sightseeing

PART 3
마리나베이 MarinaBay

PART 4
시빅 디스트릭트 Civic District 올드시티

PART 5
오차드 로드 Orchard Road

PART 6
리버사이드 Riverside

PART 7
차이나타운 Chinatown

PART 8

센토사 Sentosa Island

PART 9

리틀 인디아 & 부기스 Little India & Bugis

©Dikaiosp-Wikimedia Commons

PART 10

프로미나드 & 이스트 코스트 파크 Promenade & East Coast Park

PART 11

주롱 Jurong

PART 12

뎀시힐 & 티옹바루 Dempsey Hill & Tiong Bahru

PART 13

보타닉 가든과 레일 코리도Singapore Botanic Gardens & Rail Corridor

PART 14

싱가포르 섬 여행 Island Trip

PART 15

PART 1

싱가포르 여행 준비

여행 전에 꼭 알아야 할 필수 정보

유비무환이라고 했다. 준비가 충실하면 여행은 더 즐겁고 풍성해진다. 싱가포르를 권역별로 안내하는 '싱가포르 한눈에 보기'부터 월별 날씨와 기온, 10분 만에 읽는 싱가포르 역사, 공항 교통편과 시내 교통편, 현지에서 유용한 앱, 여행자가 꼭 알아야 할 상식과 에티켓, 일정과 여행 콘셉트별 추천 숙소와 추천 코스까지 싱가포르 여행에 꼭 필요한 필수 정보를 모두 담았다.

시빅 디스트릭트
올드시티
리버사이드
차이나타운
클락키 Clarke Quay
보트키 Boat Quay
싱가포르 국립박물관 National Museum of Singapore
굿 셰퍼드 성당 Cathedral of the Good Shepherd
듀 바이 화이트그라스 Dew by Whitegrass
타츠 Tatsu
뉴 우빈 시푸드 New Ubin Se
도우 Dough
해리스 Harry's Chijmes
차임스 Chijmes
래플스 호텔 Raffles Hotel
래플스 시티 Raffles City Singapore
홀리크랩 HOLY CRAB
딘타이펑 Din Tai Fung
남남 NamNam
티옹바루 베이커리 Tiong Bahru Bakery
쿠키 뮤지엄 The Cookie Museum
스위소텔 더 스탬포드 Swissôtel The Stamf
포트 캐닝 파크 Fort Canning Park
싱가포르 어린이박물관 Children's Museum Singapore
비스테카 Bistecca Tuscan Steak House
주신정 Ju Shin Jung
와인 커넥션 Wine Connection Tapas Bar & Bistro
포트 캐닝역 Fort Canning
클라임 센트럴
띵크 Think
그린 콜렉티브 Green Collective
푸난 Funan
주크 Zouk
웨어하우스 Warehouse Bar
리버 크루즈 River Cruise
올드 힐 스트리트 경찰서 Old Hill Street Police Staion
내셔널 갤러리 싱가포르 National Gallery Singapore
오데뜨 Odette
바이올렛 운 National Kitchen
스모크 앤 미러 Smoke & Mirr
리드 브리지 Read Bridge
응아시오 바쿠테 Ng Ah Sio Bakkut Teh
클락 키 센트럴 Clarke Quay Central
송파 바쿠테 Song Fa Bak kut The
싱가포르 국회의사당 Parliament of Singapore
점보 시푸드 Jumbo Seafood -Riverside Point
클락키역 Clarke Quay MRT station
사우스브리지 Southbridge
래플스 경 상륙지 Raffles Landing Site
빅토리아 극장 & 콘서트 홀 Victoria Theatre and Concert Hall
아시아 문명 박물관 Asia Civilisations Museum
오 치킨 O Chicken & Beer
멀라이언 Merlion Pa
Hong Lim Park
싱가포르 강
래플스 플레이스역 Raffles Place MRT station
차이나타운역 Chinatown MRT station
하이 하우스 High House
비첸향 Bee Cheng Hiang
림치관 Lim Chee Guan
파고다 스트리트 Pagoda Street
동북인가 Dong Bei Ren Jia
얌차 차이나타운 Yum cha Chinatown
차이나타운 헤리티지 센터 Chinatown Heritage Centre
야쿤 카야 토스트 Yaknu Kaya Toast
호커찬 Hawker Chan
페라나칸 타일 갤러리 Peranakan Tiles Gallery
랜턴 Lantern
차이나타운 콤플렉스 푸드 센터 Chinatown Complex Food Centre
스리 마리암만 사원 Sri Mariamman Temple
텔록 에이어역 Telok Ayer
난양 올드 커피 Nanyang Old Coffee
김주관 Kim Joo Guan
차이나타운 방문객 센터 Chinatown Visitor Centre
안 시앙 힐 &클럽 스트리트 Ann Siang Hill & Club Street
라우파샷 페스티벌 마켓 Lau Pa Sat Festival Market
포테이토 헤드 싱가포르 Potato Head Singapore
불아사 Buddha Tooth Relic Temple
맥스웰 푸드 센터 Maxwell Food Centre
마이 어썸 카페 My Awesome Café
사테 스트리트 Satay Street
네이티브 Native
에스퀴나 squina Tapas Bar
티 챕터 Tea Chapter
오션 커리 피시 헤드 Ocean Curry Fish Head
MTFC타워
리버티 Liberty Sin
깁슨 Gibson
어쿠스틱 커피 바 Acoustics Coffee Bar
싱가포르 시티 갤러리 Singapore City Gallery
아모이 스트리트 푸드 센터 Amoy Sreet Food Centre
다운타운역 Downtown
만만 Unagi Tei Japanese Restaurant
블루진저 The Blue Ginger
Bras Basah Rd
Stamford Rd
Queen St
Victoria St
Clemenceau Ave
Canning Rise
Hill Street
Coleman St
North Bridge Rd
St Andrew's Rd
Unity St
River Valley Rd
High St
North Boat Quay
Merchant Rd
Esplanade Dr
Havelock Rd
North Canal Rd
South Bridge Rd
Eu Tong Sen ST
Upper Cross St
Pickering St
Church St
Cross St
Pagoda St
Temple St
Smith St
Telok Ayer St
Amoy St
Marina Blvd
Kreta Ayer Rd
닐 로드 Neil Rd
Anson Rd
안슨 로드
센톤 웨이 Shenton Way
Maxwll Rd
Duxton Rd
Tg Pagar Rd
Craig Rd
New Bridge Rd
센트럴 대로
Oxley

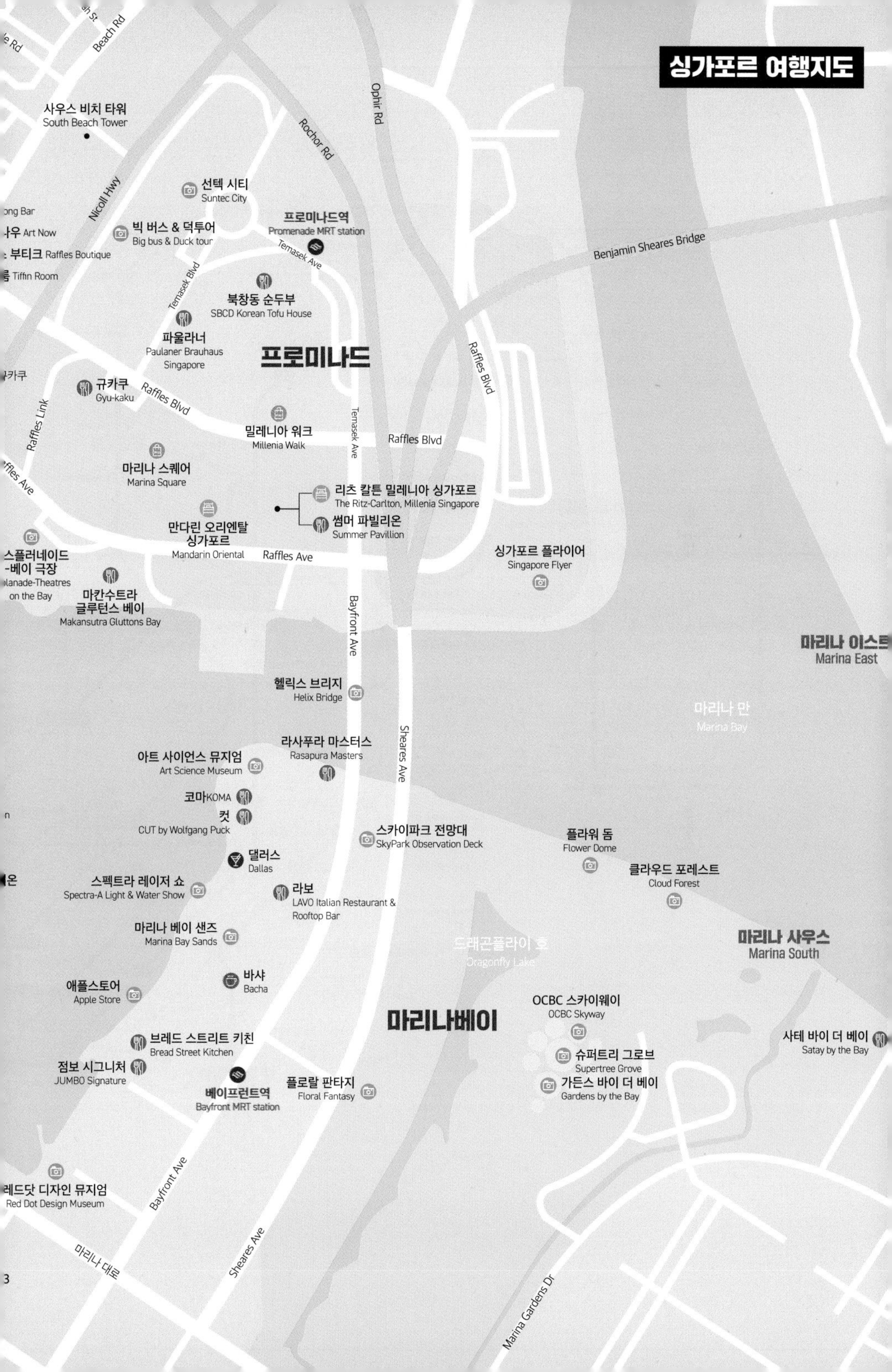

싱가포르 여행지도
사우스 비치 타워
South Beach Tower
선텍 시티
Suntec City
빅 버스 & 덕투어
Big bus & Duck tour
프로미나드역
Promenade MRT station
북창동 순두부
SBCD Korean Tofu House
파울라너
Paulaner Brauhaus Singapore
프로미나드
규카쿠
Gyu-kaku
밀레니아 워크
Millenia Walk
마리나 스퀘어
Marina Square
리츠 칼튼 밀레니아 싱가포르
The Ritz-Carlton, Millenia Singapore
썸머 파빌리온
Summer Pavillion
만다린 오리엔탈 싱가포르
Mandarin Oriental
싱가포르 플라이어
Singapore Flyer
마칸수트라 글루턴스 베이
Makansutra Gluttons Bay
헬릭스 브리지
Helix Bridge
마리나 이스트
Marina East
마리나 만
Marina Bay
라사푸라 마스터스
Rasapura Masters
아트 사이언스 뮤지엄
Art Science Museum
코마KOMA
컷
CUT by Wolfgang Puck
스카이파크 전망대
SkyPark Observation Deck
플라워 돔
Flower Dome
댈러스
Dallas
클라우드 포레스트
Cloud Forest
스펙트라 레이저 쇼
Spectra-A Light & Water Show
라보
LAVO Italian Restaurant & Rooftop Bar
마리나 베이 샌즈
Marina Bay Sands
드래곤플라이 호
Dragonfly Lake
마리나 사우스
Marina South
바샤
Bacha
애플스토어
Apple Store
OCBC 스카이웨이
OCBC Skyway
마리나베이
사테 바이 더 베이
Satay by the Bay
브레드 스트리트 키친
Bread Street Kitchen
슈퍼트리 그로브
Supertree Grove
점보 시그니처
JUMBO Signature
가든스 바이 더 베이
Gardens by the Bay
베이프런트역
Bayfront MRT station
플로랄 판타지
Floral Fantasy
레드닷 디자인 뮤지엄
Red Dot Design Museum
Beach Rd
Nicoll Hwy
Rochor Rd
Ophir Rd
Temasek Ave
Temasek Blvd
Benjamin Sheares Bridge
Raffles Blvd
Raffles Link
Raffles Ave
Bayfront Ave
Sheares Ave
마리나 대로
Marina Gardens Dr
Art Now
Raffles Boutique
Tiffin Room

싱가포르 MRT 노선도

Woodlands North
Woodlands
Admiralty
Sembawang
Canberra
Marsiling
Yishun
Woodlands South
Fajar
Segar
Bangkit
Jelapang
Pending
Senja
Petir
Springleaf
Khatib
Lentor
Kranji
Yio Chu Kang
Mayflower
Phoenix
Bright Hill
Bukit Panjang
Ang Mo Kio
Teck Whye
Yew Tee
Cashew
Keat Hong
Hillview
Upper Thomson
Bishan
Tuas Link
Marymount
Lorong Chuan
South View
Beauty World
Braddell
Tuas West Road
Caldecott
King Albert Park
Choa Chu Kang
Toa Payoh
Tuas Crescent
Sixth Avenue
Botanic Gardens
Gul Circle
Tan Kah Kee
Stevens
Novena
Bukit Gombak
Joo Koon
Napier
Boon Keng
Newton
Farrer Road
Pioneer
Orchard Boulevard
Farrer Park
Bukit Batok
Holland Village
Boon Lay
Orchard
Little India
Great World
Somerset
Lakeside
Chinese Garden
Jurong East
Clementi
Dover
Buona Vista
Commonwealth
Havelock
Dhoby Ghaut
one-north
Bencoolen
Queenstown
Fort Canning
Kent Ridge
Redhill
Clarke Quay
Bras Basah
Chinatown
Haw Par Villa
Tiong Bahru
Outram Park
Pasir Panjang
Maxwell
Telok Ayer
Labrador Park
Tanjong Pagar
Telok Blangah
Shenton Way
Marina Bay
HarbourFront
Sentosa

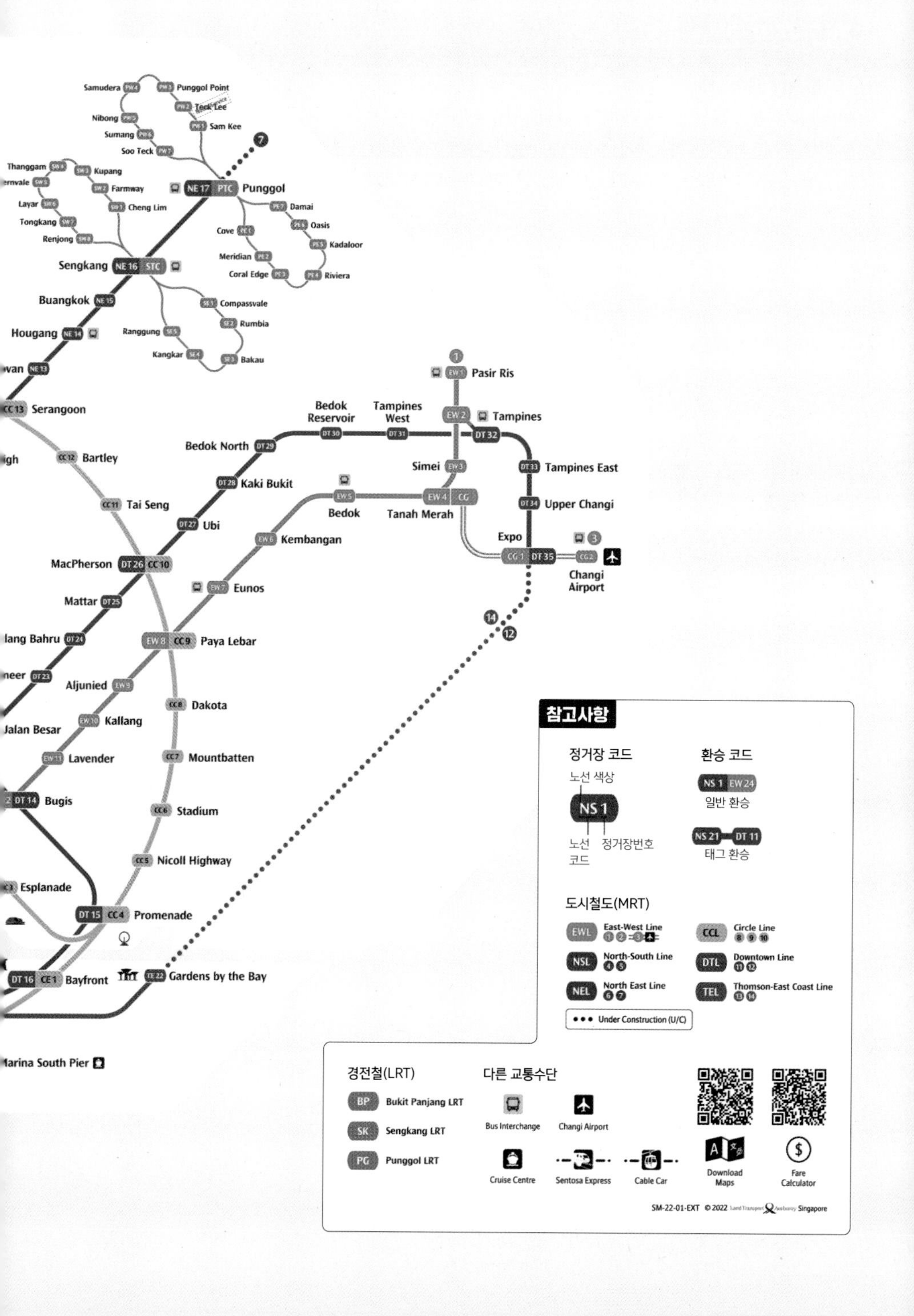

Samudera
Punggol Point
Teck Lee
Nibong
Sam Kee
Sumang
Soo Teck
Thanggam
Kupang
Farmway
Cheng Lim
Layar
Tongkang
Renjong
NE 17 PTC Punggol
Damai
Oasis
Cove
Kadaloor
Meridian
Coral Edge
Riviera
Sengkang NE 16 STC
Buangkok NE 15
Compassvale
Rumbia
Hougang NE 14
Ranggung
Kangkar
Bakau
NE 13
CC 13 Serangoon
Pasir Ris
Bedok Reservoir
Tampines West
EW 2 Tampines
DT 32
Bedok North DT 29
Bartley
Simei
Tampines East
Kaki Bukit
Tai Seng
Bedok
EW 4 CG Tanah Merah
Upper Changi
Ubi
Kembangan
Expo
MacPherson DT 26 CC 10
CG 1 DT 35
Changi Airport
Mattar DT 25
Eunos
EW 8 CC9 Paya Lebar
Aljunied
Dakota
Kallang
Jalan Besar
Lavender
Mountbatten
DT 14 Bugis
Stadium
Nicoll Highway
Esplanade
DT 15 CC4 Promenade
DT 16 CE1 Bayfront
TE 22 Gardens by the Bay
Marina South Pier
참고사항
정거장 코드
노선 색상
NS 1
노선 코드
정거장번호
환승 코드
NS 1 EW 24
일반 환승
NS 21 DT 11
태그 환승
도시철도(MRT)
EWL East-West Line
CCL Circle Line
NSL North-South Line
DTL Downtown Line
NEL North East Line
TEL Thomson-East Coast Line
Under Construction (U/C)
경전철(LRT)
BP Bukit Panjang LRT
SK Sengkang LRT
PG Punggol LRT
다른 교통수단
Bus Interchange
Changi Airport
Cruise Centre
Sentosa Express
Cable Car
Download Maps
Fare Calculator
SM-22-01-EXT © 2022 Land Transport Authority Singapore

싱가포르 한눈에 보기

1 마리나 베이

#마리나베이샌즈 #가든스바이더베이 #슈퍼트리쇼 #스펙트라쇼

싱가포르의 대표적인 랜드마크 마리나베이샌즈MBS와 비현실적으로 아름다운 인공정원인 가든스 바이 더 베이가 이 지역에 있다. 매일 밤 마리나베이샌즈 이벤트 광장에서는 몽환적인 스펙트라 레이저 쇼가, 인공정원 가든스 바이 더 베이에서는 신비롭고 매혹적인 수퍼트리 쇼가 펼쳐진다.

2 시빅 디스트릭트올드시티

#멀라이언 #래플스호텔 #싱가포르슬링 #차임스

시빅 디스트릭트에는 영국 식민지 시절의 흔적이 곳곳에 남아있다. 오래된 거리와 건축물이 옛 이야기를 들려준다. 유서 깊은 래플스 호텔은 유명한 칵테일 싱가포르 슬링이 탄생한 곳이다. 시원하게 물을 내뿜는 멀라이언, 오래된 성당, 미술관과 박물관, 분위기 좋은 맛집과 카페를 산책하듯 여행해 보자.

3 오차드로드

#쇼핑거리 #아이온 #명품숍# #길거리아이스크림#바샤커피

백화점과 쇼핑몰이 집중된 유명한 쇼핑거리이다. 아이온 오차드를 필두로 쇼핑몰과 백화점이 촘촘히 연결되어 있다. 지하도로 서로 연결되어 시원하게 쇼핑할 수 있다. 쇼핑몰마다 개성 있는 외관으로 눈길을 사로잡는데, 11월부터는 거리 전체가 화려한 크리스마스 장식으로 연말 분위기를 한껏 고조시킨다.

4 리버사이드

#리버크루즈 #클락키 #나이트라이프 #점보시푸드

싱가포르 강을 따라 각종 레스토랑과 바, 카페 등이 몰려 있는 이국적인 동네이다. 리버크루즈는 이 지역의 중심인 클락키에서 출발한다. 낮에는 조깅이나 라이딩, 혹은 노천카페에서 브런치를 즐기는 사람들이 많지만, 저녁이 되면 펍과 레스토랑에 사람들이 몰리면서 활기가 넘친다.

5 차이나타운

#호커센터 #파고다스트리트 #맥스웰푸드센터 #육포거리 #벽화

초기 중국 이민자들의 정착지이다. 과거와 현재의 문화와 건축물이 공존하는 활기 넘치는 구역이다. 개성 넘치는 명소도 많지만, 무엇보다 싱가포르의 호커센터 문화를 경험할 수 있으며, 카페, 바, 레스토랑이 많은 미식의 거리이다. 차이나타운 남쪽 탄종파가 로드에는 다양한 한국 음식점이 몰려 있다.

6 리틀 인디아

#커리 #무스타파센터 #힌두교사원 #빛의거리

싱가포르에서 가장 활기찬 인도인 집단 거주지이다. 힌두교 사원, 꽃과 향신료를 파는 상점, 커리 향을 풍기는 음식점, 독특한 거리 장식 등을 자주 발견할 수 있다. 우리나라에서 흔히 볼 수 없는 풍경이라서 흥미롭다. 많은 여행자가 선물이나 기념품을 사기 위해 찾는 '무스타파 센터'도 기억해두자.

7 부기스

#하지레인 #술탄모스크 #아랍거리 #새우국수

이국적인 모스크, 트렌디한 쇼핑몰, 인스타용 핫 스폿, 다국적 음식점…. 부기스는 여행자가 좋아할 요소를 두루 갖췄다. 부기스는 이국적인 아랍 스트리트 구역과 트렌디한 쇼핑몰이 많은 부기스 스트리트 구역으로 나뉜다. 벽화가 가득한 하지레인 골목은 펍과 캐주얼 레스토랑이 많아 언제나 관광객이 몰린다.

8 센토사섬

#유니버설스튜디오 #실로소비치 #케이블카 #어드벤처코브

싱가포르 본섬 남쪽에 있는 휴양지이다. 2018년 6월 최초 북미 정상회담이 이 섬에서 열렸다. 유니버설 스튜디오를 비롯해 볼거리, 먹을거리, 체험할 거리가 넘쳐난다. 일정이 짧다면 당일치기도 괜찮지만, 5성급 리조트형 고급 숙박 시설이 많으므로, 여유롭게 1박 2일 코스도 고려해보자.

싱가포르 기본정보

여행 전에 알아 두면 좋을 싱가포르 기본정보를 소개한다. 화폐, 시차, 전압, 물가, 주요 휴일 등을 안내한다. 꼼꼼하게 챙기면 싱가포르 여행이 더 즐거울 것이다.

국명 싱가포르 공화국Republic of Singapore

수도 싱가포르 Singapore(도시국가)

국기 빨간색은 평등과 우의를, 하얀색은 순결과 미덕을 상징한다. 초승달은 새로운 나라로 태어나는 싱가포르를, 5개의 별은 싱가포르가 추구하는 민주주의, 평화, 정의, 진보, 평등을 의미한다.

국가 번호 65

정치체제 의원내각제

면적 734.3㎢(서울의 약 1.2배)

인구 592만 명(2023년 IMF 추정치)

1인당 GDP 84,734 USD(2023년 IMF 추정치)

언어 영어(48%), 표준 중국어(30%), 말레이어(9%), 타밀어(3%) 등 4개 공식 언어

민족 중국계(75.6%), 말레이계(15.1%), 인도계(7.6%)

기후 고온 다습한 열대성 기후이다. 1년 내내 최저 섭씨 23도에서 최고 32도를 유지한다. 5~8월은 건기, 11월~3월은 우기이다.

시차 우리보다 1시간 늦음

전압 240V를 사용하며 우리나라와 결합 방식이 다른 3핀 형식이라 별도 어댑터 필요하다.

화폐 싱가포르 달러SGD 혹은 S$로 나타낸다. 책에서는 S$로 표기함. 1 SGD는 약 1,041원(2024년 12월 기준) 내외

주요 휴일 음력 1월 1일(설), 5월 1일 노동절, 7월~8월 사이 하리 라야 하지Hari Raya Haji, 8월 9일 독립 기념일National Day, 10월~11월 사이 디파발리Deepavali, 12월 25일 크리스마스

비자 대한민국 국민 90일 무비자관광 목적

물가 외식비, 숙박비 모두 우리나라 대비 비싼 편이다. 특히 싱가포르 레스토랑에서는 대부분 음식값에 10%의 봉사료와 9%의 부가가치세GST를 부과한 총액으로 계산되어 체감 비용이 높은 편이다. 반면 호커센터나 일부 로컬식당에서는 봉사료나 GST가 포함되지 않는 곳도 있다.

싱가포르의 주요 관광안내소

❶ 래플스 시티 Raffles City

🏠 252 North Bridge Road, Raffles City Concierge L1
🚶 MRT 시티홀역City Hall, 노스 사우스 라인 A출구로 나와 에스컬레이터 타고 올라가면 래플스 시티 1층으로 연결된다. 'Cortina Watch' 매장 바로 옆에 있다.
🕓 매일 11:00~21:00

❷ 아이온 오차드 ION Orchard

🏠 2 Orchard Turn, ION Orchard Level 1 Concierge
🚶 MRT 오차드역Orchard, 노스 사우스 라인 E출구로 나와 아이온 표지판을 따라 1층으로 올라간다.
🕓 매일 10:30~22:00

❸ 오차드 게이트웨이 Orchardgateway

🏠 216 Orchard Road(Next to orchardgateway@emerald)
🚶 MRT 서머셋역Somerset, 노스사우스 라인 D출구로 나와 오른쪽 킬리니로드Killiney Rd와 오차드 로드를 경유하여 도보 5분
🕓 매일 10:00~19:00

❹ 푸난몰 Funan Mall

🏠 Basement 2, 107 North Bridge Road
🚶 MRT시티홀역City Hall, 이스트 웨스트 라인, 노스 사우스 라인 B번 출구로 나와서 콜맨스트리트Coleman St 방향으로 도보 5분 정도 걷다 보면 대각선에 보인다. 푸난몰 지하 2층에 있다.
🕓 매일 11:00~21:00

❺ 차이나타운 Chinatown

🏠 2 Banda Street
🚶 MRT 차이나타운역Chinatown, 노스 이스트 라인, 다운타운 라인 B출구로 나와 사우스 브리지 로드 끝까지 직진. 불아사 뒤편에 있다.
🕓 매일 10:00~19:00

10분 만에 읽는 싱가포르 역사

싱가포르는 서울보다 조금 넓고, 부산보다 조금 작은 섬이자 도시국가이다. 초기엔 작은 포구가 있는 어촌마을에 불과했다. 싱가포르는 영국, 일본, 말레이시아의 식민지를 겪었다. 싱가포르는 어떻게 식민지 시대를 극복하고 글로벌 경제 강국으로 발전할 수 있었을까? 시기별로 싱가포르의 역사를 알아보자.

초기 싱가포르 1298~1818

옛날 싱가포르 이름은 플라우 우종Pulau Ujong이었다. 말레이어로 '반도 끝에 있는 섬'이라는 뜻이다. 싱가포르가 기록에 처음 등장하는 시기는 3세기 무렵이다. 중국 문헌에 따르면 푸 루오 충Pu-luo-chung이라 불리는 섬에 어부들이 하나둘 거주하면서 어촌마을이 세워지게 되었다. 13세기에는 동남아시아 무역의 중심국가였던 수마트라 제국 스리비자야의 전초 기지 역할을 하였다. 이때는 바다를 뜻하는 자바어 'tasek'에서 기원한 테마섹Temasek으로 불렸다. 테마섹은 어촌이라는 뜻이다. 말레이 연대기에 따르면 해상왕국 스리비자야의 왕자 상 닐라 우타마Sang Nila Utama가 수도 팔렘방에서 이 지역으로 사냥을 왔다가 처음 보는 동물을 발견하였다. 그것을 좋은 징조로 여긴 그는 산스크리트어로 사자를 뜻하는 'Simha'와 도시를 뜻하는 'Pura'를 조합하여 이 섬의 이름을 '싱가푸라Singapura'라고 지었다. 싱가포르는 싱가푸라에서 유래했다. 싱가포르를 상징하는 '멀라이언'의 사자도 여기에 기원을 두고 있다.

영국 식민지 시대 1819~1942

1800년대 초반, 영국은 동남아시아 무역을 두고 네덜란드와 경쟁하고 있었다. 영국은 네덜란드의 진출을 억제하고, 동남아시아에서 더 자유롭게 무역 활동을 하기를 원했다. 이에 인도네시아 수마트라의 벵쿨루 지역 부총독이던 토마스 스탬포드 래플스 경Sir Thomas Stamford Raffles에게 말라카 해협 남쪽에 영국 선박이 자유롭게 드나들 수 있는 항구를 확보하라는 명령을 내린다. 래플즈 경은 1819년 1월 싱가포르에 상륙하게 된다. 이 섬이 동서양을 이어주는 최적의 무역항이라고 직감한 그는 지역 군주들과 협정을 체결, 영국 동인도회사의 교역소를 설립했다. 중계 무역의 중심지로 번창하게 되자 일자리를 찾아 중국, 인도, 말레이반도에서 이민자들이 유입되기 시작하였다. 인구가 급격하게 늘어남에 따라 래플스 경은 1822년 상업 지역과 주거 지역을 구분하고, 주거 지역을 민족별로 구분하는 '래플스 타운 플랜'을 세웠다. 이렇게 해서 지금의 차이나타운, 리틀 인디아, 캄퐁 글램과 같은 민족 거주 구역이 탄생했다. 싱가포르에서 래플스 경은 리콴유 총리만큼이나 존경의 대상이다. 그의 동상이 있는가 하면, 곳곳에 '래플스'라는 거리, 지명, 건축물, 호텔이 있는 까닭이다.

1869년 수에즈 운하의 개통으로 싱가포르에 드나드는 선박 수는 더욱 증가하게 되었다. 특히 1차 세계대전으로 군수용품 제작에 필요한 말레이시아산 고무와 주석에 대한 유럽의 수요가 대폭 증가하면서 덩달아 싱가포르는 무역 항구로의 명성이 크게 높아졌다.

일제 강점기 1942~1945

제2차 세계대전이 일어나면서 일본은 1941년 12월 싱가포르를 폭격하고 1942년 2월에는 영국군을 몰아냈다. 이후 1945년 9월 12일 일본이 다시 영국군에 의해 항복하기 전까지 3년여 동안 일제 식민지 상태가 계속되었다. 이때 싱가포르는 '시오난토Syonan-to' 남쪽의 빛이라는 일본어 명칭으로 불렸다.

©cuhere

독립 국가가 되기까지 1945~1965

©Choo Yut Shing flickr

1946년 4월 1일, 싱가포르는 시민 행정부가 있는 영국 왕실의 직할 식민지가 되었다. 하지만 민족주의 정서가 점차 커지면서 1959년 인민 행동당(PAP)의 리콴유Lee Kuan Yew가 싱가포르의 첫 총리로 선출되고 입법회를 설립했다. 첫 국가 원수로는 유소프 빈 이샤크Yusof Bin Ishak 현재 싱가포르 지폐 속 인물가 당선되었다. 이후 싱가포르는 1963년 영국으로부터 독립을 선언하였지만, 경제적으로 자립하기는 어려웠기에 말레이시아의 일부가 되었다. 그것도 잠시 1965년 8월 9일 싱가포르는 말레이계와 비말레이계에 대한 갈등으로 말레이시아에서 강제로 분리되어 독립하기에 이르렀다.

세계가 주목하는 경제 국가로 도약 1965~1990

독립에 성공했지만 열악한 인프라, 실업과 주택문제, 천연자원이 부족한 이 작은 신생국가에 대한 전망은 그리 밝지 않았다. 하지만 인도양과 태평양을 잇는 말라카해협 남쪽에 위치한 지리적 이점 덕에 싱가포르는 중개무역의 최적 장소였다. 국제 무역과 해외 투자를 적극적으로 유치하기 위한 도시화 작업에 돌입했다. 강력한 법률을 제정하여 시민들의 질서를 잡았고 주거 안정을 위해 공공주택을 공급했다. 여러 인종을 단합하기 위해 영어를 공용어로 설정하였고, 나무와 식물을 공공기관과 주택가에 심어 도심 속 정원을 만드는 가든 시티 플랜이 큰 성공을 거두었다. 이러한 배경에는 초대 총리 리콴유의 강력한 리더십이 크게 작용했다.

싱가포르는 여전히 전진하는 중 1990~현재

©metrotrekker

31년간 재임한 리콴유가 총리직에서 물러나고 고촉통이 제2대 총리가 되었다. 리콴유의 장남 리셴룽은 경제 부총리 및 재무장관에 올랐다. 그는 아시아 금융위기, 싱가포르 경기침체, 사스 등 경제위기에 큰 영향력을 행사하며 순조롭게 극복해 나갔다. 그는 차기 후계자의 자질을 충분히 드러냈다. 2004년 리셴룽이 3대 총리를 맡아 유연하면서도 실용적인 정책 노선을 이어가고 있다. 싱가포르는 여전히 전진하고 있다.

싱가포르를 이해하는 5가지 키워드

정원 도시, 다민족 국가, 싱글리시, 리콴유, 래플스. 싱가포르를 조금 더 알고 싶다면 이 다섯 가지를 기억하자. 다섯 가지 키워드가 품은 스토리를 이해하면 싱가포르를 더 깊이 알게 될 것이다. 싱가포르 속으로 한 걸음 더 들어가 보자.

©Robert GLOD_flickr

가든 시티, 도심 속 정원

싱가포르에 처음 방문한 이들은 잘 가꾼 숲속에 들어온 듯한 느낌을 받는다. 가로수는 물론 심지어 쇼핑몰, 공항 안에서도 푸릇푸릇한 나무와 각종 이국적인 식물을 어렵지 않게 발견할 수 있다. 1967년 5월, 당시 수상인 리콴유가 풍요로운 녹음과 깨끗한 환경을 갖춰 시민들의 삶의 질을 높이기 위해 'Garden City'라는 비전을 제시하여 성공을 거둔 결과다. 1975년에는 정부 기관과 민간 개발자들은 나무와 초목을 위한 공간을 의무적으로 확보해야 한다는 '공원 및 나무 법'이 제정되기도 했다. 초창기 55,000그루의 나무를 새로 심기 시작한 이래 40년 후인 2014년에는 심은 나무가 140만 그루로 25배나 증가했다. 2008년에는 건축물과 초목을 결합한 친환경 건물을 의무화하여 슈퍼트리, 주얼 창이공항 등 걸출한 랜드마크를 탄생시키기도 했다. 지금도 정원 도시 만들기는 계속 이어지고 있다

4개 국어가 공존하는 '다민족' 국가

1819년 토마스 스탬포드 래플스 경이 영국의 무역소를 설립한 이후 싱가포르는 자유 항구 도시로 번창했다. 이 무렵부터 중국, 인도, 말레이반도에서 이민자들이 유입되기 시작했다. 지금의 싱가포르인들은 대부분 그들의 후손이다. 중국계 약 70%, 말레이계 약 14%, 인도계가 약 9%를 차지하고 있다. 그뿐만 아니라 말레이계 현지 여성과 중국계 이주 남성 사이에서 태어난 후손들을 일컫는 '페라나칸' 문화는 건축양식, 음식에 이르기까지 싱가포르에 큰 영향력을 끼치고 있다. 다양한 인종이 섞여 살기에 영어, 말레이어, 타밀어, 중국어 등 공식 언어가 네 가지이다. 영국 식민지의 영향으로 영어가 제1 공용어이다. 서면상으로도 영국식 영어를 따르고 있다.

'싱글리시'는 그들의 자부심

쏘리 야~, 땡큐 라~. 싱가포르를 여행하다 보면 누구나 한 번쯤은 들어봤을 것이다. 분명 상대방은 영어를 쓰고 있는데 영어 같지 않다. 문법도 잘 안 맞고 억양이 독특한 이 언어의 정체는 싱가포르 구어체 영어인 싱글리시Singlish다. 싱글리시의 억양과 문장 구조는 민남어Hokkien, 광동어Cantonese 및 차오저우어Teochew와 같은 중국어 방언의 영향을 받았다. 다만 특정 단어에서는 말레이어 및 타밀어를 그대로 차용하기도 한다. 싱가포르 정부는 문법이 정확한 표준 영어를 구사하도록 장려하고 캠페인까지 벌이고 있지만, 이 역시 다민족으로 구성된 싱가포르인들의 정체성이 아닐까 싶다.

알아 두면 유용한 실생활 싱글리시 몇 가지

Makan [마칸] 먹다, 식사

Chope [초프] 예약하다, 자리 맡기

Dabao [따빠오] 포장

Huat ah [홧 아] 복, 행운을 기원할 때

Aiyoh [아이요] 놀람이나 안타까운 탄식

Alamak [알라막] 'Oh my gosh' 세상에, 이럴수가! 와 같은 표현

Can or not? [캔 오어 낫] 너 이것을 할 수 있어 없어?

Can meh? [캔 메] 확실해?

Thank you lah! [땡큐 라] 고마워

'리콴유', 싱가포르를 선진국 반열에 올리다

말레이반도 끝자락에 위치한 작은 도시국가가 단숨에 글로벌 국가로 초고속 성장한 배경에는 31년간 장기 집권한 초대 총리 리콴유를 빼놓고는 이야기할 수 없다. 말레이시아에서 독립한 이후 그는 '싱가포르는 바뀌어야 한다'는 신념 아래 경제를 완전히 개방하여 해외 자본 유치에 사활을 걸었다. 법인세율을 대폭 낮춰 기업이 활동하기 좋은 환경을 만들고 쾌적한 도시를 만들기 위해 투자를 아끼지 않았다. 또 국민의 교육 수준을 높이고, 인종 간 화합을 위해 평등과 능력주의를 강조했다. 하지만 그 과정에서 다소 엄격하고 권위주의적인 일부의 통제방식은 국민의 자유와 권리를 제한한다는 비판도 피할 수 없었다. 리콴유 전 총리가 2015년 91세로 별세한 이후 장남인 리셴룽이 3대 총리를 맡았다. 그는 아버지보다는 유연하고 실용적인 정책으로 싱가포르를 이끌어가고 있다.

'래플스' 지명이 많은 까닭은

래플스 호텔, 래플스 병원, 래플스 시티, 래플스 스트리트. 시빅 디스트릭트 지역에 가면 거리, 호텔, 건축물 등에서 유독 래플스Raffles라는 이름을 많이 발견하게 된다. 이는 작은 어촌마을에서 싱가포르를 국제적인 중개무역 도시로 성장시킨 토마스 스탬포드 래플스 경에 대한 헌정이라고 볼 수 있다. 그가 처음 상륙한 장소로 알려진 시빅 디스트릭트 지역에는 래플스 동상이 세워져 있다. 싱가포르의 창건자인 래플스 경이 남긴 업적은 차이나타운, 리틀인디아 등 타운 플랜에 근거한 민족별 집단 거주지, 각종 교육기관 및 건축물 등 시내 곳곳에서 찾아볼 수 있다.

싱가포르의 주요 축제

축제는 언제나 즐겁다. 싱가포르는 다민족 국가이기에 축제가 제법 다채롭다. 중국계의 음력설부터 힌두교 축제인 타이푸삼, 이슬람 축제인 하리 라야 하지와 디파발리, 그리고 크리스마스 점등축제까지 1년 내내 축제가 이어진다.

음력설Lunar New Year 음력 1월 1일

우리나라와 마찬가지로 설은 싱가포르의 가장 큰 명절이다. 싱가포르 전역이 행운, 기쁨을 상징하는 붉은 색으로 장식되고 풍요를 상징하는 노란색 금귤나무를 곳곳에서 찾을 수 있다. 특히 차이나타운의 공식 점등식과 화려한 거리 장식, 다양한 페스티벌이 볼만하다. 또 설날에는 가족과 친지들이 함께 저녁을 먹으며 붉은빛 봉투홍바오 혹은 앙파오에 짝수로 된 금액을 넣어 주고받는 관습이 있다.

타이푸삼Thaipusam 1월 중순 ~ 2월 중순

힌두교 신자들이 속죄하는 뜻으로, 선·젊음·힘을 상징하며 악을 무찌르는 수브라마니암 신혹은 무루간 신을 기리는 축제를 이틀간 진행한다. 첫째 날은 무루간 신 동상을 실은 마차 행렬이 이어진다. 이때는 주요 힌두 사원 거리엔 자동차 운행이 금지된다. 다음날엔 일부 신자들이 혀를 바늘로 뚫거나 무거운 '카바디'Kavadi, 강철 혹은 나무통으로 만든 제단를 메는 등 육체적 고통을 이겨내면서 자신의 죄를 사죄하고 신에게 축복을 비는 의식을 치른다.

하리 라야 하지Hari Raya Haji

7~8월 사이(이슬람 달력에 따름)

선지자 아브라함의 하느님에 대한 신앙을 기념하는 축제다. 희생의 페스티벌이라고도 불린다. 이 기간에 신도들은 가장 좋은 옷을 입고 모스크에 모여 설교를 듣고 기도를 한다. 또 살아있는 양, 염소, 소 등을 도축하는 '코반'Korban 의식을 치른다. 선지자 아브라함이 자기 아들을 하나님께 제물로 바치려 했던 믿음을 형상화한 것으로 도축된 고기는 가난한 이들을 위해 쓰인다.

독립 기념일 National Day 8월 9일

1965년 말레이시아부터의 독립을 기념하는 날이다. 매년 마리나 베이 더 플로트에서 진행되는 행사에서는 군부대 퍼레이드, 에어쇼, 축하공연, 화려한 불꽃놀이가 펼쳐진다. 생방송으로 진행되는 행사를 위해 3~4개월 전부터 리허설이 시작된다. 한 달 전부터는 주요 건물, 콘도, 아파트 등에 싱가포르 국기와 'Happy Birthday Singapore' 라는 문구를 넣은 배너가 내걸린다. 이 기간에는 거의 모든 브랜드에서 특별 할인 행사를 진행한다.

중추절Mid-Autumn Festival 음력 8월 15일

중추절은 싱가포르에서는 공휴일은 아니다. 하지만 다양한 곳에서 등불 축제와 각종 행사가 열린다. 이 시기에는 월병을 주고받는 문화가 있는데 거의 모든 식음료 브랜드는 물론 주요 호텔, 마트에서도 자체 월병을 제작한다. 주요 쇼핑몰에서는 시식과 함께 각종 브랜드의 월병을 판매한다. 매년 색다른 패키지로 화려함과 고급스러움을 뽐내는 호텔들의 월병 전쟁은 재미있는 볼거리다.

디파발리Deepavali 10월~11월 사이(힌두 달력에 따름)

'빛의 축제'라는 의미의 디파발리 혹은 디왈리는 선이 악을 물리친 것을 기념하는 행사이다. 리틀 인디아 일대가 화려한 등 장식으로 장관을 이룬다. 축제 기간 힌두교 가정에서는 빛으로 집안을 밝히고 선물을 교환하거나 음식을 서로 나눠 먹는다. 또 집 출입문에는 밀가루, 쌀, 꽃잎 등으로 만든 선명하고 아름다운 그림인 '랑골리'를 장식한다. 이는 신을 집 안으로 안내하여 앞으로 1년간 집안에 축복을 달라는 의미이다.

크리스마스 점등 축제 & 연말 카운트다운 12월

한여름의 크리스마스를 제대로 느낄 수 있다. 쇼핑몰에서 경쟁적으로 꾸민 트리와 알록달록한 불빛이 오차드로드를 화려하게 장식한다. 가든스 바이 베이에서는 '크리스마스 원더랜드Christmas Wonderland'라는 이름의 루미나리에로 분위기를 한껏 고조시킨다. 12월 31일 마리나 베이 더 플로트에서는 라이브 공연, 화려한 불꽃놀이 등 카운트다운 쇼가 펼쳐진다. 티켓 구하기는 쉽지 않지만, 불꽃놀이는 멀라이언 파크 일대, MBS 이벤트 광장 일대에서도 감상할 수 있다.

싱가포르의 날씨

싱가포르는 전형적인 열대성 기후이다. 강수량이 풍부하고 1년 내내 습도가 높은 편이다. 보통 스콜이 한차례 내리고 자외선이 강해지니 작은 우산과 자외선 차단제는 꼭 챙겨가자. 평균적으로 최저 기온은 섭씨 24도, 최고 기온은 32도이다. 여행하기 가장 좋은 기간은 상대적으로 비가 적게 내리고 습도가 낮으며 아침저녁으로 선선한 3월에서 5월 사이이다. 싱가포르 기상청 : www.nea.gov.sg

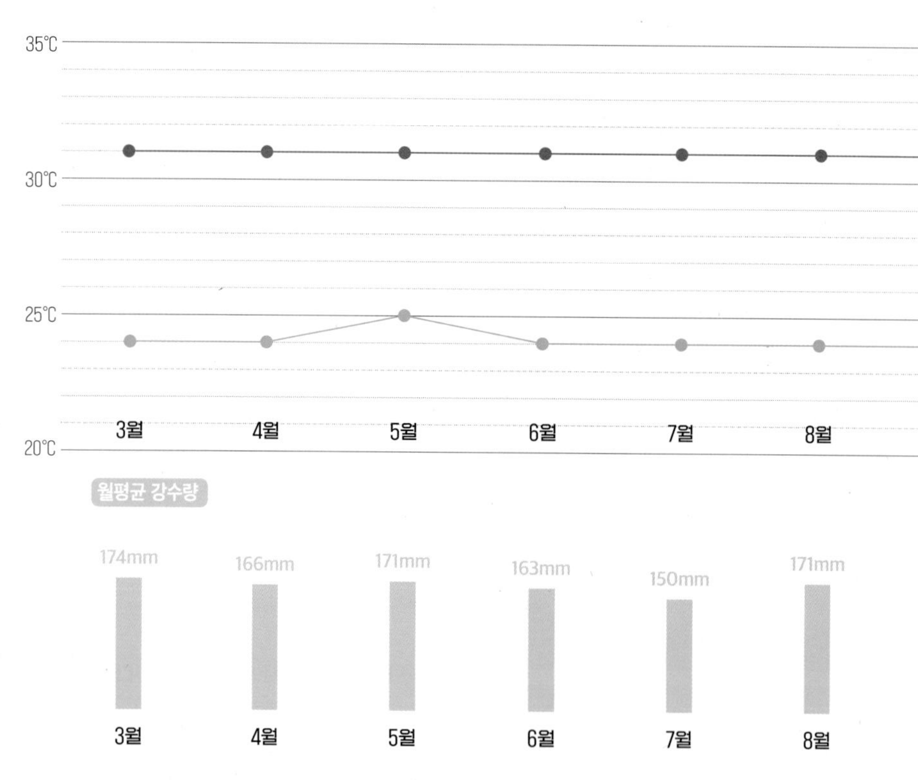

싱가포르 날씨의 세 가지 특징

우기 11월~1월

11월부터 1월 사이는 비가 자주 내리는 우기이다. 오후와 이른 저녁에 소나기가 많이 내린다. 다만, 종일 내리지는 않아 잠깐 비를 피해 있으면 된다.

건기 2월~5월

2월부터 5월까지는 건기로 비가 적지만, 바람이 많이 불고 제법 건조한 날씨가 이어진다. 여행하기 가장 좋을 때이다. 6월부터 8월까지는 날씨는 좋지만, 습도와 불쾌지수가 높다. 한낮에 돌아다니면 땀을 많이 흘리므로 수분 보충을 자주 해줘야 한다.

Writer's Tip

갑자기 비가 온다면

우기11월~1월가 아니더라도 한 번쯤 비를 만날 가능성이 높다. 하지만 30분 넘게 내리는 때는 거의 없다. 뜨거운 지열을 식혀주는 정도다. 다행히 큰 쇼핑몰 주변 도로엔 대부분 비가림막이 설치되어 있다. 갑자기 비를 만나면 당황하지 말고 근처 호커센터노상 음식점에 들러 싱가포르식 커피를 마시며 잠시 여행자의 여유를 느껴보자.

싱가포르의 월별 기온과 강수량

월	최저기온(℃)	최고기온(℃)	평균강수량(㎜)
1월	23	30	238
2월	24	31	165
3월	24	31	174
4월	24	31	166
5월	25	31	171
6월	24	31	163
7월	24	31	150
8월	24	31	171
9월	24	31	163
10월	24	31	191
11월	24	30	250
12월	23	29	269

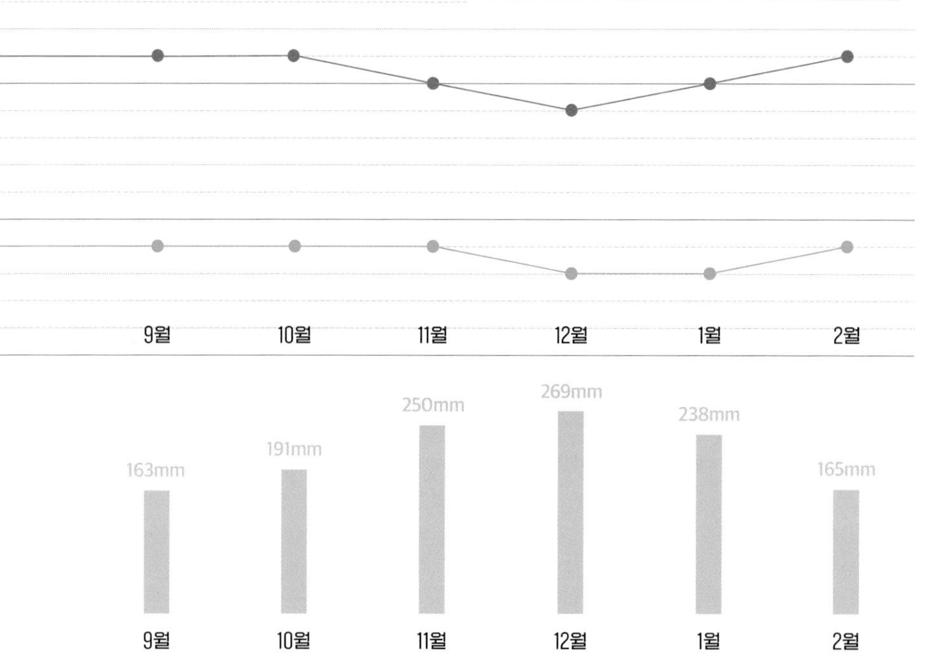

헤이즈 Haze, 5월~9월

보통 5월과 9월 사이에는 인도네시아 수마트라 지역에서 산발적으로 불어오는 '헤이즈'를 경험할 수 있다. 이는 수마트라 농부들이 화전을 개간하는 방식으로 농사를 짓기 때문에, 산불로 생긴 작은 재 입자가 바람에 날아오는 것이다. 봄철에 우리나라에 발생하는 황사처럼 헤이즈 입자 수준이 높아지면 마스크 착용을 권장한다.

7문 7답, 여행 전에 알아야 할 싱가포르 Q&A

싱가포르 여행에 대해 궁금한 점은? 여행 최적 시기, 싱가포르에서 꼭 해야 할 버킷 리스트, 조심해야 할 행동 등 여행자들이 제일 궁금해할 내용을 골랐다. 이름하여 7문 7답, 여행 전에 꼭 알아야 할 일곱 가지 질문과 대답.

① 여행하기 가장 좋은 시기는 언제인가?

싱가포르는 1년 내내 햇살이 가득한 나라이다. 날씨와 기온이 일정한 편이라 언제 가도 여행하기 좋다. 그래도 최적 시기를 꼽으라면 2~5월이다. 이때는 건기라 일반적으로 비가 가장 적게 내리고 습도도 가장 낮다. 반대로 일조량은 가장 많은 시기라 여행하기 적당하다. 특히 인파가 많이 몰리는 성수기가 아니므로 호텔도 조금 저렴하게 이용할 수 있다.

② 며칠 일정이 좋을까?

싱가포르는 워낙 작은 도시국가라 마음만 먹으면 하루에도 몇 군데를 다닐 수 있다. 하지만 생각보다 무더운 날씨라 조금만 움직여도 땀이 난다. 게다가 한낮의 태양은 사람을 지치게 한다. 본인의 컨디션에 맞춰 동선을 잘 짠다면 3박 4일이면 임팩트 있게 주요 명소와 체험거리를 즐길 수 있다. 다만 부모님이나 아이를 동반한다면 타이트한 일정보다 더 여유로운 4박 5일을 권한다.

③ 이것만은 꼭 해라, 싱가포르 버킷 리스트 세 가지만 꼽는다면?

❶ 식도락 체험

싱가포르는 중국계, 인도계, 말레이계 등이 함께 사는 다인종 국가라서 한국에서는 접해보지 못한 다양한 로컬 음식을 경험할 수 있다. 또 싱가포르는 '세계의 주방'이라는 별칭처럼 여러 나라 음식을 선보이는 레스토랑도 많다. 미슐랭 스타를 획득한 고급스러운 파인 다이닝부터 한 끼를 4~5불에 해결할 수 있는 저렴한 호커센터까지 그야말로 미식가들의 천국이다.

❷ 아름다운 야경 즐기기

울창한 나무 사이로 푸릇푸릇했던 도시가 밤이 되면 화려한 조명이 켜지며 보석같이 빛난다. 마리나 베이 샌즈를 중심으로 싱가포르의 명소들이 한눈에 보이는 광경은 몇 번을 봐도 질리지 않는다. 특히 가든스 바이 더 베이를 밤에 찾는다면 더욱 환상적이다. 마치 다른 세계로 들어온 듯한 거대한 슈퍼트리 사이로 신비롭게 펼쳐지는 빛과 음향의 가든 랩소디 쇼는 하루의 피로를 싹 씻어줄 것이다.

©pxhere

❸ 도심 속 휴양지 센토사 여행

센토사섬은 현지인들도 즐겨 찾는 휴양지이다. 2018년 최초 북미 정상회담이 이 섬에서 열려 우리에게도 익숙한 곳이다. 시내에서 2~30분이면 푸른 바다와 해변, 다양한 액티비티를 체험할 수 있는 센토사섬에 갈 수 있다. 유니버설 스튜디오, 워터파크, 루지, 카지노, 비치 바, 리조트 등 즐길 거리가 넘쳐난다. 어른, 아이 할 것 없이 만족스러운 하루를 보낼 수 있다.

④ 싱가포르에서는 이런 행동 하면 안 된다고?

싱가포르는 안전하고 깨끗한 나라로 손꼽힌다. 이런 이미지는 강력한 법 체제로 만들어졌다고 해도 과언이 아니다. 법이 엄격한 만큼 공공장소 관리도 철저한 편이다. 다른 나라에서는 자연스러운 행동이지만 싱가포르에서는 경범죄로 자칫 벌금 폭탄을 맞을 수 있다. 특히 관광객들이 모르고 저지를 수 있는 몇 가지를 소개한다.

-담배 유사제품(전자 담배)의 소지, 구매, 유통
-공공장소에서 껌을 씹거나 유통하는 행위
-공공장소에서 신체접촉(성추행), 혼잡한 장소에서 모르고 닿았다면 미안하다는 표시를 해야 함
-지하철에서 음식을 먹는 행위(대중교통 이용 시 두리안 금지)
-집 안에서 탈의한 모습을 창문, 발코니 등을 통해 남에게 보이는 행위
-길거리에 쓰레기 버리는 행위
-비둘기에게 먹이를 주는 행위
-공공장소에서 침 뱉기

⑤ 싱가포르 치안은?

2022년 호주의 국제 관계 싱크 탱크인 경제평화연구소에서 발행한 '세계에서 가장 안전한 국가에 관한 보고서'에 따르면 싱가포르는 아시아 1위, 세계 9위를 차지했다. 그만큼 여행자들에게는 안전한 나라로 손꼽힌다. 법률이 매우 엄격하기에 여성이나 나 홀로 여행자들도 주요 관광 지역을 야간에도 마음 놓고 다닐 수 있다. 하지만 여기도 범죄가 아예 없는 것은 아니다. 밤늦게 외곽을 다닐 때는 주의가 필요하다.

⑥ 영어? 중국어? 싱글리시?

싱가포르는 영어가 제1 공용어이다. 따라서 영어를 조금 익혔다면 여행하는 데 큰 불편함을 겪진 않는다. 다만, 싱가포리언들은 억양이 독특하고 문법이 살짝 어긋나지만 귀에 쏙쏙 들어오는 구어체 '싱글리시'를 주로 사용한다. 싱글리시는 다문화 언어의 영향을 받아 영어와 말레이어, 중국어 문법과 표현이 섞인 영어 표현이다. 외국인이 처음 들으면 당황스럽지만 싱가포리언들은 이를 자랑스럽게 생각하는 문화 중 하나다.

⑦ 금기시하는 문화는?

작은 도시국가에서 세계적인 영향력을 미치는 경제 강국으로 성장한 만큼 싱가포리언들의 애국심은 남다르다. 따라서 정부나 나라를 비판하는 일은 삼가자. 또 다양한 인종과 종교가 공존하기 때문에 특정 종교를 배척하거나 비방하는 일은 절대 해서는 안 된다. 모스크를 방문했다면 신발을 벗고 적절한 복장을 착용하는 등 기본적인 예의를 갖추고 관람하자.

꼭 알아야 할 싱가포르 여행상식

열대지방이다 보니 싱가포르 여행 상식 중에는 날씨, 기후와 연관된 내용이 많다. 음식과 물건값에 붙는 세금 상식도 알아 두면 좋을 것이다. 싱가포르 여행자가 알아 두면 도움이 될 정보를 소개한다.

❶ 극심한 실내외 온도 차이, 긴팔 웃옷을 챙기자

싱가포르는 고온 다습한 열대 국가이기 때문에 한낮의 평균 기온은 30~32도를 웃돈다. 초대 총리 리콴유는 업무 효율성을 위해 에어컨 사용을 적극적으로 권장했을 정도다. 실내에서는 어디든 에어컨을 풀 가동한다. 외부와 온도 차가 심하므로, 얇은 카디건 등 긴팔 상의를 챙겨 다니는 게 좋다.

❷ 우산과 자외선 차단제는 필수!

싱가포르는 적도에 가까운 위치에 있기에 햇살이 매우 강하고 뜨겁다. 외부에 나가기 전 높은 SPF 지수가 포함된 자외선 차단제를 발라야 피부 손상을 막을 수 있다. 또 습도가 높아 땀이 자주 나기 때문에 탈수 방지를 위해서라도 물을 수시로 마셔줘야 한다. 우기 시즌에는 비가 올 경우를 대비하여 작은 우산을 휴대하는 것도 잊지 말자.

©Yeshwanth1810183

❸ 계산 시 부가세와 서비스세 추가

싱가포르에서는 식음료를 판매하는 대부분의 상점에서는 계산할 때 전체 금액의 9%의 부가세GST와 10%의 서비스세가 추가된다.호커센터는 제외 보통 ++가 표기된 곳은 19%, +가 표기된 곳은 9%의 세금이 붙는다고 보면 된다. 따라서 따로 팁을 줄 필요는 없다. 어떤 곳에서는 'nett'라고 표기되어 있는데 이는 추가 세금 및 수수료가 없다는 의미로 메뉴에 표시된 가격 그대로 청구된다.

❹ 주류 가격이 무척 세다

싱가포르는 주류와 담배에 대한 죄악세Sin Tax를 부과하기 때문에 기본적으로 가격이 상당한 편이다. 보통 식당에서 판매하는 맥주 한 병 가격은 12불 이상, 소주의 경우 20불 가까이한다. 애주가라면 오후 5~7시 사이 주류나 음료 등을 1+1 혹은 할인 판매를 하는 '해피아워'를 잘 공략하자. 또 밤 10시 30분부터 오전 7시까지는 마트나 편의점에서도 술을 살 수 없고, 공공장소에서의 음주도 법으로 금지하고 있다. 특히 주류 제한 지역으로 지정된 리틀 인디아나 게일랑 같은 곳의 식당은 판매 시간대가 정해져 있거나 아예 주류를 판매하지 않는 곳이 많다.

❺ 에스컬레이터 속도가 빠르다

싱가포르의 에스컬레이터는 속도가 한국보다 약 1.5배 빠른 편이다. 실제로 거동이 불편한 노인들의 사고 소식도 종종 들려온다. 어린아이나 어른들과 이동하는 경우 특히 주의하자. 에스컬레이터에서는 주로 왼편 서기를 하며 오른쪽은 빨리 걸어가는 사람들을 위해 비워 둔다.

❻ 이왕이면 예약부터 하자

예약 없이 워크인으로 가는 식당도 있지만, 유명 식당들은 보통 며칠 전 혹은 몇 달 전부터 예약해야 하는 경우가 많다. 여행 일정에 꼭 넣고 싶은 식당이 있다면 미리 홈페이지나 전용 예약 창을 통해 예약하는 편이 낫다. 또 휴무일, 브레이크 타임 등도 식당별로 모두 다르므로 역시 사전에 체크해 보자.

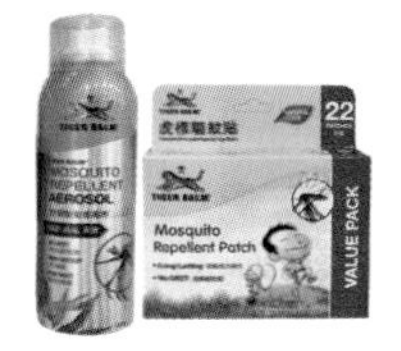

❼ 해충 기피제를 준비하자

보통 도심에서는 문제가 없지만, 동물원이나 가든스 바이 더 베이처럼 물과 수풀이 많은 곳에서는 스프레이형 모기 기피제를 뿌리거나 접착형 기피제를 옷에 부착하기를 권장한다. 가디언Guardian이나 왓슨스Watsons 같은 드러그스토어에 다양한 해충 기피제를 준비해놓고 있다.

Travel Tip

한국과 다른 싱가포르 교통문화

자동차 운전 방향 운전석이 오른쪽에 있다. 차량 통행 방향도 한국과 반대라고 보면 된다.

에스컬레이터 이동 방향 한국은 에스컬레이터를 이용할 때 좌측으로 이동하고, 우측은 서 있지만, 싱가포르는 정반대이다. 이동은 우측으로 하고, 서 있을 때는 좌측을 이용한다.

횡단보도 이용 방법 횡단보도를 건널 때는 신호기 기둥의 버튼을 눌러야 초록 불로 변경된다. 다만, 주요 중심가는 한국처럼 주기에 따라 자동 변경된다.

택시는 지정된 승강장에만 선다 한국과 달리 아무 곳에서 택시를 잡을 수 없다. 지정된 택시 승강장 혹은 택시 스탠드에서만 정차 가능하다. 그랩이나 고젝과 같은 차량 예약 앱을 사용했다면 현재 위치가 아닌 인근 승차지점표기명 : Pick up zone, Drop off zone을 꼭 확인하여 주소를 입력하고 그 지점에서 기다려야 한다.

택시, 추가 요금 붙을 수도 미터기 택시는 승차 시간뿐 아니라 차량의 종류, 도로에 따라 추가 요금이 붙을 수 있다. 통행량이 많은 도로는 ERP라는 자동 통행료가 발생하기도 한다. 미터기에 찍힌 금액에서 추가 요금이 더 나올 수 있음을 기억하자. 차량 예약 앱을 사용하면 고정된 금액을 미리 알 수 있다.

정류장 안내를 하지 않는 버스 우리나라와 다르게 버스 대부분이 다음에 정차할 정류장을 안내하지 않는다. '구글 지도'나 '시티 매퍼' 앱 등을 보면서 현재 위치와 내릴 위치를 수시로 확인해야 한다. 요즘 신형 버스는 내부 전광판으로 정류장 이름을 안내하기도 한다. 다만, 승하차 시스템은 한국과 거의 동일하다. 하차할 때 교통카드를 태그해야 거리당 요금 결제, 30분 이내 무료 환승이 가능하다.

안전한 여행을 위한 필수 정보

대한민국 국민이 관광을 위해 입국할 때는 싱가포르에서 90일까지 무비자로 머물 수 있다. 다만, 싱가포르에 입국하려면 최소한의 절차가 필요하다. 싱가포르의 황열병 방역 정책, 입국카드 작성법, 반입금지 물품, 그리고 여권 분실 시 대처법을 소개한다.

싱가포르 입국 시 필요 서류

❶ 코로나 19 관련 서류 완전 해제

2023년 2월 13일부터 코로나 백신 접종 이력 확인, 미접종자의 코로나 음성확인서 제출 의무, 그리고 여행자 보험 가입 의무가 모두 해제되었다. 따라서 훨씬 빠르고 간편하고 입국절차가 이루어지게 되었다. 다만 황열병 다발 국가 방문 이력자에 대한 입국 방역은 유지되고 있다.

❷ 황열병 Yellow Fever **방역 정책 주요 내용**

싱가포르 입국 전 6일 이내에 황열병 발병 주요 국가아프리카/중남미 일부 지역 방문 이력 있는 경우에만 황열병 예방 접종 증명서 제출 필요. 12세 이하 아동도 필요. 미제출 시 6일 동안 격리

*상세 안내 및 황열병 발병 주요 국가 확인

≡ https://www.ica.gov.sg/enter-transit-depart/entering-singapore/yellow-fever-vaccination-certificate

❸ SG 입국카드 작성

입국 3일 전 이내에 작성하여 온라인으로 제출

≡ http://eservices.ica.gov.sg/sgarrivalcard

Travel Tip

깜빡할 수 있는 싱가포르 반입금지 물품

껌 껌은 반입할 수 없다. 어기면 1,000 SGD 이하 벌금을 내거나 1년 이하 징역을 받을 수 있다.

담배 400g 미만(1갑) 반입 시 개비 당 0.9 SGD 관세를 부과한다. 미신고 반입할 때는 1갑당 최대 200 SGD 벌금을 내야 한다.

전자담배 반입할 수 없다. 적발 시 2,000 SGD 이하 벌금을 내야 한다.

여권 분실 시 대처법

싱가포르에서 여권을 분실한 경우 즉시 인근 경찰서에 분실 신고를 해야 한다. 이후 대사관에 연락하여 대체 여행 서류를 신청해야 한다. 다만 분실 신고 후 여권을 다시 찾더라도 분실 기록이 남아있기 때문에 재사용이 불가하다.

여권 재발급 시 구비서류 (긴급여권)

① 긴급여권 발급 대상 관광객 등 단기 여행자가 여권 분실 및 훼손, 유효기간 6개월 미만인 상황에 출국일정이 긴급한 경우

② 신청시간 영사과 업무시간 내(09:00~12:30, 14:00~17:00)

③ 소요기간 1일(오전에 접수된 경우 오후 발급)

④ 구비서류 여권발급신청서, 여권 분실 신고서, 긴급여권 신청 사유서, 인화된 여권용 사진 2매(영사관 사진 촬영 불가), 신분증, 귀국 항공권, 수수료(현금결제)

-미성년자(18세 미만)의 경우 : 법정 대리인이 신청 시 법정 대리인 여권, 신청인 여권과 사진 1매, 법정 대리인 동의서, 기본증명서 및 가족관계증명서

주싱가포르 대한민국 대사관

대사관

47 Scotts Road, #08-00 Goldbell Towers, Singapore 228233 +65 6256 1188

대사관 민원실

47 Scotts Road, #16-03, 04 Goldbell Towers, Singapore 228233

+65 65 6256 1188, +65 9654 3528(업무시간 외) 이메일 korembsg@mofa.go.kr

overseas.mofa.go.kr/sg-ko/index.do

싱가포르 긴급 전화번호

경찰 긴급전화 999, 1 800 225 0000(핫라인) 테러 관련 24시간 Helpline +65 6883 8420 교통경찰 6547 0000

화재 시 긴급전화 995, 1777 긴급 의료 기간 요청 전화 995 앰블런스 요청 995

여행 준비 정보 여권 만들기부터 출국까지

1 여권 만들기

해외여행을 하기 위해서는 먼저 여권을 준비해야 한다. 외국에서는 여권이 '신분증' 역할을 하기 때문이다. 관광 목적으로 싱가포르를 방문한다면 유효기간이 6개월 이상 남은 여권으로 최대 90일까지 무비자로 머물 수 있다. 여권 발급은 전국의 각 도, 시, 군, 구청 민원과에서 발급해준다. 여권을 받기까지는 짧게는 3일에서 길게는 7일 정도가 소요되므로 여행 일정에 차질 없도록 미리 만들어 두자.

25세~37세 병역 대상자 남자는 병무청에서 국외여행허가서를 발급받아 여권 발급 서류와 함께 제출해야 한다. 지방병무청에 직접 방문하여 발급받아도 되고, 병무청 홈페이지 전자민원창구에서 신청해도 된다. 전자민원은 2~3일 뒤 허가서가 나온다. 출력해서 제출하면 된다. 병역을 마친 남자 여행자는 예전엔 주민등록초본이나 병적증명서를 제출해야 했으나, 마이데이터 도입으로 2022년 3월 3일부터는 제출하지 않아도 된다.

외교부 여권 안내 www.passport.go.kr

여권 발급 시 필요 서류

여권발급신청서, 여권용 사진 1매6개월 이내 촬영한 사진, 신분증유효기간이 남아있는 여권은 반드시 지참해야 한다

병역 관련 서류해당자

병역 미필자(남 18세~37세)는 출국 시에 국외여행허가서를 제출해야 한다. 전역 6개월 미만의 대체의무 복무 중인 자는 전역예정증명서 및 복무확인서 제출하면 10년 복수 여권을 발급해준다.

우리나라 여권 파워는 세계 3위

국제 교류 전문 업체 헨리엔드 파트너스에 따르면 2024년 기준 우리나라 여권 파워는 1위 싱가포르, 공동 2위 독일, 이탈리아, 스페인, 프랑스에 이어 덴마크, 오스트리아, 네덜란드, 핀란드, 스웨덴과 함께 공동 3위이다. 덕분에 대한민국 여권은 여행지 내에서 소매치기의 표적이 되기 쉽다. 외국에서는 여권이 신분증 역할을 하므로, 언제나 지니고 다니되, 분실하지 않도록 잘 보관해야 한다. 분실 등 만약의 상황에 대비해 사진 포함 중요 사항이 기재된 페이지를 미리 복사하여 챙겨가면 도움이 될 수 있다.

2 항공권 구매

여행에서 숙소와 함께 가장 큰 비용을 차지하는 게 항공료이다. 일정이 정해졌다면 미리 항공사 홈페이지나 항공권 비교 사이트에서 가격 조사 후 구매하는 것이 좋다. 주말, 연휴, 7~8월 휴가철 등 성수기에 여행 계획이 있다면 3~6개월 전에는 미리 구매해야 조금 저렴하게 살 수 있다. 반대로 비수기에는 팔리지 않은 항공권을 특가로 판매하기도 하므로 상황을 보며 1~2개월 전에 구매하는 것을 추천한다.

주요 항공권 비교 사이트

스카이 스캐너 https://www.skyscanner.co.kr

와이페이모어 www.whypaymore.com

인터파크 투어 tour.interpark.com

3 숙소 정하기

숙소 형태 정하기

큰 비용을 지출해야 하는 만큼 취향과 여행 동선, 예산에 맞춰 잘 선택하자. 싱가포르 여행 시 평균 3박은 머물게 된다. 창문 밖으로 마리나 베이 샌즈가 보이는 화려한 야경은 싱가포르 여행자들의 로망이기도 하다. 따라서 1박은 야경과 전망이 좋은 곳으로, 2박은 가성비와 취향에 맞춰 선택하는 것도 좋은 방법이다.

어느 지역에서 머물까?

여행 동선을 어떻게 짜느냐에 따라 숙소 위치가 달라진다. 시내 어느 곳이든 30분 내외로 이동할 수 있지만, 이왕이면 교통이 편리하고 상권이 잘 발달한 곳이 편리하다. 싱가포르의 주요 5성급 호텔은 오차드로드, 프로미나드, 마리나 베이 부근에 몰려 있다. 휴양을 즐기려면 센토사섬도 좋은 선택지다. 호텔비 부담이 크게 느껴진다면 차이나타운, 부기스 지역의 깔끔하면서 저렴한 호스텔도 고려해보자.

숙소 예약하기

동선과 예산에 맞는 호텔을 발견했다면 예약 사이트와 호텔 공식 홈페이지에서 가격을 비교해 보자. 특가 할인 혜택이 없는 한 요즘에는 예약 사이트와 공식 홈페이지의 가격 차가 크게 나지 않는 편이다. 오히려 공식 홈페이지에서 회원가입을 한 후 직접 예약을 하면 기념일 케이크나 식음료 할인 쿠폰 등을 제공하는 등 혜택을 볼 수 있다.

호텔스닷컴 www.hotels.com 아고다 www.agoda.com 익스피디아 www.expidia.co.kr

4 예산 짜기

여행의 주요 목적미식, 체험, 쇼핑, 명소 관람, 휴양과 일정에 따라 예산은 다 다를 수 있다. 여기에서는 항공권, 숙소, 식비, 교통비 등 일반 예산의 최대, 최소 비용을 소개하기로 한다. 관람과 체험 관련 티켓은 전용 예약 사이트에서 구매하면 조금 저렴하다. 학생이라면 국제 학생증을 미리 준비해 온다면 박물관 등에서 할인 혜택을 볼 수 있다.

항공권 비용 35만 원~80만 원 **한국 출발 기준**

코로나 19로 급격하게 높아졌던 항공료는 이제 거의 안정세를 찾았다. 성수기와 비성수기, 직항과 경유, 항공사에 따라 가격 차이가 나는 것은 감안해야 한다.

숙박비 1일 8만 원~50만 원 **하루 기준**

싱가포르의 시내 주요 호텔 숙박비는 꽤 비싸다. 특히 성수기나 연휴 시즌에는 평균 가격에서 2~3배는 치솟는 것은 기본이다. 하지만 부기스, 리틀 인디아, 차이나타운 등에서는 가격이 저렴한 3성급 호텔도 제법 찾아볼 수 있다.

식비 3만 원~20만 원 이상 **하루 1인 기준**

싱가포르는 현지 음식은 물론 세계적인 수준의 레스토랑 음식까지 맛볼 수 있는 미식의 나라다. 호커센터나 쇼핑몰 푸드코트에서만 식사를 한다면 하루 30불 선에서 가능하다. 하지만 캐주얼 레스토랑에서는 한 끼에 20~30불, 파인 다이닝 레스토랑은 점심 기준 50~80불이다. 싱가포르는 주류 가격이 비싸다. 식사 때 맥주 한두 잔만 곁들여도 가격이 훅 높아진다.

교통비 5천 원~3만 원 **하루 기준**

시내 대중교통MRT, 버스을 타고 돌아다니면 하루 10불을 넘기지 않을 수 있다. 하지만 일행이 3명 이상 혹은 짐이 많거나 위치가 애매한 곳은 택시나 그랩을 이용해야 하므로 최대 30불까지 예상하자.

체험비 2만 원~5만 원 **하루 기준**

싱가포르는 박물관과 미술관 관람료나 주요 체험 비용도 만만치 않다. 보통 공식 홈페이지보다는 클룩Klook이나 와그Waug 같은 예약 앱에서 구매하면 조금 더 저렴하다.

5 여행자 보험 가입하기

자유여행을 할 때는 만약을 대비하여 여행자 보험을 드는 게 좋다. 싱가포르는 대체로 여행 일정도 짧고 범죄의 대상이 되는 경우도 드물다. 따라서 일부러 따로 가입하기보다 환전할 때나 항공권 구매 시 무료로 제공하는 여행자 보험을 활용하는 것도 방법이다. 여행지에서 사고나 불미스러운 일이 발생했을 때는 이를 증명할 수 있는 증명서, 병원 진단서, 치료비 영수증 등이 있어야 보상을 받을 수 있으므로 잘 챙겨 두어야 한다.

6 환전하기

호커센터나 일부 현지 식당을 제외하고 대부분 신용카드 결제가 자유롭다. 따라서 너무 많은 현금은 필요 없다. 비상금 정도로만 환전해 두자. 만약 현지에서 현금이 더 필요하다면 한화 및 달러를 환전해 주는 환전소가 시내 곳곳에 있으므로 걱정하지 않아도 된다.

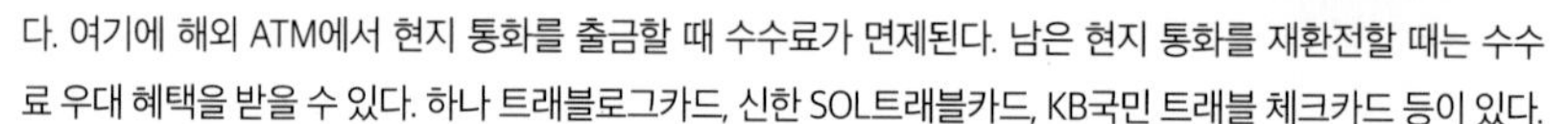

'프로 여행러'라면 트래블 카드를!

여행지에서 카드 결제 시, ATM에서 현금 출금 시 높은 수수료를 낸 경험이 있다면, 또는 현금을 많이 들고 가는 것이 부담스럽다면, 해외여행에 특화한 '트래블 카드'를 준비하자. 스마트 뱅킹을 이용해 원화를 현지 통화로 환전할 때 100% 환율 우대를 해준다. 여기에 해외 ATM에서 현지 통화를 출금할 때 수수료가 면제된다. 남은 현지 통화를 재환전할 때는 수수료 우대 혜택을 받을 수 있다. 하나 트래블로그카드, 신한 SOL트래블카드, KB국민 트래블 체크카드 등이 있다.

7 짐 싸기

사시사철 여름인 싱가포르에서는 가벼운 옷차림으로 다닐 수 있어서 짐 싸기가 수월하다. 다만 한낮에는 햇볕이 워낙 따갑기에 선글라스, 선크림, 모자 등은 꼭 챙겨오는 게 좋다.

품목	비고
가방 무게 줄이는 법	짐은 꼭 필요한 물건만 체크 리스트를 만들어 하나하나 점검하면서 싸는 게 좋다. 특히 항공사 수화물 무게 규정을 초과하는 경우 추가 비용을 내야 하기에, 아래 소개하는 준비물 중심으로 챙기고 더 필요한 건 현지에서 구매하는 것도 괜찮다. 또한, 기내에 반입 가능한 물품과 수화물로 부쳐야 하는 용품을 꼭 구분해야 한다.

기본 준비물	여권(유효기간 6개월 이상), 여권 사본 및 증명사진 2매(여권 분실 시 필요), 국제 학생증(해당 시), 신용카드(해외 결제 가능용), 현금(싱가포르 달러), 심카드(공항 픽업용, 예약 사이트 등을 통해 미리 구매), 멀티탭, 휴대전화 및 보조 배터리(수화물로 부칠 수 없고 기내로 가져가야 한다)
의류 및 신발	한국의 여름이라고 생각하고 옷을 챙겨오면 된다. 다만 지하철이나 버스, 음식점, 실내 어디든 에어컨을 세게 틀기 때문에 가볍게 걸칠 얇은 카디건이나 긴 팔 상의, 집업 후드티 등을 가방에 넣고 다니는 것이 좋다. 유명 바, 파인 레스토랑 등을 갈 예정이라면 스마트 캐주얼(남자는 긴바지, 앞이 막힌 신발 등)에 맞는 옷도 챙겨가자. 속옷과 양말, 수영복도 잊지 말자.
상비약	지사제, 진통제, 상처 연고, 밴드 등 기본적인 상비약은 만일을 위해 챙겨와도 좋다. 이러한 비상약은 드러그스토어 어디서나 구매할 수 있다.
자외선 대비용	우산 혹은 양산, 모자, 선글라스, 선크림, 휴대용 선풍기

* 기내반입 금지품목 연필·가위·커터칼 같은 끝이 뾰족한 물품, 보조 배터리, 가스 및 화학물질
* 제한적 기내반입 가능 품목 액체류 화장품와 의약품 용기당 100ml 이하투명한 지퍼백에 넣어 모두 1ℓ까지 반입 가능, 휴대용 라이터는 1개까지 가능

8 출국하기

공항으로 이동하기

공항까지 가는 방법은 버스, 택시, 공항철도 중에서 가장 편리한 방법을 선택하면 된다. 버스는 노선과 시간, 요금 등을 해당 홈페이지에서 미리 확인하는 게 좋다. 서울역 도심공항터미널에서는 일부 항공사에 한정되지만, 탑승 수속절차·수화물 부치기·출국 심사까지 사전에 처리할 수 있어 매우 편리하다. 다만, 당일 인천공항 출발 국제선 항공편만 가능하다. 항공사마다 다르지만, 비행기 탑승 최소 3시간~3시간 30분 전에는 수속절차를 마쳐야 한다. 탑승 수속이 가능한 항공사는 홈페이지에서 확인하자.

공항리무진 홈페이지 www.airportlimousine.co.kr 서울역 도심공항터미널 www.arex.or.kr (1599-7788)

출발 2시간 전 도착

항공사 사정이 수시로 변할 수 있으므로 출발 최소 2시간, 성수기나 연휴 기간에는 최소 3시간 전에는 공항에 도착하는 편이 안전하다. 항공사마다 제1여객터미널, 또는 제2여객터미널로 탑승 장소가 다르다. 탑승 장소를 미리 확인하자. 설령 원하는 터미널에 도착하지 못했더라도 걱정하지 말자. 무료 공항 셔틀버스로 어렵지 않게 이동할 수 있다.

인천공항 터미널 간 셔틀버스 운행 정보

제1여객터미널에서는 3층 중앙 8번 승차장에서, 제2여객터미널에서는 3층 중앙 4~5번 출구 사이에서 탑승한다. 제1여객터미널의 셔틀버스 첫차는 오전 05시 54분, 막차는 20시 35분에 출발한다. 제2여객터미널의 첫 셔틀버스는 오전 04시 28분, 막차는 00시 08분에 출발한다. 터미널 간 이동 시간은 약 15~18분이다. 배차 간격은 10분이다. 셔틀버스 운영사무실 032-741-3217

탑승 수속과 짐 부치기

E-티켓전자 항공권에 적힌 항공사와 편명을 공항 안내 모니터에서 확인 후 해당 항공사 카운터로 간다. 여권을 제시하고 수화물을 부친다. 항공사 및 좌석 그레이드에 따라 수화물 개수와 무게가 다르므로 미리 해당 항공사 홈페이지를 통해 체크하자.

기내 반입 및 위탁 수화물 규정

항공사	기내반입 수하물	위탁 수하물
대한항공	이코노미 클래스 1개 10kg 이하, 삼 변의 합 115cm 이내 프레스티지 & 일등석 총 2개 18kg 이하, 삼 변의 합 115cm 이내	일등석 3개, 각 32kg 이하 프레스티지석 2개, 각 32kg 이하 일반석 1개, 23kg 이하
아시아나 항공	이코노미 클래스 1개 10kg 이하 비즈니스 클래스 총 2개, 각 10kg 이하, 각 수화물 삼변의 합 115cm 이내	이코노미 클래스 1개, 23kg 이하 비즈니스 클래스 2개, 각 32kg 이하
싱가포르 항공	프리미엄 이코노미 클래스·이코노미 클래스 1개, 최대 각 7kg 퍼스트 클래스·비즈니스 클래스 2개, 최대 각 7kg 각 수화물 삼 변의 합 115cm 이내	퍼스트 클래스·비즈니스 클래스 2개, 각 최대 32kg 프리미엄 이코노미 클래스·이코노미 클래스 2개, 각 최대 23 kg
티웨이 항공	일반·스마트·이벤트 1개 10kg 이하 비즈니스 2개 각 10kg 이하, 각 수화물 삼 변의 합 115cm 이내	일반·스마트 23kg 이하 이벤트 15kg 비즈니스 32kg 이하
스쿠트 항공	이코노미 합산 무게가 10kg 이하 스쿠트 플러스 2개, 합산 무게가 15kg 이하, 각 수화물 삼 변의 합 115cm 이내	플라이백·플라이백이트 20kg 이하 스쿠트 플러스 30kg 이하

빠른 출국을 위한 팁

자동 출입국 심사서비스 만 7세부터 여권과 지문 인식만으로 출입국 수속을 마칠 수 있다. 7세~18세 이하는 사전등록이 필요하다. 14세 미만까지는 법정 대리인을 확인할 수 있는 발급 3개월 이내의 신청인 상세 기본증명서 및 가족관계증명, 법정 대리인의 신분증을 가지고 등록한다.
사전등록 장소 인천공항, 김포국제공항, 김해국제공항, 대구국제공항, 제주국제공항, 청주국제공항, 부산항·인천항(국제선), 서울역·도심공항출장소

패스트트랙 노약자나 유아를 동반했다면 항공사 카운터에 패스트트랙 이용 여부를 확인하자. 긴 대기줄에 서지 않고 빠르게 입국 수속을 마칠 수 있다. 7세 미만 유·소아, 70세 이상, 산모수첩을 지닌 임산부는 동반 3인까지 이용할 수 있다.

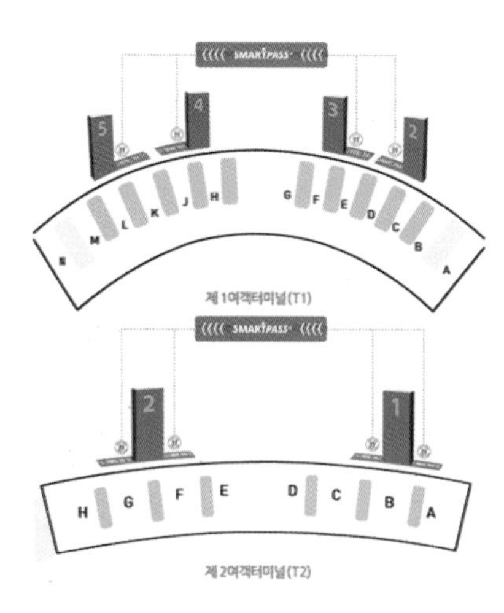

스마트 패스로 출국 수속을 빠르게 스마트 패스란, 모바일 앱 또는 공항 내 셀프 체크 키오스크에 안면 정보를 사전 등록하여 출국장, 탑승 게이트 등에서 출국 절차를 얼굴 인증만으로 빠르게 통과하는 시스템이다. 안면 정보는 한 번 등록으로 5년간 사용할 수 있으며, 탑승권 정보는 출국 때마다 등록해야 한다.

이용 방법

출국장 이용 항공사와 무관하게 스마트 패스 등록 여객 모두 사용 가능
탑승구 참여 항공사의 일부 게이트에서 사용 가능(**참여 항공사** 대한항공, 아시아나항공, 델타항공, 제주항공, 진에어, 티웨이항공)
출국장 스마트 패스 전용 라인 위치(좌측 그림 참고)
주의 사항 ①여권과 탑승권을 반드시 지참해야 한다.(위탁 수하물에 넣지 말고 직접 소지) ②7세 이상부터 스마트 패스를 이용할 수 있다.(14세 미만 고객은 보호자 동의 필요) ③법무부 자동 출입국 심사 서비스와 별개 서비스이다.

여행 실전 정보 창이공항 도착부터 떠날 때까지

1 창이공항에 도착해서 할 일

입국 심사받기

싱가포르에 입국하기 위해서는 출입국 신고서를 작성해야 한다. 도착 전 기내에서 나눠주므로 미리 작성해두면 편리하다. 직원의 안내에 따라 외국인 입국 카운터에 줄을 서 있다가 본인 차례가 오면 여권과 입국 신고서를 제출한다. 여권에 부착해주는 입국카드는 출국 시에 필요하므로 분실하지 않도록 조심하자.

입국 면세점 이용하기

싱가포르는 입국심사를 마치고 나가기 전 작은 면세점이 있어 한국 출국 시 사지 못했던 면세품을 추가로 구매할 수 있다. 특히 애주가라면 면세 맥주를 꼭 구매하기를 추천한다. 싱가포르는 외식 물가, 그중에서도 주류 가격이 매우 높은 편인데 면세 찬스로 미리 구매하여 숙소에서 즐기자.

수화물 찾기

입국 수속을 마치고 나오면 바로 수화물이 나오는 컨베이어 벨트가 보인다. 안내 스크린에서 본인이 탑승한 편명을 확인 후 표시된 지점으로 가서 기다렸다 짐을 찾으면 된다.

SIM카드 구매하기

휴대전화 자동로밍은 이용료가 비싼 편이므로 데이터양도 넉넉하고 전화도 얼마든지 사용할 수 있는 SIM카드를 바꿔 이용하는 것이 이득이다. 한국에서 사용하던 휴대전화의 SIM카드를 빼고 그 자리에 현지에서 구매한 SIM카드를 넣으면 현지 임시 번호로 개통된다. 기존 휴대전화에 깔린 SNS나 앱들을 그대로 사용할 수 있으나, 기존 한국 번호로 오는 문자와 전화는 받을 수 없다.

싱가포르 입국 시 구매하려면 제3터미널 입국장 1층에 위치한 편의점Cheers이나 입국장을 나와 환전소 등에서 판매하는데 간혹 재고가 없을 수도 있다. 한국에서 예약 사이트를 통해 구매하여 바우처를 들고 공항의 해당 교환처에서 수령하는 편을 추천한다. 창이공항에서는 WIFI를 무료로 사용할 수 있다.

공항에서 환전하기

공항에는 환전소가 몇 군데 있으나, 환율이 싱가포르 시내보다 좋지 않다.
싱가포르 달러를 준비하지 못했다면 이동비용 등 최소한만 환전하기를 권한다.

2 창이공항에서 시내 가는 방법

버스와 MRT를 타려면 이지링크EZ-Link 카드가 필요하다. 승객 서비스 센터 또는 창이 MRT 공항역의 Transit Link 매표소에서 구매할 수 있다.

① MRT

창이공항에서 시내 중심가까지는 30~40분 정도 소요된다. 'Train to City' 표지판을 따라가면 MRT 창이공항역으

로 연결된다. 두 정거장 가서 타나메라역Tanah Merah에서 하차 후, B플랫폼에서 투아스링크역Tuas Link 방향으로 가는 이스트 웨스트 라인으로 갈아탄다.
첫차 평일 05:31, 일요일 및 공휴일 05:59 막차 투아스 링크 매일 23:18

② 버스

창이공항 여객터미널 1, 2, 3은 지하 2층 버스정류장에서, 터미널 4에서는 주차장 4B 옆 버스 정류장에서 탑승할 수 있다. 36번을 타면 오차드로드, 선텍 시티, 서머셋 등 주요 시내까지 한 번에 간다. 가격은 MRT와 비슷하지만, 시간이 다소 많이 걸리는 편이다. 첫차 평일 06:00 막차 23:00

③ 시티 셔틀버스

싱가포르의 주요 호텔 앞까지 운행한다. 버스나 MRT를 타지 못하는 시간에 유용하다. 다만 이용비용은 성인 10불, 어린이(12세 미만) 7불이므로 인원이 많을 때는 택시를 타는 편이 더 낫다.
공항 출발 시간 매일 07:00, 08:00, 09:00, 10:00, 17:00, 18:00, 19:00

④ 택시

짐이 많거나 인원이 3명 이상, 대중교통을 이용할 수 없는 시간대에 도착했다면 택시를 이용하는 것이 가장 편리하다. 시내까지는 30분 정도가 소요되며 가격은 할증을 포함하여 20~40불 정도다. 공항 추가 요금 월~일(05:00~23:59) 8불, 그 외 시간 6불 심야 할증요 매일(24:00~06:00) 최종 요금의 50%
피크 시간 추가 요금 월~금 06:00~09:30, 월~일 18:00~24:00, 최종 측정 요금의 25%

3 싱가포르 시내 교통편

싱가포르는 한국과 마찬가지로 대중교통이 매우 발달해 있다. 특히 MRT와 버스는 한국의 지하철, 버스와 이용법이 거의 같기에 타고 내리기 편하다. 30분 이내에 버스-다른 번호 버스, 버스-MRT로 환승 시 할인을 받을 수 있다.

❶ MRT

서울의 지하철처럼 싱가포르에서 가장 대중적인 교통수단이다. 요금은 거리에 따라 2불 내외이다. 버스와 연계해 갈아탈 수 있는 장점이 있다. 공항부터 주요 도심까지 어디든 안 가는 곳이 없다. 출발·도착 시각이 비교적 정확해 버스보다 많이 이용한다.

❷ 버스

MRT보다 노선이 세밀해 한두 번 갈아타면 못 가는 곳이 없을 정도다. 승차할 때 리더기에 이지링크 카드를 대면 금액이 결제된다. 뒷문으로 하차할 때도 다시 리더기에 카드를 태그해야 하는데 이동 거리에 따라 금액이 책정된다.

❸ 택시와 차량공유 서비스

일행이 많을 때나 대중교통으로 몇 번을 갈아타고 많이 걸어야 한다면 택시가 더 이득이다.

4 편리한 싱가포르 교통카드 정보

이지링크 카드와 넷츠 EZ Link Card & NETS card

우리나라의 교통카드 기능과 같다고 보면 된다. 버스, MRT지하철는 물론 비보시티에서 센토사로 들어가는 익스프레스를 탈 때도 필요하다. 또 택시 요금 결제, 편의점, 작은 소매점 등에서도 사용할 수 있는 다재다능한 카드이다. 종류는 이지링크와 넷츠 2가지가 있는데 교통카드 기능은 같지만, 구매 결제기능은 어떤 곳은 이지링크, 어떤 곳은 넷츠만 가능하다.

교통카드 사는 곳

교통가드는 MRT 티켓 오피스고객 센터에서 판매하지 않음나 버스 인터체인지, 세븐일레븐 편의점에서 구매할 수 있다. 첫 구매 시 가격은 12불로, 카드 보증금 5불과 기본 잔액 7불이 충전되어 있다. 유효기간은 5년이며, 카드 보증금 5불을 제외한 남은 금액은 MRT 티켓 오피스에서 환불할 수 있다. 시즌별 다양한 디자인이 출시되기에 싱가포르 기념품으로도 간직하기 좋다.

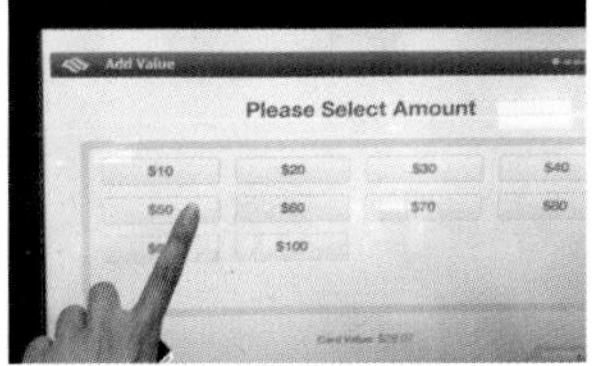

교통카드 충전 방법

충전은 MRT역 티켓 발권기, 세븐일레븐, 치얼스 편의점에서 가능하다. 편의점에서는 원하는 가격만큼 현금을 내면 직원이 단말기로 충전을 해준다.

① MRT역 티켓 발권기로 간다.

② 충전할 교통카드를 리더기에 올려 두면 남아있는 금액이 스크린에 표시된다.

③ 충전할 금액은 최소 10불~100불까지 선택할 수 있다.

④ 결제 수단 'Cash'를 누루고 돈을 입금한다. 해외에서 발급한 신용카드는 수수료가 있기에 현금 사용을 권한다

⑤ 1~2초 후 충전이 완료된다.

스탠다드 티켓 Standard Ticket

MRT를 많이 이용하지 않는다면 1회용 스탠다드 티켓보증금 10센트을 이용하자. 같은 티켓으로 최대 6번까지 충전할 수 있다. 티켓 발권기 스크린에서 'Buy Standard Ticket'을 눌러 노선도가 나오면 목적지를 선택한다. 왕복인지 편도인지 선택하고 해당 금액을 투입한다.

티켓 충전 방법

1. MRT역 티켓 발권기로 간다.
2. 충전할 교통카드를 리더기에 올린 후 Add Trip 버튼을 누른다.
3. 지도를 터치해 노선도가 나오면 목적지를 선택한다.
4. 스크린에 표시된 금액을 현금으로 투입한다.

싱가포르 교통 패스

여행자들의 편의를 위해 만든 교통 패스로 유효기간 동안 무제한으로 대중교통을 이용할 수 있다. 특히 싱가포르 동물원, 버드 파라다이스, 공항이동 등 외곽지역으로 나갈 때 유용하다.

≡ www.thesingaporetouristpass.com.sg

©STP-cardface

• 싱가포르 투어리스트 패스 Singapore Tourist Pass

유효기간 안에 MRT, 시내버스를 무제한으로 탈 수 있다. 나중에 환불받을 수 있는 보증금 10불이 포함된 가격이다. 1일권 20불, 2일권 26불, 3일권 30불이며, 연속으로 사용해야 한다.

©SGTP-Merli-cardface

• SG 투어리스트 패스 SG Tourist Pass

3일 동안 MRT, 시내버스를 무제한으로 이용할 수 있다.
가격은 25불로 보증금은 따로 없다.

©STPPlus-cardface

• 싱가포르 투어리스트 패스 플러스 Singapore Tourist Pass Plus

3일 동안 MRT, 시내버스를 무제한으로 이용할 수 있다. 여기에 기념품 제공, 식사할 인권, 투어 할인권 등 약간의 추가 혜택이 있다. 가격은 38불로 보증금은 따로 없다.

5 싱가포르에서 유용한 스마트폰 앱

지도 및 이동 서비스 앱

❶ 구글맵 Google Maps

해외여행 시 길을 찾을 때 가장 많이 사용하는 앱이다. 실시간 교통 정보와 경로 보기, 길찾기 기능 등이 매우 편리하다.

❷ 시티맵퍼 Citymapper

버스, 지하철, 택시의 출발지와 목적지를 넣으면 자세한 이동 경로가 안내해줘 쉽게 길을 찾을 수 있다. 대중교통은 물론 공용 자전거 주차장 위치, 페리 노선까지 한 번에 검색할 수 있다.

❸ 그랩, 고젝, 타다 Grab, Gojek, Tada

싱가포르에서 택시보다 흔하게 이용하는 차량공유 서비스다. 같은 목적지라도 세 업체의 제시 금액이 다르므로 비교해서 가장 저렴한 것을 이용하자. 고젝의 경우 할인 쿠폰코드 등을 자주 배포하는 편이다. 그랩은 음식배달, 택배 서비스 등을 겸하고 있어 가장 자주 사용한다.

예약 및 맛집 정보

❶ 클룩 Klook

'계속 찾아본다'Keep Looking의 약자로 현지 교통, 어트랙션, 액티비티, 와이파이, SIM 카드 등 여행에 꼭 필요한 상품을 손쉽게 예약할 수 있는 예약 플랫폼이다.

❷ 촙 Chope 싱가포르에서 가장 많이 쓰는 식당 예약 앱으로 자리를 '찜'했다는 싱가포르의 구어체 표현인 'Chope'를 그대로 사용하고 있다. 1+1이나 시간대별 핫딜 등 프로모션도 자주 하는 편이라 잘 찾아보면 이득이 되는 정보가 많다.

❸ 트립어드바이저 Tripadvisor 미국의 세계 최대 온라인 여행 플랫폼으로 49개국에서 28개의 언어로 사용할 수 있다. 식당이나 호텔 등에서도 트립어드바이저에서 높은 평점을 받은 초록색 부엉이 엠블럼을 마케팅에 적극적으로 사용할 정도로 방문객들의 생생한 리뷰가 장점이다.

번역 및 기타

❶ 파파고 Papago

현지 언어를 원하는 언어로 바꿔주는 네이버 번역 앱이다. 100% 정확한 표현은 아니지만, 본인이 하고 싶은 말은 어느 정도 전달할 수 있어 급할 때 유용하다.

❷ 마이센토사 MySentosa 센토사의 모든 명소, 호텔, 레스토랑 정보를 일목요연하게 담아 놓은 센토사 전문 앱이다. 센토사에서 현재 진행하고 있는 이벤트나 프로모션 소식을 알 수 있다. 센토사 전용 지도를 다운 받으면 해당 카테고리별로 위치가 표시되어 조금 편하게 동선을 파악할 수 있다.

6 싱가포르 떠나기

공항으로 가는 방법

시내에서 공항을 가는 방법은 입국했을 때의 방법을 역으로 활용하면 된다. 숙소 앞에서 택시를 타고 가는 게 가장 편하다. 피크 타임만 아니라면 시내에서 공항까지 비용은 보통 20~30불이다.

탑승 수속과 짐 부치기

항공권 이티켓에 적힌 해당 터미널에 도착한 뒤 공항 안내 모니터에서 항공사 카운터를 확인 후 카운터로 간다. 여권을 제시하고 수화물을 부친다. 쇼핑으로 짐이 늘어났는지 확인해서 수화물 무게가 기준에 초과하지 않도록 주의하자.

주얼 창이 둘러보기

최소 출발 2시간 전에 도착하여 주얼창이에 들러보자. 주얼장이는 창이공항과 연결된 쇼핑센터이다. 인공폭포와 숲, 각종 체험 공간 등으로 꾸며져 있어 쇼핑은 물론 싱가포르에서의 마지막 추억을 남기기 좋다.

세금 환급받기 상품 및 서비스 세금

싱가포르 관광객이라면 'Tax Free'가 부착된 가게에서 $100(싱가포르 달러, 한 상점당 당일 영수증 3개까지) 이상 구매하는 경우 지급한 금액의 9%의 상품 및 서비스 세금GST : Goods and Services Tax을 환급을 받을 수 있다.
쇼핑 후 계산할 때 여권을 보여주고 세금을 환급받고 싶다고 하면 직원이 포스에 자료를 입력 후 eTRSElectronic Tourist Refund Self-help 티켓을 발급해준다. 이를 잘 보관하였다가 창이공항 각 터미널 출발 층에 있는 eGST Refund 셀프 환급 키오스크에서 신청하면 된다. GST 환급 키오스크는 터미널 1과 터미널3의 출발 홀과 주얼창이 1층에 있다. 여권, 항공권, 영수증, 구매한 물품을 함께 지참해야 한다.
환급절차 과정에서 물품에 관한 세관 검사를 할 수 있으므로, 구매한 물품을 수화물로 부치기 전 eGST Refund 셀프 환급기에서 신청하자. 환급받을 시 신용카드를 선택하면 10일 이내 환급이 완료되며, 현금은 출국 심사대를 지난 후에 있는 센트럴 환급 카운터Central Refund Counter에 받은 영수증을 제시하면 바로 돌려준다.

Travel Tip

창이공항의 여행자 관련 시설

수화물 보관소 수화물 보관24시간에 5~18불, 포터 서비스짐 1개당 3불, 10개까지, 수화물 래핑15~45불 서비스가 가능하다. 24시간 운영한다. 위치 #01-302 ☏ +65 6214 0628

무인 환전소 지하 1층과 4층에 'FXCHANCE' 키오스크에서 주요 통화를 바꿀 수 있다. 24시간 운영한다.
위치 #B1-K200, #B1-K206, #04-K200

GST 환급 키오스크 위치 터미널 1과 터미널3의 출발 홀과 주얼 창이 1층에 있는 eTRSElectronic Tourist Refund Self-help 키오스크에서 상품 및 서비스 세금 환급을 신청할 수 있다. 여권, 항공권, 영수증, 구매한 물품을 함께 지참해야 한다.

7 환승객이라면 싱가포르 무료 투어를!

싱가포르에서 5시간 30분에서 24시간 이내에 머무는 환승객이라면 무료 투어를 눈여겨보자. 창이공항 그룹, 싱가포르항공, 싱가포르관광청이 공동 주관하는 무료 투어 버스로 싱가포르의 주요 관광지를 2~3시간 동안 임팩트 있게 즐길 수 있다. 무료 투어는 네 가지의 테마 여행으로 구성되며, 가이드는 영어로만 진행한다. 투어 시작 1시간 전에 등록이 마감된다. 환승객은 1회만 싱가포르 출입국이 가능하므로 네 가지 중 한 가지만 선택할 수 있다.

예약 방법 싱가포르항공 및 스쿠트항공 승객은 온라인(www.playpass.changiairport.com)에서 예매할 수 있다. 타항공 승객은 창이공항 환승 구역 내 'Free Singapore Tour' 카운트에서 직접 신청해야 한다.
제2터미널 : 2층 Gate F50 근처, 07:00~13:00
제3터미널 : 2층 Gate A1, A8 근처, 07:00~13:00
* 여권과 탑승권이 필요하며 선착순으로 마감된다.
* 환승객은 환승 구역에 머물러야 하며 도착 출입국 심사대를 통과하지 않도록 유의한다.
* 부피가 큰 기내 수화물이 있는 경우 수화물 보관소에 맡겨야 한다.

환승객 투어 종류

❶ 창이 지역 투어Changi Precinct Tour

싱가포르의 동쪽 끝의 조용한 현지인 코스이다. 현지인에게 인기 있는 휴양지로, 조용한 창이 빌리지와 주변 해안 산책로를 거닐며 지역 커뮤니티와 거주지를 방문한다. 탐피니스 뉴타운, 탐피니스 센트럴 파크, 아우어 탐피니스 허브, 창이 채플·박물관, 창이빌리지, 창이 해변공원 등이 주요 코스다.

투어 시간 10:00~12:30/세션당 최대 40명/등록 마감 08:30

❷ 시티 관광 투어City Sights Tour

싱가포르 첫 방문자에게 추천한다. 오래된 국립 기념물과 고층 빌딩이 조화로운 시내 주요 지역을 도는 코스로 싱가포르의 발전과 역사를 한눈에 살펴볼 수 있다. 국립미술관, 앤더슨 브리지, 파당 지역, 마리나 베이 금융 지구, 멀라이언 파크, 가든스 바이 더 베이 등 싱가포르의 주요 명소를 볼 수 있다.

투어 시간 12:00~14:30, 16:00~18:30, 19:00~21:30/세션당 최대 40명/등록 마감은 각 투어 시작 1시간 30분 전까지)

❸ 헤리티지 투어Heritage Tour

싱가포르의 다채로운 문화유산을 구경할 수 있다. 싱가포르의 금융과 핵심 상업 지구, 사테 스트리트로 유명한 유서 깊은 호커 센터 라우파삿, 차이나타운, 클락키, 아랍 스트리트, 하지 레인 등을 둘러보는 코스다. 투어 시간 13:00~15:30, 18:00~20:30/세션당 최대 40명/등록 마감은 각 투어 시작 1시간 30분 전까지

❹ 주얼 워킹 투어Jewel Walking Tour

멀리 가지 않고 '주얼 창이'만 꼼꼼히 구경하는 프로그램이다. 볼거리, 먹거리, 놀거리가 넘치는 창이 공항 주얼을 탐험하는 워킹 투어다. 화려한 실내 폭포인 레인 볼텍스, 디지털 어트렉션인 창이 익스피리언스 스튜디오, 여러 가지 창의적 레크리에이션 공간인 캐노피 파크 등을 둘러볼 수 있다.

투어 시간 11:00~13:30, 18:00~20:00/세션당 최대 25명/등록 마감은 각 투어 시작 1시간 30분 전까지

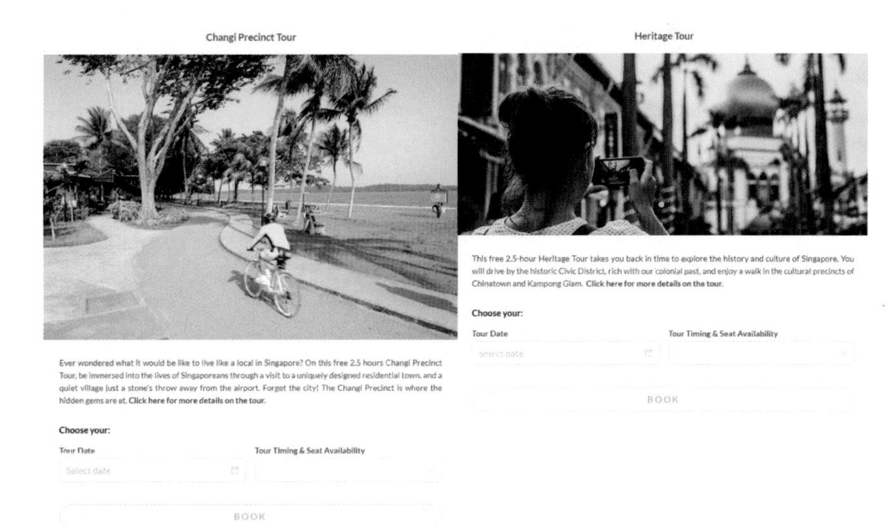

Special Tip

마지막 여정, 주얼 창이 둘러보기

주얼 창이는 마리나 베이 샌즈를 설계한 유명 건축가 모셰 사프디Moshe Safdie가 디자인했다. 2019년 10월 오픈한 뒤 또 하나의 싱가포르 명물로 자리매김하고 있다. 특히 주얼창이 중앙의 커다란 돔에서 시원하게 쏟아지는 거대한 인공폭포 '레인 버텍스'는 그야말로 압권이다. 인공폭포 주변을 2000그루의 나무와 온갖 식물들이 빽빽하게 둘러싸고 있는 포레스트 밸리도 매력적이다. 마치 신비로운 정원에 들어와 있는 착각을 불러일으킨다. 유료로 입장하는 5층 캐노피 정원에는 다양한 체험 거리가 가득하다. 시간 여유가 있다면 한 번 둘러보길 추천한다. 이외에도 쉑쉑버거, 바이올렛 운, 스타벅스, 버거앤랍스타 등 다양한 레스토랑이 기다리고 있다. 또 시내에서 못다 한 쇼핑과 기념품 구매까지 마무리할 수 있다. 주얼 창이를 둘러보기 위해서는 최소 1시간 정도가 소요된다. 주얼 창이에 들를 계획이라면 최소 탑승 시간 2시간 전에는 공항에 도착하여 늦지 않도록 주의하자. 주얼 창이는 환승 구역의 일부가 아니므로 각 터미널에서 입국 심사대를 통과하기 전에 방문해야 한다.

터미널 1에서 바로 연결. 터미널 2~3에서는 2층 출발 지점에서 링크 브리지로 도보 10분. 터미널 4에는 1층의 '도착 픽업 포인트'에서 무료 셔틀버스 이용

매일 10:00~22:00(매장별 상이)

주얼 창이의 주요 시설

레인 버텍스 Rain Vortex

세계 최대 인공폭포

높이가 40m인 세계에서 가장 크고 가장 높은 실내 폭포다. 물은 빗물을 모아 사용하는데 지붕으로 펌핑해 분당 최대 37,850ℓ가 둥근 구멍을 통해 지하 풀로 자유 낙하한다. 밤이 되면 폭포 주변의 원형 벽이 360도 무대가 된다. 이곳에서 빛과 소리의 쇼Light & Sound Show / 월~목 20:00, 21:00 금~일·공휴일 20:00, 21:00, 22:00가 펼쳐질 때 관람하면 더욱 환상적이다. 시세이도 포레스트 밸리 중앙레벨 1과 레벨 4 사이 입구와 출구 지점 **월~목** 11:00~22:00 **금~일·공휴일** 10:00~22:00

캐노피 파크 Canopy Park

주얼 창이 5층에 있는 근사한 체험 공간이다. 축구장 두 개 크기인 4000여 평에 이른다. 아이들이 있다면 꼭 가볼 만한 장소다. 동물 모양으로 장식해 놓은 토피어리 워크Topiary Walk와 화려하고 이국적인 꽃을 감상할 수 있는 페탈 가든Petal Garden, 안개가 피어나는 포기 보울, 어른이 타도 신나는 2개의 디스커버리 슬라이드가 방문객을 반긴다. 거울의 반사효과를 이용한 미로 탐험 시설인 미러 메이즈Mirror Maze, 지상 8m 높이에 설치된 거대한 그물 걷기 시설인 워킹 넷Walking Net, 지상 8m의 높이의 거대한 트램펄린 바운싱 넷Bouncing Net, 성인 키보다 높은 수풀 미로 통과 체험장인 헤지 메이즈Hedge Maze도 재밌는 체험장이다. 이들 개별 입장권을 구매하면 캐노피 파크 입장권이 포함돼 있다. 내부는 안전상의 이유로 바퀴 달린 가방은 허용하지 않는다.

캐노피 파크 월~목 10:00~21:00, 금~일·공휴일 10:00~22:00
S$ 성인·어린이 8불(디스커버리 슬라이드, 포기 보울, 페탈 가든, 토피어리 워크 포함 가격)
미러 메이즈 매일 10:00~21:00 S$ 성인 18.9불, 어린이 13.9불(캐노피 파크 입장료 포함)
워킹 넷 매일 10:00~21:00
S$ 성인 18.9불, 키 110cm 이상 어린이 13.9불(캐노피 파크 입장료 포함, 바지·반바지· 굽 없는 편안한 신발 착용해야 함)
바운싱 넷 매일 10:00~21:00
S$ 성인 24.9불, 키 110cm 이상 어린이 19.9불(캐노피 파크 입징료 포함, 바지·반바지· 굽 없는 편안한 신발 착용해야 함)
헤지 메이즈 매일 10:00~21:00 S$ 성인 13.9불, 어린이 11.9불

일정별 베스트 추천 코스6

① 2박 3일 코스
짧고 강렬하게 싱가포르 느끼기

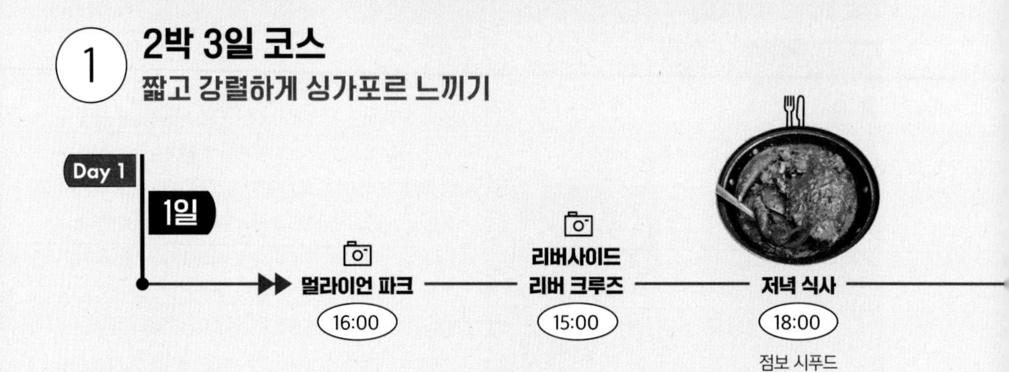

Day 1

1일

- **멀라이언 파크** 16:00
- **리버사이드 리버 크루즈** 15:00
- **저녁 식사** 18:00
  점보 시푸드

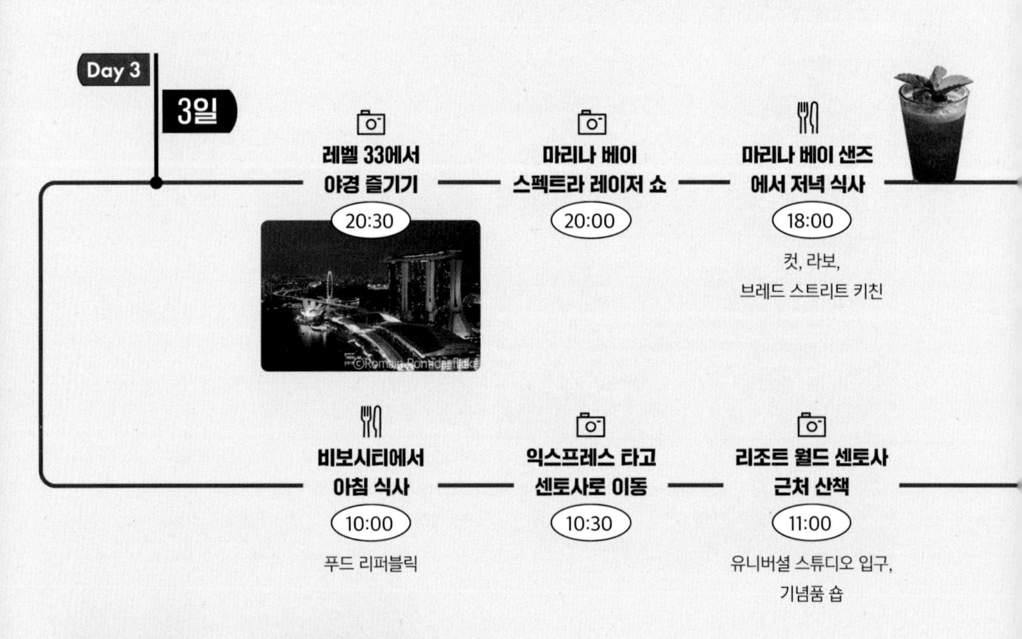

Day 3

3일

- **마리나 베이 샌즈에서 저녁 식사** 18:00
  컷, 라보, 브레드 스트리트 키친
- **마리나 베이 스펙트라 레이저 쇼** 20:00
- **레벨 33에서 야경 즐기기** 20:30
- **비보시티에서 아침 식사** 10:00
  푸드 리퍼블릭
- **익스프레스 타고 센토사로 이동** 10:30
- **리조트 월드 센토사 근처 산책** 11:00
  유니버셜 스튜디오 입구, 기념품 숍

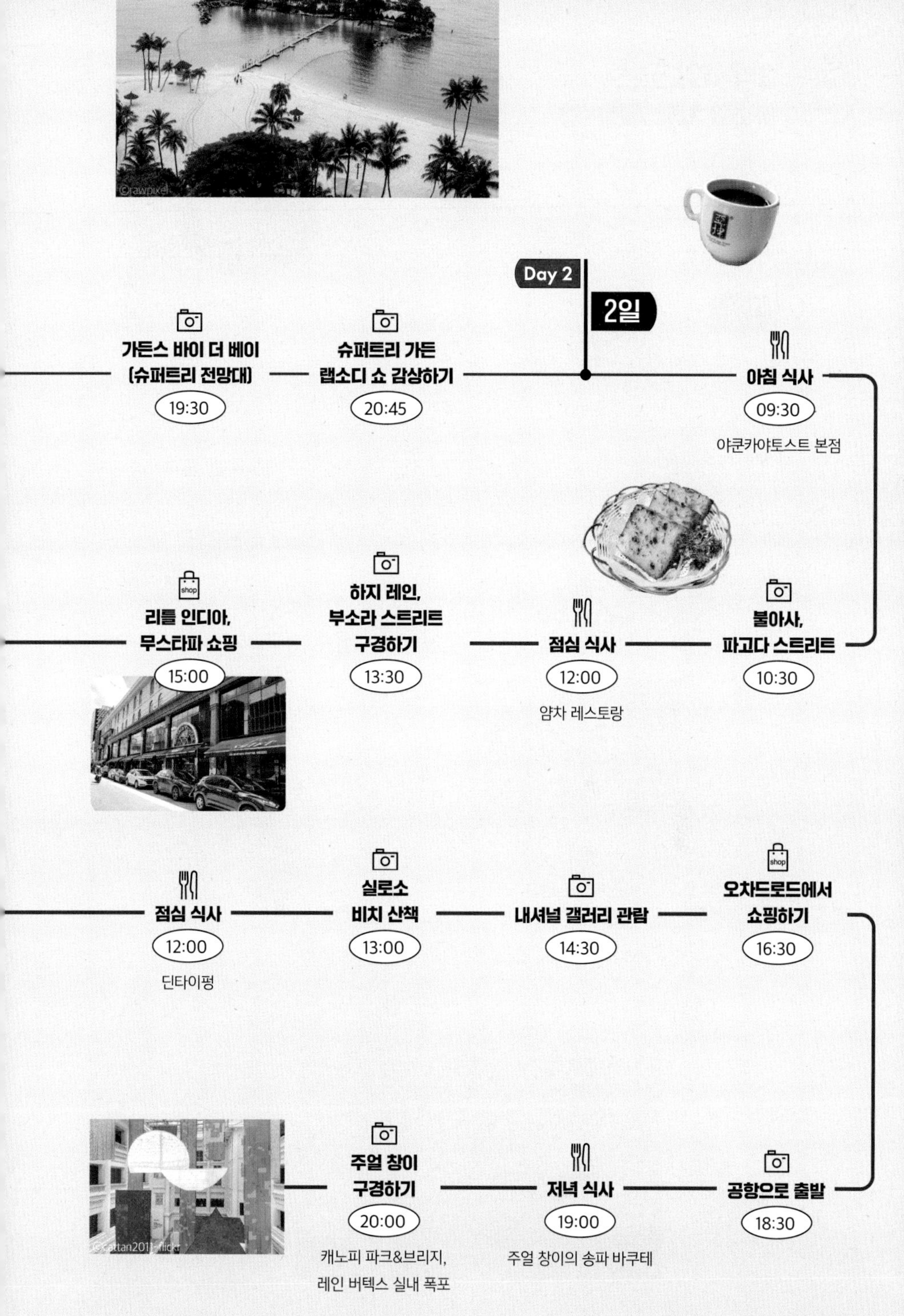
©rawpixel
가든스 바이 더 베이
(슈퍼트리 전망대)
19:30
슈퍼트리 가든
랩소디 쇼 감상하기
20:45
Day 2
2일
아침 식사
09:30
야쿤카야토스트 본점
불아사,
파고다 스트리트
10:30
점심 식사
12:00
얌차 레스토랑
하지 레인,
부소라 스트리트
구경하기
13:30
shop
리틀 인디아,
무스타파 쇼핑
15:00
점심 식사
12:00
딘타이펑
실로소
비치 산책
13:00
내셔널 갤러리 관람
14:30
shop
오차드로드에서
쇼핑하기
16:30
공항으로 출발
18:30
저녁 식사
19:00
주얼 창이의 송파 바쿠테
주얼 창이
구경하기
20:00
캐노피 파크&브리지,
레인 버텍스 실내 폭포
©cattan2011-flickr

2 3박 4일 코스
아이와 함께 가족여행

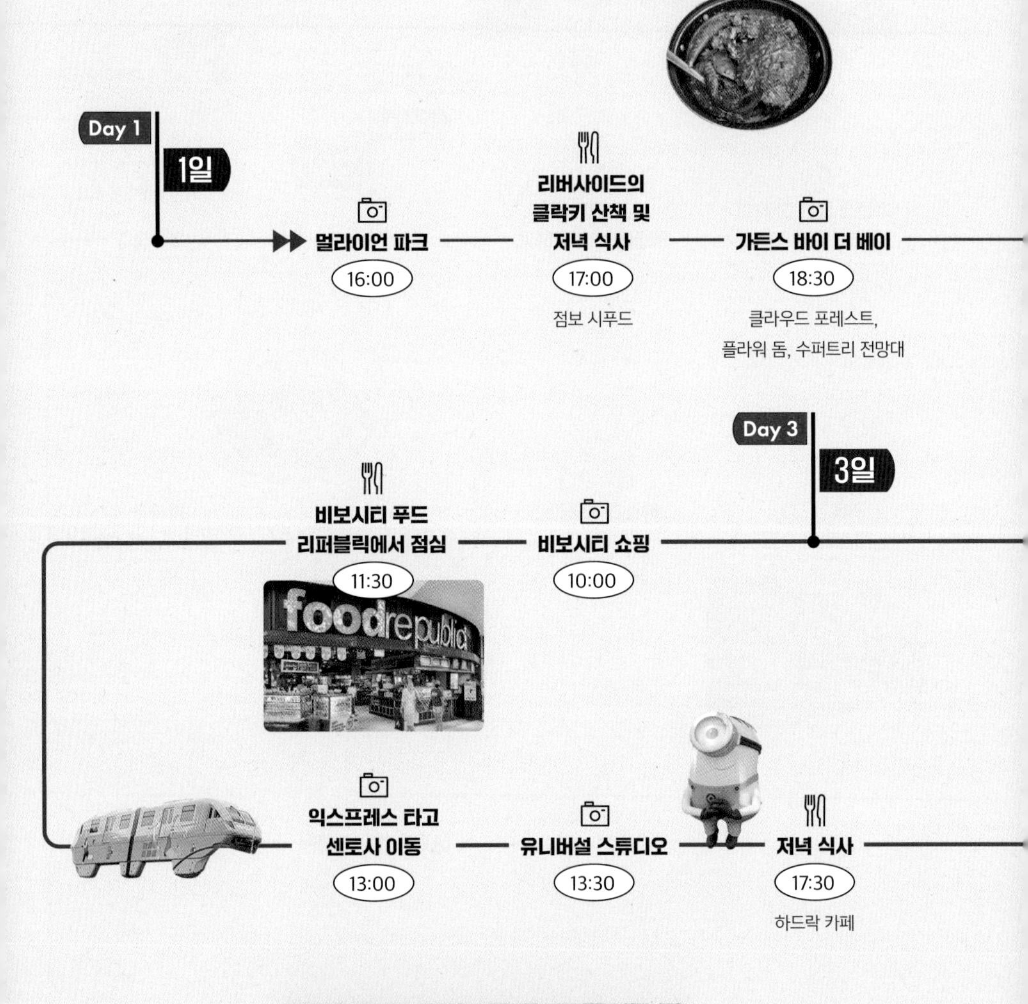

주얼 창이 즐기기

19:30

캐노피 파크&브리지,
레인 버텍스 실내 폭포,
실내 슬라이드

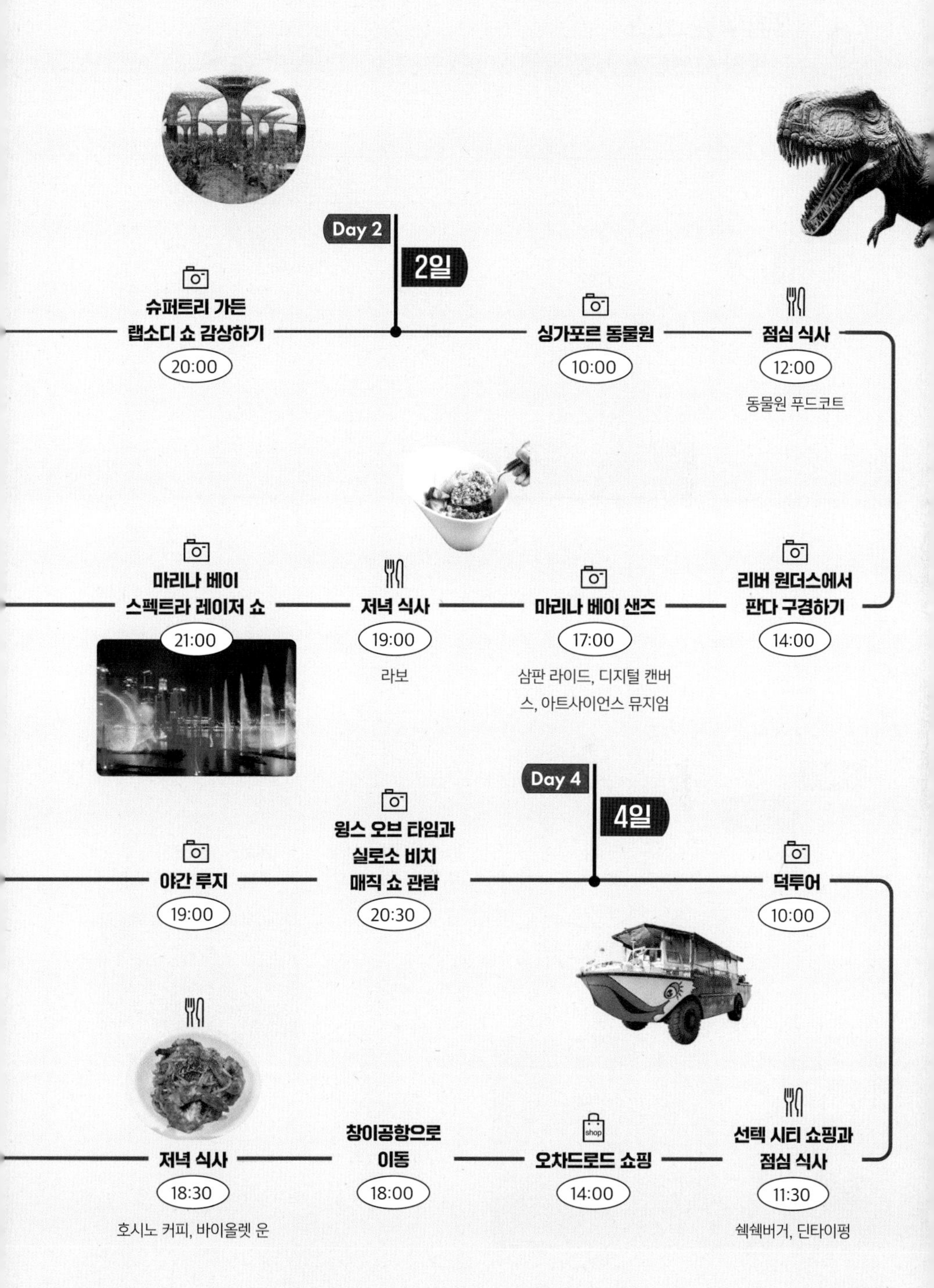
Day 2
2일
싱가포르 동물원
10:00
점심 식사
12:00
동물원 푸드코트
리버 원더스에서 판다 구경하기
14:00
마리나 베이 샌즈
17:00
삼판 라이드, 디지털 캔버스, 아트사이언스 뮤지엄
저녁 식사
19:00
라보
마리나 베이 스펙트라 레이저 쇼
21:00
슈퍼트리 가든 랩소디 쇼 감상하기
20:00
Day 4
4일
덕투어
10:00
선텍 시티 쇼핑과 점심 식사
11:30
쉑쉑버거, 딘타이펑
shop
오차드로드 쇼핑
14:00
창이공항으로 이동
18:00
저녁 식사
18:30
호시노 커피, 바이올렛 운
야간 루지
19:00
윙스 오브 타임과 실로소 비치 매직 쇼 관람
20:30

③ 3박 4일 코스
단둘이 오붓하게 커플 여행

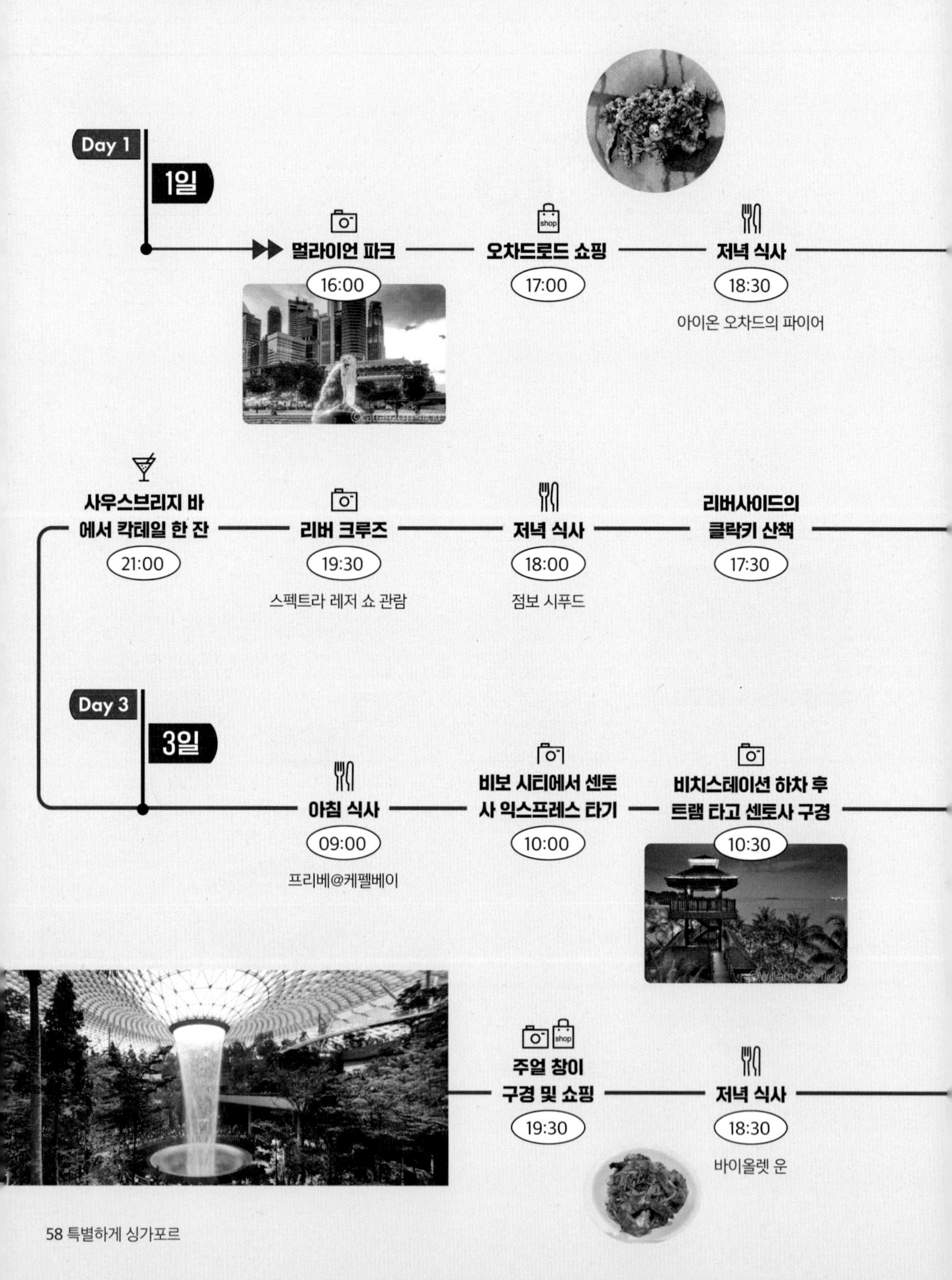

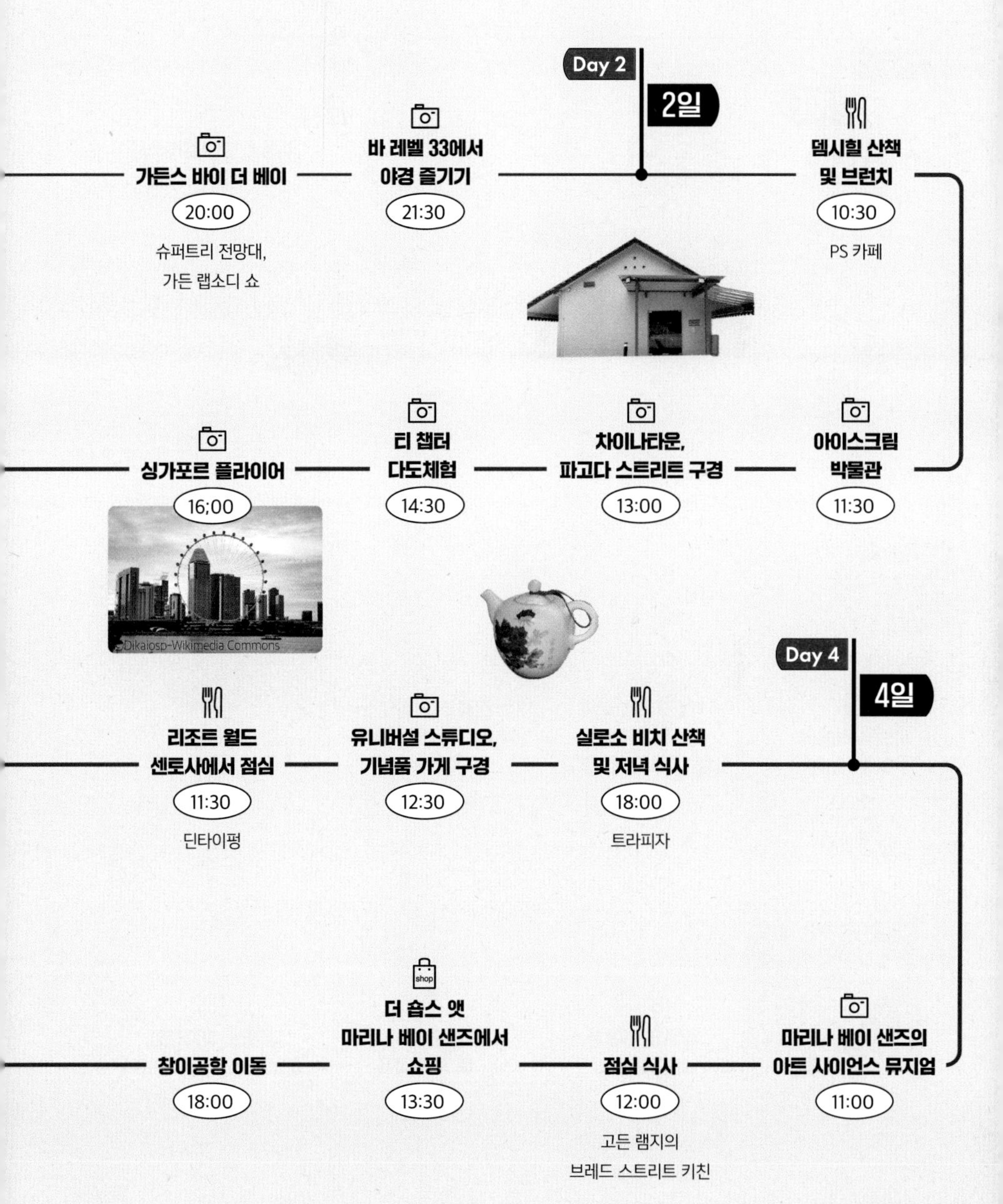

가든스 바이 더 베이
20:00
슈퍼트리 전망대,
가든 랩소디 쇼
바 레벨 33에서
야경 즐기기
21:30
Day 2
2일
뎀시힐 산책
및 브런치
10:30
PS 카페
아이스크림
박물관
11:30
차이나타운,
파고다 스트리트 구경
13:00
티 챕터
다도체험
14:30
싱가포르 플라이어
16;00
©Dikaiosp-Wikimedia Commons
리조트 월드
센토사에서 점심
11:30
딘타이펑
유니버설 스튜디오,
기념품 가게 구경
12:30
실로소 비치 산책
및 저녁 식사
18:00
트라피자
Day 4
4일
마리나 베이 샌즈의
아트 사이언스 뮤지엄
11:00
점심 식사
12:00
고든 램지의
브레드 스트리트 키친
shop
더 숍스 앳
마리나 베이 샌즈에서
쇼핑
13:30
창이공항 이동
18:00

4 3박 4일 코스
친구들끼리 쇼핑과 미식 여행

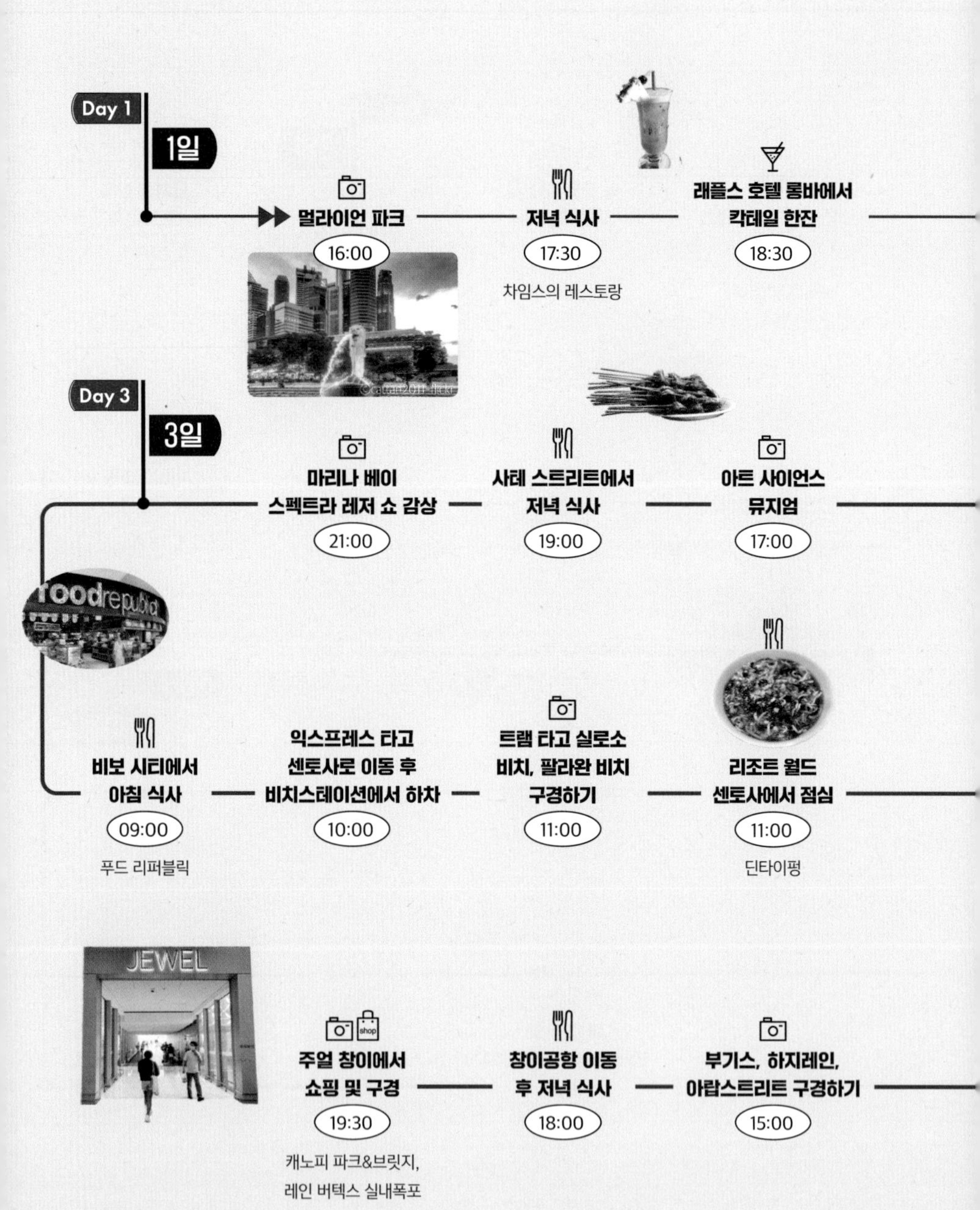

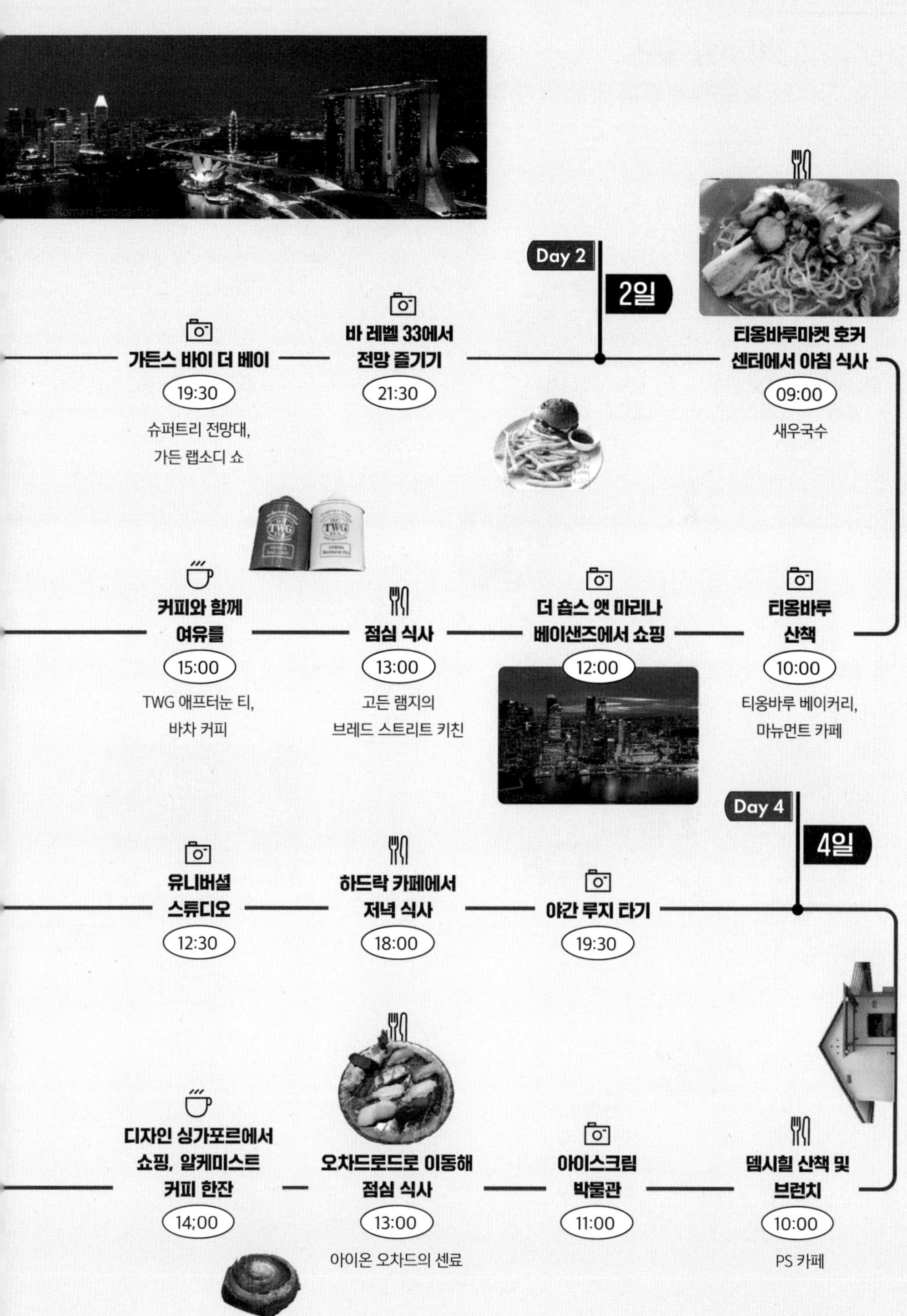

Day 2
2일
티옹바루마켓 호커 센터에서 아침 식사
09:00
새우국수
티옹바루 산책
10:00
티옹바루 베이커리, 마누먼트 카페
더 숍스 앳 마리나 베이샌즈에서 쇼핑
12:00
점심 식사
13:00
고든 램지의 브레드 스트리트 키친
커피와 함께 여유를
15:00
TWG 애프터눈 티, 바차 커피
가든스 바이 더 베이
19:30
슈퍼트리 전망대, 가든 랩소디 쇼
바 레벨 33에서 전망 즐기기
21:30
유니버셜 스튜디오
12:30
하드락 카페에서 저녁 식사
18:00
야간 루지 타기
19:30
Day 4
4일
뎀시힐 산책 및 브런치
10:00
PS 카페
아이스크림 박물관
11:00
오차드로드로 이동해 점심 식사
13:00
아이온 오차드의 센료
디자인 싱가포르에서 쇼핑, 알케미스트 커피 한잔
14:00

5 3박 4일 코스
나 홀로 여행족을 위한 실속 여행

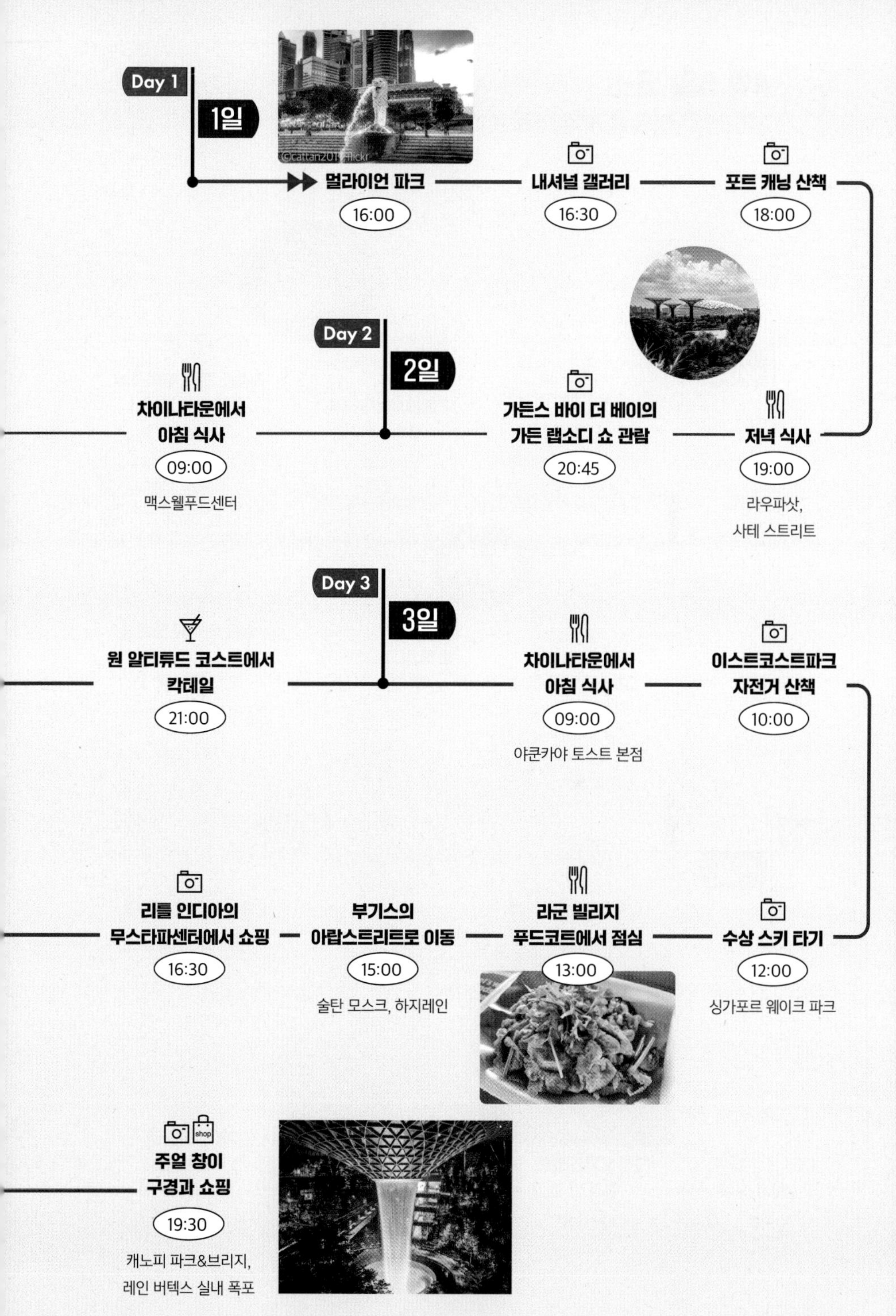
Day 1
1일
©cattan2011/flickr
멀라이언 파크
16:00
내셔널 갤러리
16:30
포트 캐닝 산책
18:00
Day 2
2일
저녁 식사
19:00
라우파삿,
사테 스트리트
가든스 바이 더 베이의
가든 랩소디 쇼 관람
20:45
차이나타운에서
아침 식사
09:00
맥스웰푸드센터
Day 3
3일
차이나타운에서
아침 식사
09:00
야쿤카야 토스트 본점
이스트코스트파크
자전거 산책
10:00
수상 스키 타기
12:00
싱가포르 웨이크 파크
라군 빌리지
푸드코트에서 점심
13:00
부기스의
아랍스트리트로 이동
15:00
술탄 모스크, 하지레인
리틀 인디아의
무스타파센터에서 쇼핑
16:30
원 알티튜드 코스트에서
칵테일
21:00
shop
주얼 창이
구경과 쇼핑
19:30
캐노피 파크&브리지,
레인 버텍스 실내 폭포

6 4박 5일 코스
부모님과 여유롭게 싱가포르 여행하기

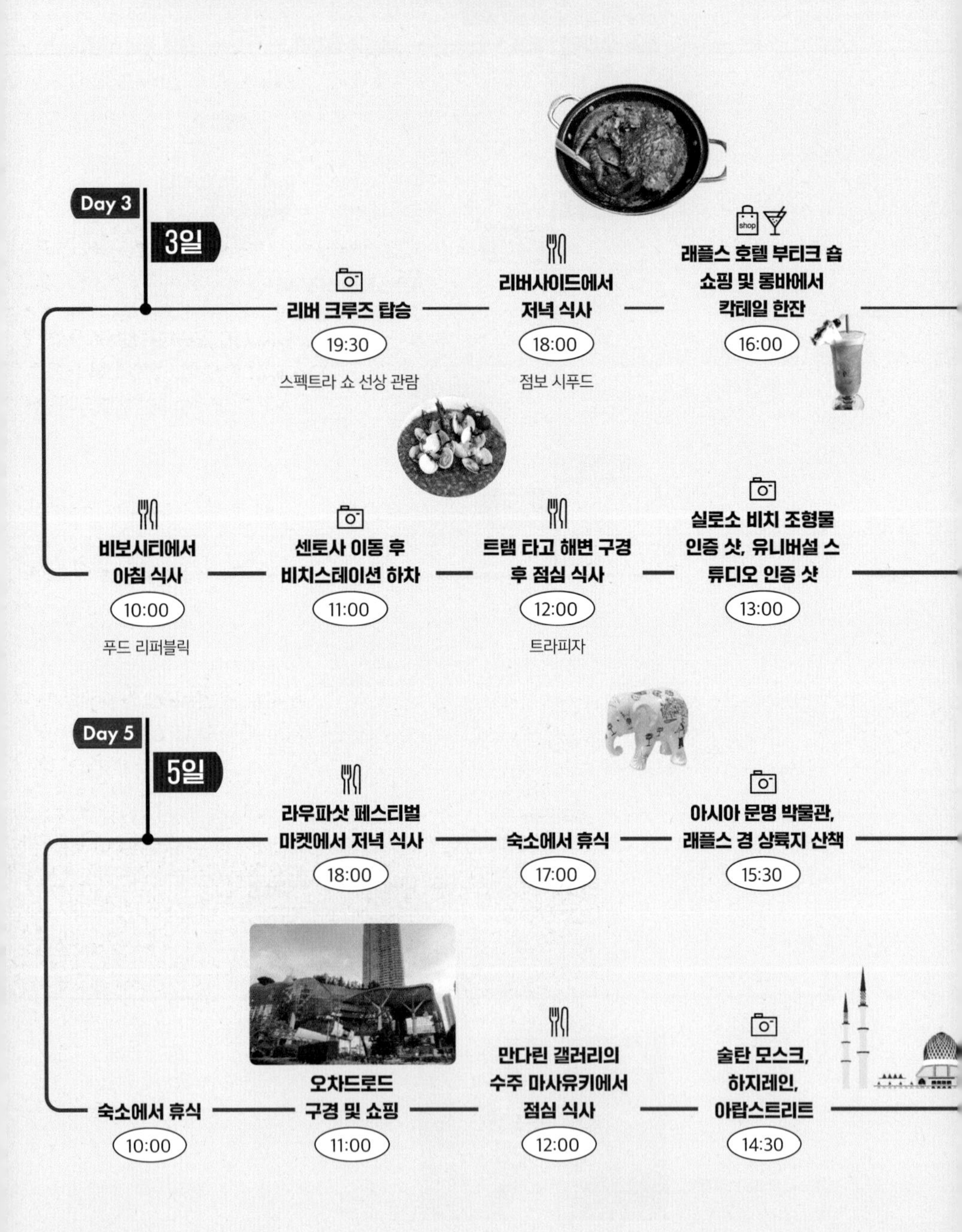

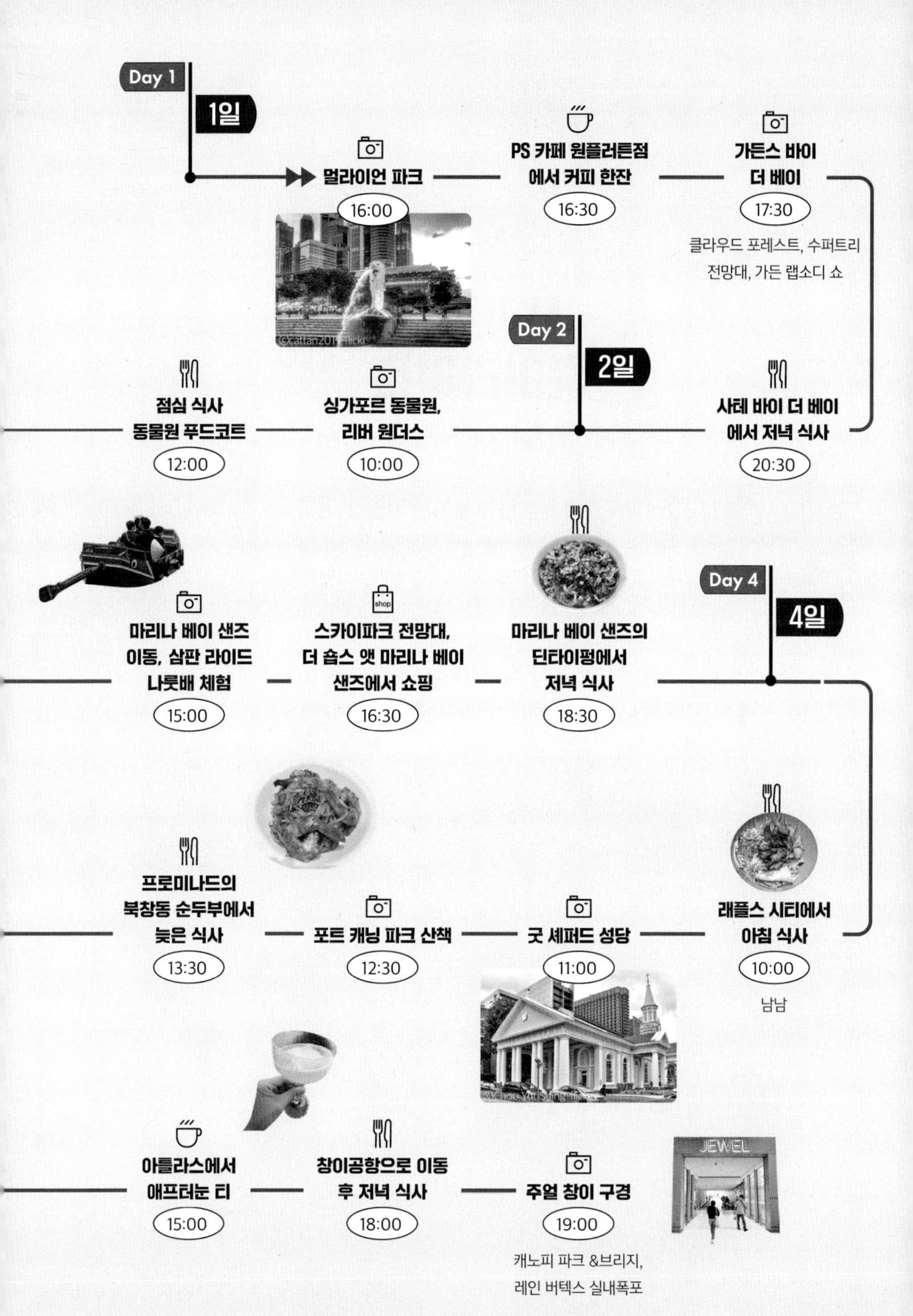
Day 1
1일
멀라이언 파크
16:00
PS 카페 원플러튼점
에서 커피 한잔
16:30
가든스 바이
더 베이
17:30
클라우드 포레스트, 수퍼트리
전망대, 가든 랩소디 쇼
©cattan2011 Flickr
Day 2
2일
점심 식사
동물원 푸드코트
12:00
싱가포르 동물원,
리버 원더스
10:00
사테 바이 더 베이
에서 저녁 식사
20:30
Day 4
4일
마리나 베이 샌즈
이동, 삼판 라이드
나룻배 체험
15:00
shop
스카이파크 전망대,
더 숍스 앳 마리나 베이
샌즈에서 쇼핑
16:30
마리나 베이 샌즈의
딘타이펑에서
저녁 식사
18:30
프로미나드의
북창동 순두부에서
늦은 식사
13:30
포트 캐닝 파크 산책
12:30
굿 셰퍼드 성당
11:00
래플스 시티에서
아침 식사
10:00
남남
아틀라스에서
애프터눈 티
15:00
창이공항으로 이동
후 저녁 식사
18:00
주얼 창이 구경
19:00
캐노피 파크 &브리지,
레인 버텍스 실내폭포
JEWEL

PART 2

싱가포르 하이라이트

Highlights of Singapore

싱가포르를 특별하게 즐기는 방법 21가지

독자의 취향과 여행 일정을 고려하여 싱가포르를 즐기는 다양한 방법을 준비했다. 꼭 가야 할 핫 스폿, 자연과 액티비티를 체험할 수 있는 명소, 야경이 환상적인 칵테일 바, 미식과 카페 여행, 쇼핑 핫 스폿, 꼭 사야 할 쇼핑 리스트 등 일정과 취향에 따라 싱가포르를 특별하게 즐길 수 있는 맞춤 테마 여행 21가지를 제안한다.

1837
TWG
TEA
WEEKEND
TEA
Black tea
TWG
WEEKEND
CASABLANCA
TEA
Green tea & Black tea

Sightseeing 01

싱가포르의 인기 명소 베스트 5

싱가포르는 세계의 주요 대도시보다 작은 국가이다. 볼거리는 어느 대도시에 뒤지지 않는다.
멀라이언 파크, 가든스 바이 더 베이, 마리나 베이 샌즈, 센토사의 유니버설 스튜디오….
싱가포르에서 꼭 가야 할 인기 명소 베스트 5를 소개한다.

① 가든스 바이 더 베이 Gardens by the bay

마리나베이 지역 P118

싱가포르가 자랑하는 인공정원이다. 축구장 100개 크기 규모와 32,000여 종의 나무와 식물이 감탄을 불러일으킨다. 클라우드 포레스트와 플라워 돔은 시원해서 구경하기 좋다. 특히 비현실적으로 크고 웅장한 슈퍼트리는 싱가포르 최고의 인증 샷 명소이다. 매일 밤 열리는 신비롭고 아름다운 랩소디 쇼는 무료이니 꼭 체험하자.

② 마리나 베이 샌즈 MarinaBaySands

마리나베이 지역 P122

마리나 베이 샌즈는 싱가포르 정부가 처음부터 랜드마크를 염두에 두고 야심 차게 준비한 프로젝트이다. 배를 닮은 위풍당당한 외관은 그야말로 명불허전이다. 호텔, 카지노, 쇼핑센터, 레스토랑, 카페, 체험 거리가 한곳에 모여 있다. 이벤트 광장에서는 매일 저녁 2차례 화려하고 장엄한 레이저 분수 쇼, 스펙트라 쇼가 무료로 펼쳐진다.

③ 멀라이언 파크 Merlion Park

시빅 디스트릭트 지역 P165

싱가포르는 사자의 도시라는 뜻이다. 멀라이언의 상반부 모양을 사자로 형상화한 까닭이다. 마리나 베이 샌즈, 싱가포르 플라이어, 아트 사이언스 뮤지엄 등 주요 랜드마크와 스카이라인을 한눈에 담을 수 있어서 여행자들이 가장 먼저 찾는다. 시원하게 물을 내뿜는 멀라이언의 물줄기 각도에 따라서 재미있는 인증 샷을 연출해보자.

④ 유니버설 스튜디오 Universal Studios

센토사섬 P250

할리우드 영화와 TV 프로그램을 기반으로 한 세계적인 놀이공원이다. 싱가포르의 작은 휴양 섬 센토사에 있다. 인기가 높고 알찬 어트랙션만 갖추고 있다. 유니버설 스튜디오 공식 모바일 앱을 다운받으면 어트랙션 위치나 대기 시간, 공연 시간 등을 확인할 수 있다. 센토사에선 해수욕과 다채로운 액티비티도 즐길 수 있다.

⑤ 싱가포르 동물원 Singapore Zoo

주롱 지역 P334

싱가포르 동물원이 특별한 이유는 4200여 종의 동물이 우리나 창살이 거의 없이 최대한 자연 상태에서 서식하는 개방형이기 때문이다. 동물을 가까이에서 생생하게 관찰할 수 있는 데다가, 다양한 동물 쇼와 먹이 주기 체험을 할 수 있어서 남녀노소 다 좋아한다. 밤에만 열리는 동물원 옆 '나이트 사파리'도 직접 체험해보자.

싱가포르 박물관과 미술관 산책

비교적 역사는 짧지만, 싱가포르의 박물관 수와 규모는 남다른 편이다.
특히 다양한 인종이 모여 이룬 하나의 나라이어서, 박물관은 싱가포르의 다양한 내면을 이해하는 데 큰 도움을 준다. 싱가포르 속으로 한 걸음 더 들어가 보자.

① 내셔널 갤러리 싱가포르 National Gallery Singapore

시빅 디스트릭트 지역 P158

싱가포르에서 단 하나의 박물관을 추천한다면 단연 내셔널 갤러리이다. 과거 시청과 대법원 청사를 복원하여 미술관으로 만들었다. 싱가포르 및 아시아 현대 예술 작품을 보유한 동남아시아에서 가장 큰 미술관이다. 미술관에는 미슐랭 스타 레스토랑을 비롯해 싱가포르에서 손에 꼽히는 맛집과 전망 좋은 루프톱 바도 입점해 있다.

② 싱가포르 국립 박물관 National Museum of Singapore

시빅 디스트릭트 지역 P155

포트 캐닝 공원 동북쪽 끝에 있다. 네오클래식 건축과 현대 건축이 어우러진 모습이 인상적이다. 본관 건물은 싱가포르에서 가장 오래된 건축물이다. 식민지 이전의 싱가포르 역사, 영국 식민지 시대, 싱가포르 역사에서 가장 어두운 일본 점령 시대를 살펴볼 수 있다. 시즌별로 연주회, 페스티벌, 공연과 영화 상영도 열린다.

③ 아트 사이언스 뮤지엄 Art Science Museum

마리나베이 지역 P126

예술, 과학, 문화 및 기술을 결합한 전시를 선보이는 체험형 박물관이다. 마리나 베이 샌즈를 설계한 모쉐 사프디가 연꽃에서 영감을 받아 디자인했다. 싱가포르 사람들은 여행자를 맞이하는 '환영의 손'이라고 부른다. 예술과 과학을 절묘하게 접목한 체험형 상설 전시 'Future World'가 가장 인기가 많다. 마리아 베이 샌즈 북동쪽 끝에 있다.

④ 아시아 문명 박물관 Asia Civilisations Museum

시빅 디스트릭트 지역 P162

아시아의 문화와 싱가포르의 역사 유물을 살펴볼 수 있는 박물관이다. 아시아의 역사와 글로벌 무역 중심지 싱가포르의 역사를 알려주는 다양한 공예품과 예술품을 관람할 수 있다. 박물관 안에 브런치 카페인 프리베와 광둥식 레스토랑 엠프레스가 입점해 있다. 싱가포르 강을 바라보면서 여유롭게 식사하기 좋다.

⑤ 인디안 헤리티지 센터 Indian Heritage Centre

리틀 인디아 P282

싱가포르에 이주하게 된 인도인들의 문화를 자세히 알 수 있는 공간이다. 인도는 싱가포르와 마찬가지로 영국의 식민지였다. 싱가포르에서 인도인들은 영국 상인, 무역업자에게 고용된 이주 노동자였다. 싱가포르의 한 축을 담당하고 있는 인도인과 남아시아 공동체의 역사를 유물과 공예품을 통해 살펴볼 수 있다.

아이가 더 좋아하는 체험 여행지 베스트 5

싱가포르는 의외로 자연을 체험하고, 액티비티를 즐길 명소를 잘 갖추고 있다.
쇼핑·미식·야경도 좋지만, 아이와 함께 하는 여행이라면 체험 여행에도 관심을 가져보자.
틀림없이 어른들이 더 빠져들게 될 것이다.

① 나이트 사파리 Night Safari **주롱 지역** P337

트램을 타고 야생동물 구경하는, 세계 최초로 문을 연 야간 동물원이다. 아시안 코끼리, 말레이언 테이퍼, 말레이 호랑이…. 밤에 활동하는 다양한 동물들을 직접 볼 수 있어서 무척 흥미롭다. 동물을 위해 조명을 최소화하기 때문에 너무 늦은 시각에는 위치에 따라 동물들이 잘 안 보일 수 있다. 가능하면 개장시간대에 사파리에 타는 것을 추천한다.

② 유니버설 스튜디오 Universal Studio

센토사섬 P250

유니버설 스튜디오 중 규모가 가장 작지만, 인기가 높은 어트랙션을 모아놓아 구성이 알차다. 스릴 넘치는 롤러코스터부터 실감 나는 4D 놀이기구, 쥬라기 공원을 테마로 한 어드벤처, 영화 '슈렉'에 나오는 공간까지 어트랙션이 다양하다. 캐릭터들이 등장하는 포토타임도 있다. 포토타임 시간대를 미리 확인하여 멋진 사진을 남겨보자

©awpixel

③ S.E.A. 아쿠아리움 S.E.A. Aquarium

센토사섬 P257

10만 마리 해양동물을 한곳에서 볼 수 있는 세계에서 가장 큰 수족관이다. 아쿠아리움은 모두 7개 영역으로 구성돼 있다. 거대한 상어, 사랑스러운 포유동물인 돌고래, 색감이 화려한 열대어…. 태평양 바닷속을 그대로 옮겨놓은 것 같다. 작은 수중 생물을 직접 만져볼 수 있는 터치 풀과 물고기들이 사는 난파선도 그냥 지나칠 수 없다.

④ 어드벤처 코브 워터파크 Adventure Cove Waterpark

센토사섬 P256

유수 풀, 파도 풀, 다양한 슬라이드 등 구성이 알차다. 2m 높이 파도가 치는 블루 워터 베이는 싱가포르 워터파크 중에서도 손에 꼽힌다. 스릴이 넘치는 슬라이드도 6개나 된다. 안전한 환경에서 스노클링을 즐기며 2만 마리의 해양 물고기를 가까이 볼 수 있는 '레인보우 리프'는 누구에게나 인기 만점이다.

©Skyline Luge

⑤ 스카이라인 루지 Skyline Luge Singapore

센토사섬 P262

스스로 속도를 조절하면서 트랙을 내려오는 스릴 넘치는 어트랙션이다. 난이도와 길이에 따라 3가지 코스가 있다. 리프트를 타고 올라가면서 센토사 전경을 한눈에 담을 수 있어서 더욱 매력적이다. 주말이나 성수기에는 홈페이지에서 미리 날짜와 시간대를 예약하고 가야 한다. 이색적인 경험을 하고 싶다면 나이트 루지를 추천한다.

다양한 종교 사원에서 다민족 문화 구경하기

싱가포르는 아시아의 대표적인 다민족 국가이다.

사찰, 모스크, 힌두교 사원, 성당. 다민족의 나라라서 종교도 다양하고, 사원도 다채롭다.

한국에서는 흔히 볼 수 없는 문화체험이므로, 한두 군데는 꼭 방문해보자.

① **불아사** Buddha Tooth Relic Temple **차이나타운** P224

인도의 4대 불교 성지 가운데 하나인 쿠시나가르에서 발굴한 부처의 왼쪽 송곳니를 보존하고 있는 5층짜리 사원이다. 비교적 최근인 2007년에 당나라풍으로 지었다. 불아사는 부처의 치아를 소장한 절이라는 뜻이다. 송곳니를 보관한 사리탑은 4층에 있다. 반바지, 미니스커트, 등과 어깨가 드러나는 노출 옷차림으로는 입장할 수 없다.

② **스리 마리암만 사원** Sri Mariamman Temple **차이나타운** P223

1827년에 지은 싱가포르 최초의 힌두교 사원이다. 전염병과 질병을 치료하는 여신 마리암만을 모시고 있다. 사원 출입문 '고푸람'에는 힌두 신화에 등장하는 다양한 신과 생물 조각이 빼곡하다. 매년 10월과 11월 사이에 열리는 불 위를 걷는 행사가 볼 만하다. '티미티'라는 신앙심을 증명하는 의식이다. 리틀 인디아도 힌두 사원이 있다.

③ **술탄 모스크** Sultan Mosque **부기스 지역** P290

이국적인 황금색 돔이 시선을 사로잡는 이슬람 사원이다. 1824년에 지었는데, 싱가포르 무슬림 사회의 구심점 역할을 하는 곳으로, 부기스 지역의 유명한 랜드마크다. 최대 5000명을 수용할 수 있는 거대한 규모에 국가 기념물로 지정될 만큼 역사적인 가치가 있는 건축물이다. 예배가 없을 때 본당과 2층 기도실을 제외하고 입장할 수 있다.

④ **굿 셰퍼드 성당** Cathedral of the Good Shepherd **시빅 디스트릭트 지역** P154

1847년에 지은 싱가포르에서 가장 오래된 가톨릭 성당이다. 선한 목자라는 이름의 이 성당은 한국의 천주교 박해 역사와 관련이 깊다. 1839년 기해박해 때 순교한 로랑 마리 조셉 엥베르 신부를 기리는 성당인 까닭이다. 천주교 신자라면 매월 첫째 토요일 오전 11시에 진행하는 성당 투어에 참여해보자. 1973년 국가 기념물로 지정되었다.

⑤ **차임스** Chijmes **시빅 디스트릭트 지역** P150

지금은 인도·스페인·일본·브라질의 음식점과 카페, 바, 베이커리가 가득한 힙한 라이프 스타일 공간이지만, 원래 수녀원과 여학교로 지은 19세기 건축물이다. 영국 식민지 시대의 건축가 조지 콜맨이 설계했다. 차임스 정문에는 아직 예배당 건물이 있다. 프레스코 스타일의 벽과 벨기에식 창유리가 아름답다. 결혼식과 이벤트 장소로 인기가 높다.

 Food 01

싱가포르에서 꼭 먹어봐야 할 음식

그 나라 음식을 즐기는 일은 해외 여행자가 누릴 수 있는 최고의 경험이자 즐거움이 아닐까?
싱가포르는 다민족 나라답게 음식 문화가 다채롭다.
그중에서 여행자가 꼭 먹어야 할 베스트 음식 8가지를 소개한다.

① **칠리 크랩** Chili Crab

싱가포르에 왔다면 칠리 크랩은 필수다. 매콤하면서도 달큼한 칠리소스와 달걀을 섞어 게와 빠르게 볶아낸 요리이다. 달걀을 넣는 이유는 부드러운 맛을 가미하기 위해서이다. 여기에 튀긴 중국식 번이나 볶음밥에 곁들여 먹으면 그야말로 밥도둑이 따로 없다. 페퍼 크랩도 인기가 많다. 일행이 많거나 여건이 된다면 두 가지 모두 맛보기를 추천한다.

② **샤오롱바오** Xiaolongbao

작은 대나무 찜기에 쪄내는 육즙이 많고 만두피가 얇은 딤섬의 한 종류이다. 중국어로 '샤오롱'은 작은 찜기, '바오'는 만두 또는 빵이라는 뜻이다. 청나라 말기 중국 상하이 등 남동부에서 처음 먹기 시작했다. 주로 개인 접시에 만두를 옮긴 뒤 젓가락으로 살짝 상처를 내 뜨거운 육즙을 빼내 먼저 마신 뒤 생강채를 올려 초간장에 찍어 먹는다.

③ **치킨 라이스** Chicken Rice

매일 먹어도 질리지 않을 한 끼 음식이다. 싱가포르의 어느 호커센터를 가도 먹을 수 있을 만큼 싱가포르인들이 자주 찾는 소울 푸드 중 하나다. 중국 하이난에서 이주한 초기 중국인 이민자들이 탄생시킨 음식이다. 보통 닭고기 육수와 생강, 판단 잎을 넣은 쌀밥과 촉촉하게 익혀낸 닭고기 위에 소스를 뿌려 오이와 곁들여 먹는다.

©Andrew M Annuar-flickr

④ **카야 토스트** Kaya Toast

마성의 단짠단짠 코코넛 잼 토스트이다. 적은 비용으로 아침을 든든하게 채우기에 카야 토스트만 한 것이 없다. 바삭한 토스트에 카야 잼을 바르고 버터 한 조각을 넣은 다음 간장과 후추를 뿌린 수란 소스에 찍어 먹는다. 여기에 진한 현지 커피 '꼬삐'Kopi를 곁들이면 싱가포르식 블랙 퍼스트가 완성된다.

⑤ 바쿠테 Bak Kuk Teh

여행의 힘이 되어줄 뜨끈한 싱가포르식 보양식이다. 바쿠테는 돼지 갈빗살에 후추와 마늘을 듬뿍 넣고 몇 시간 푹 끓여 만드는 음식이다. 갈비탕이나 꼬리곰탕, 도가니탕 등에 익숙한 한국인 입맛에 제법 잘 맞는다. 여기에 밥이나 국수를 곁들여 한 그릇 비우고 나면 싱가포르의 더운 날씨에 지친 체력을 보충하기 위한 보양식으로 손색없다.

⑥ 피시 헤드 커리 Fish Head Curry

생선 머리와 커리? 맞다. 묽은 커리에 커다란 생선 머리가 담긴 음식이다. 비주얼을 보는 순간, 어쩐지 친숙해질 수 없을 것 같다. 하지만 맛을 보고 나면 생각이 달라진다. 시큼하면서 매콤한 커리는 시원하게 속을 풀어줘서 손이 자꾸 간다. 생선은 비린내가 전혀 없고 살점도 꽤 많다. 작은 접시를 주문해도 2~3명은 먹을 정도로 양이 많다.

⑦ 락사 Laksa

이국적인 향을 좋아한다면 락사를 추천한다. 락사는 매콤한 쌀국수이다. 코코넛 밀크와 칠리 고추, 말린 새우로 맛을 내고 면 위에 조개, 새우, 어묵, 고수와 같은 재료를 고명으로 올린다. 면은 숟가락으로 먹을 정도로 짧게 잘라 내온다. 코코넛 향으로 인해 호불호가 확실히 갈리는 음식이지만 먹다 보면 은근하고 묘한 중독성이 있다.

⑧ 사테 Satay

사테는 맥주를 부르는 싱가포르식 꼬치구이이다. 한입에 먹기는 조금 크고, 우리나라 꼬치구이보다는 약간 작다. 닭고기, 소고기, 돼지고기, 양고기 등 다양한 재료를 숯불에 구워 달짝지근한 땅콩소스에 찍어 먹는다. 보통 10개가 기본 주문 단위이다. 보통 오이와 양파를 곁들여 준다.

Food 02

싱가포르의 광장시장, 호커센터 베스트 5

호커센터Hawker Centre는 서울의 광장시장 음식 거리와 비슷한 노점 식당가이다. 중국, 인도, 말레이시아 등 다양한 음식을 저렴한 가격에 먹을 수 있다. 싱가포르 전역에만 100개가 넘는 호커센터가 있다. 2020년 12월, 유네스코 무형문화유산에 등재될 만큼 명성을 인정받았다.

① 맥스웰 푸드 센터 Maxwell Food Centre

차이나타운 P225

차이나타운에서 가장 유명한 호커센터다. 음식점 약 100개가 입점해 있다. 미슐랭 빕 구르망에 오른 '티엔티엔 치킨 라이스'를 비롯해 딤섬, 챠슈 포크, 피시 헤드 커리, 디저트와 음료를 즐길 수 있다. 어느 가게로 가야 할지 모르겠다면 줄이 길게 늘어선 곳으로 가자. 음식값은 한 접시에 4~8불 내외다. 에어컨은 가동되지 않는다.

② 라우파삿 페스티벌 마켓 Lau Pa Sat Festival Market

시빅 디스트릭트 지역 P163

국립기념물로 지정된 호커센터이다. 19세기에 싱가포르 초기 건축가 조지 콜맨의 설계로, 시내 한복판 시빅디스트릭트CBD, 중앙업무지구에 빅토리아 양식으로 지었다. 천장이 높고, 실내는 널찍하다. 테이블 수도 많아 호커센터 중 쾌적하고 깔끔하다. 시내 업무지구에 있어서 직장인들이 많이 찾는 곳이다. 밤에 방문하는 것을 강력 추천한다.

③ 사테 스트리트 Satay Street

시빅 디스트릭트 지역 P164

라우파삿 페스티벌 마켓 바로 남쪽 분탓 스트리트Boon Tat St에서 열리는 꼬치구이 노점이다. 낮에는 8차선 도로이지만, 저녁 7시 이후에는 차 없는 거리가 된다. 도로가 통제되자마자 꼬치구이 굽는 냄새가 가득한 '사테 스트리트'로 바뀐다. 분위기는 꼭 축제의 현장에 온 듯 즐겁고 흥겹다. 남국에서의 낭만의 밤이 깊어간다.

④ 아모이 스트리트 푸드 센터 Amoy Sreet Food Centre

차이나타운 P228

차이나타운 남동쪽 업무지구에 있어서 여행자들에겐 상대적으로 덜 알려진 곳이다. 대신 인근 직장인에게 인기가 무척 많다. 전통적인 현지식은 물론 멕시코, 양식, 일본, 베트남, 퓨전 등 다양한 음식을 파는 가게가 많아 선택지가 넓다. 직장인이 몰리는 점심시간에는 자리 잡기가 힘들다. 오후 3~5시 사이에 가게 대부분이 영업을 종료한다.

⑤ 티옹바루 마켓 TiongBahru Market

티롱바루 지역 P359

1955년에 오픈한 유서 깊은 재래시장 겸 호커센터이다. 공공 주택 단지가 가장 먼저 들어선 티옹바루 지역의 터줏대감이다. 시장은 1층에, 호커센터는 2층에 있다. 점심시간 때 로컬들이 많이 찾는다. 미슐랭 가이드 빕 구루망으로 선정된 '티옹바루 하이나니즈 본리스 치킨' 등 줄서는 맛집이 많다. 좌석이 넉넉하고, 2017년 리노베이션을 해 쾌적하다.

Travel Tip

현지인처럼 호커센터 이용하는 방법

저렴한 가격에 한 끼를 해결할 수 있는 호커센터는 노점 식당가를 넘어 싱가포르의 명소이자 음식문화의 한 갈래이다. 호커센터엔 2평 남짓한 점포가 줄지어 늘어서 있다. 원하는 가게에서 음식을 선택하고 계산을 한 후 직접 받아와 테이블에 앉아서 먹는 방식이다. 호케센터 이용법은 다음과 같다.

① 테이블을 먼저 맡아 놓고 음식을 주문해야 한다. 물티슈나 간단한 소지품을 테이블에 올려놓아 '찜' 표시를 한다. 현지인들은 이를 '촙'chope라고 한다.
② 만약 테이블 번호가 있다면 주문 시 알려주면 음식을 가져다주기도 한다.
③ 현금만 받는 곳이 더러 있으므로, 20불 안팎의 현금을 꼭 챙기자.
④ 손님 스스로 식기를 반납하고, 먹은 자리도 치워야 한다.
⑤ 티슈나 물티슈 등을 따로 제공하지 않는다. 물티슈를 미리 챙기자.
⑥ 주인의 나이가 지긋하다면, Uncle삼촌이나 Aunty이모로 불러보자. 연장자에게 존경의 의미로 현지인들이 친근하게 사용하는 호칭이다.
⑦ 포장 여부를 물어볼 때 '테이크 어웨어'Take away보다 '따빠오'Dabao를 많이 쓴다.
⑧ 점포가 많아 혼란스럽다면 줄이 길게 늘어선 가게를 선택하면 대부분 성공적이다.
⑨ 음료 가격은 1~3불, 음식은 4~5불 내외로 저렴하다. GST부가세도 붙지 않는다. 반면 에어컨이 없고, 일반 음식점보다 덜 깨끗하다.

Food 03

호커센터의 색다른 메뉴 베스트 8

호커센터엔 언제나 먹거리가 넘친다. 어떤 맛일지, 어떤 음식인지 잘 몰라서 익숙한 음식만 선택했다면 이제는 과감하게 색다른 메뉴에도 도전해 보자. 의외로 내 입맛에 맞는 최애 음식을 찾을 수도 있다. 보통 볶음류는 Small일반, Large곱빼기 사이즈로 나뉘는데 주문 시 알려주면 된다.

① 용타푸 Yong Tau Foo

두부Tau foo를 베이스로 수십 가지 채소, 어묵, 해산물 중에서 좋아하는 재료만 골라 살짝 익혀 먹는 음식이다. 뜨끈한 국물에 혹은 특제 소스에 버무려 먹는다. 재료 가짓수와 무게에 따라 금액이 정해진다. 국물을 원하면 Soup, 국물 없이 먹고 싶다면 Dry를 선택한다. 건강식으로 맛이 담백하다. 고추와 삼발 소스를 넣으면 매콤하게 즐길 수 있다.

② 나시 르막 Nasi Lemak

말레이어로 직역하면 '풍부한 쌀'이란 뜻이다. 코코넛 밀크와 판단 잎을 섞어 지은 풍미 가득한 밥을 말한다. 코코넛 밥에 바싹 튀긴 생선이나 닭 날개, 어묵과 비슷한 오타, 튀긴 멸치, 땅콩, 달걀, 오이로 구성된 한 접시 요리다. 우리의 백반 차림을 한 접시에 올린 것과 비슷하다. 식감이 다른 음식을 골고루 맛볼 수 있다. 든든한 한 끼로 손색이 없다.

③ 호키엔 미 Hokkien Mee

호키엔 미는 볶음면의 일종이다. 노란 에그 누들 혹은 얇은 쌀국수인 비훈을 구수한 새우 육수에 새우나 오징어 같은 해산물이나 돼지고기, 어묵, 숙주 등을 넣고 같이 볶아낸다. 뭉근하게 끓여내므로 면이 퍼진 듯 녹진한 편이다. 간이 세지 않아 곁들여 나오는 매콤달콤한 삼발 소스나 라임 등을 넣어 먹으면 풍미가 더 좋다.

④ 차 퀘티아우 Char Kway Teow

불맛이 인상적인 볶은 국수이다. 굵고 납작한 쌀국수에 간장, 마늘, 고추, 라창중국 소시지, 달걀, 어묵, 숙주 등 다양한 재료를 넣고 센불에 볶아 만든다. 음식점에 따라 새우나 꼬막을 넣어 주기도 한다. 특유의 풍미를 위해 돼지기름인 라드에 볶아서할랄 음식점은 제외 칼로리가 다소 높다. 색감이 강하지만, 맛은 의외로 담백하다.

⑤ 프라이드 캐롯 케이크 Fried Carrot Cake

이름만 듣고 달콤한 당근 케이크를 떠올릴 수도 있겠다. 하지만 그렇진 않다. 프라이드 캐롯 케이크은 흰 당근이라 불리는 무를 쌀가루와 섞어 찐 음식이다. 쌀가루를 입힌 무를 먹기 좋게 썰고 여기에 마늘, 달걀 등과 함께 볶아 찐다. 걸쭉한 간장을 사용했느냐에 따라 화이트와 블랙 두 가지 버전으로 구분된다. 맛은 소박하고, 은은한 불맛이 배어 있어서 좋다.

⑥ 완탕미 Wontan Mee

중국식 만두Wontan가 들어간 국수Mee이다. 국물이 있는 버전과 없는 드라이 버전으로 나뉜다. 보통 주문할 때 물어보므로 취향에 따라 고르면 된다. 호불호가 없는 한입 크기의 완탕에 쫄깃한 에그 누들을 베이스로 하여, 차슈나 새우, 살짝 데친 채소 등을 토핑으로 얹고 새콤달콤한 소스를 뿌려준다. 성인 남자들에게는 양이 다소 적을 수 있다.

⑦ 포피아 Popiah

우리의 메밀전병과 비슷해 보이지만, 내용물은 다르다. 익힌 채소, 고기, 향신료, 새우 등을 넣고 달콤한 칠리소스를 뿌린 다음 얇은 크레이프로 돌돌 만 간식이다. 한입 크기로 썰어 놓으면 모양이 김밥과 흡사하다. 바삭한 식감과 부드러운 식감이 골고루 어우러져 식감이 조화롭다. 가볍게 즐길 수 있지만 영양적으로는 한 끼로 충분하다.

⑧ 로작 Rojak

인도네시아, 말레이시아에서도 자주 볼 수 있는 음식으로, 다양한 재료를 넣은 샐러드의 일종이다. 보통 오이, 무, 파인애플 같은 채소와 과일, 땅콩, 밀가루 튀김 빵인 유티아오, 끈적하고 달콤하고 시큼한 새우 페이스트 블랙 소스를 넣어 완성한다. 입맛에 따라 칠리 페이스트를 넣어 매콤한 맛을 살려 먹기도 한다.

Food 04

가벼운 가격에 즐기는 싱가포르 디저트

호커센터에서 음식을 맛있게 먹었다면 이제 현지 디저트도 즐겨보자. 싱가포르 디저트는 우리에게 친숙하거나 혹은 낯선 색감과 모양새로 눈길을 끈다. 혹시나 입맛에 안 맞더라도 식문화 체험이라고 여기자. 3불 내외라면 기꺼이 도전해 볼 만하다.

① 쿠에 Kueh

호커센터 모퉁이에서 다양한 식감, 모양, 색감으로 눈길을 끈다. 쫀득한 무지갯빛 쿠에 라피스Kueh Lapis는 아이들이 특히 좋아한다. 찹쌀로 만든 동그란 온데온데 쿠에Ondeh-Ondeh Kueh, 땅콩을 채운 앙쿠쿠에Ang Ku Kueh는 떡과 비슷하다. 선물용 쿠키로 유명한 뱅가완 솔로Bengawan Solo에서도 쿠에를 구매할 수 있다.

② 판단 케이크 Pandan Cake

싱가포르의 국민 케이크로 사랑받고 있다. 폭신폭신해 보이는 외관은 흔히 볼 수 있는 카스텔라와 비슷하다. 다만 열대식물 판단 잎의 즙을 사용해 안쪽이 녹색을 띈다. 판단 잎은 동남아시아에서 식재료로 많이 사용한다. 여기에 코코넛 밀크를 첨가하여 맛이 부드럽고 향긋하다. 뱅가완 솔로Bengawan Solo에서도 구매할 수 있다.

③ **망고 사고** Mango Sago

망고, 코코넛 밀크, 사고 펄을 넣은 일종의 화채이다. 홍콩에서 유래되었지만, 싱가포르에서도 인기가 높은 디저트이다. 특히 응용 버전인 '망고 포멜로 사고'는 망고 사고에 중국식 자몽인 포멜로를 넣은 것으로 싱가포르에서 처음 선보였다. 톡톡하고 새콤한 포멜로의 과육이 입안에서 터지는 식감이 즐거움을 준다. 맛의 균형도 조화롭다.

④ **아이스 카창** Ice Kachang

곱게 간 얼음에 다양한 토핑을 더한 싱가포르식 빙수로 특히 어린이들이 좋아하는 간식이다. 간 얼음 위에 색감이 화려한 시럽, 연유 등을 뿌린 뒤 팥, 허브 젤리, 옥수수, 바질 씨앗 등을 곁들인다. 특히 시즌에만 맛볼 수 있는 두리안 아이스 카창도 별미다. 한국의 빙수에 비해 다소 투박한 모양새지만 무더위를 날리기에는 그만이다.

⑤ **첸돌** Chendol

아이스 카창과 거의 비슷하다. 다만, 쌀가루와 식용색소로 만든 초록색 젤리를 넣는 게 다르다. 여기에 팥, 코코넛 밀크, 야자와 설탕으로 만든 캐러멜 맛의 굴라 멜라카 시럽이 꼭 들어간다. 아이스크림, 옥수수나 두리안 등 추가 토핑도 가능하다. 짧은 국수 같은 초록색 젤리 비주얼이 생소하지만, 시원하게 입가심하기 딱 좋다.

⑥ **소야 빈커드** Soya Beancurd

중국어로 타우 훼이(Tau Huay)라고 불리는 두부 푸딩이다. 콩을 갈아 응고시킨 부드러운 간식으로 연두부 혹은 일식 계란찜과 비슷해 보인다. 따뜻하게 혹은 차갑게 먹을 수 있다. 콩의 비린 맛이 나지 않아 호불호 없이 즐길 수 있다. 싱가포르인들이 아침 식사로 많이 찾는 음식이다. 가격은 보통 2불 내외의 저렴한 편이다.

⑦ **커리 퍼프** Curry Puff

퍼프는 겉은 바삭하고 속은 촉촉한 식감이 나는 디저트이다. 파이나 인도 음식 사모사와 비슷하다. 퍼프에 다양한 소를 넣어 판매하는데 가장 인기가 많은 것은 단연 '커리 퍼프'다. 커리 맛 소를 넣은 페이스트리를 바싹 튀겨낸다. 커리 맛 소는 감자와 닭고기로 만든다. 소가 꽉 들어차 맛의 밀도가 높다. 하나만 먹어도 든든하다.

 Food 05

미슐랭 스타 맛집, 광둥 요리부터 라멘까지!

싱가포르는 미식가들의 천국답게 각양각색의 음식을 맛볼 수 있다.
스테이크부터 라멘까지, 미슐랭 스타를 받은 레스토랑도 꽤 많은 편이다.
맛은 물론, 가격이 합리적이라 만족스러운 미슐랭 스타 맛집 4곳을 소개한다.

① **썸머 파빌리온** Summer Pavilion
프로미나드 지역 P319

6년 연속 미슐랭 1스타를 받은 현대식 광둥 요리 전문점이다. 리츠칼튼 밀레니아 호텔 3층에 있다. 클래식한 광둥식 해산물 요리가 유명하지만, 랍스터를 곁들인 시그니처 포치드 라이스, 야생 버섯을 곁들인 팬 프라이드 와규 소고기, 꿀 소스를 곁들인 이베리코 돼지고기 바비큐도 인기 메뉴이다. 프라이빗 룸은 예약 필수이다.

② **팀호완** Tim Ho Wan
오차드로드 지역

한때 가장 저렴한 미슐랭 스타 레스토랑으로 불리던 홍콩 딤섬 레스토랑이다. 팀호완의 첫 해외지점으로 2013년에 싱가포르의 플라자 싱가푸라가 선정되었다. 전 메뉴의 가격이 10불 내외로 부담 없이 한 끼를 먹을 수 있다. 대표 메뉴는 달콤한 BBQ 돼지고기가 든 바삭한 베이크드 번이다. 현재 싱가포르에 12개 매장이 있다.

01-29A/52, Plaza Singapore, 68 Ochard Rd, Singapore 238839 +65 6251 2000 매일 11:00~21:00

③ **츠타** Tsuta
오차드 로드 P190

국물이 끝내주는 미슐랭 1스타 라멘 맛집이다. 라멘 가게 최초로 미슐랭 1스타를 받았다. 모든 라멘 메뉴에 트러플 오일을 첨가해 풍미를 더 한다. 다른 라멘 가게와는 육수가 확실히 다르다. 짠맛이 강하지 않고 담백하고 덜 느끼한 편이라 끝까지 맛있게 먹을 수 있다. 오차드 로드의 다카시야마 백화점 지하 2층에도 매장이 있다.

④ **호커찬** Hawker Chan
차이나타운 P230

미슐랭이 인정한 소야 소스 치킨 누들 맛집이다. 차이나타운 콤플렉스 푸드센터에서 호커센터 최초로 미슐랭 1스타를 받은 호커찬의 분점이다. 이곳은 미슐랭 1스타가 아니라 미슐랭 빕 구르망에 선정되었으나, 차이나타운 콤플렉스 푸드 센터의 1호점보다 훨씬 깨끗하고 쾌적하다. 감칠맛 넘치는 소스와 실한 고기가 특징이다.

가성비 좋은 프랜차이즈 식당 베스트 5

싱가포르는 생각보다 음식값이 높은 편이다. 웬만한 식당에서는 부가세 8%와 서비스세 10%가 따로 붙기 때문이다. 주요 쇼핑몰에서 쉽게 찾아볼 수 있고 4인 가족이 이용해도 보통 100불이 넘지 않으면서 맛과 분위기까지 괜찮은 가성비 맛집을 소개한다.

① **딘타이펑** Din Tai Fung

시빅 디스트릭트 지역 P144

대만의 딤섬 전문점이다. 홍콩, 싱가포르, 한국, 호주, 미국 등 15개 나라에 170여 개 매장이 있다. 대만에서는 2010년부터 3년 연속 미슐랭 1스타를 받았다. 싱가포르엔 중국 다음으로 많은 23개 매장이 있다. 육즙이 풍부하고 겉피가 얇은 샤오롱바오가 최고 인기 메뉴이다. 호불호가 없는 프라이드 폭찹 라이스도 베스트셀러 메뉴이다.

② **와인 커넥션 비스트로** Wine connection Bistro

리버사이드 지역 P217

식사하며 와인을 곁들이고 싶다면 이곳이 좋다. 술값이 비싼 싱가포르에서 와인 한 병을 30~50불 가격에 마실 수 있어서 가성비가 좋다. 특히 주중 오후 5시까지는 '밸류 세트 런치'를 선택하면 좋다. 12인치 피자 혹은 파스타, 샐러드, 음료수까지 16불에 먹을 수 있을 만큼 가성비가 '갑'이다. 5불을 추가하면 음료를 와인으로 바꿀 수 있다.

③ **뿔레** Poule

오차드 로드 P178

10~30불로 가볍게 즐기는 대중적인 프렌치 레스토랑이다. 현지인들이 자주 찾는다. 로스트 치킨이 대표 메뉴이다. 속살이 매우 부드럽고 촉촉하게 잘 익혀져 있어 맛이 일품이다. 치킨 소스는 3가지 중에서 고를 수 있다. 여러 메뉴를 맛보고 싶다면 스타터, 메인, 디저트로 구성된 3코스1인 28불, 2인 54불 메뉴를 선택해도 괜찮다.

④ **남남** NamNam

시빅 디스트릭트 지역 P144

쌀국수 국물 맛이 좋고, 베트남 현지 분위기를 잘 살린 아기자기한 인테리어가 눈길을 끈다. 쌀국수에 베트남 고추를 약간 가미해 먹으면 해장용으로도 그만이다. 점심시간10:00~14:00에는 쌀국수 하나 가격에 에피타이저와 음료가 포함된 세트메뉴를 즐길 수 있다. 래플스 시티, 다카시마야 백화점, 창이공항 등 다섯 군데에 매장이 있다.

⑤ **아스톤** Astons

프로미나드 지역

스테이크, 파스타, 샐러드 등을 20불이 넘지 않는 가격에 즐길 수 있는 체인점이다. 음식에 따라 사이드 메뉴도 무료로 제공한다. 피크 시간에는 언제나 줄이 길게 늘어서 있을 정도로 인기가 많은 음식점이다. 상호에 'Steak & Salad' 혹은 'Andes'가 붙으면, 메뉴 구성이 조금 다르지만, 사실은 같은 계열의 음식점이다.

Food 07

테이크 아웃하여 먹기 좋은 간식 맛집

그럴듯한 식당에 들어가 편안히 앉아서 음식을 즐기는 일도 좋지만, 간단히 테이크 아웃 음식을 간식처럼 먹는 것도 여행이 주는 색다른 즐거움이다. 싱가포르에서 먹기 좋은 테이크 아웃 간식 맛집 네 곳을 소개한다.

① 올드 창 키 Old Chang Kee

1956년 작은 노점에서 카레 퍼프를 판매하며 시작된 오래된 간식 맛집이다. 고소한 튀김 냄새와 먹음직스러운 비주얼이 가던 길을 멈추게 한다. 유리 진열대에서 원하는 음식을 고르고 계산하는 방식이다. 현지인들은 카레 퍼프를 가장 좋아하지만, 한국인의 입맛에는 교자, 튀긴 오징어구이와 치킨 청키 팝이 잘 맞는다. 단품 가격대는 1.5~3불이다.

② 스터프 Stuff'd

쇼핑몰 지하에 가면 자주 보이는 캐주얼 멕시칸 음식점이다. 주문 즉시 만들어 주는 케밥, 부리토, 퀘사디아, 데일리 볼 등이 주요 메뉴이다. 케밥은 스터프의 베스트셀러이다. 동그란 난에 각종 채소와 원하는 소스 2가지, 치킨이나 비프 중 하나를 올려 돌돌 말아 살짝 구워준다. 채소와 고기가 골고루 들어가 속도 든든하고 6~7불인 가격대도 만족스럽다.

③ 토리큐 Tori-Q

점원이 진열대 앞에서 미트볼, 닭고기, 돼지고기 같은 꼬치구이를 석쇠에 구워낸다. 식사 시간이 다가오면 토리큐 앞에는 언제나 긴 줄이 선다. 식사 대용으로 먹는 현지인들 많다. 그래서 밥2.8불, 꼬치구이 4개 이상 구매 시 1.8불과 함께 판매한다. 무척 착한 가격이지만, 크기가 작아 이것저것 담다 보면 어느새 10불이 훌쩍 넘기도 한다.

④ 웍헤이 Wok Hey

웍헤이는 빠르고 간편하게 먹을 수 있는 프라이드 라이스 테이크 아웃 전문점이다. 커다란 웍으로 볶음밥을 빠르게 조리하는 모습을 직접 볼 수 있다. 돼지고기, 새우, 치킨 등 메인을 선택한 후 면과 밥 중에서 하나를 고르면 볶아주는 방식이다. 종이로 된 케이스에 꽉꽉 채워주는 볶음밥은 양이 많아 꽤 든든하다.

⑤ 2달러 주스 i.JOOZ

오렌지주스 착즙 자판기이다. 싱가포르에만 500대 이상 설치되어 있어서 손쉽게 찾을 수 있다. 특히 자판기 안에 오렌지를 냉장 상태로 보관하고 있다가 착즙해주기에, 시원한 주스를 마실 수 있어 더 만족스럽다. 다만 가든스 바이 더 베이, 동물원 등 명소에서는 가격이 3달러 이니 참고하자. 동전을 제외한 지폐와 카드, 페이 결제 모두 가능하다.

Food 08

싱가포르 대표 카야 토스트 프랜차이즈 4

카야는 코코넛 밀크, 달걀, 설탕, 판단 잎으로 만든 스프레드이다. 잼의 일종으로 보면 된다. 주로 토스트에 발라 먹는다. 카야 토스트는 싱가포르에서 인기가 높은 간식이다. 한 끼 식사로도 부족하지 않다. 싱가포르를 대표하는 카야 토스트 프랜차이즈 네 곳을 소개한다.

① 야쿤 카야 토스트 YaKun Kaya Toast

1944년 설립되었다. 카야 토스트 하면 이곳을 떠올릴 만큼 싱가포르에서 가장 유명하다. 싱가포르 전역에 70여 개의 매장을 보유하고 있어서 어디서나 쉽게 찾을 수 있다. 과자처럼 바싹 구운 얇은 브라운 식빵에 녹색의 카야잼과 버터를 듬뿍 넣어준다. 토스트가 두 개 분량으로 양이 푸짐하다. 세트 가격 6.3불이다.

② 토스트 박스 Toast Box

2005년에 설립되었다. 흰색 외관과 동글동글한 서체를 사용한 BI가 편안한 카페를 연상시킨다. 빵집으로 유명한 브래드톡 그룹 계열사로 토스트 박스 옆에는 브래드톡이 짝꿍처럼 입점해 있다. 살짝 구워낸 부드럽고 도톰한 빵에 갈색 카야잼과 버터가 들어가 있다. 커피가 세트로 나온다. 토스트 양이 살짝 부족하다.

③ 킬리니 코피티암 Killiney Kopitiam

오차드 로드의 샛길 가운데 하나인 킬리니 로드의 작은 가게에서 시작했다. 갈색 카야잼을 사용하는 하이난식 카야 토스트를 선보인다. 카야잼은 부드럽고 달걀 맛이 잘 살아있다. 커피와 티, 카야 토스트 외에도 락사, 커리 치킨, 다양한 누들과 라이스 메뉴도 판매한다. 현지인들이 호커센터 대신 많이 찾는 곳이다.

④ 헤븐리왕 Heavenly Wang

유일하게 할랄 인증을 받은 카야 토스트 프랜차이즈이다. 매장 수는 다른 곳보다 적은 편이지만 창이공항 4개 터미널에 6개 점포가 입점해 있다. 갈색 빵에 녹색 카야잼과 도톰한 버터가 들어가 있다. 카야잼을 넉넉히 발라준다. 맛과 질감이 야쿤 카야 토스트와 비슷하다. 세트 가격이 다른 체인점보다 저렴하다.

Travel Tip 1

싱가포르식 블랙퍼스트 '커피 & 카야 토스트'

카야 토스트에 반숙 달걀, 현지의 진한 커피를 곁들이면 완벽한 싱가포르식 블랙퍼스트가 된다. 관광이나 쇼핑 후 지친 여행자에게는 활력을 되찾고 당 충전까지 할 수 있는 한 끼 식사로 손색없다. 쇼핑몰이나 호커센터에는 어김없이 카야 토스트 가게가 한 곳 이상은 있기에 어디서든 찾기 쉽다. 카야 토스트 가게마다 카야잼 색이 조금씩 다르다. 갈색이 도는 하이난 카야는 설탕을 캐러멜화하여 맛이 더 깊고 감칠맛이 난다. 신선한 판단잎 추출액을 넣고 설탕의 캐러멜화를 줄이면 논야 카야라고 부른다. 향긋하고 신선한 맛을 낸다. 카야잼은 토스트 전문점과 마트에서 살 수 있다. 입맛에 맞는 제품을 골라 기념품 목록으로 올려놓자. 유통기한이 다소 짧은 점은 유의하자.

카야 토스트를 맛있게 먹는 전통적인 방법

❶ 토스트 단품보다 커피와 반숙란 2개가 옵션으로 있는 세트 메뉴를 시킨다. ❷ 주문할 때 커피 옵션을 고를 수 있다. 블랙커피에 설탕을 약간 넣은 '꼬삐 오 수 따이Kopi O Siew Dai'를 추천한다. ❸ 달걀 두 개를 접시에 깨뜨린다. 반숙란이라고는 하나 뜨거운 물에 담갔다가 겉만 살짝 익힌 상태라 생각보다 묽다. 당황하지 말자. 여기에 테이블에 비치된 간장과 흰 후추를 뿌린다. 진한 색의 간장이지만 의외로 많이 짜지 않다. ❹ 식성에 따라 토스트를 달걀에 찍어 먹거나 토스트 한입, 달걀 한입 떠먹는다. 여기에 한약처럼 진한 커피 한 잔 곁들이면 어느새 홀린 듯 빈 접시만 남을 것이다.

Travel Tip 2

꼬삐, 현지인처럼 완벽하게 주문하는 방법

꼬삐Kopi는 진하고 달큼한 싱가포르 스타일 커피이다. 쓴맛이 강하고 카페인 함량이 높은 로부스타종 커피에 설탕과 마가린을 넣고 고열에 강하게 볶아 만든다. 약간 탄 맛이 난다. 새카만 비주얼에 얼핏 한약처럼 보인다. 반숙 달걀을 곁들인 단짠단짠의 원조 카야 토스트와 함께 먹으면 그야말로 환상적이다. 싱가포리언에겐 흔한 아침 식사이다. 여행에 지치고 힘들 때 이 세트로 먹고 나면 단숨에 힘이 솟는 경험을 할 수 있다.

커피 전문점의 커피 메뉴가 다양하듯이 꼬삐도 설탕, 연유, 크림, 얼음 등을 넣으며, 10가지가 넘는 주문 방식이 있다. 아이스로 마시고 싶다면 코삐 이름 다음에 얼음을 뜻하는 뻥Peng을 붙이면 된다. 싱가포르에서는 뜨거운 차나 커피를 많이 마시기 때문에 아이스 커피로 주문해도 얼음양을 적게 준다. '미지근한 아이스 커피'를 원하지 않는다면 주문 시 얼음을 많이 넣어달라고 요구하자. 커피 말고 차를 마시고 싶다면 Kopi 대신 '떼'Teh를 붙여 주문하면 같은 방식으로 준다. 떼, 떼 오, 떼 씨, 떼 씨 꼬쏭, 이런 식으로 말이다.

알쏭달쏭 싱가포르 커피 용어, 이것만 알아도 OK

용어	의미	용어	의미
Siew Dai쑤 따이	설탕을 덜 넣은Less sugar	Po포	약하고 묽은 커피 Weaker/Thinner coffee
O오	설탕을 넣은 블랙커피Black with sugar	Peng삥	얼음Ice
C씨	무가당 연유와 설탕을 넣은 커피	Kopi Ta Bao꼬삐 따빠오	포장 커피Takeaway coffee
Ga가	강한Strong	Kosong꼬송	설탕이 없는Without sugar

꼬삐의 종류와 의미

이름	의미	특징-언제 시킬까?
Kopi꼬삐	연유condensed milk 넣은 커피	따뜻한 당 충전이 필요할 때
*Kopi Peng꼬삐 삥	연유condensed milk 넣은 아이스커피	시원하고 달큼한 커피를 찾는다면
Kopi Po꼬삐 포	연유에 물을 추가한 연한 커피	로컬 커피가 너무 썼다면
Kopi Gu You꼬삐 구 유	연유와 버터를 넣은 커피	방탄 커피 맛이 궁금하다면
Kopi C꼬삐 씨	무가당 연유와 설탕 넣은 커피	달큼한 라테를 마시고 싶다면
Kopi C Kosong꼬삐 씨 꼬송	무가당 연유만 넣은 커피	달지 않은 뜨거운 라테
*Kopi C Peng꼬삐 씨 삥	무가당 연유만 넣은 아이스커피	달지 않은 아이스 라테
Kopi O꼬삐 오	설탕 넣은 블랙커피	정신이 확 깨는 진하고 달큼한 맛
Kopi O Siew Dai꼬삐 오 쑤 따이	설탕이 적게 들어간 커피	카야 토스트와 먹기 가장 좋은 궁합
Kopi O Kosong꼬삐 오 꼬송	설탕 없는 커피No sugar	단독으로 마시기엔 약간 진해
*Kopi O Kosong Peng꼬삐 오 꼬송 삥	설탕 없는 아이스커피	현지식의 진한 아이스 아메리카노

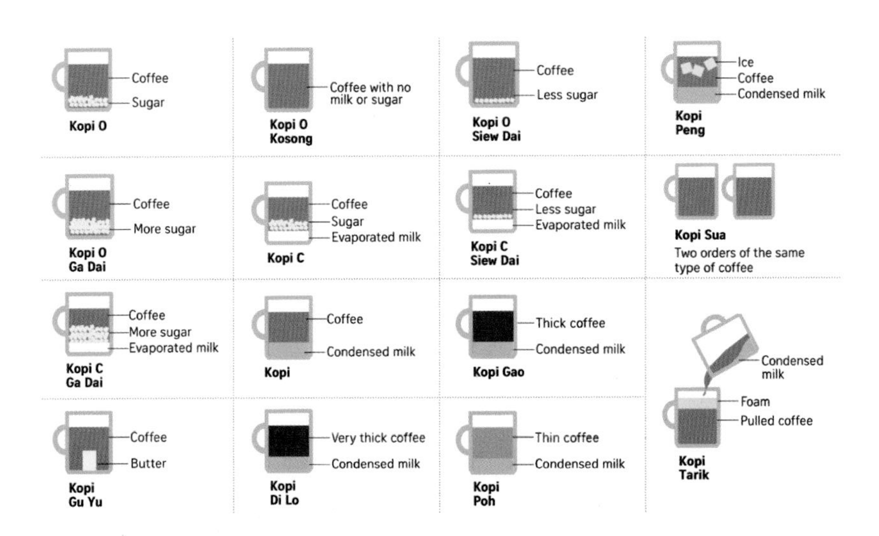

싱가포르의 파인 다이닝 레스토랑

미식의 나라, 세계의 주방이라는 별칭만큼 싱가포르에서는 수준 높은 요리를 선보이는 다양한 파인 다이닝 레스토랑도 제법 많다. 한 번쯤 근사하게 차려입고 입안의 호사를 누려보자.

① **오데뜨** Odette

시빅 디스트릭트 지역 P160

미슐랭 3스타에 등극한 고급 프렌치 레스토랑이다. 2022년 아시아 최고의 레스토랑에서 8위에 올랐다. 배와 와사비 오일을 곁들인 노르망디 브라운 크랩과 후추계의 명품 캄폿 페퍼를 곁들인 크러스트 비둘기가 시그니처 메뉴이다. 1인 기준 300불은 예상해야 하지만 맛을 보면 저절로 고개가 끄덕여진다. 드레스 코드는 스마트 캐주얼이다.

② **카시아** Cassia
센토사섬 P271

2018년 6월 최초 북미 정상회담이 열린 카펠라 호텔의 중식 레스토랑이다. 5성급 호텔 레스토랑이지만 가격은 비교적 합리적이다. 북경 오리구이가 카시아의 대표 메뉴지만 블랙 페퍼 와규 볶음, 제비집 수프, 생선 수프 등 정통 광둥식 요리에도 한 번 도전해보자. 남은 음식은 포장해 갈 수도 있다. 드레스 코드는 스마트 캐주얼이다.

③ **에스퀴나** Esquina Tapas Bar
차이나타운 P235

스페인 전통 타파스를 현대적으로 해석한 타파스 맛집이다. 차이나타운 남서쪽 케옹색 다이닝 구역을 대표하는 맛집이다. 런치 메뉴는 비교적 합리적인 가격에 즐길 수 있다. 셰프들이 분주히 음식을 만드는 모습을 생생하게 볼 수 있는 1층 타파스 바에 앉기를 추천한다. 베스트셀러 메뉴는 감칠맛이 팡팡 터지는 레드 프라운 파에야이다.

④ **번트 엔드** Burnt Ends
뎀시힐 지역 P354

호주식 바비큐 레스토랑으로, '아시아 최고 레스토랑 50'에 지속해서 랭크되는 미슐랭 1스타 맛집이다. 10시간 동안 천천히 구운 돼지고기 요리인 풀드 포크 생거, 구운 양파와 골수를 곁들인 플랫 아이언 스테이크, 갈릭 브라운 버터 킹크랩, 헤이즐넛과 블랙 트러플을 곁들인 구운 리크대파처럼 생긴 수선화과 채소 등이 대표 메뉴이다.

⑤ **컷** CUT by Wolfgang Puck
마리나베이 P130

오스트리아 태생의 유명 셰프인 울프강 퍽의 스테이크 레스토랑이다. 미국에 기반을 둔 레스토랑인데, 마리나베이 샌즈에 아시아 첫 매장을 냈다. 고베 와규, 홋카이도 스노우 쇠고기, 곡물 사료 호주 앵거스 등 소고기 종류가 무척 다양하다. 700개 이상의 와인 리스트 중에서 음식과 잘 어울리는 와인을 추천받을 수 있다.

 Food 10

분위기 좋은 브런치 카페 베스트 5

브런치! 이 단어가 주는 느낌은 조금 특별하다. 여유, 낭만, 휴식…. 이런 말이 떠오르며 저절로 기분이 좋아진다. 레스토랑도 좋지만, 한 번쯤은 현지인 사이에서 브런치를 먹으며 여행자만이 느낄 수 있는 여유를 만끽해보자.

① 프리베@케펠 베이 Prive@Keppel Bay

센토사섬 P273

싱가포르의 대표 브런치 카페로 시내 곳곳에서 자주 보이지만, 케펠 베이 매장은 조금 특별하다. 센토사 근처 요트 선박장 앞에 있어서 이국적인 풍경이 매력적이다. 어느 각도에서 찍어도 멋진 인생 샷을 건질 수 있다. 내부보다 야외 좌석을 추천한다. 다만, 한낮보다는 아침이나 오후 4~8시의 '해피 아워' 시간대를 노리는 것이 좋다.

② **PS카페 뎀시힐** PS.Cafe@Harding
뎀시힐 지역 P355

사방이 숲으로 우거진 브런치 카페이다. 싱가포르의 여러 지점 중에서도 가장 아름다운 곳으로 꼽힌다. 카페에 들어서는 순간 통유리창을 통해 울창한 수풀을 바라보는 것만으로도 힐링이 되는 곳이다. 창가 좌석과 야외 자리는 항상 인기가 많다. 여유로운 분위기 덕분에 주말이 아닌 평일에도 항상 사람들로 붐비는 곳이다. 브런치 메뉴는 평범한 편이지만 디저트 라인은 훌륭한 편이다.

③ **토비스 에스테이트** Toby's Estate
리버사이드 지역 P213

인근의 서양인 거주자들이 자주 찾는 호주식 리버 뷰 브런치 맛집이다. 인더스트리얼한 분위기에 천고가 높아 탁 트인 느낌을 준다. 산미가 살아있는 커피와 신선한 재료를 풍부하게 사용한 브런치 메뉴들이 이 집의 인기 비결이다. 강을 따라 산책하는 사람들을 한가롭게 구경하며 느긋한 분위기를 낼 수 있는 야외석은 언제나 인기가 많다.

④ **커먼 맨 커피 로스터스** Common Man Coffee Roasters
리버사이드 지역 P214

많은 소규모 카페에서 이곳의 원두를 납품 받아쓸 정도로 커피 맛으로 소문난 곳이다. 가격이 약간 전반적으로 높은 편이지만 신선한 재료를 듬뿍 쓴 브런치 메뉴는 먹을 가치가 있다. 베리 마멀레이드와 아이스크림이 올라간 두툼한 브리오슈 프렌치토스트가 인기 메뉴다. 산미가 강한 커피를 좋아하는 사람에게도 이곳이 제격이다.

⑤ **티옹바루 베이커리** TiongBarhu Bakery
티옹바루 지역 P361

이름에서 알 수 있듯 티옹바루 지역을 알리는 데 일조한 카페다. 프랑스의 유명 파티셰인 곤트란 쉐리에가 참여한 만큼 이곳의 빵은 정말 일가견이 있다. 얇고 바삭하면서 쫄깃한 식감의 크루아상, 설탕과 버터를 층층이 겹쳐 만든 퀸 아망은 손님 대부분이 선택하는 인기 메뉴다. 커피 맛도 수준급이며, 브런치로 먹을 수 있는 메뉴도 다양하다.

Drink 01

수준급 칵테일을 맛보려면 이곳으로

싱가포르에는 세계적으로도 명성이 높은 유수의 바가 즐비하다. 다 비슷하게 보이는 레시피이지만 프로의 감각이 더해지면 맛의 차이도 크게 달라지는 법이다. 애주가라면 당연히, 알코올에 약하다면 직원에게 요청하면 적절한 메뉴를 추천받을 수 있으니, 꼭 한 번쯤은 경험해보자.

① **아틀라스** Atlas

부기스 지역 P301

웅장한 아르데코 양식으로 장식한 데다 금색과 청동색 발코니가 둘러싼 내부는 호화스러운 사교 클럽에 온 느낌을 준다. 특히 1000병이 넘게 진열되어 있다는 바 중앙의 거대한 '진 타워'가 보는 사람을 압도한다. 기본적인 칵테일에 충실하면서도 독특한 시그니처 비법이 가미되어 색다른 맛을 선사한다. 애프터눈 티도 항상 인기가 많다.

② 맨하탄 Manhattan

오차드 로드 P199

콘래드 오차드 호텔 2층에 있다. 1920년대 뉴욕의 재즈클럽 분위기가 물씬 풍긴다. 고급스럽지만 무겁지 않고 분위기가 흥겨워 매력적이다. 메뉴가 너무 많아 고민이라면 친절한 직원에게 취향을 알려주자. 찰떡같이 본인에게 딱 맞는 칵테일을 추천해 줄 것이다. 월~토 17시부터 19시까지 음료를 주문하면 무료 치즈 샌드위치를 제공한다.

③ 지거&포니 Jigger&Pony

차이나타운 P240

차이나타운 남쪽 탄종파가의 아마라 호텔에 있는 칵테일바이다. 매년 '세계 최고의 바 50'에서 높은 순위를 자랑한다. 2022년에는 아시아 2위, 세계 12위를 차지했다. 매거진 같은 메뉴판에 도수별로 구분해 놓은 'Quick Menu'가 칵테일 선택에 많은 도움을 준다. 해피 아워 18:00~19:30엔 세계적인 수준의 칵테일을 불과 18불에 즐길 수 있다.

④ 네이티브 Native

차이나타운 P241

매년 '아시아 베스트 바 50', '세계 최고의 바 50'에 이름을 올린다. 현지 재료를 활용하여 아시아의 맛과 향을 잘 살리면서도 독창적인 칵테일을 제조하는 것으로 유명세를 탔다. 예약은 필수이지만, 분위기가 동네 아지트에 온 듯 친근하고 편안하다. 내부 인테리어를 재생 또는 재활용 재료로 만들어 더욱 특별한 느낌을 준다.

⑤ 모바 Mo Bar

프로미나드 지역

만다린 오리엔탈 호텔에 있는 칵테일바이다. 독창적인 맛과 색감이 돋보이는 칵테일로 유명해 주문하고 나면 어떤 칵테일이 나올지 기대가 된다. 내부는 널찍하게 오픈되어 있지만, 좌석 사이의 간격이 넓어 다른 팀에 신경 쓰지 않고 상대방과 대화에 집중할 수 있다. 통유리창 너머로 보이는 마리나베이 스카이라인도 매력적이다.

Drink 02

환상적인 야경을 즐길 수 있는 베스트 바 5

낮에도 아름답지만, 싱가포르의 밤은 더 아름답다. 뜨거운 해가 지고 어둠이 내리기 시작하면 이 도시는 화려하게 변신한다. 싱가포르 야경을 가장 멋지고 낭만적으로 즐길 수 있는 베스트 바를 모았다.

① 스모크 앤 미러 Smoke & Mirror

시빅 디스트릭트 지역 P161

내셔널 갤러리 6층 루프톱에 있는 칵테일 바다. 도심의 스카이라인부터 마리나베이의 야경까지 한자리에서 감상할 수 있다. 예술가들에게 영감을 받아 만든 독특한 칵테일로 유명하다. 시즌별로 한정판 메뉴나 특제 칵테일을 출시하고 있다. 오후 7시 이후에는 18세 이하는 이용할 수 없다. 한국인 직원도 근무한다. 드레스 코드는 '캐주얼 시티 시크'로 발이 보이는 슬리퍼는 금지다.

② **랜턴** Lantern

시빅 디스트릭트 지역 P169

플러턴 베이 호텔The Fullerton Bay Hotel에 있는 루프톱 바이다. 저층 루프톱 바이지만 마리나베이 지역의 스카이라인을 제대로 감상할 수 있다. 마리나 베이 샌즈 맞은편에 있어서 시간을 잘 맞추면 스펙트라 레이저 쇼 20:00, 21:00를 바에서 감상할 수 있다. 남국의 낭만을 제대로 느낄 수 있을 것이다. 드레스 코드는 세미 캐주얼이다.

③ **사우스 브리지** Southbridge

리버사이드 지역 P216

여행자들 사이에서 야경명소로 알려진 루프톱 바이다. 바로 앞으로 국회 의사당이 보이고, 싱가포르 강을 따라 운행하는 리버 크루즈를 보는 것도 제법 운치가 있다. 건너편으로는 마리나베이 샌즈와 싱가포르 스카이라인까지 막힘없이 다가온다. 평일과 일요일 오후 17:00~20:00에는 평소보다 저렴하게 바 메뉴를 즐길 수 있다.

④ **레벨33** Level 33

마리나베이 지역 P139

마리나베이 금융센터MBFC 33층 펜트하우스에 있다. 싱가포르의 멋진 명소가 한눈에 보이는 탁 트인 전망이 압권이다. 저녁에 테라스 좌석에 앉으려면 최소 2~3주 전에 예약해야 한다. 세계에서 가장 높은 도시형 소규모 맥주 양조장이 이곳에 있다. 5가지 맥주 샘플러를 마시며 취향에 맞는 맥주를 골라보자. 드레스 코드는 스마트 캐주얼이다.

⑤ **세라비** Ce La Vi

마리나베이 지역

마리나베이 샌즈 57층에 있는 루프톱 바이다. 이 도시에서 가장 높은 곳에 있는 바로, 그야말로 싱가포르 전역을 한 눈에 담을 수 있는 명당 중 명당이다. 워낙 야경 맛집으로 소문이 많이 난 곳이라 낭만적인 밤을 보내고 싶은 사람들이 많이 찾는다. 인기가 많은 곳이어서 원하는 시간대에 가려면 적어도 2주 전에는 예약을 해야 한다.

여행자들이 많이 찾는 쇼핑 명소 베스트 5

쇼핑은 여행에 또 다른 즐거움을 안겨준다. 싱가포르는 방콕과 더불어 동남아시아에서 손꼽히는 쇼핑 도시이다. 도시 국가인 까닭에 쇼핑 명소는 대부분 시내에 몰려 있다. 대형 쇼핑몰부터 가격 파괴점까지 싱가포르의 쇼핑 스폿 5곳을 소개한다.

① 싱가포르 쇼핑 1번지, 아이온 오차드

ION Orchard **오차드 로드** P176

쇼핑 중심지 오차드 로드에 있는 대형 쇼핑몰이다. 1~4층엔 디올, 루이비통, 프라다, 카르티에 등 명품매장이 있다. 지하 4층부터 지하 1층까지는 자라, H&M 같은 대중 브랜드, 향수와 화장품, 스포츠 의류로 구성돼 있다. 'ION Orchard' 앱을 다운 받으면 행사나 할인, 쿠폰 정보를 한눈에 볼 수 있다. 카페와 맛집도 많이 입점해 있다.

② MZ 세대 쇼핑 성지, 313앳 서머셋

313@Somerset **오차드 로드** P189

MZ 세대를 겨냥한 쇼핑몰이다. 20~30대가 선호하는 의류브랜드와 식음료 매장은 거의 다 있다. 자라, 포멜로, H&M, 코튼온 등 중저가 브랜드가 입점해 있다. 또 다른 쇼핑몰 오차드 게이트웨이, 오차드 센트럴과도 연결되어 쇼핑 동선이 좋다. 한국식 음식점이 여럿 입점해 있고, 한국식 마트도 있다.

③ 선물과 기념품 쇼핑은 무스타파 센터 Mustafa Centre **리틀 인디아** P283

선물과 기념품 살 시간이 부족하다면 무스타파에서 한 번에 해결하자. 지하 2층부터 4층까지 2개 건물이 연결된 대형 쇼핑센터로 100불 이상 구매하면 택스 리펀 확인증까지 한 번에 마칠 수 있다. 선물, 기념품, 의류, 화장품, 건강식품 등 종류도 다양하고, 가격도 다른 곳보다 조금 저렴하다. 기념품과 선물 매장은 주로 2층에 있다.

④ 주머니 가볍다면 이곳으로! 밸류 달러 Valu$

싱가포르의 높은 물가에 지쳤다면 생필품 가격 파괴 체인점 밸류 달러로 가자. 상품마다 가격표가 크게 붙어있어 예산 짜기 편하다. 특히 오레오, 엠앤엠즈, 페레로 로쉐, 키세스 같은 유명 초콜렛 가격은 너무 저렴해서 눈을 의심케 할 정도다. 동선과 규모를 고려해 오차드 로드의 럭키 프라자 지하 1층, 리틀 인디아 시티스퀘어몰의 지하 2층 매장을 추천한다.

⑤ 마지막 쇼핑은 주얼 창이에서! Jewel Changi **창이공항** P52

마리나베이 샌즈를 설계한 모셰 사프디가 자연을 주제로 설계한 쇼핑몰이자 복합 체험공간이다. 2019년 10월 오픈한 뒤 또 하나의 싱가포르 명물로 자리 잡았다. 무엇보다 주얼 창이는 시내에서 미처 하지 못한 쇼핑과 기념품 구매를 마무리할 수 있어서 좋다. 거대한 인공 폭포, 신비로운 정원, 쉑쉑버거를 비롯한 다양한 맛집이 입점해 있다.

ONE MORE

TPO(때, 장소, 상황) 기념품 숍 추천

대량으로 구매하고 싶을 때 무스타파센터, 밸류 달러, 차이나타운 파고다 스트리트

나만의 기념품, 하나를 사더라도 제대로 래플스 부티크 숍, 가든스 바이 베이 기념품 숍

독특한 싱가포르적인 소품 찾는다면 캣 소크라테스, 휘게, 디자인 오차드

현지 식료품을 사고 싶을 때 콜드 스토리지, 페어 프라이스

화장품이나 의약품을 사고 싶다면 왓슨스, 가디언, 무스타파

Shopping 02

슈퍼마켓과 드럭스토어 쇼핑 리스트

현지 슈퍼마켓과 드럭스토어를 돌아다니며 한국에는 없는 상품을 발견하는 재미는 참 쏠쏠하다. 슈퍼마켓과 드럭스토어에서 어렵지 않게 구할 수 있으면서도 여행 기념품으로도 손색없는 쇼핑 리스트만 골라 뽑았다.

① 칠리 크랩 소스

싱가포르에서 먹은 칠리크랩을 한국에서 재현해보고 싶은 독자들에게 추천한다. 락사, 사테, 바쿠테, 치킨 라이스 등 다른 음식도 소스만 있으면 비슷하게 흉내 낼 수 있다. 맛을 내는 육수 소스, 바르는 소스, 곁들이는 소스 2~3가지가 함께 들어있다. '프리마 테이스트' 제품이 가장 맛이 좋고 유명하다.

② 칠리 소스 & 피클드 그린 칠리

치킨 라이스를 먹을 때 곁들여 먹는 사이드 양념과 반찬이다. 매콤한 칠리소스는 볶음밥 위에 살짝 끼얹거나, 담백한 생선에 찍어 먹으면 음식의 풍미가 확 살아난다. 현지 고추 피클은 할라페뇨와 비슷하지만, 더 매콤하고 신선한 느낌이 든다. 느끼한 음식을 먹을 때 잘 어울린다.

③ 마일로 파우더

마일로를 물이나 우유에 타면 싱가포르의 국민 음료가 된다. 맥아 보리, 코코아 파우더, 단백질, 미네랄, 비타민 등을 첨가하여 성장기 어린이, 출산한 산모, 운동선수 등에게 영양 보충해주는 용도이기도 하다. 아이에게 영양을 더하기 위해서는 물보다 우유에 타 먹는 것을 추천한다.

④ 카야잼

바싹한 식빵에 카야잼을 바르고 버터 한 조각을 넣은 뒤 반숙 달걀에 찍어 먹으면 곧 싱가포르식 아침 식사이다. 카야잼은 코코넛 밀크, 달걀, 설탕이 들어가 달콤하고 판단 잎 향을 가미하여 향긋하다. 유통기한이 짧다. 작은 걸 구매하자. 야쿤 카야 토스트, 래플스 부티크 숍 등에서도 자체 카야잼을 판매한다.

⑤ 커피 믹스

야쿤 카야 토스트나 토스트 박스 같은 로컬 카페에서 '꼬삐'를 맛있게 즐긴 사람에게 추천한다. 한국의 커피믹스보다 진하다. 커피·설탕·프리머가 들어간 3in1, 커피·설탕만 들어간 2in1 제품 등이 있다. 올드타운과 아 후앗 제품이 가장 대중적이다. 밀크티를 좋아한다면 커피 대신 차가 들어간 제품을 고르면 된다.

⑥ 킨더 초콜릿 해피 히포

귀여운 하마 모양의 킨더 초콜릿이다. 한 세트에 5개가 개별 포장돼 있다. 한국 여행자들이 기념품과 선물용으로 많이 사 간다. 한 상자가 보통 3.9불이며 가끔 2.9불에 할인행사도 한다. 만약 슈퍼마켓에서 찾을 수 없다면 밸류 달러나 무스타파 센터로 가면 된다.

⑦ 어빈스 피시 스킨

생선 껍질을 바싹 튀겨 소금과 달걀에 버무린 스낵이다. 처음 먹어보면 거친 식감과 익숙하지 않은 양념 맛에 호불호가 약간 갈릴 수 있다. 하지만 몇 번 먹다 보면 짭짤하면서 담백한 맛이 조화로워 은근 중독성이 있다. 맥주 안주로 그만이다.

⑧ 타이거밤

일명 호랑이 연고로 널리 알려진 바로 그 상품이다. 100년 역사를 자랑하는 타이거밤은 집안의 만능연고로 제격이다. 하지만 연고 형태는 한국에서도 구할 수 있으므로, 조금 색다르게 근육통 파스, 모기 기피제 패치나 스프레이 등을 추천한다.

⑨ 닌지옴 목감기약

기침, 가래, 인후통 등 초기 목감기에 효과가 좋은 홍콩산 생약 성분 약이다. 멘톨 향 진득한 액체가 목과 기관지를 시원하게 풀어주는 느낌이 든다. 브랜드는 같지만, 형태에 따라 종류가 다양하다. 한 포씩 10개가 들어있는 팩이 간편하게 먹기 좋다. 휴대하기 편리한 허벌 캔디도 추천한다.

⑩ 실리콘 칫솔

칫솔모가 유난히 빨리 닳거나 옆으로 벌어지는 경험을 자주 하는 사람이라면 실리콘 칫솔을 사용해봄 직하다. 칫솔모가 부드러워 잇몸에 부담이 덜 간다. 무엇보다 꼼꼼하게 닦이고 일반 칫솔보다 위생적이다. 가격은 판매점에 따라 차이는 있으나 대체로 두 개에 13불 안팎이다.

ONE MORE

싱가포르의 주요 슈퍼마켓과 드럭스토어

콜드 스토리지 Cold Storage

외국의 식재료가 많아 현지인보다 서양 거주자들이 더 많이 찾는 슈퍼마켓 체인이다. 규모와 제품군에 따라 CS Fresh, Market Place 브랜드도 있다. 뒤로 갈수록 식재료가 더 고급이고, 가격대도 더 높은 편이다. 훈제 치킨, 초밥, 샐러드는 바로 먹을 수 있다.

페어프라이스 FairPrice

싱가포르 최대 슈퍼마켓 체인이다. 전국노동조합이 협동조합형태로 운영한다. 콜드 스토리지처럼 규모와 제품군에 따라 Xtra FairPrice, FairPrice Finest, FairPrice Xpress 등의 브랜드도 있다. 콜드 스토리지보다 저렴하다. 창이공항 2터미널과 3터미널에도 있다.

가디언 Guardian

약국에서 시작한 건강 및 미용 소매업체이다. 매장이 100개가 넘는다. 전체적으로 왓슨스보다 가격이 약간 저렴하다. 한국 제품 전용 섹션도 따로 마련되어 있다. 보통 2개 가격에 3개를 살 수 있는 mix & match 행사를 상시 하는 편이다.

왓슨스 Watsons

홍콩에서 설립한 드럭스토어이다. 가디언과 점포 수가 비슷하고 상품 구성도 대동소이하다. 다만, 왓슨스에서 직접 만든 PB 화장품의 구성이 꽤 탄탄한 편이다.

싱가포르의 하이엔드 기념품, TWG와 바샤 커피

싱가포르 하면 떠오르는 차와 카피가 있다. TWG와 바샤이다. TWG는 고급 차 브랜드이고, 바샤는 TWG가 런칭한 하이엔드 커피 브랜드이다. 이 두 브랜드는 2008년과 2019년에 생긴 신생 브랜드이지만, 기막힌 스토리텔링으로 싱가포르를 대표하는 차와 커피로 성장했다.

❶ 티더블유지 TWG

TWG는 전 세계 1,000여 종의 광범위한 티 컬렉션과 고급스러운 티 살롱으로 유명하다. 2008년 설립되었으나 마케팅 차원에서 싱가포르상공회의소 설립 해인 '1837'을 로고에 사용해 소비자들에게 역사가 깊은 브랜드로 여기게 하였다. TWG는 세계 각지에서 직접 차를 조달하고 꼼꼼하게 블렌딩하여 다양한 제품을 선보이고 있다. 본인이 원하는 차의 향이나 특성, 지역 등을 고르면 전문 티 소믈리에가 관련 제품을 보여준다. 향도 맡을 수 있다. 차는 티백과 직접 티포트에 내려 먹을 수 있는 잎 차 제품으로 나뉜다. 특히 잎 차로 된 제품은 그램 단위로 판매하기도 하지만 차 종류와 원산지에 따라 디자인이 독특한 용기에 담아 판매하여 소장 욕구를 자극한다. 쿠키나 초콜릿, 향초, 찻잔 세트 등도 판매한다. 제품 구매 시 선물용이라고 하면 시그니처 포장지와 리본으로 꼼꼼하게 포장 서비스를 무료로 해준다. 가격은 싱가포르 시내보다 창이공항 면세점이 더 저렴하다.

ONE MORE TWG의 베스트셀러 5가지

1837 블랙티 1837 Black Tea 베리 종류 과일과 캐러멜 향을 살짝 블렌딩한 홍차로 TWG의 시그니처 제품이다. 깔끔한 맛으로 호불호 없이 무난하게 즐길 수 있다.

실버 문 티 Silver Moon Tea 녹차에 베리와 바닐라 향을 블렌딩한 차이다. 녹차의 신선함이 잘 살아있고 풍성하고 화려한 향을 즐길 수 있다.

그랜드 웨딩 티 Grand Wedding Tea 달콤한 열대 과일과 해바라기꽃, 홍차를 베이스로 하는 제품이다. 포근하지만 바디감이 깊다. 차, 꽃, 과일 향이 고급스럽게 어우러져 은은하고 달콤한 여운을 남긴다.

프렌치 얼 그레이 티 French Earl Grey Tea 시트러스와 플로럴 향이 조화로운 균형을 이룬다. 클래식 얼그레이를 세련된 풍미로 재해석한 제품이다. 홍차의 깊은 맛과 감귤류의 개성 있는 향이 조화롭다.

싱가포르 블랙퍼스트 티 Singapore Breakfast Tea 구운 견과류와 풍미가 깊은 고품질의 홍차를 블렌딩하였다. 하루를 시작하는 아침에 잘 어울리는 차다. 네이밍 때문인지 특히 관광객들이 많이 찾는다.

❷ 바샤 커피 Bacha Coffee

바샤 커피는 금빛으로 번쩍이는 카페 부티크와 고급스러운 오렌지색 패키지로 유명하다. TWG가 2019년에 설립했다. 로고에 넣은 '1910 Marrakech'는 의도한 마케팅이다. 사실, 바샤 커피는 1910년에 설립된 것도 아니고, 모로코의 마라케시에서 시작된 것도 아니다. 단지 마라케시에 있었던 커피 하우스 '다르 엘 바샤 팰리스Dar el Bacha Palace'에서 영감을 얻어 '바샤'라는 브랜드를 따온 것이다. 커피 마스터들이 경건한 의식을 치르듯 정성스럽게 커피를 추출하고, 금색의 커피포트에 담아 서빙하는 장인적인 접근방식이 싱가포르에서 금세 하이엔드 커피 문화 신드롬을 일으켰다. 서울의 청담동에도 매장이 있다. 바샤 커피는 엄선한 100% 아라비카 원두를 사용한다. 단일 원산지 커피, 다양한 원두와 섞는 블렌딩 커피, 디카페인 커피 등 원두 종류만 해도 무려 200여 가지에 이른다. 종류가 많다고 당황하지 말고 본인이 선호하는 맛산미의 정도, 로스팅 강약 정도, 지역블렌딩한 제품인지 단일 원산지 제품인지 그리고 커피의 향 첨가 유무 정도만 직원에게 알려주면 몇 가지 제품을 추천받을 수 있다.

ONE MORE

바샤 커피, 어떻게 골라야 할까? 선물용으로는 개별 포장한 싱글 서브 드립백 커피가 제격이다. 티백의 위쪽을 뜯어 뜨거운 물을 천천히 부어 커피를 내려 마시는 방식이다. 드립백 종류는 35가지이다. 한 상자에 12개가 들어있고 가격은 원산지에 따라 30~52불 선이다. 다양한 커피 맛이 궁금하다면 3가지 블렌딩, 8개의 단일 원산지, 1개의 디카페인 옵션이 포함된 25개 구성의 Coffee Bag Taster(60불)도 추천할 만하다.

커피 종류 파악하는 방법 커피 박스나 틴케이스 상단에 다음 세 가지 종류 중 하나가 적혀 있다. 각 특징을 보고 성향에 맞는 커피를 고르면 된다.

❶ Single origin 특정 지역과 국가의 단일 생산지에서 공급받은 원두이다. 지역에 따른 고유한 개성이나 원두 본연의 맛을 즐기고 싶다면 이 제품 중에서 선택하면 된다.

추천 상품 **시다모 마운틴** 상큼한 산미, 플로럴 시트러스 향이 특징

마운트 케냐 베리의 상큼한 단맛, 꽃 향이 가미된 산미가 특징

❷ Fine Blended 두 가지 이상의 단일 원산지 원두를 섞어 만든 커피다. 서로 보완할 수 있어서 풍부하고 다양한 맛을 낸다. 옐로우 레오파드Yellow Leopard가 대표적이다. 아프리카와 남미산 원두로 만든 블렌디드 커피로 꿀, 흑설탕, 다크 초콜릿 맛이 조화롭게 균형을 이룬다. 풍부한 맛과 잘 익은 열대과일의 섬세한 산미가 특징이다.

❸ Fine Flavoured 100% 아라비카 원두에 오일이나 각종 추출물을 첨가하여 만든다.

추천 상품 **밀라노 모닝** 초콜릿, 견과류, 캐러멜 향이 나는 부드러운 맛

1910 고소한 견과류에 은은한 과일 향, 은은한 산미가 특징

캐러멜로 모닝 캐러멜 향이 가볍고 달콤하다. 라테로 만들어 먹어도 좋다.

Shopping 04

한국 미입점 브랜드 쇼핑하기

한국에 아직 입점 되지 않은 브랜드 또는 싱가포르 디자이너의 유니크한 브랜드를 찾는다면 다음의 리스트를 참고하자. 계산하기 전에 안내된 휴대전화 QR코드를 통해 즉석에서 회원가입을 하면 바로 쓸 수 있는 할인 쿠폰도 받을 수 있으니 꼭 확인하자.

① **비욘드 더 바인스** Beyond the vines

싱가포르 부부 디자이너가 설립한 브랜드이다. 청량한 느낌의 미니멀하고 힙한 디자인이 눈길을 끈다. 끝부분을 오므려 닫는 덤플링, 일명 만두백은 색감이 다양하고 수납공간이 많아 인기가 높다. 심플하지만 귀여운 색감이 돋보이는 아이 옷도 눈여겨볼 만하다. 인터넷 회원가입을 하면 바로 쓸 수 있는 10불 할인 쿠폰을 준다. 니안 시티, 아이온 오차드, 푸난 몰에 입점해 있다.

② **보라 악수** Bora aksu

런던에 기반을 둔 터키 디자이너 보라 악수의 브랜드로 여성스러운 디자인과 섬세한 디테일이 주를 이룬다. 로맨틱하면서 화사한 원피스가 많아 특별한 날 입기 좋다. 디자이너 브랜드라 가격대는 약간 있는 편이지만 분기별로 세일을 많이 하는 편이다. 더 숍스 앳 마리나 베이 샌즈, 파라곤, 다카시마야에 매장이 있다.

③ **어반 리비보** Urban Revivo

ZARA의 중국 버전이다. 가격도 ZARA와 거의 비슷하다. 파격적인 디자인도 많지만 의외로 회사나 학교에서 단정하게 입을 수 있는 니트류도 많다. 화사한 파스텔톤을 과감하게 쓴 귀여운 소품들도 눈에 띈다. 시즌 때마다 세일을 자주 한다. 온라인 회원으로 가입하면 10% 할인 쿠폰을 지급한다. 플라자 싱가푸라, 래플스 시티, 주얼창이에 지점이 있다.

④ **에디터스 마켓** Editor's Market

트렌디한 디자인보다 고급스러운 소재와 마감에 신경을 쓴 군더더기 없는 심플한 디자인을 선보인다. 싱가포르 기반의 브랜드이기 때문에 시원하고 세련된 여름옷이 대부분이다. 옷 이외에도 미니멀한 감성의 그릇이나 화병 등 라이프 스타일 제품도 볼 수 있다. 다카시마야, 부기스 플러스, 젬, 템피니스 몰에 입점해 있다.

⑤ **찰스 앤 키스** Charles & Keith

질 좋고 디자인이 쿨한 가죽제품을 저렴하게 선보이는 브랜드다. 매주 20~30개의 새로운 디자인이 들어올 정도로 제품 회전이 빠르다. 2011년에 명품 그룹 LVMH가 지분 20%를 인수하여 세계로 매장을 넓히고 있다. 한국에도 매장이 있긴 하지만 같은 제품도 싱가포르에서는 20~30% 정도 저렴하게 구매할 수 있다. 싱가포르에만 있는 디자인을 구매했거나, 세일 기간에 마음에 드는 제품을 구매하면 그야말로 득템이다.

⑥ **페드로** Pedro

찰스 앤 키스 매장 옆에는 어김없이 페드로가 보인다. 내부 인테리어도 거의 비슷한 편인데 아니나 다를까 찰스 앤 키스에서 파생된 자매 브랜드다. 한국에는 아직 들어오지 않았다. 찰스 앤 키스보다 가격이 살짝 높다. 다양한 남성용 컬렉션이 강점이다. 여름 정기 세일, 블랙프라이데이, 연말 세일 등을 노리면 질 좋은 가죽제품을 저렴하게 구매할 수 있다.

⑦ **스미글** Smiggle

호주에 기반을 둔 문구류 및 관련 액세서리 체인점이다. 시내 주요 쇼핑몰에 대부분 입점해 있다. 톡톡 튀는 디자인이 많다. 아이들이 좋아할 만한 귀여운 캐릭터를 사용하여 눈길을 끈다. 가방, 지갑, 물통, 하드케이스 필통 등은 유아부터 초등학교 저학년 선물용으로 제격이다. 1+1 이벤트를 하거나, 하나를 사면 다음 제품은 50% 할인을 하는 등 세일도 많이 하는 편이다.

④ **식스티에이트** 6IXTY8IGHT

소녀 감성이 물씬 묻어나는 파스텔 색감의 귀엽고 편한 속옷과 잠옷이 가득한 곳이다. 가격은 저렴한 편이지만 퀄리티는 우수하다. 세일도 종종 하는 편이므로 타이밍이 잘 맞으면 좋은 가격에 득템할 수 있다. 매끈한 실루엣과 스타일리시한 편안함을 추구하는 것이 식스티에이트의 브랜드 방향이다. 10대 여성에게 좋은 선물이 될 것이다.

⑨ **코튼온** Cotton On

호주 최대의 글로벌 소매업체인 '코튼온 그룹'의 대표적인 브랜드이다. 요즘 유행하는 트렌드를 한눈에 살펴볼 수 있는 패션 의류, 신발, 액세서리를 주로 판매한다. 주로 20대를 위한 상품이 많다. 규모가 조금 큰 매장엔 아동을 위한 '코튼온 키즈', 속옷과 스포츠 의류를 선보이는 '코튼온 바디' 등 분야별로 상품을 준비해 놓고 있다.

⑩ **타이포** Typo

타이포 역시 호주의 '코튼온 그룹'의 계열사로 어른 감성의 아기자기한 문구 액세서리를 판매한다. 문구류뿐만 아니라 에코백, 텀블러, 머그잔, 양말, 쿠션, 가운 등도 판매한다. 독특한 디자인과 세련된 컬러를 사용해 구매를 자극하는 제품이 많다. 시즌이 끝나가는 시기에는 종종 1+1이나 50% 할인도 한다. 10대부터 어른까지 두루 좋아하는 브랜드이다.

⑪ **스쿱** Scoop

시드니에 본사를 둔 식료품 매장이다. 2,000개가 넘는 제품 중 80%가 호주 유기농 및 친환경 인증을 받은 제품으로 구성되어 있다. 곡물, 견과류, 초콜릿 등 식재료 대부분을 무게로 환산하여 원하는 만큼만 구매할 수 있다. 식료품 외에도 다양한 친환경 주방용품, 욕실용품, 개인 소품 등도 판매한다. 주방용품, 욕실용품은 선물하기 좋다.

⑫ **스타벅스** Starbucks

한국에도 흔하디흔한 게 스타벅스이다. 하지만 싱가포르 스타벅스에 들러 한국에는 없는 음료를 맛보거나 가격 비교를 해 보는 재미가 쏠쏠하다. 싱가포르에만 판매하는 원두와 텀블러도 있다. 특히 싱가포르를 테마로 한 멀라이언 키링, 인형 같은 작은 기념품이나 소품류는 소장용이나 지인 선물용으로 구매해도 좋을 것이다.

Hotel 01

작가가 추천하는 베스트 숙소

싱가포르는 5성급 럭셔리 호텔부터 실속 있는 부티크 호텔까지 숙소 형태가 다양하다.
다만, 가격대는 동남아시아에서 제일 높다. 전망, 커플, 휴양, 아이 동반, 알뜰 여행 등 여행상황과 주제에 따라 고를 수 있는 호텔을 추천한다. 예산과 취향, 상황에 맞게 선택하자.

1 전망이 환상적인 호텔

리츠 칼튼 밀레니아 싱가포르 The Ritz-Carlton Millenia Singapore **프로미나드 지역**

가든스 바이 베이, 아트 사이언스 뮤지엄, 싱가포르 플라이어 같은 명소가 몇 분 거리에 있어서 이동하기 편리하다. 특히 욕실 팔각형 창에서 바라보이는 마리나 베이 샌즈 호텔을 배경으로 인증 샷을 찍는 것을 잊지 말자. 예약할 때 마리나 베이 뷰 라인으로 요청하자. 미슐랭 스타의 광둥 요리 전문점인 '섬머 파빌리온'Summer Pavilion과 풍부한 해산물로 한국인들 사이에서 극찬을 받는 뷔페 레스토랑인 '콜로니'Colony는 예약 후 꼭 방문해보자.

7 Raffles Avenue, Singapore, 039799 +65 6337 8888 www.ritzcarlton.com/en/hotels/singapore

스위소텔 더 스탬포드 Hotel Swissôtel The Stamford **시빅 디스트릭트 지역**

MRT 시티홀역과 바로 연결되는 환상적인 위치에 있다. 스위소텔은 마리나 베이 샌즈 호텔 전망이 잘 보이는 가성비 호텔로도 손꼽힌다. 일반 프리미어 룸의 크기는 40㎡로 시내의 다른 호텔보다 큰 편이고 트윈베드가 제공되므로 가족 단위 여행객에게도 최적이다. 2 Stamford Rd, Singapore 178882 +65 6338 8585

www.swissotelthestamford.sg-singapore.com

2 오붓한 커플 여행에 딱 좋은 호텔

마리나 베이 샌즈 MarinaBaySands Hotel 마리나 베이 지역

명실상부 싱가포르의 대표적인 랜드마크이자 럭셔리 호텔이다. 55층으로 구성된 3개 타워, 2,560개 럭셔리 객실 및 스위트룸을 갖추고 있다. 특히 싱가포르 시내가 한눈에 보이는 55층의 인피니티 수영장은 인증 샷 명소로 손꼽힌다. 호텔과 바로 연결되는 더 숍스 오브 마리나베이 샌즈에서는 유명 셰프의 고급 레스토랑과 캐주얼 식당, 명품 숍, 카페 등이 한 곳에서 모여 있다.

10 Bayfront Avenue, Singapore 018956 +65 6688 8888
www.marinabaysands.com

래플스 호텔 Raffles Singapore 시빅 디스트릭트 지역

영국 식민지 시대의 건축물을 대표하는 래플즈 호텔은 존재감만으로 대단한 아우라가 있다. 국가기념물로 지정된 역사적인 명소이다. 찰리 채플린, 마이클 잭슨, 엘리자베스 2세 여왕을 비롯해 많은 유명 인사가 다녀간 호텔이기도 하다. 특히 로비에 제복을 입고 터번을 두른 도어맨은 래플스 호텔의 트레이드 마크로, 종종 관광객들과 기념 촬영하기는 모습을 볼 수 있다.

1 Beach Road, Singapore +65 6337 1886 www.raffles.com

풀러턴 호텔 The Fullerton Hotel Singapore 시빅 디스트릭트 지역

1920년대 우체국으로 쓰였던 건물이 2001년 리모델링되어 고풍스러우면서 세련된 느낌을 자아낸다. 특히 밤에 조명이 켜지면 싱가포르 강을 배경으로 삼은 호텔 풍경이 마치 한 장의 사진엽서처럼 아름답다. 호텔에서 가까운 리버사이드의 보트키 지역은 바와 레스토랑이 즐비하다. 보트키에서 여유롭게 싱가포르의 밤을 즐길 수 있다. 1 Fullerton Square, Singapore, 049178
+65 6733 8388 www.fullertonhotel.com

3 아이가 더 좋아하는 가족여행 추천 호텔

만다린 오리엔탈 Mandarin Oriental Singapore 프로미나드 지역

직원들의 살가운 서비스로 충성 고객이 많다. 내외부는 조금 노후한 듯 보이나 그래도 전반적으로 잘 관리된 편이다. 시내 호텔 수영장치고 규모가 꽤 있는 편이고 캐노피 있는 작은 카바나도 설치되어 있다. 만다린 오리엔탈의 조식은 종류도 많고 맛있기로 입소문 난 곳이므로 조식 포함 옵션을 선택하는 것도 좋다. 아시아 베스트 바에 자주 오르는 모 바MO Bar는 꼭 방문해보자.

5 Raffles Avenue, Marina Square, Singapore 039797 +65 6338 0066 www.mandarinoriental.com/en/singapore/marina-bay

하드락 호텔 HardRock Hotel 센토사 지역
리조트월드 센토사 안에 있다. 넓고 쾌적한 수영장에 작은 모래사장이 있는 아이 전용풀까지 있어서 아이를 동반한 가족 단위 여행객에게 환영받는 곳이다. 게다가 입지도 좋다. 유니버설 스튜디오, 씨아쿠아리움, 어드벤처 코브 등 유명 어트랙션을 걸어서 갈 수 있다.
8 Sentosa Gateway, Singapore 098269 +65 6955 9391
www.rwsentosa.com

샹그릴라 라사 센토사 Shangri-La Rasa Sentosa, Singapore
센토사 지역
샹그릴라는 싱가포르에서 유일하게 프라이빗 비치를 품었다. 센토사의 최고 해변인 실로소 비치가 바로 코앞에 있다. 외관이나 객실은 다소 오래된 듯 보이지만, 몇 개의 수영장과 미니 슬라이딩, 전용 비치를 무료로 이용할 수 있다. 카약, 패들보드 같은 다양한 액티비티도 무료로 즐길 수 있다. 13세 미만이라면 엑스트라 베드를 무료로 추가해주어 4인 가족이 넉넉하게 쓸 수 있다. 101 Siloso Rd, Singapore 098970 +65 6275 0100 www.shangri-la.com/en/singapore/rasasentosaresort/reservations

4 휴양지의 낭만을 즐기기 좋은 호텔

소피텔 싱가포르 센토사 리조트&스파
Sofitel Singapore Sentosa Resort & Spa 센토사 지역
숲과 나무에 둘러싸인 고급 리조트로 편안한 휴식을 취하기 좋은 곳이다. 숙소 내부는 대담한 컬러를 사용하여 산뜻하며 프랑스계 리조트답게 아기자기한 장식들이 눈을 즐겁게 한다. 특히 수영장에 이국적인 공작새가 자주 출몰하는데, 이 또한 즐거운 볼거리 가운데 하나이다. 2 Bukit Manis Rd, Singapore 099891
+65 6708 8310 www.sofitel-singapore-sentosa.com

W 싱가포르 센토사 코브 W Singapore-Sentosa Cove 센토사 지역
센토사 중심부에서 조금 떨어져 있지만, 그래서 조용하게 휴가를 보낼 수 있는 숙소다. 특히 리조트 앞에 바로 요트 선착장이 있어 이국적인 분위기를 한껏 고조시킨다. 수영장에는 미니 슬라이딩과 스윙 베드, 선베드가 다양하게 준비되어 있다. 리조트 내 스테이크 전문 레스토랑인 '스커트'Skirt는 맛이 수준급이라 일부러 식사를 위해 찾아오기도 한다. 리조트 입구까지 센토사 전역을 도는 셔틀버스가 다니므로 이동하는 데 전혀 불편함이 없다.
21 Ocean Way, Singapore 098374 +65 6808 7288
www.wsingaporesentosacove.com

카펠라 호텔 Capella Singapore 센토사 지역

2018년 북미 정상회담이 열린 장소로 우리에게도 익숙한 호텔이다. 호텔 주변이 요새처럼 통제되어 투숙객들이 사생활을 보장받으며 편안하게 휴양을 즐길 수 있어서 좋다. 특히 각 룸마다 개인 비서인 버틀러 서비스를 제공해준다. 불편한 점이나 요구 사항을 신속하게 처리해준다. 매일 투숙객에게 애프터눈 티를 무료로 제공해주고, 요일별·시즌별로 다양한 참여 프로그램을 운영한다. 1 The Knolls, Singapore 098297
+65 6377 8888 www.capellahotels.com

5 알뜰 여행자에게 추천하는 가성비 숙소

헤리티지 호스텔 Heritage Hostel 차이나타운

싱가포르에서 유일한 한인 호스텔이다. 해외여행 경험이 많지 않은 한국 여행자들에게 큰 도움이 되는 곳이다. 빨래와 건조 서비스를 무료로 제공하고, 체크아웃 이후에도 샤워실을 이용할 수 있는 등 여행자들의 편의를 배려한 서비스가 돋보인다. 유명 관광 명소의 입장권을 최대 40%까지 저렴하게 판매하는 티켓 부스 역할도 하여 여행객들이 많이 찾는다.
293 South Bridge Rd, Singapore 058837
+65 8161 4711 www.heritagehostel.net

더 포드 부티크 캡슐 호텔

The Pod Boutique Capsule Hotel 부기스 지역

하지레인 근처에 있다. 은은한 조명에 미니멀한 디자인, 청결한 내부가 돋보인다. 24시간 운영하는 리셉션이 있어 편하고 공용 시설도 전반적으로 깔끔한 편이라 여성 여행객들에게 인기가 높다. 혼용 객실부터 프라이빗 개인 룸까지 원하는 스타일에 맞춰 선택하면 된다.
289 Beach Rd, Level 3, Singapore 199552
+65 6298 8505
www.thepodcapsulehotel.com

호텔 얀 Hotel Yan 리틀 인디아 지역

라벤더 및 벤드미어 MRT 역까지 도보로 8분, 파레 파크 MRT까지 10분 거리로 중심 업무 지구(올드시티)와 유명한 쇼핑 거리인 오차드 로드와 부기스까지 쉽게 이동할 수 있다. 방은 작지만 알차게 깔끔하게 구성되어 휴식을 취하기 편하다. 숙박일수에 따라 할인율이 높아진다.
162 Tyrwhitt Rd, Singapore 207581
+65 6805 1955 www.hotel-yan.com

호텔 G Hotel G 부기스 지역

MRT벤쿨렌역에서 4분 거리에 있다. 부기스와 아랍 스트리트와 가깝고, 주변에 음식점이나 편의시설이 잘 갖추어져 있다. 트렌디하고 그래픽적인 요소로 디자인된 호텔로 1층에는 버거 전문점과 와인바도 갖추고 있다. 객실에는 미니 냉장고가 따로 없는 점은 참고하자.
200 Middle Road, Singapore 188980
+65 6809 7988 www.hotels-g.com/singapore/

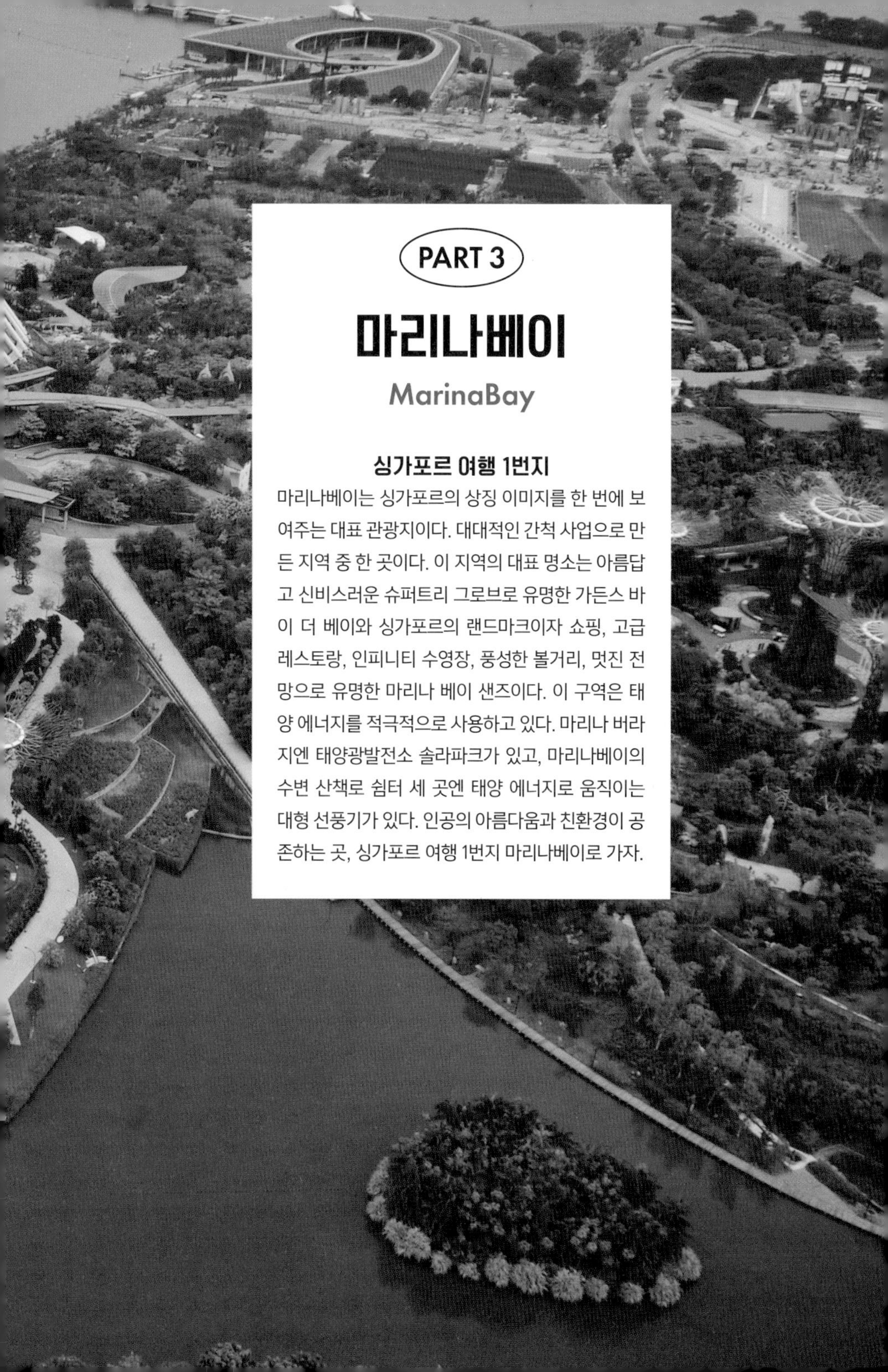

PART 3

마리나베이

MarinaBay

싱가포르 여행 1번지

마리나베이는 싱가포르의 상징 이미지를 한 번에 보여주는 대표 관광지이다. 대대적인 간척 사업으로 만든 지역 중 한 곳이다. 이 지역의 대표 명소는 아름답고 신비스러운 슈퍼트리 그로브로 유명한 가든스 바이 더 베이와 싱가포르의 랜드마크이자 쇼핑, 고급 레스토랑, 인피니티 수영장, 풍성한 볼거리, 멋진 전망으로 유명한 마리나 베이 샌즈이다. 이 구역은 태양 에너지를 적극적으로 사용하고 있다. 마리나 버라지엔 태양광발전소 솔라파크가 있고, 마리나베이의 수변 산책로 쉼터 세 곳엔 태양 에너지로 움직이는 대형 선풍기가 있다. 인공의 아름다움과 친환경이 공존하는 곳, 싱가포르 여행 1번지 마리나베이로 가자.

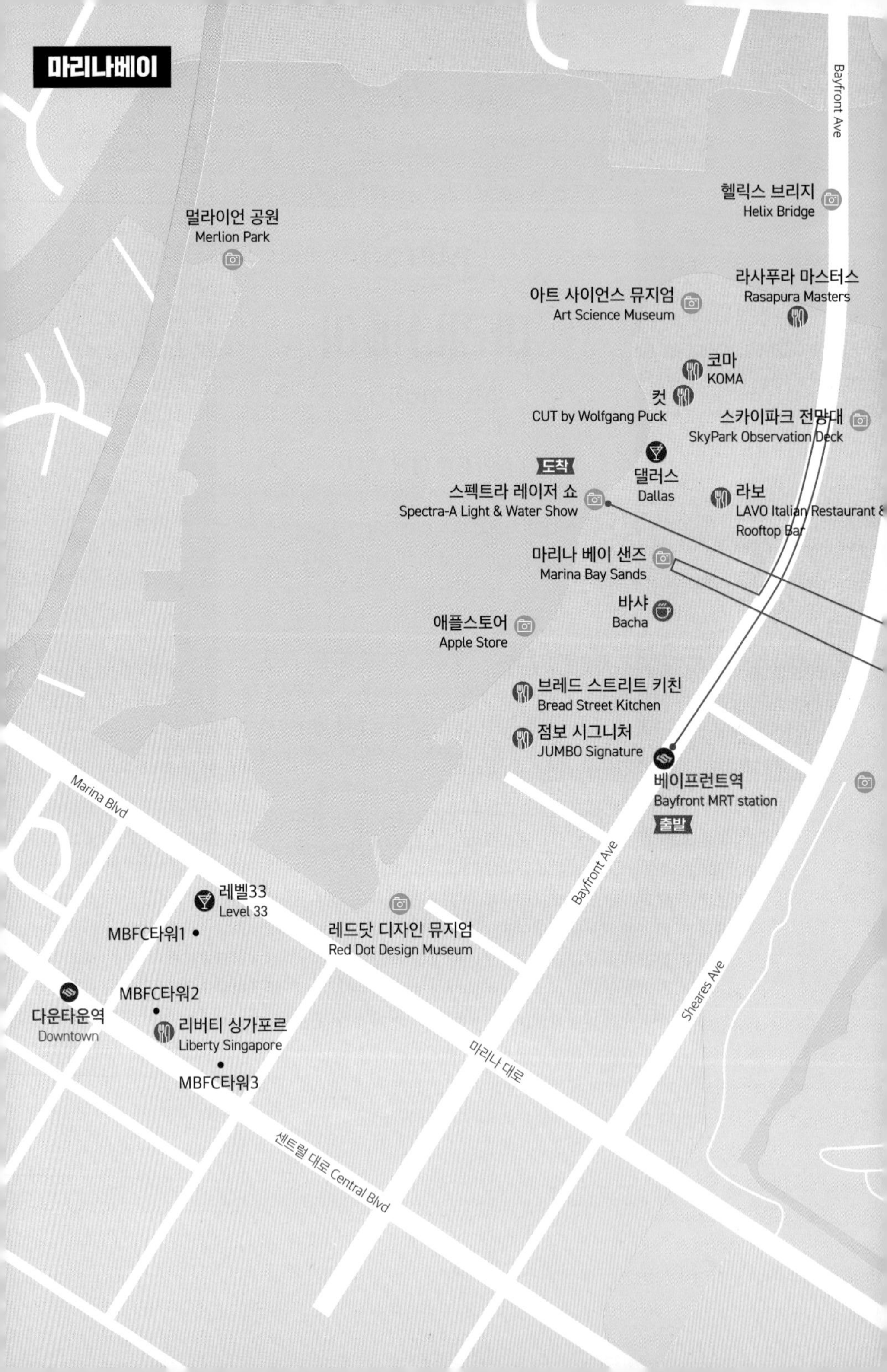

마리나베이

헬릭스 브리지
Helix Bridge

멀라이언 공원
Merlion Park

라사푸라 마스터스
Rasapura Masters

아트 사이언스 뮤지엄
Art Science Museum

코마
KOMA

컷
CUT by Wolfgang Puck

스카이파크 전망대
SkyPark Observation Deck

도착

스펙트라 레이저 쇼
Spectra-A Light & Water Show

댈러스
Dallas

라보
LAVO Italian Restaurant &
Rooftop Bar

마리나 베이 샌즈
Marina Bay Sands

바샤
Bacha

애플스토어
Apple Store

브레드 스트리트 키친
Bread Street Kitchen

점보 시그니처
JUMBO Signature

베이프런트역
Bayfront MRT station

출발

Bayfront Ave

Marina Blvd

Sheares Ave

레벨33
Level 33

MBFC타워1

레드닷 디자인 뮤지엄
Red Dot Design Museum

다운타운역
Downtown

MBFC타워2

리버티 싱가포르
Liberty Singapore

MBFC타워3

마리나 대로

센트럴 대로 Central Blvd

마리나 이스트
Marina East

마리나 만
Marina Bay

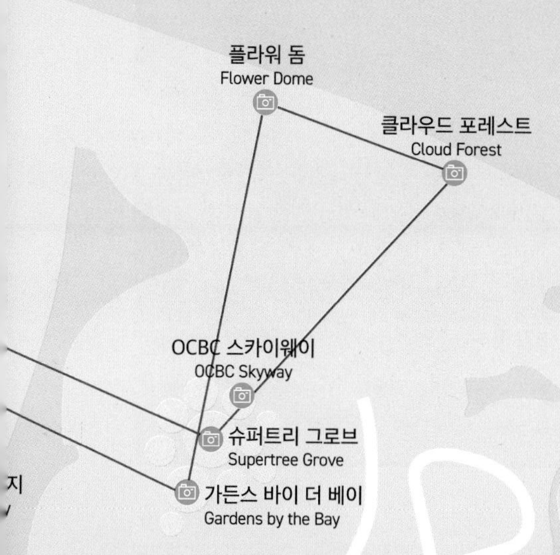

사테 바이 더 베이
Satay by the Bay

마리나 버라지
Marina Barrage

하루 여행 추천 코스 지도의 빨간 실선 참고

베이프런트역 → 도보 5분 → **스카이파크 전망대** → 도보 10분 → **마리나베이샌즈 쇼핑몰** → 도보 15분 → **가든스 바이 더 베이** → 도보 5분 → **플라워돔&클라우드 포레스트 돔** → 도보 5분 - **슈퍼트리 쇼** → 도보 15분 → **스펙트라 쇼**

가든스 바이 더 베이 Gardens by the Bay

MRT 베이프론트역Bayfront, 서클, 다운타운 라인 B 출구로 나와 지하 연결 통로를 따라간다. 밖으로 나가 Dragonfly Bridge 또는 Meadow Bridge를 건너 가든스 바이 더 베이로 들어간다.

18 Marina Gardens Drive, Singapore 018953 +65 6420 6848

매일 05:00~02:00 S$ 무료(플라워돔, 클라우드 포레스트, 플라워 판타지, OCBC스카이웨이, 수퍼트리 전망대는 유료)

@gardensbythebay www.gardensbythebay.com.sg

©Erwin Soo-flickr

신비롭고 환상적인 인공 정원

가든스 바이 더 베이는 20만 종이 넘는 식물이 자라는 싱가포르를 대표하는 인공 정원이다. 면적이 100만 제곱미터, 약 33만 평에 달한다. 철근으로 뼈대를 만든 거대한 슈퍼트리가 특히 유명하다. 슈퍼트리는 마치 다른 행성에서 온 것처럼 신비롭고 독특하고 비현실적인 분위기를 자아낸다. 가든스 바이 더 베이를 구석구석 즐기려면 반나절은 투자해야 한다. 하지만 시간이 많지 않다면 유료 구역은 패스하고, 저녁에 2차례 공연하는 무료 슈퍼트리 쇼만 감상해도 충분하다. 가든스 바이 더 베이 안에는 맛집도 많다. 맥도날드, 스타벅스, 쉑쉑버거 매장이 있다. 이외에도 해산물 레스토랑, 푸드코트 등이 있고, 꼬치구이를 파는 사테 바이 더 베이도 추천할 만하다. 산책로를 따라 가든스 바이 더 베이 북동쪽 끝으로 가면 나온다.

©Robert GLOD-flickr

©Zairon-Wikimedia Commons

ONE MORE

Gardens by the Bay

가든스 바이 더 베이의 핵심 명소 5곳

아바타의 배경 같은 슈퍼트리, 슈퍼트리 사이를 연결한 공중 산책로, 50m 높이에 있는 슈퍼트리 전망대, 세계 최대 유리 온실인 플러워 돔과 형형색색 꽃들이 환상적인 플로랄 판타지 등 가든스 바이 더 베이의 핵심 명소를 소개한다.

1 슈퍼트리 그로브 Supertree Grove

가든스 바이 더 베이 중앙에 있다. 영화 속 아바타의 배경이 현실에서 구현된 것 같은 슈퍼트리 그로브의 존재감은 실로 대단하다. 특히 어둠이 내리면 그로브에 조명이 켜지면서 신비감을 더한다. 환상적인 빛과 음악을 즐길 수 있는 가든 랩소디 쇼가 하루 2번 펼쳐지는데 마치 한편의 뮤지컬을 보고 있는 듯하다. 공연 시작되기 10분 전에는 자리를 잡고 눕거나 앉거나 본인에게 편한 자세로 관람하면 된다. 슈퍼트리의 가운데 안쪽 부분은 태양광 전지판을 이용해 에너지를 모아 저녁에 조명으로 재사용한다. 뿐만 아니라 빗물을 모아 재활용할 수 있도록 설계되어 있다.

가든 랩소디 쇼 매일 19:45, 20:45(2회 공연) **S$** 무료

©Jegathisan Manoharan-pexels

2 OCBC 스카이웨이 OCBC Skyway

가든스 바이 더 베이의 중앙, 지상 22m 높이의 두 슈퍼트리 사이에 난 128m 길이의 공중 산책로이다. OCBC 스카이웨이는 가든스 바이 더 베이에서만 누릴 수 있는 특별한 명소이다. 어느 위치에서 사진을 찍어도 멋진 풍경을 얻을 수 있다. 스카이웨이 위에서 보는 가든 랩소디 쇼는 정말 이색적이다. 가든 랩소디 쇼는 매일 19:45, 20:45에 열린다.

매일 09:00~21:00(입장 마감 20:30) S$ **성인** 14불 **어린이**(3~12세) 10불

3 수퍼트리 전망대 SuperTree Observatory

50m 높이의 슈퍼트리 캐노피에 있다. 수퍼트리 전망대는 마리나베이샌즈를 가장 가까운 거리에서 볼 수 있는 장소이다. 사방이 개방되어 있어서 아름다운 마리나베이 지역의 아름다운 풍경을 방해받지 않고 감상할 수 있다. 가든 랩소디 쇼가 열리는 메인 입구에서 티켓을 보여주고 전망대 전용 엘리베이터를 타고 올라가면 된다.

매일 09:00~21:00(입장 마감 20:30) S$ **성인** 14불 **어린이**(3~12세) 10불

4 플라워 돔과 클라우드 포레스트 Flower Dome & Cloud Forest

가든스 바이 더 베이 북쪽 끝에 있다. 플라워 돔은 최대 1000명까지 수용 가능한 규모로 가든스 바이 더 베이 3개 온실 중 가장 크다. 2015년 기네스북에 세계 최대의 유리 온실로 등재되었다. 1000년 된 올리브 나무, 목련, 난초 등 5개 대륙의 다양한 식물과 꽃이 서식하고 있다. 플라워 돔 바로 옆쪽에 있는 클라우드 포레스트에는 30m 높이의 실내 폭포가 설치되어 사람들의 발길을 사로잡는다. 독특하게 연결되는 35m 높이의 구조물인 클라우드 마운틴에서는 안개효과와 더불어 희귀한 이국적인 식물들을 가까이에서 볼 수 있다. 내부는 냉방시설을 갖추어 쾌적하게 관람할 수 있다. 매일 09:00~21:00 (입장 마감 20:30) S$ 플라워 돔 & 클라우드 포레스트(모네 전시 포함) **성인** 59불 **어린이**(3~12세) 45불 플라워돔 & 수퍼트리 전망대 **성인** 34불 **어린이**(3~12세) 21불

5 플로랄 판타지 Floral Fantasy

가든스 바이 더 베이 입구인 서쪽 중앙에 있다. 동화와 바빌론의 공중 정원에서 영감을 받은 플로랄 판타지는 1,500㎡의 실내 온실이다. 동굴, 조각품, 플로랄 아트 등을 볼 수 있다. 화려하고 아름다운 색감의 다양한 꽃들이 눈을 즐겁게 한다. 형형색색의 작은 독화살 개구리 사육장도 둘러볼 수 있다.

월~금 10:00~19:00(입장 마감 18:30) **토~일 및 공휴일** 10:00~20:00(입장 마감 19:30) S$ **성인** 20불 **어린이**(3~12세) 12불

마리나 베이 샌즈 Marina Bay Sands

MRT 베이프론트역Bayfront, 서클, 다운타운 라인 D번 출구에서 바로 연결된다.

10 Bayfront Ave, Singapore 018956 +65 6688 8868

쇼핑몰 **월~목·일** 10:30~23:00, **금~토** 10:30~23:30(매장별 상이) 호텔 24시간

S$ 호텔 **성수기** 800불부터 **비수기** 600불부터

@marinabaysands www.marinabaysands.com

©Ray in Manila-Wikimedia Commons

©pxhere

마리나베이 지역에 우뚝 솟아 있는 마리나 베이 샌즈는 2010년 오픈한 싱가포르의 대표 랜드마크이다. 싱가포르의 스카이라인은 마리나 베이 샌즈의 건설 전후로 완전히 달라졌다. 155,000㎡, 약 5만 평 면적에 호텔, 컨벤션 센터, 극장, 박물관, 유명 레스토랑, 쇼핑몰 등을 갖춘 복합 리조트다. 높이 194m의 경사진 타워 3개가 거대한 배 모양 건축물을 떠받치는 독특한 디자인이 압권이다. 유명 건축가인 모쉐 사프디Moshe Safdie가 설계하고 쌍용 건설이 만들어 우리에게는 더욱 특별하게 다가온다. 이 건축물의 하이라이트는 스카이파크 전망대와 건물 꼭대기에 있는 투숙객 전용 인피니티 풀이다. 스카이파크 전망대에서는 싱가포르 전역을 파노라마로 감상할 수 있다. 인피니티 풀에서는 싱가포르의 빌딩 숲을 통째로 내려다보는 호사를 누릴 수 있다. 이밖에 세계 최대 명품 디자이너 부티크는 쇼핑객을 유혹하고, 유명 셰프의 레스토랑이 모여 있는 더 샵스는 미식가를 불러 모은다. 마리나 베이 샌즈를 둘러보기에는 하루가 모자랄 만큼 볼거리와 즐길거리가 풍성하다.

Travel Tip

마리나 베이 샌즈 이용 팁 지하 2층과 1층에 있는 샌즈 리워드 카운터에서 '마리나 샌즈 리워드 카드'를 신청무료, 바로 발급하면 30% 할인부터 등급별로 다양한 체험을 무료로 이용할 수 있는 혜택을 볼 수 있다. 가맹 브랜드에서 구매한 금액의 포인트 적립이 가능하고 적립금은 바로 쓸 수 있으므로 쇼핑 전 꼭 발급해 두자. 카드 발급 후 'Marina Bay Sands Singapore' 앱을 깔아 해당 브랜드와 혜택을 찾아볼 수 있다.

ONE MORE 1

Marina Bay Sands

마리나 베이 샌즈의 핵심 명소 9곳

마리나 베이 샌즈MBS는 단순한 호텔이 아니다. 호텔은 기본이고, 컨벤션 센터, 공연장, 박물관, 쇼핑몰, 카지노, 유명 레스토랑 등을 갖춘 복합 리조트다. 하루가 모자랄 만큼 즐길 거리가 풍성하다. 마리나 베이 샌즈에서 꼭 가야 할 핵심 명소를 소개한다.

1 인피니티 풀 Rooftop Infinity Pool

ⓒSilas Khua/flickr

ⓒStudio Sarah Lou/flickr

MBS의 시그니처 스폿

인스타그램에 곧잘 등장하는 바로 그곳이다. 마리나 베이 샌즈MBS의 57층에 있는 루프톱 인피니티 풀로, 세계에서 규모가 가장 큰 인피니티 수영장이다. 호텔 최상층에서 화려하게 스카이라인과 가든스 바이 더 베이의 멋진 정원, 그리고 눈앞으로 펼쳐진 싱가포르 바다를 다 감상할 수 있다. 수영 전후에 선베드와 야자수 그늘에서 휴식을 취할 수 있지만, 한낮에는 직사광선을 그대로 받아 무척 더운 편이다. 이럴 땐 수영장 한쪽에 있는 온수 자쿠지로 가는 게 좋다. 이쪽은 그늘이 져서 훨씬 시원하다. 오후 4시 이후엔 햇살이 조금 약해져서 늦은 오후와 저녁엔 이용자가 더 많다. 가격이 비싼 편이지만 인피티니 풀에서 맥주 한잔하며 풍경을 감상해도 좋겠다. 타월은 수영장에서 제공하나 수영복과 선 케어 제품은 미리 준비해야 한다. 호텔 로비 기프트 숍에서 구매할 수 있다. 아쉽게도 인피니티 풀은 호텔 투숙객만 이용할 수 있다. 입장할 때 호텔 키 카드등록 고객 1인당 1장를 제시해야 한다. ⓒ 06:00~23:00 S$ 무료

2 스카이파크 전망대 SkyPark Observation Deckl

아름답고 황홀한 전망

마리나 베이 샌즈 57층 배 앞머리 부분, 인피니티 풀 반대편에 있다. 360도로 탁 트여 싱가포르의 다른 스카이뷰 스폿과 확실히 차별화된다. 전망대를 즐기기 가장 좋은 시간대는 저녁 7~8시다. 해가 지기 전에 싱가포르의 전 지역을 한눈에 감상하기 좋다. 날씨가 좋으면 말레이시아까지 볼 수 있다. 해가 진 후에 펼쳐지는 야경은 숨이 막힐 정도로 아름답다. 다소 높은 가격이 아쉬운데 1층 호텔 컨시어지에서 마리나 샌즈 리워드 카드를 신청무료하면 25% 할인해준다. 호텔 투숙객은 무료이다. 전망대로 올라가는 입구에서 사진 촬영을 하면 전망대와 합성해주는 인화권유료 구입을 준다. 🚶 MRT 베이프론트역Bayfront, 서클, 다운타운 라인 D번 출구에서 연결되는 호텔로 들어온다. 타워 3쪽 입구를 통해 밖으로 나가서 스카이파크 전용 승강기를 이용한다. 🏠 10 Bayfront Ave, Singapore 018956 📞 +65 6688 8826 🕓 매일 오프 피크 시간 10:00~16:00, 피크 시간대 17:00~22:00 S$ **성인** 32~36불 **어린이**(3~12세) 및 **시니어**(65세 이상) 28~32불 **4인 가족패키지** 98~114불 **호텔 투숙객** 무료

3 스펙트라 레이저 쇼 Spectra-A Light & Water Show

15분 동안의 몽환적인 쇼, 쇼, 쇼

1층 이벤트 플라자 수면에서 펼쳐지는 매혹적인 레이저 쇼이다. 음악과 물과 빛이 어우러진 쇼가 15분 동안 펼쳐진다. 싱가포르의 어제와 오늘, 그리고 미래를 4개 파트로 나누어 보여준다. 레이저, 조명 투사, 분수 그리고 신비스러운 음악이 어우러져 관광객은 물론 현지인에게도 항상 인기가 많다. 공연 10분 전부터 사람들이 몰리기 시작하므로 30분 전에는 앞자리를 선점해 놓는 것이 좋다. 조금 특별하게 쇼를 즐기고 싶다면 19시 30분, 20시 30분에 운행하는 리버크루즈 여행을 하자. 스펙트라 쇼를 배에서 구경할 수 있다. 🚶 MRT 베이프론트역BayFront, 서클, 다운타운 라인 C와 D번 출구에서 더 샵스를 거쳐 1층 이벤트 플라자 쪽으로 나오면 된다. 🏠 2 Bayfront Ave, Event Plaza, Singapore 018972 📞 +65 6688 9957 🕓 **월~목·일** 20:00, 21:00(2회 공연, 15분) **금~토** 20:00, 21:00, 22:00(3회 공연, 15분) S$ 무료

4 아트 사이언스 뮤지엄 Art Science Museum

예술과 과학이 만나는, 연꽃 같은 건축

마리나 베이 샌즈 북동쪽 끝에 있다. 마리나베이샌즈를 설계한 모쉐 사프디Moshe Safdie가 연꽃에서 영감을 받아 디자인했다. 마리나 베이 샌즈에 이어 또 하나의 싱가포르 랜드마크로 인정받는다. 이곳 사람들은 아트 사이언스 뮤지엄을 여행자를 맞이하는 '환영의 손'이라고 부른다. 각 손가락 끝의 창을 통해 들어온 자연광이 뮤지엄 내부를 환하게 밝혀준다. 약 4,600㎡의 3층 건물엔 21개 전시실이 있다. 예술과 과학을 절묘하게 접목한 체험형 상설 전시인 'Future World'가 가장 인기가 많다. 전시장 마지막 부분의 Crystal Universe에서는 4D Vision 기술로 구현한 17만 개 LED 조명이 환상적인 빛의 입자를 형상화한다. MRT 베이프론트역BayFront, 서클, 다운타운 라인 C와 D번 출구에서 더 샵스를 거쳐 1층 이벤트 플라자 쪽으로 나오면 된다. 6 Bayfront Ave, Singapore 018974 +65 6688 8888 **일~목** 10:00~19:00 **금~토** 10:00~21:00 S$ 상설 전시 **성인** 30불부터 **어린이(3~13세) 및 65세 이상** 25불부터 샌즈 리워드 멤버 30% 할인 @artsciencemuseumsg ko.marinabaysands.com/museum.html

5 애플스토어 Apple Store

물 위에 뜬 유리 돔

싱가포르의 3번째 매장으로 2020년에 개장했다. 마리나베이 지역의 또 하나의 명물로 잡리 잡았다. 애플 매장 최초로 물 위에 떠 있는 유리 돔 형태로 만들어졌다. 싱가포르의 스카이라인이 배경처럼 서 있어서 멋진 풍경을 자랑한다. 은은한 자연광이 들어오는 내부는 미래지향적인 외부 모습과 내부는 달리 자연 친화적으로 꾸몄다. 나무들을 곳곳에 배치하여 녹색 정원처럼 느껴진다.

MRT 베이프론트역BayFront, 서클, 다운타운 라인 C와 D번 출구에서 더 샵스를 거쳐 1층 이벤트 플라자 쪽으로 나오면 된다.
2 Bayfront Ave, #B2-06, Singapore 018972 +65 1800 407 4949 매일 10:00~22:00
@apple www.apple.com

6 삼판 라이드 Sampan Ride

나룻배 타고 운하 체험

마리나 베이 샌즈엔 작지만 운하도 있다. 뱃사공이 노를 젓는 나룻배를 타고 마리나 베이 샌즈의 더 샵스 캐널을 한 바퀴 돌 수 있다. 잠시, 여유로운 시간을 즐겨보자. 시간대가 맞는다면 운하 종점 부근에서 갑자기 쏟아지는 인공 폭포를 구경할 수 있다. 22m 너비의 아크릴 보울로 만든 레인 오큘러스 폭포가 1분 동안 쏟아진다. 베네치아의 곤돌라와 비교할 바는 아니지만, 입장료에 디지털 사진 4매를 제공하는 서비스가 포함되어 있으므로 아이가 있다면 기념으로 한 번쯤 탈 만하다.

MRT 베이프론트역BayFront, 서클, 다운타운 라인 D번 출구로 나와 컨시어지 카운터 바로 옆에 있다. 10 Bayfront Ave, #B2, Canal Level, Singapore 018956 +65 6688 8868 매일 11:00~21:00 S$ **1인** 15불(디지털 사진 4매 포함)
샌즈 리워드 라이프스타일 회원은 1인 10불,
Eye of Waterfall 투어 18불(회원 15불),
삼판 뮤지컬 투어 25불(회원 22불)

7 디지털 라이트 캔버스 Digital Light Canvas

아이들이 더 좋아하는

이용자가 몸을 움직이며 직접 체험하는 디지털 캔버스이다. 몸과 발을 움직일 때마다 LED 화면에 다채로운 영상과 이미지가 펼쳐진다. 아이들에게 특히 인기가 많다. 천장의 샹들리에는 보석비가 쏟아지는 듯 매혹적이고, 여기에 신비로운 음악과 영상, 그리고 아름다운 빛이 어우러져서 아이들이 무척 즐겁게 빠져든다. 아이에겐 흥미로운 체험이 될 것이다. 금요일 오후부터 토요일까지는 대기도 많고 혼잡한 편이므로 한적한 주중에 이용하길 권한다. 지하 2층 라사푸사 푸드코트 옆에 있다.

MRT 베이프론트역BayFront, 서클, 다운타운 라인 D번 출구로 들어와서 지하 2층 라사푸사 푸드코트 중앙으로 가면 된다.
2 Bayfront Ave, #B2-50, Singapore 018956 +65 6688 8826 매일 11:00~21:00
S$ **1인** 12불 **샌즈 리워드 라이프스타일 회원은 1인당** 8.5불

©Choo Yut Shing-flickr

8 MBS 카지노 Marina Bay Sands Casino

압도적! 슬롯머신만 2,300대

싱가포르엔 카지노가 마리나 베이 샌즈와 센토사 리조트월드에 있다. 규모 면에선 MBS 카지노가 압도적이다. 각종 테이블 게임과 2,300여 대 슬롯머신이 있다. 만 21세 미만은 입장 불가하며, 외국인이라면 여권과 입국 시 받은 출국 카드를 확인하므로 꼭 챙겨가야 한다. 게임을 할 때는 싱가포르 달러만 사용할 수 있다. 물과 커피, 탄산음료 등의 간단한 음료를 무료 제공한다. 1층은 흡연 구간, 2층은 금연 구간이다.

MRT 베이프론트역BayFront, 서클, 다운타운 라인 D번 출구로 나와서 타워 2에 있는 에스컬레이터 이용. casino 표지판을 따라간다.
10 Bayfront Ave, Singapore 018956 +65 6688 8868 매일 24시간
S$ 외국인은 무료, 싱가포르인은 24시간 기준 150불

9 마퀴 나이트클럽 Marquee Singapore

싱가포르 나이트 라이프의 꽃

화려한 나이트 라이프를 즐기려면 마키 클럽이 제격이다. 곤돌라가 달린 회전 관람차, 3층 높이의 미끄럼틀까지 갖췄다. 싱가포르 최대 규모의 나이트클럽이다. 마퀴는 세계적으로 유명한 나이트클럽 브랜드이다. MBS의 마퀴는 뉴욕, 라스베이거스, 시드니에 이어 네 번째 체인이다. 스티브 아오키, 에이셉 라키 등 전속 DJ가 활약하고 있다. 또 글로벌 DJ와 연예인들을 초청하여 특별 이벤트를 열기도 한다. 코로나19 때문에 한동안 문을 닫았다가 2022년 7월부터 다시 열었다.

MRT 베이프론트역BayFront, 서클, 다운타운 라인 D번 출구로 나와서 타워 2의 에스컬레이터 이용, casino 표지판을 따라간다.
2 Bayfront Ave, #B1-67, Singapore 018972 +65 6699 8660 금~일 10:00~06:00(월~목 휴무)
S$ 30불부터(DJ 라인업에 따라 다름) @marqueesingapore www.marqueesingapore.com

ONE MORE 2
Marina Bay Sands

마리나 베이 샌즈의 대표 맛집과 카페·주변 명소와 맛집

마리나 베이 샌즈MBS는 유명 레스토랑과 바를 두루 갖추고 있다. 시푸드로 유명한 점보 시그니처, 미슐랭 1스타 스테이크 맛집 컷, 고든 램지의 브레드 스트리트 키친…. 마리나 베이 샌즈에서 꼭 가야 할 핵심 맛집과 카페, 주변 명소와 맛집, 바를 소개한다.

1 점보 시그니처 JUMBO Signature

MRT 베이프론트역BayFront, 서클, 다운타운 라인 D번 출구로 나와서 한층 올라가 지하 1층 남쪽 끝 딘타이펑 맞은편에 있다.
2 Bayfront Ave, #B1-01B, Singapore 018972 +65 6688 7023 **월~금** 매일 11:30~15:00, 17:30~22:00 **토~일** 12:00~15:30, 17:30~23:00 S$ **알래스카산 킹크랩** 100g당 29.8불부터 **머드 크랩** 100g당 12.8불 **와인 페어링** 78~118불(1인 기준) @jumbosignatures
www.jumbosignatures.com.sg

싱가포르 크랩 요리의 대표주자

시푸드로 유명한 점보의 업그레이드 브랜드로 2022년에 오픈했다. 프리미엄 다이닝이 기본 콘셉트이다. 고급스럽고 프라이빗한 공간에서 한 단계 업그레이드된 점보 시푸드를 즐길 수 있다. 싱가포르 크랩 요리의 대표주자로 깔끔한 블랙 페퍼 크랩과 누구나 좋아하는 칠리 크랩 중 뭘 골라도 후회하지 않을 것이다. 일반 점보 시푸드 메뉴보다는 단품 요리 가짓수는 적은 편이다. 하지만 더 감각적인 요리를 경험할 수 있는 8코스 메뉴가 있다. 와인 소믈리에도 따로 있어 음식에 맞는 와인 페어링도 선보이고 있다. 특별한 기념일이라면 프라이빗 룸을 추천한다.

컷 CUT by Wolfgang Puck

미슐랭 1스타 스테이크

미국에서 이름난 맛집으로, 미국 이외 해외 분점은 싱가포르가 처음이다. 미슐랭 1스타를 받은 스테이크 맛집이다. 미니멀하지만 클래식한 가죽 의자를 비롯해 모던하면서도 힙한 감성이 묻어나는 인테리어가 돋보인다. 재료는 신선하고 요리는 본연의 맛에 충실하다. 플레이팅은 단순하지만 맛은 미각을 사로잡을 만큼 훌륭하다. 호주산 앵거스, 미국과 일본의 와규 등을 선보인다. 숯과 사과나무 장작을 이용하여 겉은 바삭하고 속은 촉촉하게 육즙이 살아 있다. 식재료는 대부분 남부 캘리포니아에서 직접 공수해 사용한다. 드레스 코드는 스마트 캐주얼이다.

MRT 베이프론트역BayFront, 서클, 다운타운 라인 D번 출구로 나와서 한 층 올라가면 지하 1층에 있다. 2 Bayfront Ave, #B1-71, Singapore 018972 +65 6688 8517 매일 17:00~22:00
S$ **스타터** 29~150불 **일본산 와규** 250~295불 **블랙앵거스 필렛** 127불 **미국산 와규** 174~185불 @cutbywolfgangpucksg
ko.marinabaysands.com/restaurants/cut.html

3 라보 LAVO Italian Restaurant & Rooftop Bar

57층 루프톱 맛집

분위기가 활기찬 미국식 이탈리아 음식점이다. MBS 57층에 있어서 싱가포르의 멋진 스카이라인을 즐길 수 있다. 거대하지만 촉촉한 미트볼과 땅콩버터 마스카포네를 쌓은 20레이어 초콜릿 케이크는 라보의 시그니처 메뉴다. DJ 부스가 따로 있어 매주 금요일과 토요일 밤 10시 이후에는 클럽 분위기로 변모한다. 매주 일요일 12시부터 15시까지 음식과 샴페인을 무제한 제공하는 프로모션과 함께 제공하는 'Sunday Champagne Brunch'도 인기다. 만 18세 미만 미성년자는 오후 9시 이후엔 출입할 수 없다. 드레스 코드는 스마트 캐주얼이다.

MRT 베이프론트역BayFront, 서클, 다운타운 라인 D번 출구에서 호텔 쪽으로 들어간다. 타워 1의 체크인 카운터 뒤쪽 전용 엘리베이터를 타고 57층에서 내리면 된다. 10 Bayfront Ave, Tower 1, Level 57, Singapore 018956 +65 6688 8591
월~토 11:00~24:00 **일** 12:00~24:00 S$ **미트볼** 39불 **참치 타르타르** 35불 **피자류** 32~37불 **파스타류** 31~46불 **20겹 초콜릿 케이크** 24불 @lavosingapore www.lavosingapore.com

4 브레드 스트리트 키친 Bread Street Kitchen

고든 램지의 캐주얼 레스토랑

영국의 세계적인 셰프 고든 램지가 이름을 내걸고 연 영국식 캐주얼 레스토랑이다. 비프 웰링턴과 피시앤칩스 같은 영국식 전통 요리를 현대적인 감각을 더해 선보이고 있다. 마리나 베이 샌즈의 스타 셰프 레스토랑임에도 가격이 합리적인 편이라 사람들이 항상 많은 편이다. 주말에는 잉글리시 브랙퍼스트, 버터밀크 팬케이크 같은 브런치 메뉴가 있다. 드레스 코드는 스마트 캐주얼이다.

MRT 베이프론트역BayFront, 서클, 다운타운 라인 역 D번 출구로 나와서 1층 남쪽 끝에 있다. 2 Bayfront Ave, #L1-81, Singapore 018972 +65 6688 5665 **월~목** 11:30~24:00 **토~일** 11:00~24:00 **주말 브런치** 11:00~15:00 S$ **비프 웰링턴**(2인분, 45분 소요) 160불 **브레드 스트리트 버거** 32불 **스테이크류** 64불부터 **피시앤칩스** 36불 @bsksingapore ko.marinabaysands.com/restaurants/bread-street-kitchen.html

5 블랙탭 Black Tap Craft Burgers & Beer

육즙이 풍부한 햄버거와 알싸한 수제 맥주

육즙이 풍부하고 맛이 다양한 수제 햄버거와 알싸한 크래프트 맥주가 생각난다면 블랙탭이 정답이다. 18종의 수제 맥주12종은 생맥주는 신선하고 개성이 있고 향이 풍부해 어떤 것을 선택해도 만족스럽다. 음식은 보통 하나만 시켜도 양이 넉넉해 두 사람이 먹어도 충분하다. 특히 케이크, 솜사탕, 쿠키 등 갖가지 토핑을 올린 크레이지 밀크쉐이크가 유명하다. 상상을 초월하는 비주얼로 인스타 인증 샷의 단골 메뉴다.

MRT 베이프론트역BayFront, 서클, 다운타운 라인 D번 출구로 나와 1층으로 올라가면 된다. 이벤트 플라자로 나가는 출입구 바로 옆에 있다. 2 Bayfront Ave, #L1-80, Singapore 018972 +65 6688 9957 **월~금** 12:00~13:00 **토~일** 11:00~23:00 S$ **버거류** 23~29불 **샐러드류** 18~27불 **크레이지 쉐이크류** 20~25불 @blacktapsg www.blacktap.com

코마 싱가포르 KOMA Singapore

MRT 베이프런트 역Bayfront, 서클라인, 다운타운 라인 C나 D번 출구로 들어와서 지하 1층 레스토랑 라인으로 도보 7분
2 Bayfront Ave, # B1 – 67, Singapore 018972 +65 6688 8690 매일 11:30~15:00, 17:00~24:00
S$ **칵테일류** 25~36불 **평일 2코스 런치 세트** 58불 **오마카세 메뉴** 380불 **에피타이저** 8~61불 @komasingapore
www.marinabaysands.com

인증 샷이 필수인 드라마틱한 공간

마리나 베이 샌즈 동쪽 건물 지하 1층에 있는 음식점이다. 일본 전통 요리에 현대적인 감각을 더한 퓨전 일식 레스토랑으로, 클럽 라운지 이미지가 풍긴다. 미국의 팝스타 테일러 스위프트가 2024년 싱가포르 공연 기간에 두 번이나 다녀가면서 더 큰 명성을 얻었다. 레스토랑으로 들어가는 통로가 인상적이다. 붉은색 문토이리이 쭈욱 이어지는데, 영화 〈게이샤의 추억〉에 나온 교토의 '후시미 이나리' 신사에서 영감을 받은 것으로 보인다. 산꼭대기까지 이어지는 후시미 이나리 신사와 달리 이곳은 30여 개 붉은 기둥 문을 지나면 메인 다이닝 룸이 나온다. 천장이 높아 탁 트인 홀 같다. 붉은색 일본 전통 다리와 거대한 종이 시선을 끈다. 어느 각도에서 찍어도 인스타그램에 어울리는 공간이다. 음식 재료는 매우 신선한 편이지만 공간의 명성에 비해 음식이나 칵테일 맛은 평범한 편이다.

7 라사푸라 마스터스 Rasapura Masters

다양한 음식을 골라 먹는 재미

마리나 베이 샌즈라고 비싼 음식점만 있는 것이 아니다. 라사푸라 마스터스는 일종의 푸드코트이다. 저렴한 가격으로 입맛에 따라 다양한 음식을 골라 먹을 수 있다. 싱가포르식 커피와 카야토스트, 다양한 딤섬, 뜨거운 철판에 고기와 밥을 섞어 먹는 페퍼런치, 사테 꼬치구이와 치킨 윙 등이 인기 메뉴다. 한국인이 운영하는 한식당도 있다. 점심시간이나 주말에는 항상 문전성시를 이루는 곳이라 자리를 먼저 선점하고 메뉴를 골라보자. 샌즈 리워드 카드 적립 및 포인트 사용이 가능하다.

MRT 베이프론트역BayFront, 서클, 다운타운 라인 D번 출구로 나와서 도보 10분 직진, 디지털 라이트 캔버스 바로 옆
2 Bayfront Ave, B2-49A/50~53, Singapore 018972
+65 6688 9957
일~목 08:00~22:00 **금~토** 08:00~23:00
S$매장별 상이 ko.marinabaysands.com/restaurants/rasapura-masters.html

8 바샤 Bacha Cafe

아주 유명한 테이크아웃 커피 박스

2022년에 MBS에 새로 들어선 바샤는 테이크아웃 전용 카페이다. 간단히 먹을 수 있는 미니 크루아상과 베이커리도 판매한다. 특히 커피와 생크림, 슈거스틱이 들어있는 테이크아웃 커피 박스의 인기가 많다. 화려한 은박이 새겨진 보라색 컵과 주황색 박스가 보색 대비를 이루어 제법 고급스럽다. 바샤 매장 혹은 삼판라이드를 배경으로 테이크아웃 커피 박스를 들고 인증 샷을 찍는 사람들을 많이 볼 수 있다.

MRT 베이프론트역BayFront, 서클, 다운타운 라인 D번 출구로 나와 수로를 따라 간다. 삼판라이드 중간 지점에 있다. 2 Bayfront Ave, #B2-86, Singapore 018972
+65 6560 1910 **일~목** 10:00~22:00 **금~토** 10:00~22:30
S$ **테이크아웃 커피** 8불(생크림, 슈거스틱 포함) **드립 커피 박스** 28불
@bachacoffee www.bachacoffee.com

⑨ 댈러스 Dallas Cafe & Bar

MRT 베이프런트 역Bayfront, 서클 라인, 다운타운 라인 C나 D번 출구로 들어와서 1층으로 올라간다. 이벤트 플라자가 있는 쪽에 있다. 2 Bayfront Ave, #01 - 85 The Shoppes at Marina Bay Sands, Singapore 018972
일~목 11:30~24:00 **금~토·공휴일** 11:30~01:00
S$ **바 스낵** 10~24불 **피자** 24~36불 **와규 버거** 30불 **런치 코스** 30~38불 **칵테일** 20불
@dallassingapore www.dallas.sg

마리나 베이 샌즈의 가성비 좋은 캐주얼 바

마리나 베이 샌즈에 입점한 음식점과 카페 중에서 가격대가 저렴한 편이다. 양도 많이 주는 곳이라 관광객은 물론 주변 거주자와 직장인도 자주 찾는다. 특히 대형 스크린에서 주요 스포츠 경기를 생중계로 볼 수 있고, 스펙트라 쇼가 펼쳐지는 이벤트 플라자 앞에 있어서 저녁 시간대에 특히 인기가 많다. 오후 12시부터 7시까지는 해피아워 이벤트가 열린다. 하우스 와인, 생맥주, 칵테일 등을 저렴하게 즐길 수 있다. 12시부터 15시까지는 런치 스페셜을 판매한다. 애피타이저는 샐러드를, 본 메뉴는 햄버거와 파스타, 피시앤칩스 중에서 선택할 수 있다. 디저트는 초콜릿 브라우니와 커피, 차 중에서 선택할 수 있다. 가격은 30불 안팎이다. 봉사료와 세금은 따로 내야 한다. 야외 좌석은 밤에 더 인기가 많다. 가끔 야외 공연도 열린다.

⑩ 레드닷 디자인 뮤지엄 Red Dot Design Museum

아시아 유일의 레드닷 박물관

강렬한 빨간색과 기하학적 형태의 외관이 인상적이다. 이곳은 세계 3대 디자인상 중 하나인 독일의 레드닷 다지인 어워즈Red Dot Design Award에서 만든 뮤지엄의 아시아 버전이다. 엘지, 삼성, 현대자동차 등 우리나라 기업들도 곧잘 레드닷 디자인상을 수상하고 있다. 2005년에 개관하여 수상작을 비롯하여 세계적인 산업 디자인 제품을 선보인다. 다양한 프로젝트도 진행한다. 주요 제품은 온라인에서 주문이 가능하다. 함께 운영하는 카페 Bar에서는 레드닷 어워드를 수상한 가구와 디자인 용품들을 사용하고 있다.

MRT 베이프론트역BayFront, 서클, 다운타운 라인 E번 출구에서 도보로 4분 11 Marina Blvd, Singapore 018940
+65 6514 0111 **월~금** 12:00~20:00 **토~일** 10:00~20:00 S$ **1인** 12불(5불 바우처 제공) **4인권** 30불(10불 바우처 제공)
www.museum.red-dot.sg

⑪ 헬릭스 브리지 Helix Bridge

DNA를 닮은 나선형 다리

헬릭스 브리지는 마리나 베이 샌즈마리나 사우스와 북쪽의 마리나 센터를 연결하는 보행자 전용 다리다. DNA의 나선형 구조를 본떠 강철 구조물로 만들었다. 다리가 마치 조형물처럼 아름답다. 길이는 280m이다. 마리나 베이 구역의 명소를 한 번에 다 담을 수 있는 포토 스폿이 네 군데에 있다. 다리를 산책하다 인증 샷을 꼭 남겨보자. 밤에는 화려한 조명이 켜진다. 빛을 받은 독특한 다리가 더욱 환상적이다.

MRT 베이프론트역BayFront, 서클, 다운타운 라인 D번 지상층으로 나와 아트 사이언스 뮤지엄 쪽으로 도보 10분
10 Bayfront Ave, Singapore 018956 매일 24시간 S$ 무료

©Shutter/wide shot-flickr

⑫ 마리나 버라지 Marina Barrage

MRT 가든스바이더베이역Gardens by The Bay, 톰슨 이스트 코스트 라인 1번 출구에서 도보 7분
8 Marina Gardens Dr, Singapore 018951
+65 6514 5959 매일 24시간

싱가포리언들이 사랑하는 피크닉 명소

싱가포르는 항구도시이면서 동시에 강의 도시이다. 싱가포르강과 겔랑강, 칼랑강 등 다섯 개 강이 합류하여 마리나 만을 이룬다. 마리나 버라지는 마리나 만의 동쪽과 서쪽, 그러니까 마리나 이스트와 마리나 사우스 사이에 건설한 대형 인공 댐이다. 댐 안쪽은 마리나 만이고, 바깥은 바다이다. 댐이 생기기 전 마리나 만은 말 그대로 바다가 육지 속으로 쑥 파고들어 온 만이었으나, 댐이 생기면서 지금은 커다란 호수가 되었다. 인공 댐 마리나 버라지는 강물과 빗물을 저장하고 정수하여 식수나 생활용수, 공업용수로 공급한다. 폭우가 내리면 댐의 문을 개방하여 물을 바다로 흘려보내 홍수 피해를 막는 기능도 한다. 이곳의 히든카드는 정수 시설의 옥상 정원이다. 푸른 잔디가 깔려있고, 탁 트인 전망이 그만이다. 옥상에 오르면 마리나 만과 싱가포르의 주요 명소들이 파노라마처럼 펼쳐진다. 일몰 때는 아름다운 야경 명소로 변모한다. 연인과 가족 나들이객이 많은 찾는 데는 다 이유가 있다.

사테 바이 더 베이 Satay by the Bay

MRT 베이프론트역Bayfront, 서클, 다운타운 라인 B 출구로 나와 지하 연결 통로를 따라간다. 마리나 배라지 쪽으로 도보 5분 가다 보면 오른쪽에 있다.

18 Marina Gardens Drive, #01-19, Singapore 018953 +65 6538 9956 11:00~22:00

S$ **사테 10개** 8불 **사테 콤보세트** 33불부터 **칠리 크랩** 65불 **게살 볶음밥** 10불 **치킨윙**(최소 3개 이상) 1.8불부터

@sataybythebayofficial www.sataybythebay.com.sg

공원 옆에서 즐기는 꼬치구이

가든스 바이 더 베이 동북쪽 끝에 있는 호커센터싱가포르의 노점 음식점이다. 늦은 오후가 되면 석쇠에서 구워내는 꼬치구이 냄새가 사람들을 유혹한다. 다른 호커센터와 달리 탁 트인 가든 안에 있어서 좋다. 더운 날에도 기온이 선선한 편이라 가족 단위 여행자뿐 아니라 싱가포리언들이 많이 찾는 곳이다. 각종 꼬치구이를 비롯해 스팀 보트일종의 샤부샤부, 칠리 크랩 등 다양한 해산물 요리도 골라 먹을 수 있다. 시끌벅적한 분위기와 푸짐한 싱가포르식 꼬치구이, 시원한 생맥주 한 잔으로 하루의 여정을 즐겁게 마무리할 수 있다.

14 리버티 싱가포르 Liberty Singapore

MRT 다운타운역Downtown, 다운타운 라인에서 도보 2분. E번 출구로 나와 센트럴 블루버드 대로Central Boulevard 쪽 횡단보도를 건너면 MBFC 건물이 보인다. 01-04, Tower 2, Marina Bay Financial Centre, 10 Marina Boulevard, Singapore 018983 +65 6322 3777 **월~토** 11:30~22:00 휴무 일 S$ **콘립** 16불 **주말 브런치** 12~48불 **갈비 숏립**(100g당) 36불 @liberty.singapore www.libertysingapore.sg

익숙한 재료도 특별해지는 곳

마리나 베이의 금융가인 마리나 베이 파이낸셜 센터 2MBFC 타워 2에 있는 레스토랑이다. 동서양 식재료와 조리법이 조합된 아시안 스모크 하우스를 표방하고 있다. 옥수수를 튀겨 버터와 카레 향신료에 버무린 콘립, 망고 폰즈 살사를 곁들인 상큼한 하마치새끼 방어 등 가벼운 전채 요리부터 12시간 훈제한 후 상큼한 파 샐러드와 함께 제공하는 한국식 양념 통갈비 같은 흥미로운 메인 요리까지 선택의 폭이 다양하다. 낮에는 3~4코스에 48~58불인 런치 세트가 직장인들에게 인기를 얻고 있다. 주말에는 화덕 피자 한판에 9.9불인 위크엔드 피자 스페셜의 인기가 높다. 브런치 메뉴를 주문하면 10세 이하 아동에게 무료 어린이 음식을 제공하는 이벤트도 큰 호응을 얻고 있다. 공간이 널찍해 여유롭고 조용히 대화를 나누기 좋은 실내 프라이빗 좌석도 있다. 야외석은 운치가 흐르는 밤에 인기가 더 좋다.

레벨 33 Level 33

MBFC 타워 1의 1층에서 레벨 33 전용 엘리베이터를 탑승
8 Marina Boulevard #33-01, Singapore 018981
+65 6834 3133 매일 12:00~24:00
S$ **수제 맥주** 9.9불부터 **비어 테이스팅 패들** 23.9불 **비프 타르타르** 24불
로컬 시바스 38불 **프레시 오이스터 하프더즌** 34불부터
@level33_sg www.level33.com.sg

환상 전망 감상하며 수제 맥주를

레벨 33은 레드닷 디자인 박물관 옆 마리나베이 금융센터MBFC 펜트하우스에 있다. 세계에서 가장 높은 도시형 소규모 맥주 양조장이 이곳에 있다. 브루어리에서 갓 만든 신선한 수제 맥주를 즐길 수 있을뿐만 아니라 푸짐한 다이닝까지 가능하여 직장인과 여행자들에게 인기가 많은 곳이다. 레벨 33에서 5가지 맛 맥주를 만든다. 5가지의 맥주 맛이 모두 궁금하다면 샘플 맥주로 제공하는 '비어 테이스팅 패들'을 주문하면 된다. 맥주도 맥주지만, 레벨33의 가장 큰 매력은 감탄사가 절로 나오는 전망이다. 낮에도 멋지지만, 마리나베이가 내려다보이는 야경은 그야말로 환상적이다. 드레스 코드는 스마트 캐주얼이다.

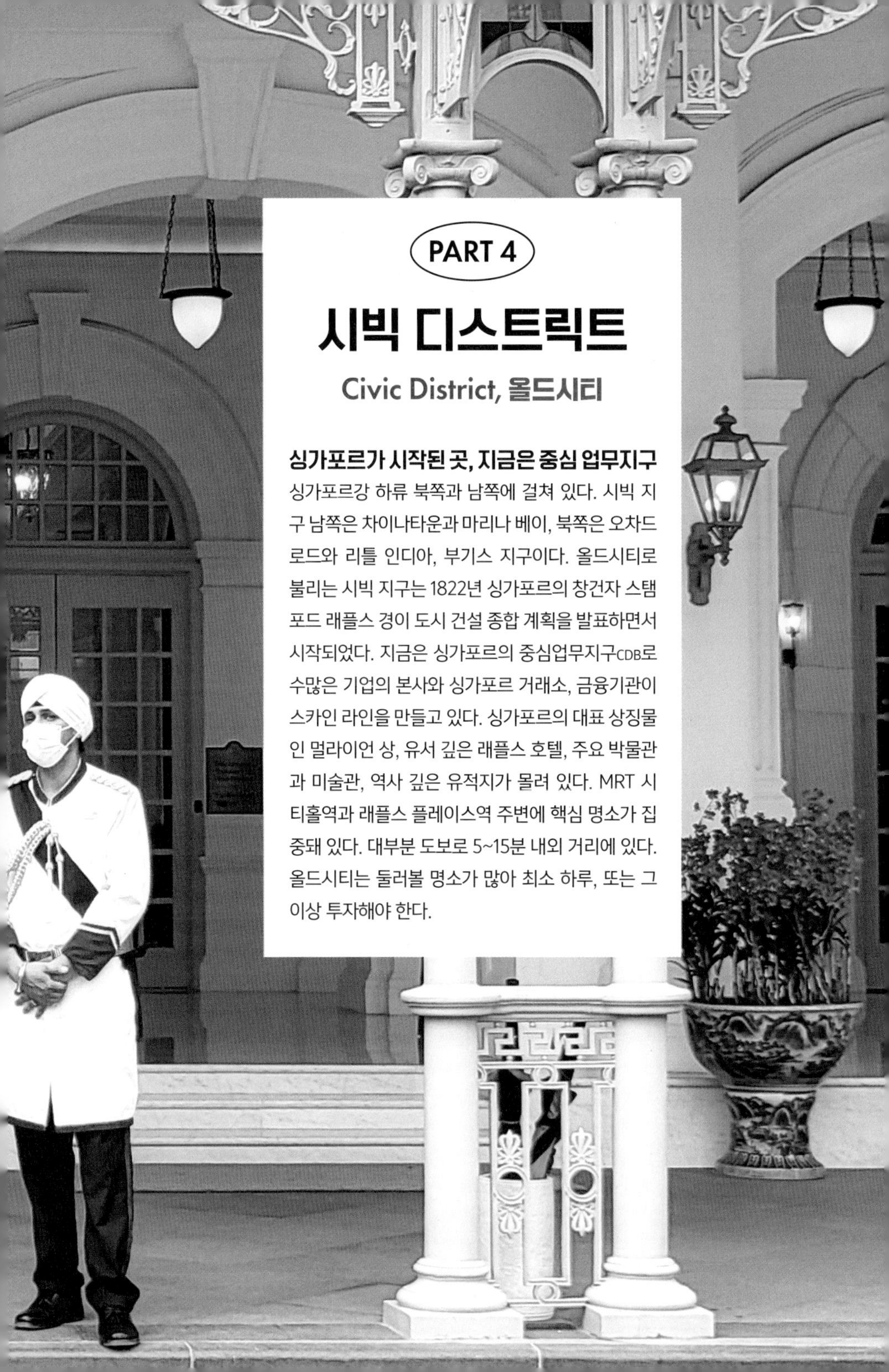

PART 4

시빅 디스트릭트

Civic District, 올드시티

싱가포르가 시작된 곳, 지금은 중심 업무지구

싱가포르강 하류 북쪽과 남쪽에 걸쳐 있다. 시빅 지구 남쪽은 차이나타운과 마리나 베이, 북쪽은 오차드 로드와 리틀 인디아, 부기스 지구이다. 올드시티로 불리는 시빅 지구는 1822년 싱가포르의 창건자 스탬포드 래플스 경이 도시 건설 종합 계획을 발표하면서 시작되었다. 지금은 싱가포르의 중심업무지구CDB로 수많은 기업의 본사와 싱가포르 거래소, 금융기관이 스카인 라인을 만들고 있다. 싱가포르의 대표 상징물인 멀라이언 상, 유서 깊은 래플스 호텔, 주요 박물관과 미술관, 역사 깊은 유적지가 몰려 있다. MRT 시티홀역과 래플스 플레이스역 주변에 핵심 명소가 집중돼 있다. 대부분 도보로 5~15분 내외 거리에 있다. 올드시티는 둘러볼 명소가 많아 최소 하루, 또는 그 이상 투자해야 한다.

시빅 디스트릭트 올드시티
듀 바이 화이트그래스 Dew by Whitegrass
타츠 Tatsu
뉴 우빈 시푸드 New Ubin Seafood
도우 Dough
해리스 Harry's Chijmes
싱가포르 국립박물관 National Museum of Singapore
굿 셰퍼드 성당 Cathedral of the Good Shepherd
차임스 Chijmes
래플스 호텔 싱가포르 Raffles Hotel Singapore
롱바 Long Bar
아트 나우 Art Now
래플스 부티크 Raffles Boutique
티핀 룸 Tiffin Room
Stamford Rd
Queen St.
Victoria St.
Bras Basah Rd
홀리크랩 HOLY CRAB
래플스 시티 Raffles City Singapore
포트 캐닝 파크 Fort Canning Park
딘타이펑 Din Tai Fung
남남 NamNam
티옹바루 베이커리 Tiong Bahru Bakery
쿠키 뮤지엄 The Cookie Museum
스위소텔 더 스탬포드 Swissôtel The Stamford
Raffles Ave
클라임 센트럴 Clime Central
띵크 Think
그린 콜렉티브 Green Collective
푸난 Funan
Coleman St
St Andrew's Rd
North Bridge Rd
High St
Hill Street
River Valley Rd
도착
내셔널 갤러리 싱가포르 National Gallery Singapore
오데뜨 Odette
바이올렛 운 National Kitchen by Violet Oon
스모크 앤 미러 Smoke & Mirror
Esplanade Dr
Eu Tong Sen ST
South Bridge Rd
빅토리아 극장 & 콘서트 홀 Victoria Theatre and Concert Hall
래플스 경 상륙지 Raffles Landing Site
출발
멀라이언 파크 Merlion Park
아시아 문명 박물관 Asia Civilisations Museum
오버이지 Overeasy
더 풀러턴 호텔 싱가포르 The Fullerton Hotel Singapore
집시 Jypsy
래플스 플레이스역 Raffles Place MRT station
몬티 앳 원 파빌리온 Monti At-1 Pavilion
하이하우스 High House
하루 여행 추천 코스 지도의 빨간 실선 참고
멀라이언 파크 → 도보 10분 → 풀러튼 호텔 → 도보 5분 → 래플스플레이스역 → 도보 5분 - 래플스호텔&아케이드 → 도보 5분 → 차임스 → 도보 15분 → 내셔널 갤러리 싱가포르
랜턴 Lantern
라우파삿 페스티벌 마켓 Lau Pa Sat Festival Market
사테 스트리트 Satay Street

래플스 시티 Raffles City Singapore

MRT 시티홀역City Hall, 노스 사우스 라인 A출구로 나와 에스컬레이터 타고 올라가면 래플스 시티 1층으로 연결된다.
252 North Bridge Rd, Singapore 179103 +65 6318 0238
매일 10:00~22:00(매장별 상이) @rafflescitysg www.capitaland.com/sg/malls/rafflescity/en.html

쇼핑보다 맛집

주요 명소가 즐비한 시티홀 구역의 터줏대감 같은 쇼핑몰이다. 지하철 시티홀역과 바로 연결되어 밖으로 나갈 필요 없이 편리하게 이용할 수 있다. 교통의 요지에 있어서 늘 사람들로 붐빈다. 규모는 그리 크지 않지만 구조가 심플해 쇼핑하기 좋다. 준명품 라인과 로컬 브랜드, SPA 브랜드까지 적절히 섞여 있다. 의류를 쇼핑하기에도 좋지만, 무엇보다 식음료 라인이 훌륭하다. 지하 1층에는 가볍게 먹을 수 있는 스낵류부터 유명 맛집까지 있어서 선택의 폭이 넓다. 카페와 베이커리도 있다. 마켓플레이스라는 큰 슈퍼마켓이 있어 식재료부터 생활용품, 먹거리까지 구매할 수 있다. 3층에는 저렴하게 한 끼를 즐길 수 있는 푸드 플레이스가 있다. 지하 1층보다 조용한 분위기에서 식사할 수 있는 레스토랑도 3층 곳곳에 있다. 점심에는 주변 직장인이 많이 몰려 식당 대부분이 붐비므로, 점심시간 이전이나 이후에 가는 게 좋다.

ONE MORE
Raffles City

래플스 시티의 대표 맛집과 카페·숍

1 딘타이펑 Din Tai Fung

너무나 유명한 샤오롱바오 맛집

싱가포르에 20개가 넘는 매장이 있다. 어느 지점이나 인기가 많다. 특히 육즙이 풍부하고 겉피가 얇은 샤오롱바오는 단연 최고다. 프라이드 폭찹 라이스도 호불호가 없는 베스트 셀러다. 계란볶음밥에 잘 구운 돼지고기 한 덩어리가 올라가 있다. 스파이시 살라탕과 신선한 오이 에피타이저가 중국 음식 특유의 느끼함을 잡아준다. 차와 물은 계속 리필해준다. 입구에 있는 QR 코드기에 인원과 전화번호를 넣고 대기하면 연락이 온다. 12:00~13:00엔 오래 기다리니 피하는 게 좋다.

래플스 시티 지하 1층 252 North Bridge Rd B1-08, Singapore 179103 +65 6336 6369
월~금 11:30~15:00, 17:30~21:30 **토** 11:30~22:00 **일** 11:00~21:30 S$ **샤오롱바오 10개** 10.3불 **오이탕탕이** 4.3불 **살라탕** R 9불 **프라이드 폭찹 라이스** 13불
@dintaifungSG www.dintaifung.com.sg

2 남남 NamNam

베트남 쌀국수 맛집

래플스 시티 지하 1층에 있는 베트남식 쌀국수 식당이다. 국물이 시원하고 깔끔해 한국인 입맛에도 잘 맞는다. 반미도 바삭하고 내용물이 제법 실하다. 점심시간10:00~14:00에는 쌀국수 하나 가격에 에피타이저와 음료가 포함된 세트메뉴를 즐길 수 있다. 테이블마다 붙어있는 QR코드를 찍어 메뉴를 고르고 온라인으로 주문하는 시스템이다. 번호표가 뜨면 직접 가져다 먹는다. 오차드 로드에 매장 두 곳이 더 있다. 래플스 시티 지하 1층 252 North Bridge Rd B1-47, Singapore 179103 +65 6336 0500 매일 10:00~22:00(주문 마감 21:30) S$ **런치 세트** 12.9불 **반미** 9.9~10.9불 **퍼보 S** 9.9불·R 13.9불 **음료** 5.9~6.9불 @namnamnoodlebar www.namnam.net

3 티옹바루 베이커리 Tiong Bahru Bakery

브런치 메뉴가 좋은 베이커리

버터가 풍부하게 들어간 크루아상과 퀸 아망이 유명하다. 이름은 베이커리지만 커피 맛도 진하고 풍미가 좋다. 다만 양이 적어 아쉬울 따름이다. 가볍게 즐기기 좋은 빵 종류도 많고, 무엇보다 브런치 메뉴가 제법 다양하다. 빵과 커피가 아니라 브런치를 즐기기 위해 오는 사람도 제법 많다. 일찍 문을 열어서 일정이 바쁜 사람들은 조식으로 즐기기에도 좋다. 티옹바루 지역에 본점이 있다. 현금결제는 되지 않는다.

래플스 시티 지하 1층
252 North Bridge Rd B1-11, Singapore 179103
+65 6333 4160 매일 07:30~22:00
S$ **커피류** 4.5~7.5불 **티** 5.2~6.2불
브런치류 21~25불 **올데이 블랙퍼스트** 6~9불
크루아상류 3.5~5.5불 **퀸 아망** 5불
@tiongbarubakery
www.tiongbarubakery.com

4 쿠키 뮤지엄 The Cookie Museum

선물하기 좋은 수제 과자

홍콩에 제니 쿠키가 있다면 싱가포르에는 쿠키 뮤지엄이 있다. 싱가포르에서 이름난 과자 전문점이다. 가격은 제법 비싸지만 한번 먹어보면 풍부한 향과 질감, 독특한 맛을 잊을 수 없다. 쿠키 종류만 수십 가지가 되며 틴 패키지도 매우 고급스러워서 선물용으로 좋다. 틴 디자인은 계속 바뀌므로 소장가치가 있다. 치킨 라이스나 칠리 크랩 쿠키 등 싱가포르만의 독특한 맛도 있다. 핑크 시솔트 리치 마티니와 얼그레이 로즈 맛을 추천한다. 선텍시티에도 지점이 있다.

래플스 시티 지하 1층
252 North Bridge Rd K12B, Singapore 179103 +65 6749 7496
매일 11:00~21:00
S$ **쿠키 대** 48~58불 **쿠키 중** 32불
@thecookiemuseum
www.thecookiemuseum.com

래플스 호텔 싱가포르 Raffles Hotel Singapore

MRT시티홀역City Hall, 이스트 웨스트 라인, 노스 사우스 라인 A번 출구로 나와 래플스 시티 쇼핑센터 방향으로 길을 건넌다. 2분 정도 걷다가 브라스 바사 로드Bras Basah Rd에서 길을 건넌다. 1 Beach Road, Singapore 189673 +65 6337 1886
연중무휴 24시간 S$ **1박** 1,248불부터 @raffleshotels www.raffles.com/singapore

헤밍웨이, 서머싯 몸, 찰리 채플린이 머물다

래플스 호텔은 싱가포르 역사와 함께 걸어온 특별한 호텔이다. 영국 식민지 시대를 가장 잘 보여주는 건축물로 인정받아 국가유산으로 지정되었다. 호텔 이름을 싱가포르 창건자 스탬포드 래플스 경Sir Stamford Raffles의 이름에서 따왔다. 1887년 페낭의 사업가 사키즈 형제가 처음 창업했다. 처음엔 콜로니얼 양식이었으나 전형적인 네오 르네상스 양식에 높은 천장, 넓은 베란다와 같은 열대 지방에 어울리는 건축 요소가 뒤에 추가되었다. 래플스 호텔의 객실은 115개로 많지 않다. 하지만 모든 객실이 스위트룸이다. 1989년과 2017년 보수 공사 때 편의시설을 더 갖추고, 건물 안팎도 새롭게 단장했다. 하지만 호텔 외관은 콜로니얼 스타일과 네오 르네상스 양식이 융합된 전통을 고수하고 있다. 헤밍웨이, 찰리 채플린, 마이클 잭슨, 엘리자베스 2세 여왕 등 유명인사가 머물렀다. 명품 쇼핑을 즐길 수 있는 아케이드와 칵테일 싱가포르 슬링이 탄생한 롱바는 이 호텔의 자랑이다. 롱바와 아케이드, 기념품 매장 래플스 부티크는 투숙하지 않은 여행자도 많이 찾는다.

래플스 호텔의 맛집·바·숍

1 롱바 Long Bar

래플스 아케이드 2층 328 North Bridge Rd, Raffles Arcade #02-01, Singapore 188719
+65 6412 1816 매일 12:00~22:30 S$ **오리지널 싱가포르 슬링** 37불 **시그니처 칵테일류** 26불
스트레이트 클래식 칵테일류 26불 @longbarsg www.rafflessingapore.com/restaurant/long-bar

싱가포르 슬링의 탄생지

영국의 소설가 서머싯 몸이 '동양의 신비'라고 극찬했던 싱가포르 슬링이 이곳에서 탄생했다. 싱가포르의 저녁노을을 표현한 이 칵테일은 진에 체리 브랜디와 레몬주스를 넣어 새콤달콤한 맛이 난다. 때는 1915년이었다. 당시는 여성이 밖에서 술을 마시는 걸 터부시하던 시절이었다. 롱바의 바텐더 니암 통 분Ngiam Tong Boon은 여성들을 위해 붉은 과일 주스 같은 칵테일을 만들었다. 술이지만 과일주스처럼 보이게 해서 여성들이 주변 눈치 보지 않고 마실 수 있게 배려한 것이다. 주홍빛이 나는 싱가포르 슬링은 지금도 여성들에게 인기가 높다.
롱바는 2019년에 레노베이션을 했지만, 천장의 부채모양 팬과 수동식 얼음 기계, 고풍스러운 인테리어는 옛 모습 그대로 살렸다. 롱바는 탄소 발자국 줄이기에 동참하고 있다. 싱가포르 슬링 25잔을 주문받을 때마다 토종 나무 한 그루를 심는다. 호텔로고 코팅이 다 벗겨진 낡은 잔을 여전히 사용하는 것도 같은 이유이다. 롱바엔 주류만 있고 음식 메뉴는 따로 없다. 대신 땅콩은 무제한 무료로 주는데, 껍질을 거리낌 없이 바닥에 버리는 게 오랜 전통이다.

2 아트 나우 Art Now

갤러리 겸 가구 전시장

래플스 아케이드 2층에 있다. 아트나우는 독특하고 대담한 감성이 살아있는 혁신적인 미술관이자 라이프 스타일 리테일 매장이다. 호텔 갤러리라는 권위적인 이미지를 깨고 대중적이고 트렌디한 작품을 선별해 선보인다. 갤러리 문턱을 낮춰 관람객이 편안하게 관람하고 쉴 수 있는 공간이다. 아트 나우는 갤러리, 가구 공간, 라운지로 나누어져 있다. NFT를 포함한 각종 실험적인 예술 작품이 신선한 영감을 준다. 작품의 회전주기도 빠른 편이라 매번 새로운 작품을 감상할 수 있다.

래플스 아케이드로 들어와 에스컬레이터를 타고 2층 올라가면 바로 보인다.
328 North Bridge Rd, Raffles Arcade #02-32, Singapore 188719 +65 6734 5688
매일 12:00~19:00 S$ 무료 @artnowsg
www.artnowsingapore.business.site

3 래플스 부티크 Raffles Boutique

아주 특별한 선물 가게

래플스 아케이드 안에 있다. 시어 스트리트Seah St 바로 앞에 있다. 2019년 리노베이션을 마치고 래플즈 기프트 숍에서 래플스 부티크로 재탄생했다. 싱가포르 슬링 관련 아이템을 비롯한 래플스 호텔의 특징이 살아있는 다양한 기념품을 판매한다. 페라나칸중국인 남성과 말레이인 여성 사이에서 태어난 사람과 이들의 문화. 인도, 인도네시아, 태국, 영국, 포르투갈, 네덜란드 문화도 융합돼 있다. 페라나칸은 싱가포르 문화의 뿌리이다. 타일이나 싱가포르 풍경 사진, 아트 포스터 등 소장가치가 높은 상품이 많다. 질 좋은 기념품을 사기에 좋다.

래플스 아케이드로 끝까지 가면 가운데 입구 쪽에 있다. 328 North Bridge Rd, #01-26 to 30 Raffles Arcade, Singapore 188719 +65 6412 1143 **토~수** 11:00~19:30, **목~금** 10:00~19::30 S$ **싱가포르 슬링 마그네틱** 15.9불 **소이 캔들** 59불 **래플스 로고 접시** 49불 **롱바 땅콩** 18불 @rafflesboutique www.rafflesboutique.com

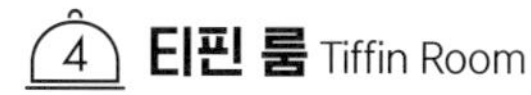

4 티핀 룸 Tiffin Room

래플스 호텔 1층 1 Beach Rd, Singapore 189673
+65 6412 1816 매일 12:00~14:00, 18:30~21:00
S$ **애피타이저** 35~55불 **베지테리언 음식** 17~20불 **메인 음식** 37~52불 **3코스** 65~75불
@tiffinroomsg www.raffles.com/singapore/dining/tiffin-room

근사한 인도 음식점

티핀은 인도의 가벼운 식사를 말한다. 래플스 호텔의 티핀 룸에서는 다양한 북부 인도식 메뉴를 판매한다. 싱가포르에서 인도 음식을 가장 근사하게 즐길 수 있는 장소다. 코스 요리와 개별 음식 중에서 선택할 수 있다. 새우, 닭고기, 양고기음식과 채식주의자를 위한 커리 등이 있다. 메인 음식뿐만 아니라 에피타이저도 훌륭하다. 특히 상큼한 요거트 소스에 병아리콩, 처트니, 석류, 각종 채소를 버무린 채너 챗Chana Chaat은 훌륭한 에피타이저이다. 더위에 지친 여행자에게 입맛을 돋워준다. 티핀 룸에서는 3가지 맛 난을 무료로 제공한다. 드레스 코드는 스마트 캐주얼이며, 가능하면 예약을 추천한다.

차임스 Chijmes

MRT시티홀역City Hall, 이스트 웨스트 라인, 노스 사우스 라인 B번 출구로 나오면 대각선 방향으로 차임스 담장이 보인다. 길을 건너 담장을 따라 도보로 5분 정도 가면 입구가 나온다. 30 Victoria Street, Singapore 187996 +65 6337 7810
매일 10:00~24:00(매장별 상이) @chijmes.sg www.chijmes.com.sg

카페와 음식점이 가득한 핫 스폿

차임스는 원래 수녀원과 여학교로 지은 19세기 건축물이다. 지금은 카페, 음식점이 줄지어 들어선 힙한 라이프 스타일 공간으로 변모했다. 영국 식민지 시대의 건축가 조지 콜맨George Coleman이 설계했다. 조지 콜맨은 1922년부터 래플스 경의 건설 고문과 공공사업 감독관을 지냈다. 20년 넘게 활동하며 초창기 도시 건설에 크게 기여했다. 차임스 외에 빅토리아 콘서트홀 뒤편의 아트하우스구 국회의사당, 싱가포르 어린이박물관 옆의 아르메니안 교회, 싱가포르의 대표적인 호커센터 라우 파삿 페스티벌 마켓 등이 그가 설계한 건축물이다. 콜맨 스트리트와 콜맨 브리지 등에 그의 이름이 남아 있다. 차임스는 밖에서 보면 외관 덕에 무척 조용해 보인다. 하지만 안으로 들어오면 전혀 다른 이미지이다. 차임스의 낮과 밤은 표정이 사뭇 다르다. 낮에는 평화롭고 조용하게 휴식을 취할 수 있어서 좋다. 밤에는 언제 그랬냐는 듯 화려한 조명, 라이브 음악, 사람들로 떠들썩해 낮과 대조적인 분위기가 연출된다. 차임스 안에 스페인, 일본, 브라질, 인도 음식점과 카페, 바, 베이커리가 입점해 있어서 선택의 폭이 넓다.

차임스의 맛집·카페·숍

① 듀 바이 화이트그래스 Dew by Whitegrass

30 Victoria St, #01-27A, 싱가포르 187996
+65 9067 3891 화~토 12:00~14:30, 18:00~21:30(일~월 휴무)
S$ 런치 세트 메뉴 28~30불, 포테이토 밤스 10불, 아시안 부타 타코 14불, 유자 코쇼 해초 파스타 20불 @dewbywhitegrass www.dewbywhitegrass.com.sg

스몰 플레이트와 어울리는 사케 페어링

미슐랭 스타의 프렌치 레스토랑 'Whitegrass'의 캐주얼 다이닝 버전 맛집이다. 일본 조리법을 가미한 현대적인 프랑스 요리를 선보인다. 편안하고 아늑한 분위기에서 스몰 플레이트를 우아하게 즐길 수 있다. 수십 가지 사케 컬렉션은 일본 전역에서 공급받는다. 일반적 않은, 희귀한 라벨이 많아 사케 애호가라면 주목할 만하다. 훈제 연어와 하마치새끼 방어로 구성된 핑크 오션, 세 가지 다른 토핑을 올린 트리오 오이스터, 한입 크기의 바삭하고 동그란 감자튀김인 포테이토 밤스 등이 입맛을 돋운다. 전채 요리, 메인 음식, 디저트로 구성된 런치 세트를 추천한다. 가성비가 훌륭한 편이다. 고구마 향이 나는 소주Shochu를 베이스로 한 하이볼도 듀 바이 화이트그래스의 주력 바 메뉴 가운데 하나이다. 차임스에서 손에 꼽히는 레스토랑으로, 차임스 예배당의 북서쪽 날개 구역에 있다.

② 타츠 Tatsu

요리 공연을 펼치는 철판구이 맛집

타츠는 철판구이 전문집이다. 셰프들이 현란한 솜씨로 눈앞에서 조리하는 과정을 보는 게 흥미롭다. 24명이 둘러앉을 수 있는 카운터가 있는데, 이곳에서 셰프들의 화려한 요리 공연을 볼 수 있다. 예약하면 8~10명이 전담 셰프가 해주는 요리를 오붓하게 즐길 수 있는 테판야키 프라이빗 공간도 있다. 재료의 본질을 살리기 위해 식재료는 대부분 일본에서 직접 공수해온다. 낮에는 스시를, 밤에는 철판구이를 제공한다. 벤또 메뉴는 배달도 가능하다.

30 Victoria Street #01-08, Singapore 187996 +65 6332 5868 런치 12:00~14:30, 디너 18:00~22:30, 연중무휴 S$ **런치 메뉴** 28~36불 **타츠 디너 코스** 68불 **와규 디너 코스** 128불 **시푸드 디너 코스** 108불 **롤 메뉴** 10~18불 **프리미엄 벤토(배달)** 28~45불 @tatsugroup
www.tatsu.com.sg

뉴 우빈 시푸드 New Ubin Seafood

차임스에서 맛있는 칠리크랩을

매일 신선하고 고품질의 해산물을 조달하여 최적의 맛을 선보인다. 현지인과 관광객 모두에게 인기가 높다. 칠리크랩과 페퍼크랩과 같은 클래식 요리는 재료와 조리법에 따라 메뉴 다양해서 선택의 폭이 넓다. 해산물 외에도 아시아에서 영감을 받은 다양한 요리가 있다. 고기를 좋아한다면 '크리스피 폭립'에 도전해 보자. 바삭한 껍질과 부드러운 육질이 예술이다. USDA 블랙 앵거스 립아이와 하트 어택 볶음밥도 누구에게나 호불호가 없는 메뉴이다.

30 Victoria Street, #02-01B/C, Singapore 187996 +65 9740 6870
월 17:30~01:00, 일, 화~금 11:00~01:00, 토 11:00~24:00
S$ 차임스 스페셜 시푸드 보일 188불, 보스 비훈 19불, 허벌 프라운 수프 59불
클래식 칠리크랩 소스 16불 @newubinseafood
www.newubinseafood.com

4 도우 Dough

운치 있는 베이커리 카페

빵과 페스트리, 파스타를 직접 만들어 판매하는 베이커리 카페이다. 입구 진열장에 먹음직스러운 머핀과 페스트리 등이 전시되어 있다. 김치나 치즈가 올라간 크루아상과 볶은 버섯과 양파를 듬뿍 올린 토스트 등은 한 끼 식사로 충분하다. 내부는 군더더기 없이 깔끔하고, 주변의 다른 카페보다 넓은 편이다. 야외에도 자리가 있다. 싱그러운 식물이 자라고 있어서 제법 운치가 있다. 햇빛이 약해지는 늦은 오후에 이용하면 좋다.

30 Victoria St. #01-30, Singapore 187996 **화~목** 08:30~18:00 **금~토** 08:30~21:45 **월** 휴무
S$ **머신 커피** 4.5~8.5불 **콜드브루** 7~9불 **베이커리** 4.5~9불 **스낵** 10~12불
@dough.coffee www.doughsupply.co

5 해리스 Harry's Chijmes

생맥주 즐기기 좋은 캐주얼 바

해리스는 가벼운 스낵과 시원한 생맥주를 즐기면서 스포츠 경기를 관람할 수 있는 캐주얼 바다. 직접 제작한 해리스 프리미엄 라거를 포함해 생맥주 종류가 다양하다. 칵테일 등 다른 주류도 많다. 락사 팝콘 치킨이나 오타 토스트 등 전통적인 바 메뉴에 현지의 맛을 가미한 퓨전 요리가 많다. 종일 해피아워를 적용하고 있어서 타이거, 기네스, 하이네켄 2잔을 20~22불에 즐길 수 있다.

30 Victoria Street #01-14, Singapore 187996
+65 6337 0618
매일 12:00~24:00
S$ **생맥주** 11~16불 **스몰 바이트류** 9~19불 **버거 및 샌드위치** 20~25불 **피자** 20~26불
@harryssingapore
www.harrys.com.sg

굿 셰퍼드 성당 Cathedral of the Good Shepherd

싱가포르에서 가장 오래된 성당

1847년에 지은 싱가포르에서 가장 오래된 가톨릭 성당이다. 1973년 국립 기념물로 지정되었다. 성당 안에 헤리티지 갤러리가 있다. 성당 투어는 매월 첫째 토요일 오전 11시에 진행된다. 선한 목자라는 이름의 이 성당은 한국의 천주교 박해 역사와도 관련이 깊다. 1839년 기해박해 때 순교한 로랑 마리 조셉 엥베르 신부를 기리는 성당인 까닭이다. 천주교 신자라면 투어에 참여해보자. 차임스 서북쪽 맞은편에 있어서 찾기 쉽다. 래플스 호텔, 쇼핑몰 래플스 시티, 싱가포르국립박물관에서도 가깝다.

🚶 ❶ 차임스 서북쪽 맞은편 ❷ MRT시티홀역에서 서북쪽으로 도보 6분 ❸ MRT 브라스 바사역Bras Basah, 서클 라인 B번 출구로 나와 길을 건넌다.

A Queen St. Singapore 188533 📞 +65 6337 2036

🕓 **월~금** 10:00~22:00 **토** 15:30~19:00 **일** 08:00~11:30

S$ 없음 ☰ www.cathedral.catholic.sg

포트 캐닝 파크 Fort Canning Park

인스타그램에 나오는 랜드마크 공원

싱가포르 중심부 언덕에 있는 랜드마크 같은 공원이다. 14세기 말레이 왕족이 싱가포르를 다스리던 곳이자 2차 세계대전 때 영국군이 일본군에게 항복한 역사적인 장소이다. 면적은 약 55,000평 정도이다. 매년 10월 말에는 록케스트라Rockestra라는 세계적인 규모의 야외 음악회가 열린다. 인스타그램에 많이 올라오는 하늘과 푸른 나무가 보이는 나선형 계단포트 캐닝 파크 트리 터널이 이 공원 북쪽 끝에 있다. 나선형 계단 북쪽으로 더 가면 쇼핑의 중심가 오차드 로드가 나온다. 싱가포르국립박물관과 싱가포르 어린이박물관이 공원 옆에 있다.

🚶 ❶MRT 포트캐닝역Fort Canning, 다운타운 라인 B번 출구로 나와 쥬빌리공원Jubilee Park 방면으로 좌회전

❷MRT 시티홀역에서 서남쪽으로 도보 6분 River Valley Rd, Singapore 179037 🕓 24시간

싱가포르 국립박물관 National Museum of Singapore

싱가포르 속으로 한 걸음 더

싱가포르의 역사와 민족, 문화를 알 수 있는 곳이다. 포트 캐닝 공원 동북쪽 끝에 있다. 네오클래식 건축과 현대 건축이 어우러진 모습이 인상적이다. 본관 건물은 싱가포르에서 가장 오래된 건축물이다. 싱가포르 역사를 알 수 있는 '싱가포르 히스토리 갤러리', 영국 식민지 시절을 살펴볼 수 있는 '모던 콜로니', 싱가포르 역사에서 가장 어두운 일본 점령 시대를 체험할 수 있는 '살아남은 쇼난' 전시관 등으로 구성돼 있다. 스토리텔링 구조가 좋다. 예술 작품 전시, 페스티벌, 공연과 영화 상영, 연주회 등이 끊이지 않고 이어진다.

MRT 브라스 바사역Bras Basah, 서클 라인 C번 출구에서 스탬포드 로드 방향으로 도보 5분

93 Stamford Road , Singapore 178897 +65 6332 3659 매일 10:00~19:00(입장 마감 18:30) S$ 상설 갤러리 **성인** 10불 **학생(7세 이상~)과 시니어(60세 이상)** 7불 상설전+특별전 **성인** 24불 **학생(7세 이상~)과 시니어(60세 이상)** 18불

@natmuseum_sg www.nationalmuseum.sg

싱가포르 어린이박물관 Children's Museum Singapore

아이들을 위한, 아이들의 천국

우표 박물관 자리에 2022년 12월에 싱가포르 최초로 개관한 어린이 전용 박물관이다. 어린이들의 호기심과 탐구심을 자극할 수 있는 여러 가지 전시관과 프로그램을 운영하고 있다. 전시물과 프로그램을 통해 체험과 학습을 경험하고, 어린이 친구들과 교류도 할 수 있다. 싱가포르의 특징인 다문화 유산을 이해할 수 있는 프로그램과 전시물도 흥미롭다. 포트 캐닝 공원 남동쪽에 있다.

MRT 시티홀역City Hall, 노스 사우스 라인 B출구에서 노스 브리지 로드, 콜맨 스트리트 따라 도보 6분

23-B Coleman Street, Singapore 179807 +65 6337 3888 **화~일** 09:00~17:45(청소 시간 12:45~14:00) **휴무** 월요일 S$ **성인** 15불 **어린이** 10불 **4인 가족 패키지** 40불 @ilovecmsg www.nhb.gov.sg/childrensmuseum

푸난 Funan

MRT 시티홀역City Hall, 이스트 웨스트 라인, 노스 사우스 라인 B번 출구로 나와 콜맨 스트리트 방향으로 도보 5분, 역에서 나와 길을 건너 담장을 따라 도보로 5분 정도 가면 입구가 나온다. 107 North Bridge Rd, Singapore 179105 +65 6970 1668 10:00~22:00(매장별 상이) @funansg www.capitaland.com/sg/malls/funan/en.html

감각적이고 활기가 넘치는 쇼핑몰

내셔널 갤러리 싱가포르 뒤쪽에 있는 쇼핑몰이다. 감각적이고 창의적인 쇼핑몰이라 젊은이에게 인기가 많다. 실내 암벽장을 갖추고 있으며, 1층과 2층을 연결하는 계단을 나무와 인조 잔디로 꾸며 자유롭게 앉아서 쉴 수 있다. 전자제품, 친환경 상점, 클라이밍과 자전거 매장 등이 눈에 띈다. 특히 자전거 라인을 따로 만들어 놓아 싱가포르에서 유일하게 쇼핑몰 안에서 자전거를 타고 돌아다닐 수 있다. 음식점도 여럿이다. 7층에는 옥상 공원도 있다.

ONE MORE Funan

푸난몰의 명소와 숍

1 클라임 센트럴 Climb Central Funan

접근성 좋은 클라이밍 체험장

알록달록한 거대한 조형물 기둥이 눈길을 끈다. 자세히 보면 실내 암벽장이다. 볼더링, 탑 로프, 리드 클라이밍, 오토 벨레이 클라이밍 등을 할 수 있다. 15분 동안 안전 브리핑을 받으면 누구나 이용할 수 있다. 어린이는 5세 이상, 체중 20kg 이상, 최소 신장 1.1m이어야 하고, 성인 1명을 동반해야 한다. 샤워 시설을 잘 갖추고 있다. 오후 시간대와 주말에는 혼잡한 편이다. 푸난몰 지하 2층 등 싱가포르에 5개의 지점이 있다.

107 North Bridge Rd, #B2-19/21 Funan, Singapore 179105 +65 6906 3918 **월~금** 11:00~23:00 **토~일, 공휴일** 09:00~21:00 S$1회권(입회비 포함) 성인 38.15불, 청소년 32.70불/성인1+어린이1 세트 44.69불/성인1 + 어린이2 세트 71.94불 @climbcentral www.climbcentral.sg

2 띵크 Think

'다꾸' 덕후의 발길을 붙잡는 문구점

다이어리 꾸미기 덕후들이 좋아할 만한 라이프 스타일 문구점이다. 푸난 쇼핑몰 2층에 있다. 귀엽고 예쁜 팬시용품을 보면 그냥 지나치지 못할 것이다. 세련되고 아기자기한 고품질 상품이 가득하다. 유럽과 일본에서 공급받는 제품이 많다. 디자인이 돋보이는 노트, 다이어리가 구매욕을 자극한다. 가격대가 높은 고급스러운 필기구도 판매한다. 천장을 뚫고 내려온 민트 컬러 여성의 하반신 조형물이 눈길을 끈다.

107 North Bridge Road, Mall, #02-15 Funan, Singapore 179105 +65 9728 0215
매일 10:00~22:00 @thinkshop.sg www.thinkshop.sg

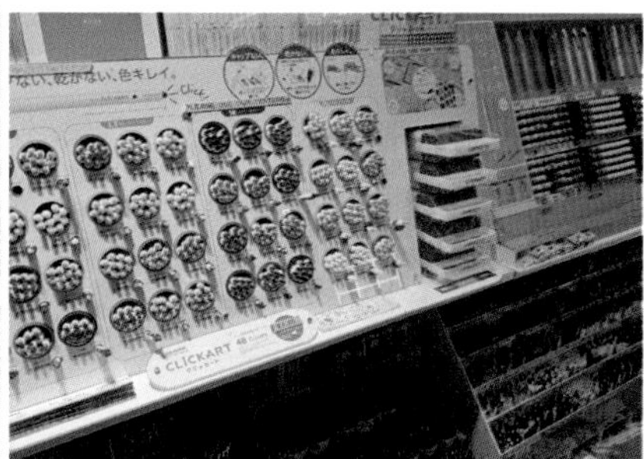

3 그린 콜렉티브 Green Collective

지구를 생각하는 현명하고 합리적인 소비

환경을 생각하는 폐기 제로zero waste와 지속 가능한 소비에 중점을 둔 잡화 상점이다. 의류부터 화장품, 신발, 가방, 생활용품까지 상품이 아주 다양하다. 약 35개 지역의 친환경 제품을 만날 수 있다. 판매자가 중간 상인을 거치지 않고 직접 판매하는 방식으로 운영한다. 유기농 인증 제품과 직접 손으로 만든 공예품 등 주변에서 흔히 볼 수 없는 독특하고 참신한 제품이 많다. 선물용으로 구매하기에 손색이 없다. 푸난몰 2층에 있다.

107 North Bridge Road, Mall, #02-18 Funan, Singapore 179105
매일 10:00~21:00 @thegreencollective.sg www.thegreencollective.sg

내셔널 갤러리 싱가포르 National Gallery Singapore

MRT 시티홀역City Hall, 노스 사우스 라인 B번 출구에서 노스 브리지 로드와 콜맨 스트리트 따라 도보 6분

1 St Andrew's Road, Singapore 178957 +65 6271 7000

매일 10:00~19:00 **입장 및 티켓 마감** 18:30

S$ **일반전시** 20불(무료 가이드 투어 포함, 홈페이지에서 예약) **특별전시** 25불 **일반전시+특별전시** 30불

@nationalgallerysingapore www.nationalgallery.sg

싱가포르 예술의 최전선

내셔널 갤러리 싱가포르는 싱가포르강 하류 북쪽에 있다. 국회의사당, 세인트 앤드류 성당, 아트하우스, 빅토리아 콘서트홀, 대법원 등이 주변에 몰려 있다. 내셔널 갤러리에선 싱가포르와 동남아시아의 현대 미술 작품을 감상할 수 있다. 내셔널 갤러리는 1929년에 건설한 시청 건물과 1935년에 지은 대법원 건물을 2005년 미술관으로 리모델링하였다. 2015년에 복원 및 개선 공사를 끝내면서 싱가포르에서 가장 큰 미술관으로 재탄생했다. 상설 무료 전시, 어린이 비엔날레, 가이드 투어, 예술가와의 대화, 큐레이터와의 대화 등 다양한 전시관과 예술 프로그램을 운영하고 있다. 우리나라 국립현대미술관과 자매결연도 맺었다. 갤러리엔 식음료를 반입할 수 없고, 개인 소장용 촬영은 플래시 없이 가능하나 상업적인 촬영은 금지하고 있다.

내셔널 갤러리 싱가포르는 손꼽히는 미식 투어 코스이다. 갤러리 안에 미슐랭 3스타 프랑스 레스토랑 오데뜨Odette, 우아한 페라나칸 레스토랑 바이올렛 운Violet Oon, 갤러리 옥상의 칵테일 바 스모크 앤 미러Smoke&Mirror 등 다양한 음식점이 입점해 있는 까닭이다. 갤러리 북쪽엔 싱가포르에서 가장 큰 세인트 앤드류 성당St. Andrew's Cathedral이 있다. 고딕 양식의 새하얀 성공회 성당이다. 성당은 2027년 재개장을 목표로 보수 공사 중이다.

내셔널 갤러리의 맛집과 바

오데뜨 Odette

1 St. Andrew's Rd, #01-04, Singapore 178957 +65 6385 0498
월~토 런치 12:00~13:15, 디너 18:30~20:15 **일요일 및 공휴일** 휴무 S$ **런치 6코스** 298불부터 **디너 7코스** 328불부터
@odetterestaurant www.odetterestaurant.com

미슐랭 3스타 레스토랑

오데뜨는 싱가포르를 대표하는 미슐랭 3스타 레스토랑이다. 2022년 아시아 50대 베스트 레스토랑 순위에서 8위를 차지했다. 스위소텔 호텔의 프렌치 레스토랑 JANN의 메인 셰프 출신인 줄리엔 로이어가 2015년 싱가포르 외식 기업인 The Lo & Behold와 손잡고 오데뜨를 오픈했다. 현지의 신선한 농수산물은 물론 이국적인 농산물까지 음식 재료로 사용하여 다채로운 다이닝 경험을 제안한다. 특히 오데뜨의 시그니처인 스모크 오가닉 에그는 극적인 드라이아이스 효과를 더해 볼거리까지 전해준다. 핫한 미슐랭 레스토랑답게 예약을 하려면 40일 이상 대기를 각오해야 한다. 예약 시에는 1인당 150불런치, 250불디너의 예약금을 내야 한다. 예약은 60일 전부터 가능하며 7세 이상 어린이부터 이용할 수 있다. 드레스 코드는 스마트 캐주얼이고, 남자는 발이 보이는 신발을 신으면 이용할 수 없다.

2 바이올렛 운 National Kitchen by Violet Oon

손꼽히는 손님 접대 레스토랑

싱가포르의 유명 셰프 바이올렛 운이 싱가포르 럭셔리 라이프 스타일 그룹 MMM과 의기투합하여 2014년에 오픈한 브랜드다. 블랙 컬러와 크고 우아한 샹들리에로 1920년대 분위기를 연출했다. 웅장하면서도 포근한 느낌이 동시에 드는 멋진 공간이다. 페라나칸 스타일의 타일 장식과 잘 어울린다. 호커센터에서 자주 볼 수 있는 친근한 음식에 고급스러움을 더한 요리를 즐길 수 있다. 손님 접대용 레스토랑으로 손꼽히는 곳이다. 오후 3~5시엔 하이 티오후 늦게 또는 이른 저녁에 차와 함께 음식, 빵, 케이크를 먹는다. 시간으로 운영한다. 🏠 1 St Andrew's Rd, #02-01, Singapore 178957 📞 +65 6834 9935 🕓 매일 12:00~15:00(주문 마감 14:30), 15:00~17:00(하이 티 타임, 주문 마감 16:00), 18:00~22:30(주문 마감 21:30) S$ **치킨 사테** 16불 **비프 렌당** 25불 **나시레막** 19불 **드라이 락사** 26불 **디저트** 13~15불 **하이 티** 58불(2명 기준) Ⓘ @violetoonsingapore ☰ www.violetoon.com

3 스모크 앤 미러 Smoke & Mirror

전망 좋은 루프톱 바

내셔널 갤러리 6층 옥상에 있는 칵테일 바다. 마리나 베이가 한눈에 들어오는 전망과 예술 작품에 대한 헌사처럼 느껴지는 독창적인 칵테일로 유명하다. 시즌별로 한정판 메뉴를 부지런히 출시해 칵테일 마니아에게는 색다른 즐거움을 선사한다. 홈페이지에서 예약 가능하며, 예약금은 30불이다. 음식 메뉴는 꽤 다양하며 맛도 괜찮은 편이다. 드레스 코드는 '캐주얼 시티시크'로 발이 보이는 슬리퍼는 금지다. 오후 7시 이후에는 18세 이하는 이용할 수 없다. 한국인 직원도 근무한다. 각 칵테일의 특징을 개성 있게 표현한 메뉴판 디자인이 독특하다.

🏠 1 St. Andrew's Rd, #06-01, Singapore 178957 📞 +65 9380 6313 🕓 **월~수** 18:00~24:00 **목~토** 18:00~01:00 **일** 15:00~23:00 S$ **시그니처 칵테일** 25~30불 **클래식 칵테일** 25불 **글라스 와인** 20~46불 **피자** 16~18불 **나초** 28불 **시저 샐러드** 13불 **스키니 트러플 프라이즈** 14불부터 Ⓘ @smokeandmirrorsbarsg ☰ www.smokeandmirros.com.sg

아시아 문명 박물관 Asia Civilisations Museum

싱가포르 문화를 알려주는 유물과 공예품

내셔널 갤러리 남쪽에 있다. 아시아의 문화와 싱가포르의 역사 유물을 살펴볼 수 있는 박물관이다. 1993년에 처음 문을 열었고, 2015년에 양옆으로 신규 전시관을 증축했다. 동남아시아의 불상과 글로벌 무역 중심지 싱가포르의 역사를 알려주는 다양한 공예품과 예술품이 전시되어 있다. 박물관 안에 브런치 카페인 프리베와 광둥식 레스토랑 엠프레스가 입점해 있다. 둘 다 강변에 있어서 싱가포르 강을 바라보면서 여유롭게 식사하기 좋다. 기념품을 사고 싶으면 뮤지엄 숍으로 가면 된다.

MRT 래플스 플레이스역Raffles Place, 이스트 웨스트 라인 및 노스 사우스 라인 H 출구에서 플러튼 호텔을 지나 카베나 브리지를 건너면 바로 보인다. 1 Empress Pl, Singapore 179555 +65 6332 7798 **금** 10:00~21:00 **토~목** 10:00~19:00 S$ **일반** 25불 **학생 및 시니어(60세 이상)** 20불 **6세 이하 어린이 무료** @acm_sg www.acm.org.sg

래플스 경 상륙지 Raffles Landing Site

1819년, 싱가포르가 이곳에서 시작되었다

아시아 문명 박물관과 라이브 바 팀버Timbre X S.E.A 사이에 있다. 싱가포르의 건국의 아버지인 래플스 경Sir Stamford Raffles이 1819년에 처음 발을 디딘 역사적인 곳이다. 팔짱을 낀 래플스 경 전신상이 싱가포르강을 배경으로 서 있다. 하얀 폴리마블로 만든 이 석상은 싱가포르의 대표적인 상징물이다. 싱가포르 학생들이 역사를 배울 때 꼭 찾는 곳이다. 아시아 문명 박물관 북쪽의 빅토리아 콘서트홀 앞에도 청동으로 만든 래플스 전신상이 하나 더 있다. 청동상 앞에 서면 마리나 베이 샌드 호텔이 시야 가득 들어온다.

MRT 래플스 플레이스역Raffles Place, 이스트 웨스트 라인 및 노스 사우스 라인 H 출구에서 플러튼 호텔을 지나 카베나 브리지를 건너면 바로 보인다.
1 Old Parliament Ln, Singapore 179429
24시간

빅토리아 극장 & 콘서트 홀 Victoria Theatre and Concert Hall

오래된 건축, 공연 예술의 메카

시계탑과 팔라디오 건축 양식팔라디오는 16세기의 이탈리아 건축가이다. 18세기 영국의 신고전주의 건축에 많은 영향을 끼쳤다.이 인상적이다. 싱가포르의 역사를 상징하는 건축물이다. 원래 시청으로 사용하다가, 1908년에 빅토리아 극장이라는 이름으로 재탄생했다. 614석의 콘서트홀이 있다. 공연장이 무대를 감싸는 곡선형이라 관객과 공연자의 거리가 가깝게 느껴진다. 클래식, 대중음악, 전통 무용 등 다양한 공연이 열린다. 빅토리아 콘서트 홀 앞엔 1887년 토마스 울너가 조각한 래플스 경의 최초의 동상도 만나볼 수 있다.

🚶아시아 문명 박물관 북쪽 바로 옆
🏠 9 Empress Place, Singapore 179556
📞 +65 6908 8818
🕓 매일 10:00~21:00
S$ 공연마다 다름 ☰ www.vtch.com

라우파삿 페스티벌 마켓 Lau Pa Sat Festival Market

국립기념물로 지정된 호커센터

라우파삿은 시내 한복판 중앙업무지구CBD에 있는 빅토리아 양식의 거대한 호커센터저가 음식점을 모아놓은 야외 복합 시설이다. 간단한 아침 식사용 음식부터 술과 함께 먹을 수 있는 안주까지 다양한 음식을 파는 상점이 몰려 있다. '오래된 시장'이란 뜻의 라우파삿은 19세기에 만들어진 싱가포르 최초의 재래시장이다. 싱가포르 초기 건축가 조지 콜맨이 설계했다. 훗날 리모델링 과정에서 많이 바뀌었으나 8각형 구조는 그대로이다. 1973년에는 국립기념물로 지정되었다. 현지인들은 물론 관광객들에게도 잘 알려진 호커센터 중 하나이다.

🚶MRT 래플스 플레이스역Raffles Place, 이스트 웨스트 라인, 노스 사우스 라인 F출구에서 로빈스 로드를 따라 남쪽으로 도보로 5분
🏠 18 Raffles Quay, Singapore 048582 📞 +65 6220 2138 🕓 매일 07:00~02:00(매장별 상이)
📷 @foodfolks.sg ☰ www.laupasat.sg

사테 스트리트 Satay Street

MRT 래플스 플레이스역Raffles Place, 이스트 웨스트 라인, 노스 사우스 라인 F출구에서 로빈스 로드를 따라 남서쪽으로 도보로 5분 18 Raffles Quay, Singapore 048582
월~금 19:00~03:00 **토~일** 15:00~03:00 S$ **치킨 사테 10개+비프 사테 10개 세트** 16불 **BBQ 새우** 1개당 2불 **생맥주** 8불부터(매장별 상이)

©Nicolas Miguel-flickr

사테 스트리트는 중앙업무지구CBD의 라우파삿 남쪽 바로 옆 분탓 스트리트Boon Tat St에서 열리는 꼬치구이 노점이다. 사테는 한두 입에 먹을 수 있는 꼬치구이를 말한다. 사테 스트리트를 우리 말로 번역하면 꼬치구이 거리쯤 될 것이다. 저녁 7시가 넘으면 교통이 통제되고, 분탓 스트리트가 통째로 꼬치구이 거리로 변모한다. 노점상들이 화로에 숯불을 붙이면 이윽고 꼬치 굽는 냄새는 도심 속으로 퍼지며 사람들의 침샘을 자극한다. 이때부터 사람들이 하나둘 간이 테이블에 앉기 시작한다. 양고기, 닭고기, 돼지고기, 소고기, 새우 등 꼬치 종류가 다양해 골라 먹는 재미가 있다. 세트메뉴를 시키면 조금 저렴하다. 보통 주문량은 10개가 기본이며 크기가 작은 편이라 2명이라면 20~30개도 거뜬히 먹을 수 있다. 밤 9시쯤 되면 거리가 사람들로 빼곡히 들어찬다. 작은 테이블과 간이의자마다 손님으로 시끌벅적하다. 생맥주와 고소하고 맛있는 사테! 더위는 온데간데없다. 술이 들어갈수록 남국에서의 낭만의 밤이 깊어간다.

멀라이언 파크 Merlion Park

MRT 래플스 플레이스역Raffles Place, 이스트 웨스트 라인 및 노스 사우스 라인 H출구로 나와 풀러턴 호텔 지하 1층에서 무빙워크 탑승 후 원 풀러턴 건물로 이동. 이곳에서 북쪽으로 도보 2분. 총 5분 소요
1 Fullerton Rd, Singapore 049213 매일 24시간 S$ 무료

싱가포르의 상징 조형물

싱가포르에 왔다면 인증 샷을 찍어야 하는 명소이자 랜드마크이다. 마리나 베이 샌즈 호텔을 배경으로 입에서 물을 시원하게 내뿜는다. 멀라이언은 머리는 사자lion, 몸통은 인어mermaid 모습을 한 조형물이다. 머리의 사자 모양은 싱가포르의 어원인 싱가푸라Singapura, 산스크리트어로 사자의 도시에서 유래됐다. 몸통의 인어 형상은 싱가포르가 시작된 예전의 어촌 마을 테마섹Temasek을 의미한다. 높이 8.6m, 무게 70톤에 이르는 멀라이언상의 생일은 1972년 9월 15일이다. 당시 수상인 리콴유가 싱가포르 방문자들을 환영하기 위해 조각가 림낭셍Lim Nang Seng에게 의뢰하여 만들었다. 1997년 싱가포르강과 마리나 베이 사이에 에스플러네이드 브리지Esplanade Bridge가 세워지면서 워터프론트에서 멀라이언상이 가려지자 2002년, 원래 위치에서 120m 떨어진 멀라이언 파크로 옮겼다. 뒤로는 '새끼 멀라이언'이라고 알려진 높이 2m의 작은 멀라이언도 있다.

홀리크랩 HOLYCRAB

MRT 시티홀역City Hall, 이스트 웨스트 라인 및 노스 사우스 라인에서 도보 2분. 지하철역에서 나와 오른쪽 횡단보도를 건너면 캐피털 캠핀스키 호텔 아케이드이다. 13 Stamford Rd, #01-85 Arcade@Capitol, Singapore 178905 +65 6499 5599 매일 10:30~22:30 S$ 평일 3코스 런치 스페셜 19.90불, 크랩류 1kg 90~120불 사이, 볶음밥 15불 @holycrab.sg www.holycrab.sg

새로운 칠리크랩 맛집을 찾는다면

싱가포르 중심가 캐피털 캠핀스키 호텔 아케이드 1층에 있다. 오래된 흰색 아케이드 건축물은 낭만적인 향수를 불러일으키고, 오렌지색 칠리크랩을 형상화한 커다란 조형물은 이 집이 아이덴티티를 명확하게 설명해 준다. 홀리크랩은 싱가포르의 칠리크랩 맛집 리스트에 올려두어도 손색이 없는 레스토랑이다. 항생제 없이 키운 스리랑카와 알래스카산 칠리크랩으로 음식을 만든다. 부드럽고 감칠맛 나는 칠리크랩도 일품이지만, 이 집을 대표하는 메뉴는 12가지 재료가 들어간 그린 칠리소스크랩이다. 매운맛은 5단계로 구분된다. 입맛에 따라 매운 정도를 선택하면 된다. 칠리크랩 외에 면류, 볶음밥, 육류, 해산물 요리도 있어서 선택지가 다양한 편이다. 칠리크랩의 또 다른 장점은 입지이다. 지하철 시티홀역이 아주 가까운 데다가 래플스 시티, 차임스, 세인트 앤드류 성당 같은 관광 명소가 길 건너에 있다. 호텔 아케이드에 입점해 있어서 쾌적하면서도 분위기가 좋다.

몬티 앳 원 파빌리온 Monti At-1 Pavilion

바닷가의 돔 레스토랑

멀라이언 파크 남쪽 바다 위에 있는 돔 형태의 레스토랑이다. 몬티는 정통 이탈리아 토스카나 요리의 대표주자다. 주말 아침 식사부터 브런치, 애프터눈 티와 풍성한 저녁까지 다양한 메뉴를 선보이고 있다. 특히 17시부터 24시까지 열리는 루프톱에 올라가면 마리나베이 샌즈 호텔과 싱가포르의 스카이라인을 감상할 수 있다. 초저녁에 2시간 동안 해피아워를 진행한다. 이 시간엔 와인, 맥주, 프로세코 와인이탈리아 북부 지역에서 생산되는 스파클링 와인을 평일 68불, 주말 78불에 즐길 수 있다.

멀라이언 파크에서 남쪽으로 도보 2~3분
82 Collyer Quay +65 6535 0724
월~금 11:00~23:30 **토~일** 09:00~23:30
S$ **애프터눈 티** 38불(14:30~17:00) **저녁 3코스** 110불 (최소 2인 이상) **단품 메뉴** 22~76불 **주말 조식** 6~28불 (09:00~11:00) @montisingapore
www.monti.sg

오버이지 Overeasy

바다 전망이 아름다운 미국식 레스토랑

더 플러튼 호텔 건너편 원 플러턴One Fullerton 1층에 있는 미국식 식당이다. 인테리어가 산뜻해 금방 눈에 띈다. 다양한 햄버거와 브런치 메뉴를 즐길 수 있다. 생맥주와 어울리는 메뉴도 많으며, 칵테일도 즐길 수 있다. 상큼한 칵테일부터 묵직하고 강한 칵테일까지 종류가 다양하다. 실내도 좋지만, 밤이나 햇빛이 약한 날엔 야외 좌석의 인기가 더 좋다. 마리나베이 샌즈를 비롯한 싱가포르의 대표 스폿을 눈에 넣으며 음식과 맥주를 즐길 수 있다.

더 플러튼 호텔 건너편 원 플러턴 1층
1 Fullerton Rd 01-06, Singapore 049213 +65 9129 8484 **월~화** 12:00~15:00, 17:00~22:00
수~금 17:00~01:00 **토** 11:00~15:00, 17:00~01:00
일 11:00~15:00, 17:00~23:00 S$ **버거류** 25~27불
주말 브런치 16~29불 **생맥주** 17~19불 **칵테일** 18~23불
@overeasy
www.overeasy.com.sg

집시 Jypsy at One Fullerton

플레이팅이 예술적이다

일식 퓨전 레스토랑이다. 싱가포르의 대표적인 브런치 카페인 PS. Cafe의 계열사이다. 멀라이언 파크로 이어지는 원 플러튼에서 가장 최근에 생긴 레스토랑으로 라탄을 이용한 보헤미안 스타일의 인테리어가 돋보인다. 시원한 실내 좌석과 마리나 베이 샌즈가 바로 눈 앞에 펼쳐지는 야외석으로 구성되어 있다. 저절로 인증 샷을 불러일으킬 정도로 음식 플레이팅도 아름답고 예술적이다. 다만 음식 양에 비해 가격이 다소 높은 편이다.

1 Fullerton Rd, #01-02/03, Singapore 049213
+65 6708 9288
화 17:00~23:00 **수, 목, 일** 11:30~16:00, 17:00~23:00 **금~토** 11:30~16:00, 17:00~24:00
S$ **집시 사시미** 22~26불 **스시롤** 20~26불 **피시&칩스** 24불 **리틀 집시 버거** 18불
@jypsysg
www.jypsy.com

안티도트 Anti:dote

음식 라인업도 훌륭한 캐주얼 바

래플시 시티 옆 페어몬트 호텔 1층에 있는 칵테일 바이다. 고전적인 칵테일을 현대적으로 재해석한 감각적인 칵테일을 선보인다. 칵테일과 타파스의 재료 일부는 직접 재배해 사용한다. 타파스 종류가 다양하고 창의적인 아이디어가 돋보여 음식 때문에 찾아오는 손님도 많다. 한국인 직원이 있으며, 한국 전통 음료를 베이스로 한 칵테일도 있다. 다른 칵테일 바보다 비교적 조용하고 분위기가 더 프라이빗하다. 12:00~14:00, 15:00~17:00에는 애프터눈 티 타임이다. 주말 이용 시 예약은 필수다. 드레스 코드는 스마트 캐주얼이다. MRT시티홀역 옆 페어몬트 호텔 1층

80 Bras Basah Rd, Level 1, Fairmont, Singapore 189560 +65 6431 5315 S$ **칵테일류** 25불부터 **무알콜 음료** 18불 **바 바이트**한입 음식 10~22불 **식사류** 28~34불(일요일에는 125불 이상 병 와인 25% 할인)

@fairmonthotels www.fairmont-singapore.com/dinning/antidote

랜턴 Lantern

더 플러턴 호텔 싱가포르와 멀라이언 파크에서 도보 5분
80 Collyer Quay, Singapore 049326 +65 6877 8911
일~목 17:00~24:00(음식 주문 마감 22:45, 음료 주문 마감 23:15)
금~토 17:00~01:00(음식 주문 마감 22:45, 음료 주문 마감 00:15, 해피 아워 11:00~18:00)
S$ **칵테일류** 20~30불 **스낵 플래터** 45불 **비어 버켓** 58불(18:00~21:00)
@lanternfullertonbay bit.ly/BookLantern

전망 좋은 오션 뷰 루프톱 바

마리나만의 더 플러턴 베이 호텔The Fullerton Bay Hotel에 있는 루프톱 바이다. 저층 루프톱 바이지만 위치가 워낙 좋아서 마리나베이 지역의 스카이라인을 제대로 감상할 수 있다. 다른 루프톱 바보다 분위기가 비교적 차분하고 조용한 편이다. 밤 8시 이전에 방문하여 간단히 저녁 식사를 한 후 칵테일을 주문해 마시며 맞은편 마리나베이 샌즈에서 펼쳐지는 스펙트라빛과 물의 쇼를 감상해보자. 싱가포르의 밤을 장식하는 빛과 색채의 향연을 편안하게 감상할 수 있다. 달콤한 칵테일, 멋진 야경, 여기에 스펙트라 공연까지! 남국의 낭만을 제대로 느낄 수 있는 멋진 일정이 될 것이다. 드레스 코드는 세미 캐주얼이다.

하이하우스 HighHouse

MRT 래플스 플레이스역Raffles Place, 노스 사우스, 이스트 웨스트 라인 B번 출구에서 도보 2분. 출구에서 북쪽 Chulia St. 방면으로 50미터 가다 좌회전하면 안쪽으로 삼각형 모양 건물이 보인다. 1 Raffles Place, L 61-62, Singapore 048616
+65 9677 8074 월~화·목 17:00~24:00 수·금~토 17:00~02:00(일 휴무) S$ 칵테일류 20~22불, 그릴드 스패니시 옥토퍼스 32불, 호주산 와규 200g 128불, 치즈 플레터 58불 @highhousesg www.highhouse.sg

멋진 야경, 감각적인 바

싱가포르강 하류 남쪽, 고층빌딩이 모여 있는 금융가의 원 래플스 플레이스 타워 1One Raffles Place Tower 1에 있다. 싱가포르의 대표적인 야경 명소로 손꼽히던 1-Altitude를 인수하여 한층 업그레이드된 공간으로 탈바꿈시켰다. 창가에 앉으면 마리나 만과 마리나 베이 샌즈 호텔, 싱가포르의 고층 빌딩 숲이 파노라마처럼 펼쳐진다. 기존의 멋진 전망과 스카이라인은 그대로 이어받았지만, 여기에 세련된 퓨전 음식과 창의적인 칵테일을 새롭게 개발해 매력도를 한층 높였다. 탁 트인 메인 홀의 디지털 스크린도 눈길을 끈다. 스크린에 흐르는 몰입형 영상 작품이 몽환적인 분위기를 자아낸다. 별도의 와인 저장고와 고기 숙성실을 갖추고 있다. 싱가포르 최초로 노래방 기기를 설치한 전용 룸이 있어서 특별한 모임 장소로 손색없다. 오후 10시가 넘으면 글로벌 DJ 공연이 시작된다. 이때부터 하이하우스는 핫한 클럽처럼 분위기가 바뀐다.

더 풀러턴 호텔 싱가포르 The Fullerton Hotel Singapore

MRT 래플스 플레이스역Raffles Place, 이스트 웨스트 라인 및 노스 사우스 라인 H출구로 나오면 바로 호텔이 보인다.
1 Fullerton Square, Singapore 049178 +65 6557 2590
1박 560불부터 S$ @fullertonhotelsg www.fullertonhotels.com

ⓒErwin Soo-flickr

국립 기념물로 지정된 호텔

싱가포르강 하류 남쪽에 있다. 강 건너 북쪽엔 내셔널 갤러리, 빅토리아 콘서트홀, 래플스 경 상륙지 등이 몰려 있다. 더 풀러턴 호텔 바로 길 건너엔 멀라이언 파크가 있고, 그 너머로는 마리나 만과 마리나 베이 샌즈를 비롯한 싱가포르의 명소들이 한눈에 펼쳐진다. 더 풀러턴 호텔은 영국 식민지 시대인 1928년에 지은 서양식 건물로 초기 싱가포르를 대표하는 랜드마크 가운데 하나다. 신고전주의 양식으로 이 시기에 지은 건물 가운데 웅장함이 돋보인다. 싱가포르의 개척 시기인 1887년에 지은 래플스 호텔, 1900년에 건축한 오차드 로드 지구의 굿우드 파크 호텔과 더불어 2015년 국립 기념물로 지정되었다. 호텔 외부는 낮에도 아름답지만, 조명을 받은 야경이 더 근사하다. 주변의 고층빌딩과 뚜렷한 대비를 이루는 차별성이 호텔을 더 돋보이게 해준다. 객실 중 일부는 리노베이션을 통해 최신식으로 바꾸었다. 전체 객실은 400개이다. 국립 기념물로 지정된 전통 있는 호텔답게 객실료는 비싼 편이다. 호텔 정보와 식사 메뉴 등을 삼성 태블릿으로 볼 수 있도록 서비스한다.

ⓒBb5 - Wikimedia Commons

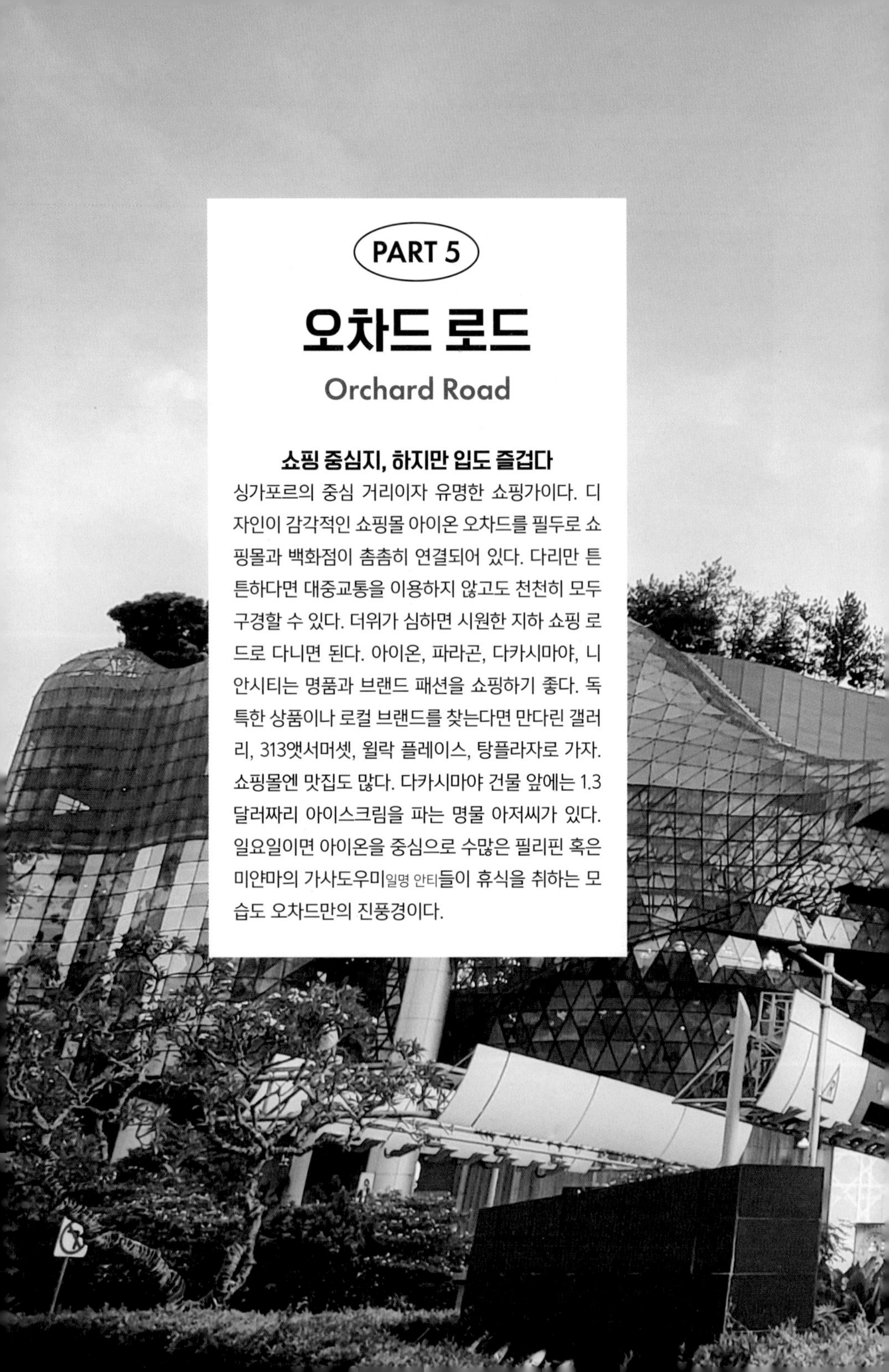

PART 5

오차드 로드

Orchard Road

쇼핑 중심지, 하지만 입도 즐겁다

싱가포르의 중심 거리이자 유명한 쇼핑가이다. 디자인이 감각적인 쇼핑몰 아이온 오차드를 필두로 쇼핑몰과 백화점이 촘촘히 연결되어 있다. 다리만 튼튼하다면 대중교통을 이용하지 않고도 천천히 모두 구경할 수 있다. 더위가 심하면 시원한 지하 쇼핑 로드로 다니면 된다. 아이온, 파라곤, 다카시마야, 니안시티는 명품과 브랜드 패션을 쇼핑하기 좋다. 독특한 상품이나 로컬 브랜드를 찾는다면 만다린 갤러리, 313앳서머셋, 윌락 플레이스, 탕플라자로 가자. 쇼핑몰엔 맛집도 많다. 다카시마야 건물 앞에는 1.3 달러짜리 아이스크림을 파는 명물 아저씨가 있다. 일요일이면 아이온을 중심으로 수많은 필리핀 혹은 미얀마의 가사도우미일명 안티들이 휴식을 취하는 모습도 오차드만의 진풍경이다.

GABBANA

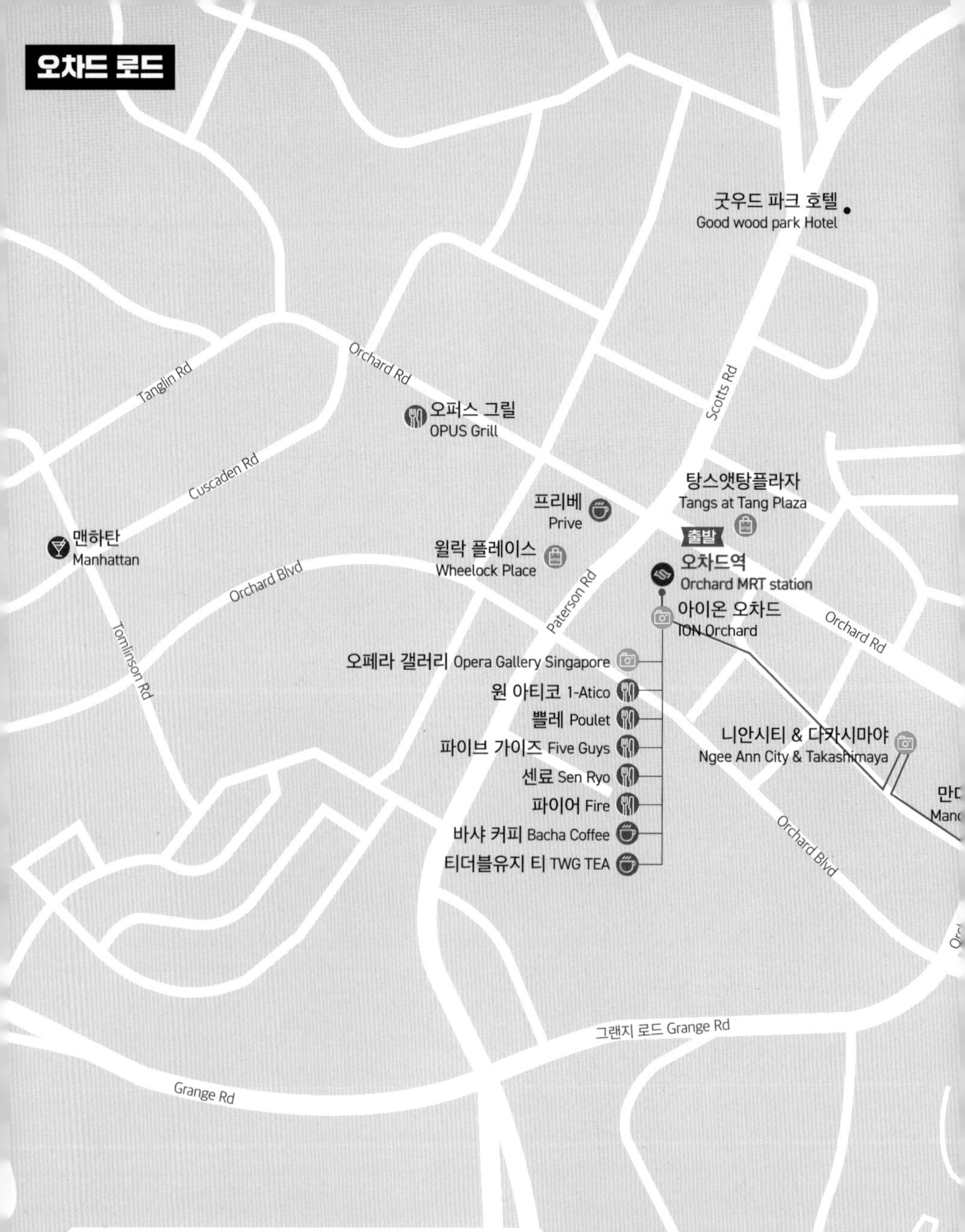

하루 여행 추천 코스 지도의 빨간 실선 참고

오차드역 → 도보 1분 → **오차드 아이온** → 도보 5분 → **니안시티** → 도보 3분 - **다카시마야** → 도보 5분 → **만다린 갤러리** → 도보 3분 → **파라곤** → 도보 5분 → **디자인 오차드** → 도보 3분 → **313서머셋**

이스타나 대통령궁
The Istana
Edinburgh Rd
Cavenagh Rd
아부리엔 Aburi-EN
심바시 소바 Shimbashi Soba
핼시언 앤 크래인 Halcyon&Crane
파라곤
Paragon Shopping Centre
베니 beni Singapore
수주 마사유키 Suju Masayuki
프로비도 The Providore
알케미스트 Alchemist Design Ochard
디자인 오차드 Design Orchard
풋락커 Foot Locker
Central Express Way
Cavenagh Rd
바운스
Bounce Singapore
313앳 서머셋
313@somerset
도착
샌드박스
Sandbox
Edinburgh Rd
플라자 싱가푸라
Plaza Singaura
Grange Rd
츠타 Tsuta
% 아라비카 싱가포르
% Arabica Singapore
Somerset Rd
케이피오
KPO
Orchard Rd
꼬쭝 Co Chung
남키파우 NamKeePau
Penang Rd
아티스티크 디파티오 Arteastiq DePatio
스팟라이트 Spotlight
따쉬지아
Da Shi Jia
킬라이니 로드 Killiney Rd
Oxley Rd
Penang Rd
River Valley Rd

아이온 오차드 ION Orchard

🚶 MRT 오차드역Orchard, 노스사우스 라인 E출구로 나와 ION Orchard 표지판을 따라가면 지하 2층과 연결된다.
2 Orchard Turn, Singapore 238801 +65 6238 8228 매일 10:00~22:00(매장별 상이)
@ion_orchard www.ionorchard.com

오차드로드의 쇼핑 랜드마크

자연에서 영감을 받은 유려한 곡선과 독특한 디자인이 눈길을 끈다. 브랜드가 많고 동선이 미로처럼 연결되어 있어서 쇼핑하기 지루하지 않다. 1~4층은 디올, 루이비통, 프라다, 카르티에 등 명품매장과 카페, 레스토랑으로 채워져 있다. 지하 4층부터 지하 1층까지는 자라, H&M 같은 대중 브랜드, 향수와 화장품, 스포츠 의류, 푸드 코트 등으로 구성돼 있다. 55~56층엔 스카이라운지와 고급 레스토랑이 있다. 싱가포르를 한눈에 감상하며 식음료를 즐길 수 있다. 싱가포르의 고급 티 부티크인 TWG2층와 명품 커피 브랜드 바차Bacha, 1층 매장에서는 다른 지점과 달리 식사도 가능하므로, 꼭 경험해보자.

휴대폰 어플리케이션 'ION Orchard'를 미리 다운받으면 행사나 할인 및 쿠폰 정보를 한눈에 볼 수 있다. 50불 이상 구매 영수증이 있으면 56층 스카이라운지 '1-Atico'에서 오후 12시부터 16시까지 무료 웰컴 드링크를 제공홈페이지 참조한다. 4층의 아트갤러리에서는 멀티미디어 및 디지털아트를 즐길 수 있고, 1층 입구 택시 스탠드 옆 오페라갤러리Opera Gallery에선 유명 미술작품을 무료로 감상할 수 있으니 놓치지 말자.

아이온 오차드의 핫 스폿·맛집·카페

 원 아티코 1-Atico

55층에서 엘리베이터를 내린 뒤 Fire 레스토랑 오른쪽 아이온 스카이ION Sky 유리문을 열고 들어간다. 무료 음료를 받으려면 유리문으로 가기 전 Fire 직원에게 50불 이상의 영수증을 보여주고 쿠폰 도장을 받으면 된다. 2 Orchard Turn, #55-01, Singapore 238801 +65 6970 2039 12:00~23:00(하이티 12:00~17:00, 주문 마감 16:00) S$ **칵테일** 15불부터 **샴페인 및 글라스 와인** 18불 **병 와인** 88불부터 **케이크** 13~15불
@1articosg www.1-atico.sg

56층 스카이라운지, 싱가포르를 한눈에

아이온에서 멋진 야경을 즐길 수 있는 곳을 꼽으라면 단연 56층 스카이라운지 원 아티코이다. 탁 트인 실내, 널찍하고 편안한 소파가 마음을 편안하게 해준다. 라운지 창에 자리에 따라 이스타나, 마리나베이 샌즈, 리틀 인디아 등 권역별 포인트를 표시해 놓았다. 처음 가는 사람도 싱가포르 전역을 한 눈에 파악하고 구경하는 데 도움을 준다. 주류, 음료 가격이 스카이라운지치고는 합리적이다. 한 번쯤 들러 보는 것을 추천한다. 요일별로 칵테일 '해피아워'술, 음식, 음료 등을 할인하는 시간대를 실시하므로 홈페이지를 통해 미리 확인하자. 당일 아이온 쇼핑몰의 한 매장에서 50불 이상 사용한 영수증이 있으면 12시부터 16시까지 음료를 무료로 제공한다. 50불 이상 영수증은 1인 1장씩 필요하다. 차, 커피, 칵테일, 목테일mocktail, 블렌딩 무알콜 음료, 과일주스, 탄산음료 중에서 선택할 수 있다. 쇼핑몰 4층에서 스카이라운지 전용 엘리베이터를 타고 55층으로 올라가면 된다. 저녁 시간에는 반바지나 슬리퍼 착용은 금지이다.

② 오페라 갤러리 Opera Gallery Singapore

유명 작품을 무료로 감상할 수 있다

아이온 오차드 2층 택시 스탠드 옆에 있다. 누구나 무료로 수준 높은 예술 작품을 감상할 수 있다. 쇼핑을 즐기고 난 뒤 택시를 부르기 전 여유롭게 눈이 즐거워지는 경험을 해보자. 무료 미술관이지만 컬렉션들은 예사롭지 않다. 게다가 접근성도 뛰어나다. 신진 예술가부터 피카소, 샤갈, 보테로 같은 유명 작가의 작품도 종종 전시한다. 작품 수준은 높지만 대중성을 갖추어서 예술에 조예가 없어도 충분히 작품을 즐길 수 있다. 작품에 대한 문의는 상시 대기하는 큐레이터에게 하면 된다. 🚶아이온 오차드 2층. 티파니 매장과 파텍 필립 매장 사이 택시 스탠드(승강장)로 나와 왼쪽으로 가면 보인다. 🏠 2 Orchard Turn, #02-16, Singapore 238801 📞 +65 6735 2618 🕒 매일 11:00~20:00
📷 @operagallery ☰ www.operagallery.com

③ 쁠레 Poulet

가볍게 즐기는 프렌치 레스토랑

아이온 오차드 B3층에 있다. 10~30불 선에서 가볍게 즐기는 대중적인 프렌치 레스토랑으로 현지인들이 자주 찾는다. 로스트 치킨이 대표 메뉴인데 속살이 매우 부드럽고 촉촉하게 잘 익혀져 있어 맛이 일품이다. 치킨 소스는 3가지 중에서 고를 수 있다. 3코스 메뉴도 있는데, 에피타이저와 메인, 디저트로 구성된다. 음식 종류는 골라서 먹을 수 있다. 상시 메뉴 외 시즌별 행사 메뉴도 있다. 매장이 전반적으로 깔끔하고 쾌적하다. 아이온 오차드 외 다른 지역 몰에도 매장이 있다. 예약은 따로 받지 않는다. 🚶아이온 오차드 B3층에서 Dining shop 표지판을 따라가면 된다. 🏠 2 Orchard Turn, #B3-21, Singapore 238801 📞 +65 6509 4342 🕒 매일 11:30~22:00
S$ 3코스 1인 27불 **2인** 52불 **로스트 치킨 Half** 17.9불 **트러플 머시룸 리소토** 14.9불부터 📷 @sgpoulet
☰ www.poulet.com.sg

파이브 가이즈 Five Guys

육즙이 풍부한 정통 미국식 햄버거

파이브 가이즈를 패스트푸드로 분류하기엔 조금 아쉽다. 풍성한 재료에 한 끼 든든하게 먹을 수 있는 까닭이다. 홍콩에 이어 아시아에서 2번째로 입점했다. 메뉴는 버거, 핫도그, 감자튀김, 샌드위치가 있다. 취향에 맞춰 토핑을 골라 넣는 방식이라 주문과 동시에 조리된다. 감자튀김은 가장 작은 사이즈를 시켜도 둘이 먹기 충분하다. 진한 밀크쉐이크는 햄버거와 궁합이 잘 맞는다. 오픈 주방에서 음식이 조리되는 과정을 보는 것도 흥미롭다. 수북하게 쌓인 땅콩 자루는 이 가게의 시그니처 인테리어이다. 플라자 싱가푸라에도 매장이 있다.

아이온 오차드 B3층에 있다. 2 Orachard Turn, B3-24/25/26, Singapore 238801 +65 6988 5738
매일 11:00~22:00 S$ **버거류** 13~17불 **핫도그류** 10~14불 **감자튀김** 7~11불 **탄산음료** 5불 **밀크셰이크** 10불
@fiveguyssingapore www.fiveguys.sg

센료 Sen Ryo

만족스러운 초밥 한 접시

질 좋고 재료가 신선해 인기가 많다. 직원들도 손이 빠르고 친절하다. 평일이든 주말이든 식사 시간대는 언제나 만석이다. 예약 없이 간다면 1시간은 기다려야 한다. 원하는 시간대에 식사하려면 2주일 전에는 예약하는 게 좋다. 10불 내외의 단품 메뉴부터 생선튀김, 스키야키, 점심 특선 등 메뉴 선택의 폭이 넓다. 질 좋은 스시를 합리적인 가격에 즐길 수 있는 점심 특선을 추천한다. 사케와 무알콜 음료도 다양하다. 포장뿐 아니라 그랩 같은 앱을 통해 배달도 한다. 감각적이고 세련된 네온 인테리어가 자주 인스타에 등장한다.

아이온 오차드 3층에 있다. 에스컬레이트에서 내려 오른쪽으로 꺾으면 바로 보인다.
2 Orchard Turn, #03-14, Singapore 238801 +65 6974 6782 매일 11:00~22:00
S$ **센료 스페셜 벤또** 29.8불 **카이센돈 세트** 35불 **센료 프리미엄 스시 세트** 30.8불
@senryosg http://bit.ly/3EHIHOP, enquiry@sen-ryo.com.sg

6 파이어 Fire

55층에서 즐기는 아르헨티나 음식

싱가포르에서 보기 드문 아르헨티나 음식 전문점이다. 경험이 풍부한 아르헨티나 출신 여자 셰프 두 명이 있다는 점이 이색적이다. 장작불을 이용하여 조리하는 방식이라 불맛이 상당히 좋다. 직원들은 친절하고 전문적인 서비스를 제공한다. 음식 맛도 좋지만 눈 앞에 펼쳐지는 뷰도 환상적이다. 낮 시간대나 야경이 화려한 저녁 모두 멋진 전망을 자랑한다. 원하는 날짜와 시간대에 가려면 홈페이지를 통해 예약해야 한다. 드레스 코드는 스마트 캐주얼이다.

쇼핑몰 4층에서 스카이라운지 전용 엘리베이터를 타고 55층으로 간다. 2 Orchard Turn, #55-01, Singapore 238801 +65 6970 2039 매일 12:00~15:00(주문 마감 14:30), 18:00~22:30(주문 마감 21:30) S$ **브런치 세트 1인** 98불 **런치 세트(3코스) 1인** 58불 **저녁 커플 세트(2인 이상) 1인** 198불 **에피타이저** 13~39불 **메인 그릴류** 46~98불

@firerestaurant.sg www.firerestaurant.sg

7 티더블유지 티 TWG TEA

싱가포르의 대표 티 하우스

아이온 오차드 2층에 있는 고급 티 살롱 & 부티크이다. 노란색 티 케이스를 기둥 전면에 배치한 화려한 돔 형태 외관이 눈에 띈다. 매장에 들어서면 화려하고 다양한 틴 패키지와 굿즈에 저절로 눈길이 간다. TWG는 사명인 The Wellbeing Group의 약자이며 로고와 함께 적힌 1837이라는 숫자는 설립연도가 아니라 싱가포르가 차, 향신료 및 고급 미식 제품의 교역지가 된 연도를 나타낸다. 차 컬렉션만 800종이 넘는데, 세계 최대 차 리스트이다. 직접 매장에 가서 예약 리스트에 올려야 한다. 11시 30분부터 13시까지는 1시간 이상 대기해야 한다.

아이온 오차드 2층 택시 스탠드(승강장) 가는 길 쪽에 있다. 2 Orchard Turn, #02-21, Singapore 238801 +65 6735 1837 매일 10:00~21:30 S$ **티** 11~27불 **브랙퍼스트 세트(10:00~14:00)** 25~30불 **브런치(10:00~15:00)** 59~67불 **티 타임 세트(14:00~18:00)** 21~72불

@twgteaofficial www.twgtea.com

8 바샤 커피 Bacha Coffee

아이온 오차드 2층 택시 스탠드(승강장) 가는 길 쪽에 있다. 2 Orchard Turn, #01-15/16, Singapore 238801 +65 6363 1910 매일 09:30~22:00 S$ **커피포트** 8불부터 **식사** 24~34불 **미니 크루아상 2개 세트(6가지 맛)** 8불 **디저트** 10~14불
@bachacoffeeoffical www.bachacoffee.com

럭셔리 커피 하우스

커피계의 에르메스라 불리는 바샤 커피는 모로코 마라케시의 Dar El Bacha place라는 유명 커피룸을 모티브로 한다. 파리, 모로코 등 전 세계에 매장이 있다. 아이온 오차드 매장은 세계 최초로 낸 지점이다. 33개 나라에서 생산한 200여 개 블렌딩 커피를 선보이는데, 커피 리스트만 수십 장에 달한다. 식사가 가능한 30석 규모의 내부는 흑백 대리석 바닥, 황동 샹들리에, 거울로 만든 천장, 생기 넘치는 격자무늬 등으로 화려하게 오리지널 비스트로를 구현했다. 내부는 어디든 포토존이다. 커피 가격은 8불부터 시작한다. 커피포트로 제공되는데, 2인이 마실 수 있는 양이라 그리 비싼 편은 아니다. 샹티 휘핑크림, 스팀드 밀크, 락 슈가, 바닐라 빈 가루 등이 기본으로 제공된다. 브랙퍼스트와 런치 메뉴는 많지 않지만 퀄리티는 아주 높다. 미니 크루아상은 크기에 비해 매우 비싼 편이지만 그만큼 맛은 뛰어나다. 2022년부터는 테이크아웃 서비스도 시작했다. 문양이 화려한 파란 일회용 컵, 커피, 휘핑크림 그리고 슈거 스틱까지 견고한 박스에 담아주는데 인스타용으로 이보다 더 좋을 수 없다.

파라곤 Paragon Shopping Centre

편리한 동선, 명품쇼핑의 명가

1층에는 프라다, 롤렉스, 구찌, 루이비통 등 명품이 중심을 이루고 있다. 2층~3층은 라코스테, 코치, 캘빈 클라인, 막스&스펜서 등이 입점해 있다. 4층엔 스포츠 매장, 5층엔 아동복매장과 토이저러스 등이 있다. 지하 1층에는 시에스 프레시 골드CS Fresh Gold라는 큰 슈퍼마켓이 있다. 외국 식재료가 무척 다양해 장을 보기 편하다. 파라곤은 다른 몰보다는 조금 한산하여 쇼핑하기 수월하다. 게다가 레스토랑과 카페의 구성도 좋다. 2층은 메트로 파라곤이라는 현지 백화점과 연결되지만 패스해도 된다. MRT 오차드역Orchard, 노스사우스 라인 A출구로 나와 동쪽오른쪽으로 도보 9분. 길 건너 맞은 편에 니안시티와 다카시마야 백화점이 있다. 290 Orchard Rd, Singapore 238859 +65 6738 5535 매일 10:00~22:00 @paragon.sg www.paragon.com.sg

파라곤의 맛집과 카페

1 아부리엔 Aburi-EN

불맛과 감칠맛이 살아있는 부타동

싱가포르에서 손꼽히는 부타동 프렌차이즈다. 부드러운 돼지고기에 감칠맛 나는 소스를 입힌 부타동이 보기만 해도 먹음직스럽다. 게다가 불맛까지 살아있다. 3불만 추가하면 샐러드, 2가지 피클과 미소 수프가 포함된 세트로 업그레이드할 수 있다. 14.9불부터 시작하는 가격대도 만족스럽다. 라멘과 와규 가루비동도 있다. 파라곤 지점은 규모가 다른 곳보다 2배 이상 커 예약하지 않아도 식사 시간대에 많이 기다리지 않는다. 서빙 속도도 빠른 편이다.

파라곤 쇼핑센터 지하 1층 레스토랑 구역. 천장에 거대하지만 귀여운 돼지 연등이 달려있다. 290 Orchard Rd, #B1-45, Singapore 238859 +65 6334 8033 매일 11:00~16:00, 17:00~20:00 S$ **부타동** 14.9불 **와규 가루비동** 26불 **아부리 부타&우나기 콤보** 22.9불 **라멘** 14.5~18불 @aburien.sg www.aburi-en.com

2 심바시 소바 Shimbashi Soba

갓 뽑은 쫄깃한 생면 소바

멋을 부리지 않은 소박한 소바 맛이 매력이다. 맛을 일부러 강하게 하기보다는 재료 본연의 맛을 잘 살렸다. 매일 직접 뽑는 면은 상당히 쫄깃하고 탱탱하다. 외부에서도 면 뽑는 모습을 지켜볼 수 있다. 로컬들에게도 인기가 있는 곳이라 평소에도 12시만 되어도 금세 자리가 꽉 찬다. 인기 있는 메뉴만 골라 담은 '와리고 스페셜'이 가격대비 구성이 좋은 편이다. 키즈메뉴로는 우동과 튀김류가 있다. 가격은 7~12.8불이다.

🚶 파라곤 쇼핑센터 지하 1층 레스토랑 구역. 바로 맞은편에는 'Yi Dian Xin'이라는 큰 딤섬 레스토랑이 있다.

🏠 290 Orchard Rd, #B1-41, Singapore 238859

📞 +65 6735 9882 🕒 매일 11:30~10:00(주문 마감 21:30)

S$ **덴푸라 소바 세트** 21.8불 **와리고 스페셜** 26.8불 **교자** 6.8불 **디저트** 3~10.3불 📷 @shimbashisoba.sg

☰ www.sobaworld.com.sg

3 핼시언 앤 크래인 Halcyon & Crane

편안한 의자에서 한숨 쉬어가기

파라곤 3층에 있는 카페로, 눈치 보지 않고 편안하게 쉴 수 있어서 좋다. 스타벅스처럼 딱딱하고 불편한 의자가 아니어서 무엇보다 마음에 든다. 공간도 널찍하고 섹션별로 테이블과 의자가 달라 골라서 앉는 재미가 있다. 예약하지 않아도 대부분 자리가 있는 편이다. 브런치, 칵테일, 스페셜 음료 등 메뉴 구성이 제법 다양하다. 커피 맛이 특별히 뛰어난 편은 아니다. 하지만 음식류는 꽤 먹을 만하다. 독특한 머그잔과 커피잔 등을 매장 입구에 전시해 놓고 판매한다.

🚶 파라곤 쇼핑센터 3층. 동그란 캐노피로 장식된 카페를 찾으면 된다.

🏠 290 Orchard Rd, #03-09, Singapore 238859 📞 +65 9727 5121 🕒 **일~목** 09:00~20:00 **금~토** 09:00~22:00 S$ **브런치** 25~28불 **샐러드** 23~26불 **커피** 5~9불 **칵테일(1+1)** 22~24불 **디저트** 4~16불 **키즈 메뉴** 12~15불 f Halcyon & Crane ☰ http://cho.pe/dineathalcyoncranesg

니안시티 & 다카시마야 Ngee Ann City & Takashimaya

파라곤 쇼핑센터 남쪽 길 건너에 있다. 니안시티와 다카시마야는 형제처럼 같은 색 건물에 나란히 있다. 니안시티는 타워를 중심으로 명품 라인과 각종 브랜드가 입점해 있다. 니안시티 4층에는 여러 레스토랑이 입점해 있다. 일본계 대형 서점인 키노쿠니야도 있다. 다양한 도서는 물론 CD 및 DVD, 코믹 북, 잡지, 다양한 문구도 판매한다. 다카시마야는 한국의 백화점과 형태가 비슷하다. 다카시마야 지하 2층 식품관에는 콜드 스토리지라는 큰 슈퍼마켓이 있다. TWG, 고디바, 로이스 등 선물용으로 살 만한 상품이 많다. 식품관과 1층 매장만 훑어봐도 된다.

MRT 오차드역 C번 출구에서 동쪽오른쪽으로 도보 7분. 또는 D번 출구 옆길 다카시마야 사인이 보이는 지하보도로 도보 7분 391A Orchard Rd, Singapore 238872
+65 6506 0460 매일 10:00~21:30
ngeeanncity.com.sg, www.takashimaya.com.sg

다카시마야의 맛집

마메종 Ma Maison@Takasimaya

한국인 입맛에 잘 맞는 일본식 양식당

마메종은 불어로 '나의 집'이라는 뜻이다. 식당 이름처럼 편안한 분위기에서 일본식 양식을 합리적인 가격에 먹을 수 있다. 빈티지 소품이 많아 인상적이다. 함박스테이크, 오무라이스, 돈가스, 파스타, 수제 과일 타르트가 유명하다. 음식이 아이들과 먹기에도 무난하다. 음료와 샐러드가 포함된 런치 타임11:00~15:00 메뉴가 가격대비 구성이 좋다. 간혹 일부 메뉴는 사진보다 적게 나와 실망할 수 있다. 테이크 아웃 전용인 벤또 박스 메뉴는 20% 할인 가격으로 즐길 수 있다.

다카시마야 백화점 4층. 외관이 빨간 벽으로 되어 있다.
391 Orchard Rd, #04-27, Singapore 238872
+65 6734 4425 매일 11:00~21:30 S$ **런치** 17.3~23.5불 **벤또 세트** 15.80~18.8불 **우나기 비프볼** 25.8불 **히레가스** 29.30불 **에스카르고** 11.3불 @mamaison.singapore
www.ma-maison.sg

바운스 Bounce Singapore

MRT서머셋역Somerset, 노스사우스라인에서 서쪽으로 도보 4~5분. B출구에서 서머셋 로드를 따라 서쪽으로 2분 직진 후 횡단보도를 건너면 시네레져 몰이 보인다. 8 Grange Rd, #09-01 Cineleisure, 239695 +65 6816 2879
월~금 10:00~20:00 **토** 09:00~21:00 **일** 09:00~19:00 S$ **성인 1시간** 26.90불 **4세 이하** 19불 **2시간 패스권** 33.90불 **4인 권(1시간)** 89.90불 @boucesingapore www.bounceinc.com.sg

바운스, 바운스! 싱가포르 최대 트램펄린 공원

호주 멜버른에서 시작해 세계 여러 곳에 지점을 낸 실내 트램펄린 공원이다. 오차드 로드 남쪽 시네레저 몰Cineleisure Orchard 9층에 있다. 시네레저 몰 지점이 싱가포르의 트램펄린 매장 중에서 가장 규모가 크다. 다양한 트램펄린 존이 있다. 이밖에 짚라인, 장애물, 농구 골대, 미니 암벽장 등 촘촘한 구성으로 이용자들의 만족도가 높다. 밝고 에너지 넘치는 직원들도 인상적이다. 사람들이 충돌하지 않도록 중간에서 통제를 잘 해주는 편이다. 4세 이하 유아는 보호자가 함께 들어가야 한다. 보호자는 무료로 입장할 수 있다. 50분 이용 후에는 10분 휴식 시간을 갖는다. 주말에는 생일파티 등 그룹 단위로 사람들이 몰리므로 평일을 이용하는 게 좋다. 바운스를 이용하기 위해서는 전용 그립 양말3불에 구입 가능이 필수다. 다른 기구를 이용하려면 운동화를 신어야 한다. 홈페이지에서 시간과 날짜를 정해 예매해야 하고, 위험에 따른 동의서인 'Waiver'를 제출해야 이용할 수 있다.

만다린 갤러리 Mandarin Gallery

MRT 서머셋역Somerset, 노스사우스라인에서 도보 6분 소요. B출구에서 서머셋 로드, 그랜지 로드 지나 H&M 건물 맞은편 333A Orchard Rd, Singapore 238897 +65 6831 6363
매일 11:00~22:00(매장별 상이) @mandaringallery www.mandaringallery.com.sg

패션 부티크, 고급 레스토랑과 카페

만다린 갤러리는 디자이너 의류 매장, 고급 카페, 레스토랑, 헤어 숍 등으로 구성된 규모가 크지 않은 부티크이다. 힐튼 호텔과 바로 인접해 있다. 특색 있는 브랜드가 많고 붐비지 않아 분위기가 마치 하나의 커다란 편집숍 같다. 1층에는 화려한 속옷으로 유명한 빅토리아 시크릿이 크게 자리하고 있다. 만다린 갤러리 어느 매장을 가든 비교적 조용한 분위기에서 쇼핑할 수 있어서 좋다.

만다린 갤러리는 맛집으로도 유명하다. 미슐랭 1스타 프렌치 식당인 베니, 브런치 카페 프로비도, 와일드 허니, 아르테아스티크 등 고급 레스토랑과 카페가 많이 입점해 있다. 외부의 엘레베이터를 타면 2층 카페 프로비도로 바로 연결되기도 한다. 또 3층에는 한국의 이가자 뷰티 살롱도 있다. 나무와 식물을 주제로 실내를 꾸몄는데, 굉장히 독특하고 인상적이다. 현지인들에게는 고급 헤어 숍으로 손꼽힌다.

©Choo Yut Shing-flickr

ONE MORE

Mandarin Gallery

만다린 갤러리의 맛집과 카페

베니 beni Singapore

만다린 갤러리 2층. 엘리베이터에서 내려 왼쪽으로 쭉 걸어가면 나온다. 333A Orchard Rd, #02-37 Mandarin Gallery, Singapore 238897 +65 9159 3177 **월~토** 12:00~15:00(주문 마감 13:30), 19:00~22:30(주문 마감 20:30) **일요일** 휴무 S$ **런치 6코스** 108~148불 **7코스** 228~238불 @benisingapore www.beni-sg.com

프렌치와 재패니즈의 절묘한 만남

베니는 프랑스어로 축복, 일본어로는 빨간색을 의미한다. 식사 때마다 손님에게 축복이 함께 하길 바라는 마음을 상호에 담았다. 정통 프랑스 요리를 일본식으로 절묘하게 재해석하여 미슐랭 1스타를 받았다. 아담하지만 우아하면서도 미니멀한 내부가 돋보인다. 프랑스와 일본의 최고급 식재료를 사용하는데, 재료 유무에 따라 세트메뉴 종류가 조금씩 달라진다. 와인과 사케 리스트의 조합도 신선하다. 평일 예약은 비교적 어렵지 않게 할 수 있다. 하지만 주말엔 2주 전에는 예약을 해야 한다. 좌석은 프런트 테이블과 VIP룸 두 개로 구성돼 있다. 손님을 접대하거나 특별한 모임이 있는 것이 아니라면, 프런트 테이블을 추천한다. 음식을 먹는 것만큼이나 오픈 주방에서 셰프들이 음식을 준비하는 과정을 눈앞에서 보는 것도 즐거운 경험이다.

수주 마사유키 Suju Masayuki

정갈한 정통 일본 가정식

정통 일본 가정식을 내세우는 맛집이다. 낮 열두 시만 되면 좌석이 꽉 찬다. 음식과 마찬가지로 실내도 일본의 가정 느낌을 최대한 살렸다. 재료가 가진 본연의 맛을 살려 음식이 정갈하고 담백하다. 하나하나 음미하며 후식까지 먹다 보면 어느새 기분 좋은 포만감이 든다. 특히 윤기가 넘치는 밥과 구수한 미소 된장국이 정말 일품이다. 된장은 나가노 현지에서 직송해오고, 쌀은 매일 아침 가게에서 도정 후 구리 솥에 밥을 짓는다. 쌀밥과 된장국, 각종 반찬에 디저트가 포함된 런치 메뉴 'SUJU PLATE SET'를 추천한다.

만다린 갤러리에서 에스컬레이터를 타고 4층으로 올라간다.
333A Orchard Rd, #04-05, Singapore 238897
+65 6737 7764 매일 11:30~22:30(주문 마감 22:00)
S$ 런치 **수주 플레이트 세트** 28불 **카이센 지라시돈** 38불 **프리미엄 런치 코스** 90~110불 디너 **사시미 1인 세트** 38불 **프리미엄 코스** 118불 **단품 메뉴** 22~62불 @suju_masayuki_singapore www.suju-masayuki.com/sg/index02.php

프로비도 The Providore

채식 옵션이 많은 브런치 카페

프로비도는 싱가포르에 매장이 여럿인 브런치 카페다. 만다린 갤러리 지점은 야외석과 실내 자리가 적절히 조화를 이루고 있다. 무엇보다 오차드 로드의 운치를 제대로 느낄 수 있어서 좋다. 커피와 간단한 베이커리부터 다양한 식사와 주류까지 즐길 수 있다. 각종 유제품과 치즈도 함께 판매하고 있다. 환경을 위해 생수를 배제하고 노닥Nordaq이라는 프리미엄 유리병정수를 제공2불하며 수익금의 절반은 Provodore 숲에 나무를 심는 기금으로 사용한다.

외부에서 바로 연결되는 에스컬레이터를 타고 2층으로 올라가면 바로 카페 입구가 나온다.
333A Orchard Rd, #02-05, Singapore 238897 +65 6221 7056 매일 11:30~22:30(주문 마감 22:00)
S$ **브랙퍼스트(11:30~15:00)** 8.5~22.5불 **샐러드 및 스타터** 19.5~23.5불 **파스타 및 메인 식사** 26.5~34.5불 **커피** 5~8.5불 **칵테일** 16~18.5불 @theprovidore www.theprovidore.com

313앳 서머셋 313@Somerset

MRT 서머셋역Somerset, 노스사우스 라인 B번 출구와 연결되어 있다. 313 Orchard Rd, Singapore 238895
+65 6496 9313 일~목 10:00~22:00 금~토 10:00~23:00 @313somerset 313somerset.com.sg

MZ 세대가 선호하는 브랜드는 다 있다

젊은 층을 겨냥한 쇼핑몰이다. 20~30대가 선호하는 의류브랜드와 식음료 매장은 거의 다 있다. 자라, 포멜로, H&M, 코튼온 등 중저가 브랜드가 입점해 있다. 지하철역과 바로 연결되어 이동하기 편리하다. 또 다른 쇼핑몰 오차드 게이트웨이, 오차드 센트럴과도 연결되어 사람들로 북적인다.
313앳 서머셋에는 패션 브랜드만큼이나 다채로운 맛집과 카페가 있다. 주변 직장인들이 점심시간에 자주 찾는데, 입구에서부터 각국의 다양한 음식점과 카페가 즐비하다. 마시찜, 니뽕내뽕, 치르치르, 파리바게트, 엄마스푼, 고려마트 등 반가운 한국식 음식점과 마트도 눈에 띈다.
오차드 게이트웨이 3층엔 공립도서관도 있다. 오차드 센트럴 쪽으로 가다 보면 지름은 1m, 높이는 무려 20m인 'Tall Girl'이라는 조형작품도 만날 수 있다. 하이힐을 표현한 이 조형물은 독일의 예술가 집단 잉에스 이디Inges Idee의 2009년 작품으로 오차드 센트럴이 싱가포르 최초의 수직 쇼핑몰이라는 것에 착안해서 만들었다. 1층부터 4층까지 어디에서나 감상할 수 있다.

©Choo Yut Shing-flickr

©Choo Yut Shing-flickr

ONE MORE
313@Somerset

313앳 서머셋의 맛집과 카페

츠타 Tsuta

국물이 끝내주는 미슐랭 1스타 라멘 맛집

라멘 가게 최초로 미슐랭 1스타를 받은 곳이다. 라멘 셰프 집안 출신 오니시 유키는 MSG를 배제하고 천연 재료를 베이스로 라멘을 만든다. 모든 라멘 메뉴에 트러플 오일을 첨가해 풍미를 더한다. 확실히 다른 라멘 가게와는 육수부터 다르다. 짠맛이 강하지 않고 담백하고 덜 느끼한 편이라 끝까지 맛있게 먹을 수 있다. 마끼나 롤 종류의 맛도 수준급이다. 오픈 시간에 맞춰 가면 기다리지 않고 여유롭게 먹을 수 있다. 다카시야마 백화점 지하 2층 391 Orchard Rd, B2-36A, Singapore 238872 / +65 9666 3768에도 매장이 있다. MRT 313서머셋역Somerset 노스사우스 라인 B번 출구 1층으로 나오면 바로 보인다. 313 Orchard Rd, #01-17, Singapore 238895 +65 9650 5495 S$**트러플 소유 소바 레귤러** 16.8불 **돈코츠 소바 레귤러** 12.9불 **크랩소바 위드 프리미엄 차슈&크랩쉘** 23.8불 **아보카도 에비롤** 16.8불부터 매일 11:00~21:00 @tsutasingapore www.tsuta.com

% 아라비카 싱가포르 % Arabica Singapore

진하고 깔끔한 라테가 일품

한국인에게는 '응' 카페로 더 유명한 일본계 카페 % 아라비카 313앳 서머셋 지점이다. 지하철로 바로 연결되어 매우 찾기 쉽다. % 로고와 군더더기 없이 깔끔한 오픈형 흰색 인더스트리얼 인테리어가 눈에 확 띈다. 현지인, 관광객들에게 모두 인기가 높은 곳이라 항상 사람들로 북적인다. 진하고 묵직한 라테가 인기 메뉴다. 간단히 먹을 수 있는 페스트리도 판매한다. 다른 카페보다 가격대가 높은 편이다. MRT 서머셋역Somerset, 노스 사우스라인 B번 출구 1층으로 나오면 바로 찾을 수 있다. 313 Orchard Rd, #01-14/15, Singapore 238895 +65 9680 5288 매일 10:00~20:00 S$**카페라테** 7불 **아이스 아메리카노** 6.6불 **마차라테** 8.6불 **레모네이드 스파클링** 8불 @arabicasg www.arabica.coffee

샌드박스 Sandbox

🚶 쇼핑몰 오차드 센트럴 5층에 있다. MRT서머셋역Somerset, 노스사우스라인 B 출구와 연결된 쇼핑몰 313앳 서머셋과 오차드 게이트웨이를 지나면 오차드 센트럴 표지판이 보인다. 🏠 181 Orchard Rd, #05-31 Orchard Central, Singapore 238896
📞 +65 9832 5988 **S$ 주중 1인** 44불 **주말 1인** 59불 🕓 **금~일** 09:50~21:30 **월~목** 10:50~21:30
📷 @sandboxvr ☰ www.sandboxvr.com/singapore

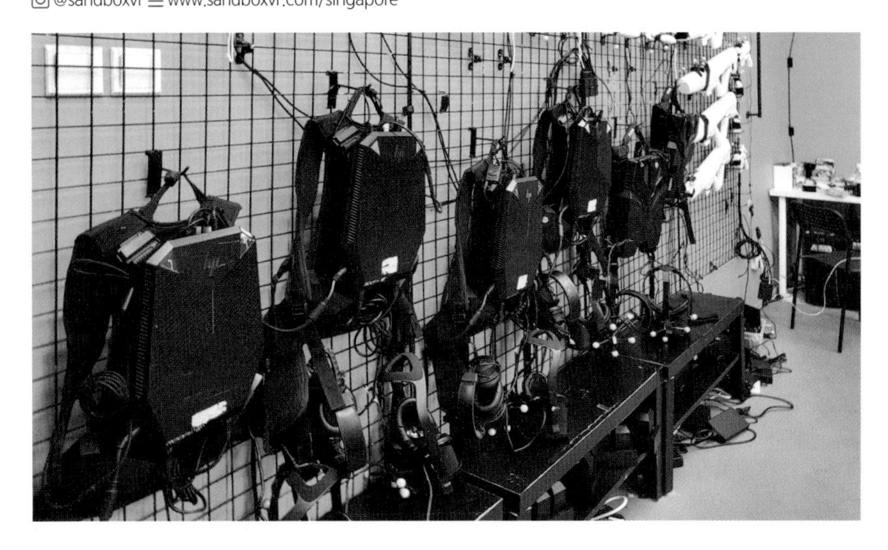

신나는 전신 VR체험

오차드 센트럴 5층에 있다. 샌드박스는 몸에 모션 캡처 카메라, 3D 정밀 바디 트래커, 맞춤형 하드웨어 및 햅틱 슈트 등을 장착하고 최대 6명이 그룹으로 진행하는 VR 체험장이다. 조끼형 햅틱 슈트는 성인이 입어도 묵직한 편이다. 체험시간은 45분인데, 이 중 15분 정도는 몸에 여러 가지 기계를 장착하고 사용 지침에 따라 움직여 보는 일종의 오리엔테이션 시간이다. 이때는 스텝이 한 명씩 붙어 도와준다. 나머지 30분은 본격적인 게임 시간이다. 게임 종류는 우주 전쟁, 좀비물, 호러물 등 모두 5가지이다. 손에 닿을 듯 정교한 그래픽은 아니지만, 총을 맞거나 공격을 당하면 진동이 느껴져서 꽤 실감이 난다. 체험하는 동안 저절로 몸을 많이 움직이다 보니 에어컨을 세게 틀어놨는데도 나중에는 땀이 난다. 체험 모습을 편집하여 이메일로 보내주는데 마치 영화의 프리뷰처럼 제법 완성도가 있어 기념할 만하다. 홈페이지에서 미리 날짜와 시간을 예약하고 가야 한다. 도착해서는 입구에 있는 패드에 동의서와 간단한 인적사항 및 이메일을 작성해야 한다.

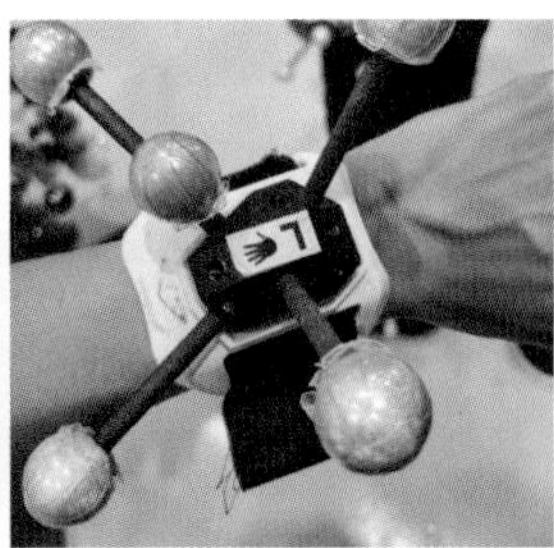

플라자 싱가푸라 Plaza Singaura

MRT 도비곳역Dhoby Ghaut 서클라인, 노스이스트라인 E번 출구로 나오면 바로 플라자 싱가푸라가 보인다.
68 Orchard Rd, Singapore 238839 +65 6332 9248 매일 10:00~22:00(매장별 상이)
@plazasingapura www.plazasingapura.com.sg

맛집과 생활용품점이 강점인 쇼핑몰

플라자 싱가푸라는 MRT 도비곳역과 바로 연결되어 이용하기 편리하다. 오차드의 다른 몰보다 덜 복잡하고 현지인이 많이 찾는 게 특징이다. 패션 브랜드의 구성은 다소 약하지만 영화관, 전자기기와 악기 전문점, 다이소와 스팟라이트 같은 생활용품점이 많은 까닭이다. 여기에 더해 맛집이 많은 것도 플라자 싱가푸라의 강점이다. 딘타이펑, 팀호완, 파이브 가이즈 등 유명한 음식 프랜차이즈가 입점해 있고, 카페도 꽤 많다. 그래서 식사시간 때는 활기가 넘친다. 6층의 코피티암이라는 푸드코트는 2021년 재단장을 하여 다른 어느 푸드코트 보다 깔끔하고 쾌적하다. 특히 호커센터에서 유일하게 미슐랭 1스타를 받아 명성이 높은 치킨 라이스 전문 '호커찬' 분점이 이곳에 입점해 있다. 게다가 고피자, 페퍼런치 등 대중들에게 인기 있는 음식점도 많다. 음식 선택의 폭이 넓은 데다 맛도 좋아서 만족도가 높은 편이다.

ONE MORE
Plaza Singaura

플라자 싱가푸라의 맛집·카페·숍

꼬쭝 Co Chung

베트남 현지음식을 잘 구현했다

꼬쭝은 베트남 음식, 특히 다양한 쌀국수를 현지처럼 잘 구현한 맛집이다. 베트남 체류 경험이 있는 필자는 이 집의 음식을 맛보고 깜짝 놀랐다. 보통 싱가포르의 베트남 식당은 살짝 변형해서 메뉴를 구성하는데 이곳은 철저하게 베트남식이다. 국물맛이 다른 곳보다도 깊고 감칠맛도 뛰어나다. 쌀국수뿐만 아니라 연유커피의 진한 커피 맛도 단연 최고다. 식기류나 주요 소스 등은 모두 베트남 현지 제품을 사용한다. 가게 안이 협소해서 2~4명 테이블로만 구성돼 있다. 플라자 싱가푸라 지하 2층. 콜드스토리지 슈퍼마켓을 가기 전에 있다. 맞은 편에는 Boost 주스 가게가 있다. 68 Orchard Rd, #B2-20, Singapore 238839 +65 8876 8137 매일 11:00~21:00 S$ **퍼보** 11.5불 **반미 팃** 9.98불 **분보후에** 8.9불 **분팃능 분짜** 8.9불 **베트남 연유커피** 3.8불 www.co-chungvietnameserestaurant.business.site

남키파우 NamKeePau

마음이 따뜻해지는 4불의 행복

플라자 싱가푸라 지하 2층에 있는 국수 맛집이다. 작은 로컬 식당 분위기라 무심코 지나칠 수 있다. 이곳의 유미엔U-mien은 한국인 입맛에 아주 잘 맞는 로컬 국수다. 튀긴 멸치와 갈릭플레이크, 각종 채소, 달걀, 다진 고기 등 다양한 고명이 올라간다. 부드러운 면발과 고명이 어우러져 한 끼 영양식으로 손색이 없다. 약간 걸쭉한 국물이 마치 한국의 칼국수를 연상시키는데 조금 더 칼칼한 것이 특징이다. 고기가 들어간 중국식 빵 파우pau, 튀김류, 덮밥류도 있다. 다른 식당보다 가격이 저렴하다. 플라자 싱가푸라 지하 2층으로 내려가 25번을 찾아가면 된다. 68 Orchard Rd, #B2-25, Singapore 238839 +65 6370 1155 매일 08:00~21:30 S$ **유미엔** 4.5불 **반미엔** 4.5불 **파우 및 딤섬류** 개당 0.8~4불 **치킨 커틀렛** 4.5불 **포크밸리 세트** 5.5불 www.namkeepau.com.sg

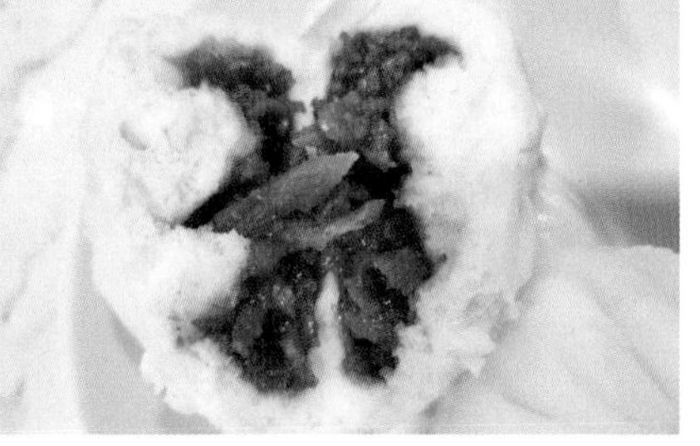

3 아티스티크 디파티오 Arteastiq DePatio

피자, 파스타, 그리고 애프터눈 티

유러피안 스트리트 레스토랑을 표방하는 가게이다. 갓 구워낸 쫄깃하면서 담백한 피자와 파스타를 선보이고 있다. 규모는 작지만 음식 맛은 좋은 편이다. 다양한 차와 커피도 판매해 애프터눈 티를 즐기기에도 좋다. 오후 4~8시에는 신선한 굴을 한 피스당 2~3.5불에 판매하는 해피아워도 있다. 피자는 주문 후 20~25분은 소요된다. 붐비는 식사 시간대가 아니라면 예약 없이 바로 자리를 잡을 수 있다. 예약하면 더 편하게 이용할 수 있다. 예약은 홈페이지를 통해 할 수 있다.

플라자 싱가푸라 3층. 코튼온 키즈 쪽 라인으로 조금 들어가면 오른쪽으로 초록색 차양이 있는 카페가 보인다.
68 Orchard Rd, #03-70/72, Singapore 238839
+65 6336 0951 매일 11:00~22:00(주문 마감 20:30)
S$ **피자** 16~29불 **메인 요리** 18~33불 **커피** 4.8~8.3불 **티팟** 7.3불 **디저트** 12~13불 @arteastiqdepatio
www.arteastiqdepatio.com

4 스팟라이트 Spotlight

이국적인 생활소품이 많은 종합 재료상

스팟라이트는 생활소품과 부자재를 파는 종합 재료상이다. 5층의 반을 사용하고 있을 정도로 규모가 엄청나다. 입구가 4개나 된다. 미술 소품, 커스튬 의상, 생일 용품, 파티용품을 취급하는 파트와 집안 생활소품, 각종 원단과 그에 따른 부재료를 파는 파트로 구분돼 있다. 파격 세일하는 품목도 많고 이국적인 소품도 많아 구경하는 재미가 상당하다. 파티용품을 판매하는 카운터에 문의하면 헬륨가스를 넣은 파티용 풍선도 즉석에서 만들어준다. 홈페이지에서 회원가입을 하면 할인되는 품목이 많다.

플라자 싱가푸라 5층에 있다. 68 Orchard Rd, Level 5, Singapore 238839 +65 6733 9808 매일 11:00~21:00
S$ 가격이 제품마다 붙어있다. spotlightstores
www.spotlightstores.com/sg/store/central-singapore/plaza-singapura/s059

이스타나 The Istana

MRT 도비곳역Dhoby Ghaut 서클라인, 노스이스트라인 B번 출구로 나오면 이스타나 파크가 보인다. 왕궁은 지하 보도를 건너가면 볼 수 있다. 플라자 싱가푸라 바로 옆에 있다. 이스타나 왕궁 Orchard Rd , Singapore 238823 이스타나 헤리티지 갤러리 35 Orchard Rd, Singapore 238902 왕궁 +65 8720 6021 갤러리 +65 6904 4289 이스타나 헤리티지 갤러리 매일 10:00~18:00 S$ 무료 @halimahyacob(싱가포르 대통령 계정) www.istana.gov.sg

©Choo Yut Shing-flickr

싱가포르의 대통령 관저

이스타나는 말레이어로 궁전을 뜻한다. 싱가포르 대통령의 관저이자 집무 공간이다. 싱가포르의 오래된 문화유산이다. 영국 식민지 시대인 1869년 신팔라디오 양식장식성이 강한 바로크 양식에 반발해 18세기 영국에서 유행한 건축양식. 16세기 베네치아에서 활동한 건축가 팔라디오의 건축에서 영감을 받았기에 이런 이름이 붙었다. 팔라디오 건축은 고대 그리스와 로마의 건축에 바탕을 두고 있다. 간결, 절제, 균형, 합리성 등이 팔라디오 양식의 대표 키워드이다.으로 완공했다.

관저의 전체 면적은 약 12만 평이다. 평소엔 입구만 구경할 수 있고, 내부까지 개방하는 날은 1년에 5일이다. 음력설, 노동절, 하리 라야 푸아사이슬람의 추석. 보통 5월 말 전후, 내셔널 데이 그리고 디파발리힌두교 최대 명절, 보통 10월 말 이렇게 개방한다. 개방일에는 다채로운 공연과 왕궁 투어를 할 수 있다. 개방하지 않는 날엔 길 건너편의 이스타나 헤리티지 갤러리Istana Heritage Gallery에서 아쉬움을 달랠 수 있다. 국가 공예품 및 예술 수집품과 외국 고위 인사들에게 받은 선물 등이 흥미로운 볼거리이다. 전시품은 개인적 용도로만 촬영할 수 있다. 바로 옆 녹음이 우거진 이스타나 파크는 휴식하기 좋다.

따쉬지아 Da Shi Jia Big Prawn Mee

MRT 서머셋역Somerset, 노스사우스 라인 D번 출구에서 도보 6분. 서머셋 로드와 킬라이니 로드가 만나는 교차로에서 우회전 후 4분 정도 내려가면 2번째 블록쯤에서 '대식가'라는 한문 간판이 보인다.
89 Kiliney Rd +65 8908 6949 매일 11:00~21:00 S$ **새우국수** 6.8불~18.8불 **솔티드 에그 치킨** 6.8불 **애플주스 위드 플럼** 3.8불 @dashijiabigprawnmee 배달 및 픽업 사이트 http://order.dajshijia.com.sg

시원한 새우국수 한 그릇 하실래요

싱가포르에서 한국 사람들의 입맛에 딱 맞는 음식 중 하나를 꼽으라면 아마 새우국수가 아닐까싶다. 따쉬지아는 MRT 서머셋역 남쪽 로컬식당 골목에 있다. 2021년 미슐랭 빕구르망에 올라 알만한 사람들은 벌써 단골이 된 오차드의 숨은 진주다. 새우국수는 취향에 따라 면 종류 선택하고 토핑도 원하는 만큼 추가할 수 있는 커스터마이징 국수다. 토핑에 추가하는 새우 크기에 따라 가격이 달라진다. MSG를 쓰지 않아 국물이 자극적이지 않고 담백하고 개운하다. 메뉴판에 사진이 나오고, 메뉴판 언어가 영문이어서 주문하기 편하다. 배달과 테이크 아웃도 가능하다. 에어컨이 돌아가는 등 다른 로컬식당보다 시원하고 깔끔한 편이다. 식당에서 바로 갈아주는 사과 주스도 주문해보자. 맛이 신선하고 상큼해 더위가 싹 달아난다. 꼭 먹어봐야 할 메뉴 중 하나다.

 오퍼스 그릴 OPUS Bar&Grill

가성비 좋은 그릴 바

오차드 로드의 보코 호텔 1층에 있다. 간판메뉴는 와규 토마호크다. 위스키로 숙성해 부드럽고 촉촉하다. 조리하는 과정을 보면서 먹을 수 있어 흥미롭다. 술값이 비싼 싱가포르에서 가성비 좋게 와인을 즐길 수 있는 곳 중 하나다. 일~목요일까지는 1인당 20불2인 이상 식사 기준을 내고 2시간 동안 와인을 무제한으로 마실 수 있다. 금~토요일엔 프리미엄 스테이크를 주문하면 엄선한 병 와인을 50% 할인된 금액으로 즐길 수 있다. 스텝들이 친절하고 정중하다. 주말 저녁에는 가족 단위 손님이 많이 찾아 조금 붐빈다.

아이온 오차드에서 서북쪽으로 오차드 로드 따라 도보 6분. 쇼핑몰 월록 플레이스와 Far East Shopping centre를 지나면 보코 호텔이다. 581 Orchard Rd, voco, Singapore 238883 +65 6730 3390 06:30~22:30 S$ **1.2kg 위스키 숙성 와규 토마호크** 168불 **와규&랍스타** 158불 **스모크드 리조토** 28불 **숯불꼬치구이** 15~52불 **시즌드 오이스터 하프더즌** 32불 **와인** 90~200불 @opusbargrill www.orcharddining.vocohotels.com/dining/opus-bar-grill

프리베 Prive

노천카페에서 파스타를 즐겨볼까

프리베는 오차드의 노천카페 중 가장 눈에 띄는 곳이다. 쇼핑몰 윌락플레이스 옆 대로변에 있어서 오차드 로드 풍경을 한눈에 담을 수 있다. 산뜻한 민트색 로고와 줄무늬 차양이 트레이드 마크이다. 야외좌석에 앉아 음식을 즐기는 외국인들을 자주 볼 수 있어 이국적이기까지 하다. 버거, 파스타, 브랙퍼스트, 아시아 음식까지 두루 갖추고 있어 메뉴 선택의 폭이 넓은 편이다. 맛은 대중적이다. 프리베는 오차드에만 윌락, 파라곤, 서머셋 이렇게 3군데나 있지만, 윌락 지점의 위치가 제일 좋다.

MRT 오차드역Orchard, 노스사우스 라인 B번 출구에서 Wheelock Place 표지판을 따라 나간다. 에스컬레이터를 타고 1층으로 올라가 바로 앞 횡단보도를 건너면 보인다. 501 Orchard Rd #01-K1 Wheelock Place , Singapore 238880
+65 6776 0777 매일 09:00~23:00(해피아워 17:00~20:00) S$ **브랙퍼스트**(17:00까지) 10~21불 **샐러드** 16~27불 **파스타** 18~24불 @theprivegroup www.theprivegroup.com.sg 예약사이트 linktr.ee/theprivegroup

알케미스트 Alchemist Design Ochard

오차드 로드의 쉼표 같은 카페

디자인 오차드 3층에 있는 핫한 카페이다. 신선하고 개성 있는 로스팅으로 주변 상점에 원두를 공급하기도 한다. 군더더기 없는 인테리어에 특유의 힙한 감성이 더해져 제품 콜라보레이팅 장소로도 이용되거나 프라이빗 행사가 열리기도 한다. 한낮에는 시원한 실내 좌석을, 이른 아침이나 늦은 오후에는 오차드 거리의 화려함을 감상할 수 있는 야외석을 추천한다. 계단식으로 구성된 야외석은 오차드 한복판을 바라보며 느긋한 망중한을 즐길 수 있는 유일한 곳이다. 몇 가지 디저트도 판매한다.

🚶 313@서머셋몰 대각선 사거리에 있다. 디자인 오차드 건물 계단을 따라 쭉 올라가면 된다. 🏠 250 Orchard Rd, #03-01 Design Orchard, Singapore 238905 🕓 매일 09:00~18:00 S$ **에스프레소** 3.5불 **아이스블랙(아메리카노)** 6불 **크루아상** 4불 Ⓘ @alchemist.sg ≡ www.alchemist.com.sg

케이피오 KPO

활기 넘치는 오차드의 캐주얼 바

KPO는 싱가포르의 세 도로 첫 글자를 뜻한다. Killiney, Penang, Orchard Road가 만나는 곳에 있다. 탁 트인 2층 건물로 바 분위기가 밝고 유쾌하다. 지역 특성상 워낙 유동 인구가 많은 곳이라서 손님이 늘 많은 편이다. 특히 현지인들이 퇴근 후 한 잔 하는 인기 있는 장소이다. 여행자들은 이국적인 느낌이 들어 새로울 것이다. 일반 바에서 잘 볼 수 없었던 호키엔미, 나시르막 등의 현지식 메뉴도 즐길 수 있다. 매월 프로모션 행사를 진행하고 있다. 홈페이지에서는 시그니처 6가지 메뉴를 20% 할인된 가격에 배달 주문할 수 있다.

🚶 MRT 서머셋역Somerset, 노스사우스 라인에서 나와 오차드 센트럴 방향으로 도보 4분, 킬리니로드를 건너면 바로 보인다. 🏠 1 Killiney Rd, Singapore 239518 📞 +65 6733 3648 🕓 월~금 14:00~01:00, 토 16:00~01:00, 일 휴무 S$ 치킨윙(10조각) 20불, 폭립 30불, 포크 큐브 18불, 호키엔미 19불, 비프 텐더로인 33불, 해피아워 생맥주 9~12불 Ⓘ @kposg ≡ www.kpo.com.sg

맨하탄 Manhattan

🚶 쇼핑몰 아이온 오차드에서 오차드 대로와 톰린슨 로드 경유하여 서북쪽으로 도보 11분

🏠 1 Cuscaden Rd, Level 2 Conrad Singapore 249715 📞 +65 6725 3377

🕓 **수** 17:00~24:00 **금~토** 17:00~01:00(월, 화 휴무) 바이올렛 아워 **화~금** 17:00~19:00((모든 음료 주문 시 따뜻한 파스트라미 샌드위치 무료 제공) 칵테일 브런치 **일** 12:00~15:00(1인 188불, 프리플로우 맥주, 와인, 칵테일 포함)

S$ **칵테일** 18~32불 **음식류** 15~38불 **디저트류** 14~24불 **샴페인 및 글래스 와인** 24~45불

@regentsingapore https://conradsingaporeorchard.com.sg/dining/manhattan

명성 그 이상의 칵테일

콘래드 오차드 호텔 2층에 있다. 싱가포르의 대표 칵테일바로, 각종 매체에 세계 최고의 바 순위 상위권에 자주 올라온다. 호텔보다는 바의 명성이 더 높을 정도다. 맨하탄은 요새처럼 비밀스럽다. 하지만 문을 열고 들어가는 순간 신세계다. 1920년대 뉴욕의 개인 클럽에서 영감을 받은 디자인으로 흥겨운 음악과 북적거리는 사람들, 프로의 향기가 나는 바텐더들이 한데 어우러져 멋진 공간을 연출한다. 세계 최초로 호텔 안에 숙성창고가 있는 바로도 유명하다.

한류의 높은 인기를 대변하듯 BTS, SU JUNG GWA, HWA CHA 등 한국을 주제로 한 칵테일 리스트도 선보이고 있다. 앤디 워홀, 우피 골드버그 등 유명인사들의 일러스트가 그려진 메뉴판을 보는 재미도 쏠쏠하다. 칵테일 가격대는 높은 편이다. 팝콘은 무료이고, 리필도 가능하다. 친절한 스텝들이 칵테일에 대해 자세하게 설명해준다. 한국인 스텝도 있다. 브런치 패키지도 판매하는데, 이 메뉴는 배달주말에는 48시간 사전 예약, 2인 기준 290불도 가능하다. 드레스 코드는 스마트 캐주얼이다. 슬리퍼, 탱크톱, 스포츠 의류 착용자는 출입할 수 없다.

©Choo Yut Shing-flickr

 윌락 플레이스 Wheelock Place

막스 앤 스펜서 매장이 볼 만하다

쇼핑몰 아이온 오차드 서북쪽 도로 페터슨 로드 건너편에 있다. 크리스마스 트리를 닮은 원뿔형 입구가 인상적이다. 브랜드가 많지 않아 큰 볼거리는 없는 편이다. 다만 싱가포르에서 가장 큰 막스 앤 스펜서 매장이 볼 만하다. 막스 앤 스펜서 카페에서는 가볍게 애프터눈 티도 즐길 수 있다. 2층에는 Zall이라는 깔끔한 서점이 있다. 내부에 앉아서 커피 마실 공간이 있어서 조용히 휴식을 취하기 좋다. 지하 2층의 베트남 식당 남남, 1층 대로변의 노천카페 프리베도 추천할 만하다.

MRT 오차드역Orchard, 노스사우스 라인에서 아이온 오차드로 들어온 뒤 ION Paterson link라고 적인 표지판을 따라가면 지하보도로 윌락 지하 2층과 바로 연결된다.

501 Orchard Rd, Singapore 238880

매일 10:00~22:00(매장별 상이)

@wheelockplacesg ≡ www.wheelockplace.com

탕스 앳 탕플라자 Tangs at Tang Plaza

오차드 로드의 첫 쇼핑몰

초록 기와와 빨간 기둥이 인상적인 쇼핑몰이다. 오차드 로드를 사이에 두고 아이온 오차드와 마주 보고 있다. 1930년대에 생긴 탕스는 오차드 로드에 문을 연 첫 소매 유통업체이다. 싱가포르 쇼핑몰과 백화점의 상징적인 장소로 메리어트 호텔과 연결되어 있다. 뷰티, 홈, 패션, 키즈, 식음료 매장을 골고루 갖추고 있지만, 브랜드는 많지 않은 편이다. 2층에는 소재가 고급스럽고 가격도 적당한 로컬 여성 의류 브랜드가 있어 둘러볼 만하다. 지하 1층 주방용품매장도 볼 만하다. 할인 상품이 제법 있는 편이다. 비보시티에도 지점이 있다.

MRT 오차드역Orchard, 노스사우스 라인 A번 출구를 따라 에스컬레이터를 타고 올라가면 바로 입구가 보인다.

310 Orchard Rd, Singapore 238864 +65 6737 5500 매일 11:00~21:00 @tangssg ≡ www.tangs.com

디자인 오차드 Design Orchard

신진디자이너들의 상상력 전람회

MRT 서머셋역 근처에 있다. 패션과 라이프스타일 분야의 신진디자이너를 발굴하고 해외 진출을 돕는 전시장 같은 쇼핑몰이다. 패션,액세서리, 미용 제품, 가정용 소형 가구 등 100개 이상의 상품을 만날 수 있다. 일반 쇼핑몰에서 찾아볼 수 없는 독특한 상품들이 눈길을 잡는다. 아이 쇼핑만으로도 꽤 즐겁지만, 싱가포르의 고품질 디자인 상품을 구매할 수 있는 좋은 공간이기도 하다. 오차드 로드를 따라 위로북서쪽 방향 2~3분 가면 동남아시아에서 처음 생긴 애플 스토어 270 Orchard Rd가 있다. 함께 둘러봐도 좋겠다.

MRT 서머셋역Somerset, 노스사우스라인 B출구에서 313@서머셋을 통과하여 오차드 로드 대로변으로 나온다. 케언힐 로드 쪽으로 길을 건너면 디자인 오차드이다. 250 Orchard Rd, Singapore 238905 매일 11:00~20:00 @shopdesignorchard www.designorchard.sg

풋락커 Foot Locker

실내 농구장까지 갖춘 스포츠 용품 매장

313@서머셋과 오차드 게이트웨이 길 건너에 있다. 4개 층에서 여러 브랜드의 의류와 운동화를 판매한다. 각 층은 모두 널찍하고 쾌적하다. 포토존, 충전기 테이블, 편히 쉴 수 있는 소파까지 마련되어 있다. 스텝들은 매우 친절하고, 상품은 넉넉하다. 이곳에서만 구할 수 있는 디자인을 찾는 재미도 있다. 가격이 한국보다 전반적으로 조금 저렴한 편이다. 풋락커 오차드 게이트웨이 지점은 농구에 관한 진심이 느껴진다. 2층엔 농구 의류와 신발 전용층이 있고, 지하 2층에는 에어컨이 가동되는 힙한 실내 농구장이 있다. 313@서머셋 길 건너편에 있다. 오차드 로드 횡단보도를 건너면 바로 매장이다. Orchard Gateway@Emerald, 218 Orchard Rd, Singapore 238851 +65 3138 8545 매일 10:00~22:00 @footlockerssingaporeoffical www.footlocker.sg

CapitaLand
UOB
UOB
PLUS

PART 6

리버사이드

Riverside

강변 산책과 나이트 라이프를 한 번에

리버사이드는 싱가포르 강변 지역을 말한다. 상류부터 로버트슨키Robertson Quay, 클락키Clarke Quay, 보트키Boat Quay가 차례로 이어진다. 이 지역은 다양한 식당가와 나이트 라이프가 중심을 이루고 있다. 로버트슨키는 여유로운 주거 지역으로 평일에는 산책과 브런치를 즐기기 좋은 동네다. 하지만 저녁이 되면 펍과 레스토랑에 사람들이 몰리면서 활기가 넘친다. 클락키는 나이트 라이프의 중심지이다. 주중에는 5시 이후에 영업하는 곳이 대부분이다. 개성 있는 식당가가 많아 현지인들도 주말에 가족 단위로 찾는다. 보트키엔 강을 따라 수많은 레스토랑과 펍이 자리를 잡고 있다. 현지인들이 퇴근 후 한 잔 즐기는 장소다. 중식, 양식, 한식 등 입맛에 따라 고를 수 있는 다양한 식당이 있다.

← 싱가포르 보타닉 가든 (3.5km)

비스테카
Bistecca
Tuscan Steak House

모하메드 술탄 로드

커먼 맨 커피 로스터스
Common Man Coffee Roasters

Martin Rd

주신정
Ju Shin Jung

Unity St

와인 커넥션
Wine Connection
Tapas Bar & Bistro

더 북 카페
The Book Café

Mohamed Sultan Rd

로버트슨키
Robertson Quay

비스트 앤 버터플라이
Beast & Butterflies

싱가포르 강

Saiboo St

토비스 에스테이트
Toby's Estate

퍼블리코 리스토란테
Publico Ristorante

Clemenceau Ave 클레멘스 애비뉴

Havelock Rd

Havelock Rd 해블록 로드

Outram Rd

Central Expw.

Pearl's Hill
City Park

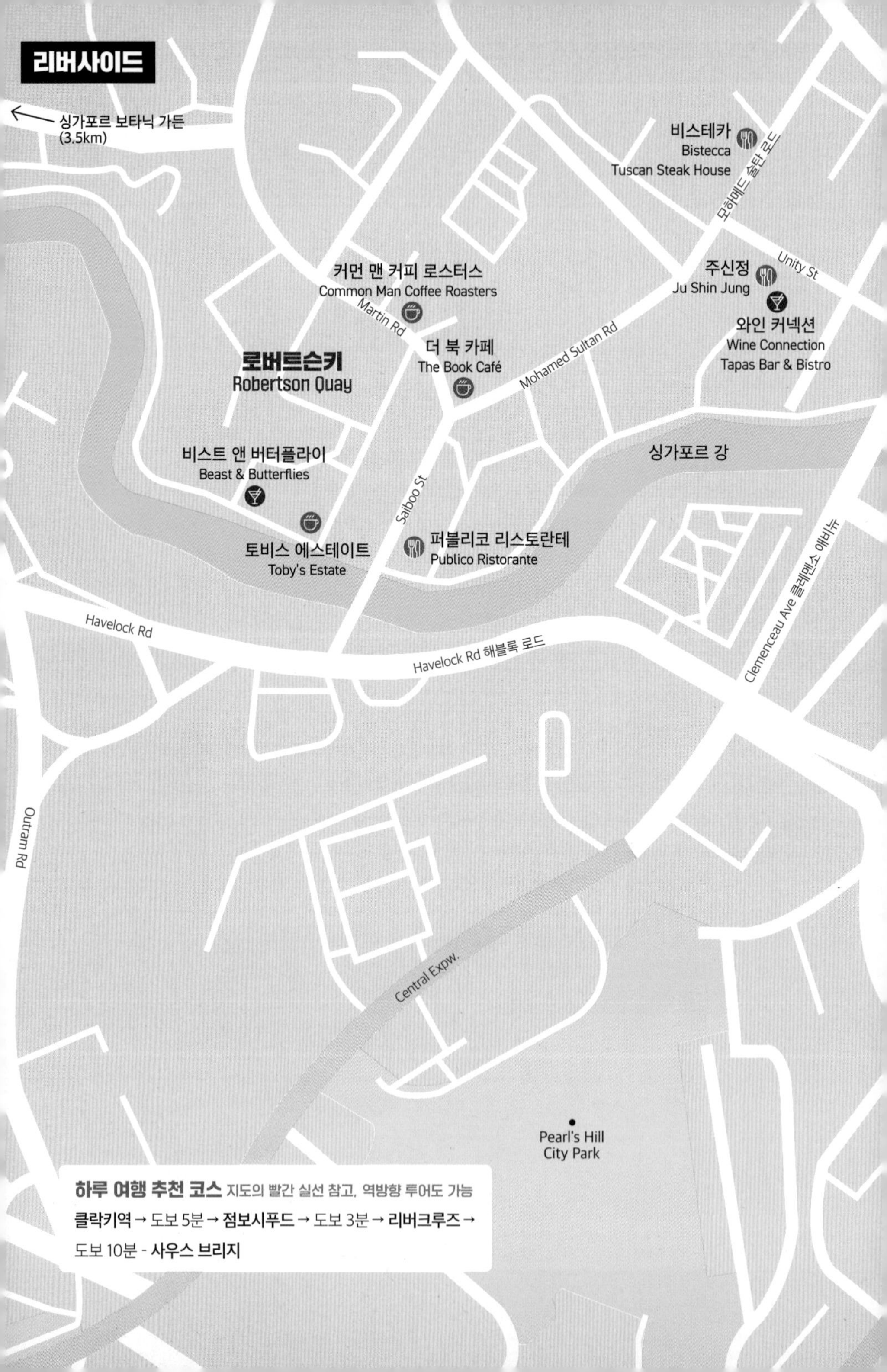

하루 여행 추천 코스 지도의 빨간 실선 참고, 역방향 투어도 가능

클락키역 → 도보 5분 → **점보시푸드** → 도보 3분 → **리버크루즈** → 도보 10분 - **사우스 브리지**

싱가포르 어린이박물관
Children's Museum Singapore
포트 캐닝역
Fort Canning
포트 캐닝 공원
Fort Canning Park
River Valley Rd
Hill Street
주크
Zouk
웨어하우스
Warehouse Bar
올드 힐 스트리트 경찰서
Old Hill Street Police Staion
High St
North Bridge Rd
리버 크루즈
River Cruise
North Boat Quay
응아시오 바쿠테
Ng Ah Sio Bak Kut Teh
리드 브리지
Read Bridge
싱가포르 국회의사당
Parliament of Singapore
Merchant Rd
클락키
Clarke Quay
클락 키 센트럴
Clarke Quay
Central
Upper Circular Rd
송파 바쿠테
Song Fa Bak kut The
점보 시푸드
Jumbo Seafood
-Riverside Point
출발
클락키역
Clarke Quay MRT station
Eu Tong Sen ST
사우스브리지
Southbridge
도착
South Bridge Rd
싱가포르 강
Havelock Rd
오 치킨
O Chicken & Beer
North Canal Rd
Hong Lim
Park
Pickering St
보트키
Boat Quay
차이나타운역
Chinatown MRT station
Cross St
스리 마리암만 사원
Sri Mariamman Temple

리버 크루즈 River Cruise

나무배 타고 싱가포르 명소 투어

서울에 한강 유람선이 있다면 싱가포르엔 리버 크루즈가 있다. 더위에 여행하느라 지쳤다면 이번엔 강바람을 맞으며 무더위를 식혀보자. 리버 크루즈는 싱가포르 여행에서 빼놓을 수 없는 코스이다. 마리나베이, 멀라이언 공원, 그리고 싱가포르의 스카이라인을 다 둘러볼 수 있다. 19~20세기 초까지 실제 무역선으로 사용한 통캉Tongkang이라는 나무배를 타고 여행하는데, 배가 옛날 모습을 그대로 보존하고 있어 제법 근사하다. 크루즈 탑승 시간은 40분이며, 1시간 간격으로 운행한다. 13개의 선착장 중 원하는 곳에서 승하차가 가능했으나, 지금은 클락키에서만 승하차할 수 있다. 해가 지기 시작하는 늦은 오후, 마리나베이 샌즈의 스펙트라 쇼를 볼 수 있는 시간대는 항상 인기가 많은 편이다. 클룩klook 같은 티켓 예매 사이트를 이용하면 조금 더 저렴하게 이용할 수 있다.

ONE MORE

리버 크루즈 승하차 선착장 안내 보트키 선착장Boat Quay Jetty, 리드 브리지 선착장Read Bridge Jetty, 클락키 선착장Clarke Quay Jetty, 에스플러네이드 선착장Esplanade Jetty, 프로머네이드 선착장Promenade Jetty, 베이프런트 사우스 선착장Bayfront South Jetty, 멀라이언 파크 선착장Merlion Park Jetty, 플러튼 선착장Fullerton Jetty

MRT 클락키역Clarke Quey, 노스 이스트 라인 G출구로 나와 도보 6분. 리드 브리지 건너 우측으로 2분

Canning Ln, Clake St, Clarke Quay, Singapore 179023 +65 6336 6111 **월~목** 13:00~22:00 **금~일** 10:00~22:30

S$ **어른** 28불 **어린이** 18불 @rivercruise1987 www.rivercruise.com.sg

 클락 키 센트럴 Clarke Quay Central

쇼핑 상점부터 음식점까지

싱가포르 강 남쪽 클락키를 대표하는 쇼핑몰이다. 입구는 만남의 장소처럼 많은 사람이 이용해 항상 인파로 북적인다. 규모가 크진 않지만 의류 편집숍, 레스토랑, 잡화점 등을 골고루 갖추고 있어 시간이 난다면 한 번쯤은 둘러볼 만하다. 맥도날드, 버거킹, 스타벅스, 야쿤카야 카페 등 유명 프랜차이즈도 대부분 입점해 있다. 음식점 중에는 일식 레스토랑이 많다. 지하 1층에는 일본계 대형 잡화점 돈돈돈키가 있다.

MRT 클락키역Clarke Quey, 노스 이스트 라인 E출구와 바로 연결된다.
6 Eu Tong Sen St, Singapore 059817
+65 6532 9922
매일 11:00~22:00(매장별 상이)
@shopfareast
www.clarkequaycentral.com.sg

올드 힐 스트리트 경찰서 Old Hill Street Police Staion

카메라를 들게 하는 무지개 창문들

900개가 넘는 알록달록한 무지개 창문이 인상적인 건물이다. 관광객들이 일부러 찾아와 인증 샷을 남길 만큼 유명하다. 과거에는 경찰서였으나, 2000년 대대적인 보수 공사를 거쳐 정보예술부MITA 청사가 되었다. 2004년 정보통신예술부Ministry of Information, Communications, and Arts, MICA로 이름이 바뀌면서 MICA라고도 부른다. 지금은 정보 통신부와 문화청소년부 청사로 사용하고 있다.

MRT 클락키역Clarke Quey, 노스 이스트 라인 G출구로 나와 도보 3분
140 Hill St, Singapore 179369 +65 6837 9655
월~금 08:30~12:30, 14:00~17:30(토·일 휴무) S$ 입장료 없음 www.mci.gov.sg

리드 브리지 Read Bridge

MRT 클락키역Clarke Quey, 노스 이스트 라인 G출구에서 도보 5분
3 River Valley Rd., Singapore 179023
매일 24시간

낮보다 밤이 아름다운

리드 브리지는 클락키 구역을 남북으로 연결하는 다리다. MRT 클락키역에서 리버크루즈 선착장으로 가거나 반대로 선착장에서 점보 시푸드, 클락키 센트럴로 가려면 이 다리를 건너야 한다. 실용성을 강조한 단순한 다리지만 저녁이 되면 조명을 받아 화려하게 빛난다. 저명한 사업가이자 입법자인 'WHM Read'의 이름을 딴 이곳은 한때 지역 주민들이 밤마다 모여서 스토리텔링 섹션을 열었던 '차오저우 커뮤니티'차오저우 Teochew는 중국어의 방언을 말한다. 싱가포르, 말레이시아 등 동남아시아에서 주로 사용한다.의 중심부이기도 했다.

리버사이드 맛집·카페·바

점보 시푸드 Jumbo Seafood–Riverside Point

MRT 클락키역Clarke Quey, 노스 이스트 라인 G출구에서 도보 5분
30 Merchant Rd #01–01/02, Singapore 058282 +65 6532 3435
매일 11:30~14:30, 17:30~22:00 S$ 머드크랩 3~4인 기준 약 100~120불, 프라이드 라이스 12불부터, 시리얼 새우 24불부터 @jumboseafoodsg www.jumboseafood.com.sg

칠리 크랩의 성지

시푸드 맛집이지만 워낙 유명해 명소처럼 대접받고 있다. 점보는 싱가포르에 칠리 크랩을 대중화시킨 곳이다. 점보 시푸드 리버사이드 지점은 특유의 여유로운 분위기 덕에 관광객들의 성지로 꼽힌다. 칠리 크랩을 먹을 수 있는 곳이 호커센터를 비롯해 다양해졌지만 점보 시푸드의 명성은 여전하다.
점보 시푸드 리버사이드 지점은 클락키 구역 싱가포르 강 남쪽에 있다. 강을 전망할 수 있는 야외석은 분위기는 좋지만, 인근에 비둘기가 많이 날아다닌다. 가능하면 실내에 자리를 잡자. 보통 예약은 필수지만 평일엔 예약하지 않아도 본격적인 식사 시간대를 피하면 금방 자리를 안내해준다. 종업원 대부분이 중국어로 소통한다. 의사소통이 원활하지 않을 수 있으니 주문한 메뉴는 꼭 더블 체크하자. 땅콩 같은 기본 반찬도 유료이다. 먹지 않는다면 미리 반납하자. 물티슈나 비닐장갑 등은 무료로 제공한다.

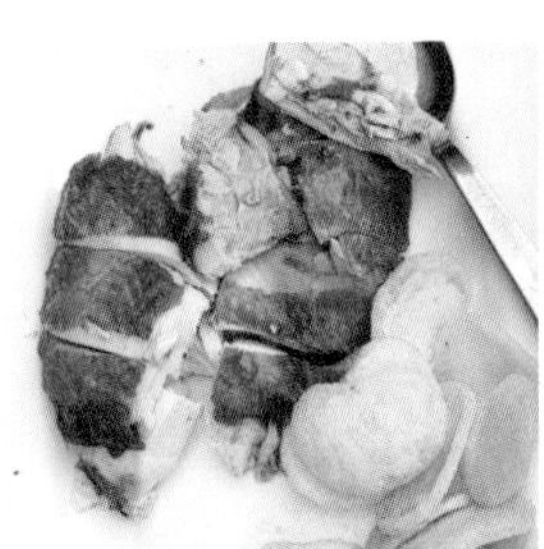

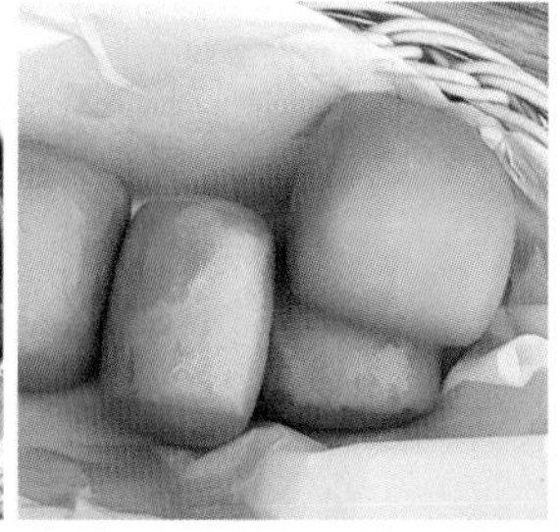

퍼블리코 리스토란테 Publico Ristorante

MRT 클락키역Clarke Quey, 노스 이스트 라인 E출구에서 로버트슨키 방향으로 도보 15분
1 Nanson Rd, Singapore 238909 +65 6826 5040
일~목 12:00~22:30 **금~일** 12:00~23:00 S$ **주중 런치 2코스** 28불부터 **피자** 25~32불 **파스타** 28~46불 **커피** 5~7불
@publico_sg www.publico.sg

맛있는 화덕 피자와 티라미수

리버사이드의 인터콘티넨탈 호텔 1층에 있다. 널찍한 개방형 공간이지만 섹션마다 다른 분위기로 꾸며 편안하고 아늑한 이국적 분위기가 돋보인다. 점심에는 28~30불에 저렴하게 코스 요리를 즐길 수 있어 인기가 많다. 다양한 레스토랑이 죽 늘어서 있는 로버트슨키 약간 안쪽에 있어 상대적으로 조용하게 식사를 즐길 수 있다. 신선한 재료를 아낌없이 쓴 부라타 피자와 화분 티라미수가 인기가 많은 편이다.

송파 바쿠테 Song Fa Bak Kut Teh

싱가포르 보양식 즐기기

바쿠테는 돼지 갈빗살에 후추와 마늘을 듬뿍 넣고 몇 시간 푹 끓인 싱가포르식 보양식이다. 뜨끈한 국물과 야들야들한 돼지 갈빗살 한 점을 뜯어먹으면 없던 힘도 불끈 솟는 느낌이 든다. 송파 바쿠테는 여러 지점이 있지만, 돼지 잡내를 잘 잡아내고 여기에 깊은 맛까지 내는 클락키 본점을 따라갈 수 없다. 본점의 명성 때문인지 손님들 대부분이 여행객이다. 그릇이 작아 생각보다 양이 적어 보이지만 계속 리필이 되는 국물에 밥이나 국수를 추가로 시켜 먹으면 성인용 1인분으로 충분하다. 중국식 튀김 빵을 국물에 찍어 먹는 것도 별미다. 짭조름하게 양념이 된 부드러운 동파육도 잊지 말고 주문하자. 땅콩, 티슈 등은 모두 유료이므로 원하지 않으면 반납하자.

MRT 클락키역Clarke Quey, 노스 이스트 라인 E출구로 나와 뉴브리지 로드를 건너면 바로 코너에 있다. 11 New Bridge Rd, #01-01 Singapore 059383 +65 6533 6128 매일 10:30~21:30 S$ **바쿠테** 8.9~10.3불 **슬라이스 베지터블** 2.6불부터 **브레이즈드 포크 벨리** 8.9불부터 **사이드 메뉴 3종** 4.5불 @songfabkt www.songfa.com.sg

응아시오 바쿠테 Ng Ah Sio Bak Kut Teh

깔끔하고 맑은 국물을 찾는다면

응아시오 바쿠테는 2대에 걸쳐 싱가포리언들의 사랑을 받는 곳이다. 창업자인 아버지로부터 물려받은 레시피를 그대로 계승하고 있다. 2010년에 칠리크랩으로 유명한 점보그룹이 인수했다. 뉴 브리지 로드New Bridge Road를 사이에 두고 송파 바쿠테와 마주하고 있다. 송파 바쿠테가 진하고 깊은 국물로 유명하다면 응아시오 바쿠테는 깔끔하면서 후추향이 강한 칼칼한 국물이 특징이다. 잡내 없이 야들야들하게 잘 삶은 돼지 족발 요리도 이곳에서 꼭 먹어봐야 할 메뉴다. MRT 클락키역Clarke Quay, 노스 이스트 라인 E번 출구에서 뉴브리지 로드 방면으로 도보 3분. 송파 바쿠테 길 건너편에 있다. 6 Eu Tong Sen St, #01-07, Singapore 059817 +65 6027 2751 일~목, 공휴일 09:00~22:00 금~토 09:00~23:00 S$ **바쿠테** 9.80~11.80불, 돼지족발 조림(Braised Pig's Trotter) 10.80불 @ngahsio_bkt www.ngahsio.com

오 치킨 O Chicken & Beer

멋진 야경, 입맛 돋우는 한국식 치킨

한국인 부부가 운영한다. 보트키에서 손꼽히는 맛집이자 뷰 맛집이기도 하다. 한식의 인기가 높아짐에 따라 겉모습만 한국식으로 흉내를 내는 곳이 많은데 여기는 비주얼부터 맛까지 완벽하다. 양념치킨과 파닭, 불짬뽕 등이 추천메뉴다. 김치와 치킨 무도 제공된다. 해가 지는 오후의 야외석은 예약 없이는 앉기 힘들 정도로 인기가 많다. 싱가포르에서 파는 한식이기 때문에 가격은 만족스럽진 않지만 대신 양을 푸짐하게 주는 것이 특징이다.

MRT 래플스 플레이스역Raffles Place, 노스 사우스, 이스트 웨스트 라인 G출구로 나와 도보 5분 56 Boat Quay, Singapore 049845 +65 6532 6088 **월~금** 11:30~14:30, 17:30~23:00 **토** 17:00~23:00(일요일 휴무)
S$ **양념치킨** 39.8불 **소맥 세트** 40불 **짬뽕** 18.8불

비스테카 Bistecca Tuscan Steak House

스테이크에 진심이라면

스테이크 맛 좀 안다는 사람들이 찾는 토스카나식 스테이크 하우스다. 1.1kg 포터하우스 티본 스테이크가 이 집의 시그니처 메뉴이다. 나무와 숯으로 구워 겉은 바삭하고 속엔 부드러운 육즙이 가득하다. 3~4인이 충분히 먹을 수 있는 양이며 소금 외 4가지 소스가 나온다. 파스타와 리소토의 맛도 수준급이며, 신선한 채소와 토마토를 곁들인 부라타치즈도 추천할 만하다. 원하는 시간대에 가려면 며칠 전 예약은 필수다.

MRT 포트캐닝역Fort Canning, 다운타운 라인 A출구에서 리버 밸리 로드를 따라 도보 5분쯤 직진. 모하메드 술탄 로드를 만나면 좌회전해서 도보 2분
26 Mohamed Sultan Rd, Singapore 238970 +65 6735 6739
매일 12:00~14:30, 16:00~22:00 S$ **시그니처 티본 스테이크** 186~228불 **파스타** 25~45불 **스타터** 20~38불 @bisteccatuscansteakhouse
www.bistecca.com.sg

주신정 Ju Shin Jung

싱가포르 최초의 한국식 고기 맛집

주신정은 싱가포르에서 최초로 한국식 BBQ를 선보인 곳이다. 돼지와 소고기의 품질이 좋고 반찬 종류도 다양한 편이라 현지인들은 물론 여행객들도 많이 찾는다. 특히 90분 동안 고기와 새우, 찌개나 냉면까지 선택할 수 있는 무제한 BBQ 뷔페는 가성비가 좋은 편이다. '주말 및 공휴일 무제한 BBQ'는 저녁 7시까지 식사를 마치면 48불에서 42불어린이 24불→20불. 어린이 기준은 키 150cm 이하이다.로 할인받을 수 있다.

MRT 포트캐닝역Fort Canning, 다운타운 라인 A출구에서 길을 건너 좌회전 후 강을 따라 도보 5분
11 Unity St, #01-30/31, Singapore 237995 +65 6235 2067
매일 11:30~14:00, 17:30~20:00 S$ **무제한 BBQ** 성인 1인당 42불(평일 저녁)
보쌈정식 18.9불 **주꾸미볶음** 16.9불 **족발** 45불 www.jushinjung.com.sg

토비스 에스테이트 Toby's Estate

커피 맛이 뛰어난 리버 뷰 카페

분위기가 편안한 호주식 브런치 카페로, 로버트슨키 산책로의 터줏대감이다. 로스팅한 원두는 다른 카페에도 공급하고 있다. 신선한 산미가 살아있는 커피와 싱싱한 재료를 풍부하게 사용한 브런치 메뉴들이 이 집의 인기 비결이다. 실내석은 창고를 개조해 만들었다. 인더스트리얼한 분위기에 층고가 높아 탁 트인 느낌을 준다. 리버 뷰인 야외석도 인기가 높다. 차양과 대형 팬이 있어 생각보다 덥지 않다. 싱가포르 강과 강변을 산책하는 사람들을 보면서 여유를 즐길 수 있어서 좋다.

MRT 클락키역Clarke Quey, 노스 이스트 라인 G출구에서 스위소텔 머천트 코트 앞 리드 브리지를 건넌 후 강변 따라 도보 10분
8 Rodyk St, Singapore 238216 +65 6636 7629 매일 07:30~17:00 S$ **커피** 3.5~7.5불 **올데이 브랙퍼스트** 10.5~25불 **런치** 14~24.5불 @tobysestatesg www.tobysestate.com.sg

커먼 맨 커피 로스터스 Common Man Coffee Roasters

MRT 포트캐닝역Fort Canning, 다운타운 라인 B출구에서 뒤쪽 로버트슨키 쪽으로 도보 7분
22 Martin Rd, #01-00, Singapore 239058 +65 6836 4695 매일 07:30~17:30
S$ **커피** 5~9.5불 **올데이 브랙퍼스트** 18~30불 **런치** 25~30불
@commonmancoffee commonmancoffeeroasters.com

커피, 브런치 둘 다 맛이 좋다

로버트슨키 구역에 있는 로스터리 카페이다. 언제 가도 빈자리가 많지 않을 만큼 인기가 많다. 현지인은 물론 여행자들도 제법 알고 찾아온다. 커피는 산미가 강한 편이다. 카페 분위기는 모던하고, 손님이 많아 늘 활기가 넘친다. 자체적으로 로스팅한 커피를 인근 카페에 납품하고 있으며 아시아 여러 지역에서 바리스타 아카데미도 운영하고 있다. 커피만큼이나 브런치 메뉴의 인기도 많다. 베리 마멀레이드와 아이스크림이 올라간 두툼한 브리오슈 프렌치토스트가 인기 메뉴다. 오전 7시 30분부터 문을 여는데, 특히 오전엔 브런치를 즐기는 사람이 많아 제법 복잡하다. 브런치는 종일 주문이 가능하다. 직원들은 매우 친절하고 손이 빠른 편이다. 다만, 테이블 사이 간격이 좁아 조금 불편하다.

더 북 카페 The Book Café

아늑하다 편안하다

싱가포르에 몇 안 되는 북카페다. 커먼 맨 커피 로스터스에서 걸어서 1분 거리에 있다. 책장을 따라 안쪽으로 들어가면 가죽 소파가 있는 편안하고 아늑한 공간이 펼쳐진다. 혼자 온 사람은 종종 가죽 소파 자리에 합석하기도 한다. 하지만 각자에게 몰두해 크게 어색하진 않다. 2시간 정도는 눈치 보지 않고 편안하게 쉬고, 책 읽고, 일을 보기 딱 좋다. 편안하고 조용한 공간을 찾는다면 더 북 카페가 제격이다. 커피와 음식 맛은 보통 수준이다.

MRT 포트캐닝역Fort Canning, 다운타운 라인 B출구에서 뒤쪽 로버트슨 키 쪽으로 도보 5분. 스튜디오 M호텔 맞은 편에 있다. 20 Martin Rd, #01-02, Singapore 239070
+65 6887 5430 매일 08:30~20:30
S$ **커피** 4.8~8불 **올데이 브랙퍼스트** 9.95~19.95불 **샌드위치** 16~18불 @thebookcafesg
www.thebookcafesg.com

주크 Zouk

수요일엔 여자는 무료

클락키에서 제대로 밤 문화를 즐기고 싶다면 클럽 주크로 가자. 명성보다 규모가 작고 소박하지만 들썩들썩한 분위기와 만국 공통어인 음악으로 하나가 될 수 있다. 입장하면 특수 도장을 찍어주는데 이걸 보여주면 밖에 나갔다가 다시 입장할 수 있다. 현재는 수, 금, 토요일만 운영한다. 수요일은 레이디스 데이로 여자는 무료로 입장할 수 있다. 입장료에는 진토닉, 위스키 콕 등 2잔이 포함되어 있다. 홈페이지를 통해 DJ 라인이나 행사 정보를 확인할 수 있다.

MRT 포트캐닝역Fort Canning, 다운타운 라인 A출구에서 오른쪽으로 도보 5분
3 C River Valley Rd, 01-05 to # 02-06, Singapore 179022 +65 6738 2988
수·금 22:00~03:00 **토** 22:00~04:00(일~화, 목 휴무, 수요일은 여자 무료입장)
S$ 남자 55불, 여자 45불 @zouksingapore www.zoukclub.com

웨어하우스 Warehouse Bar - SINGAPORE

흥겹고 감성 넘치는 라이브 바

클락키의 리드 브리지 남단에서 3분 거리에 있는 라이브 바다. 흥겹고 감성이 넘치는 곳이다. 매일 밴드 공연이 있으며 흥이 오르면 손님들이 즉석 공연을 펼치기도 한다. 밤늦게까지 바 메뉴를 주문할 수 있다. 튀김, 피자, 파스타까지 메뉴 선택의 폭이 넓은 편이다. 신나는 음악을 즐기고 싶다면 다소 시끄럽더라도 실내석을 추천한다. 이야기를 나누고 싶다면 야외석이 더 좋다. 17:00~19:00까지는 1+1이나 가격 할인이 들어가는 해피아워 시간이다.

MRT 클락키역Clarke Quey, 노스 이스트 라인 G출구로 나와 리드 브리지까지 도보 3분. 리브 브리지 남단에서 리브 스트리트 따라 강북으로 도보 3분 3C River Valley Rd, #01-09 Blcok C, Singapore 179024 +65 6333 4228
일~목 17:00~02:00 **금** 17:00~03:00 **토** 17:00~04:00 S$ **생맥주** 13~22불 **병맥주 버켓딜** 55불부터 **스낵** 10~26불
@warehouse.clarkequay www.warehousecq.com

사우스브리지 Southbridge

전망 좋은 캐주얼 루프톱 바

보트키에 있는 캐주얼한 루프톱 바이다. 마리나베이 샌즈를 비롯한 싱가포르 스카이라인을 감상하기 좋다. 다른 유명한 루프톱 바보다 상대적으로 덜 붐비는 편이라 이야기를 나누기에 좋다. 다양한 칵테일 메뉴는 물론 다이닝 메뉴도 돋보인이다. 월요일부터 목요일까지 오후 5시부터 8시까지는일요일은 종일 해피아워로 저렴하게 칵테일과 바 메뉴를 즐길 수 있다. 시그니처 오이스터의 인기가 많다. 카드 결제만 가능하다.

MRT 클락키역Clarke Quey, 노스 이스트 라인 E출구로 나와 횡단보도를 건넌다. 어퍼 서큘러 로드 끝에서 왼쪽 사우스브리지 로드 방향으로 육교를 따라 바로 꺾으면 '80 Boat Quay' 간판이 걸린 문이 보인다. 5층으로 올라간다.
80 Boat Quay, Level 5, Singapore 049868 +65 6877 6965 매일 17:00~24:00(해피 아워 월~목 17:00~20:00)
S$ **칵테일** 18~26불 **해피아워 음료** 10불부터 **시그니처 오이스터** 23불부터 @southbridge.sg www.southbridge.sg

와인 커넥션 Wine Connection Tapas Bar & Bistro

가볍게 2차 하기 좋다

로버트슨키에서 식사 후 가볍게 2차를 하고 싶다면 와인 커넥션을 추천한다. 유통과정을 줄여 저렴하게 질 좋은 와인을 제공한다는 목표로 프랑스 기업인이 1998년 방콕에서 처음 설립했다. 태국, 싱가포르, 말레이시아 등에 70여 개의 매장이 있다. 병 와인을 30~50불에 주문할 수 있는데, 주류 가격이 비싼 싱가포르에서는 꽤 매력적인 가격이다. 와인 커넥션은 와인만 판매하는 소매점과 다양한 와인 셀렉션과 식사 메뉴, 간단한 안줏거리가 있는 비스트로로 구분된다.

MRT 포트캐닝역Fort Canning, 다운타운 라인 A출구에서 길을 건너 좌회전 후 강을 따라 도보 5분 11 Unity St, #01-19/20, Singapore 237995 +65 6235 5466
일~수 11:30~23:00 **목~토** 11:30~24:00(런치 메뉴 월~금 17:00까지) S$ **병 와인** 30~50불 **샐러드** 10~19불 **피자** 16~25불 **스테이크** 24~36불 **런치 세트 메뉴** 17불
@wineconnectionsg www.wineconnection.com.sg

비스트 앤 버터플라이 Beast & Butterflies

강변 옆 다이닝 바

로버트슨키의 M 소셜 호텔에 있는 다이닝 바이다. 언제나 사람이 많지만, 실내외에 좌석이 넉넉해 예약하지 않아도 바로 이용할 수 있다. 좌석 사이 공간이 넉넉하고 테이블도 널찍한 편이라 여럿이 모임을 하기에도 적당하다. 메뉴는 양식부터 현지식 락사까지 꽤 다양한 편이다. 메뉴 선택의 폭이 넓고 양도 넉넉해 좋다. 요일에 따라 오이스터는 1개에 1불이라는 놀라운 가격으로 초저녁 소진 시까지 잠깐 제공한다. 아침 일찍 문을 열며, 음식은 포장도 가능하다.

MRT 포트캐닝역Fort Canning, 다운타운 라인 A출구에서 싱가포르 강 방면으로 도보 2분. 강변에서 우회전하여 상류 방향으로 도보 10분 90 Robertson Quay, Level 1, Singapore 238259 +65 9183 9420 **일~목** 06:30~23:00 **금~토** 06:30~23:30 S$ **메인 그릴** 18~140불 **파스타** 16~28불 **디저트** 8~17불 @beastandbutterflies
www.millenniumhotels.com/en/singapore/m-social-singapore/beast-and-butterflies

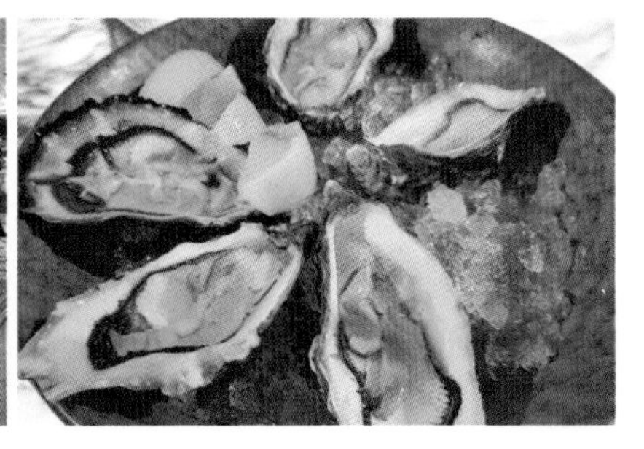

ROYAL
66A
ROYAL
LODGE • CHINATOWN
guardian
iao xiang 68

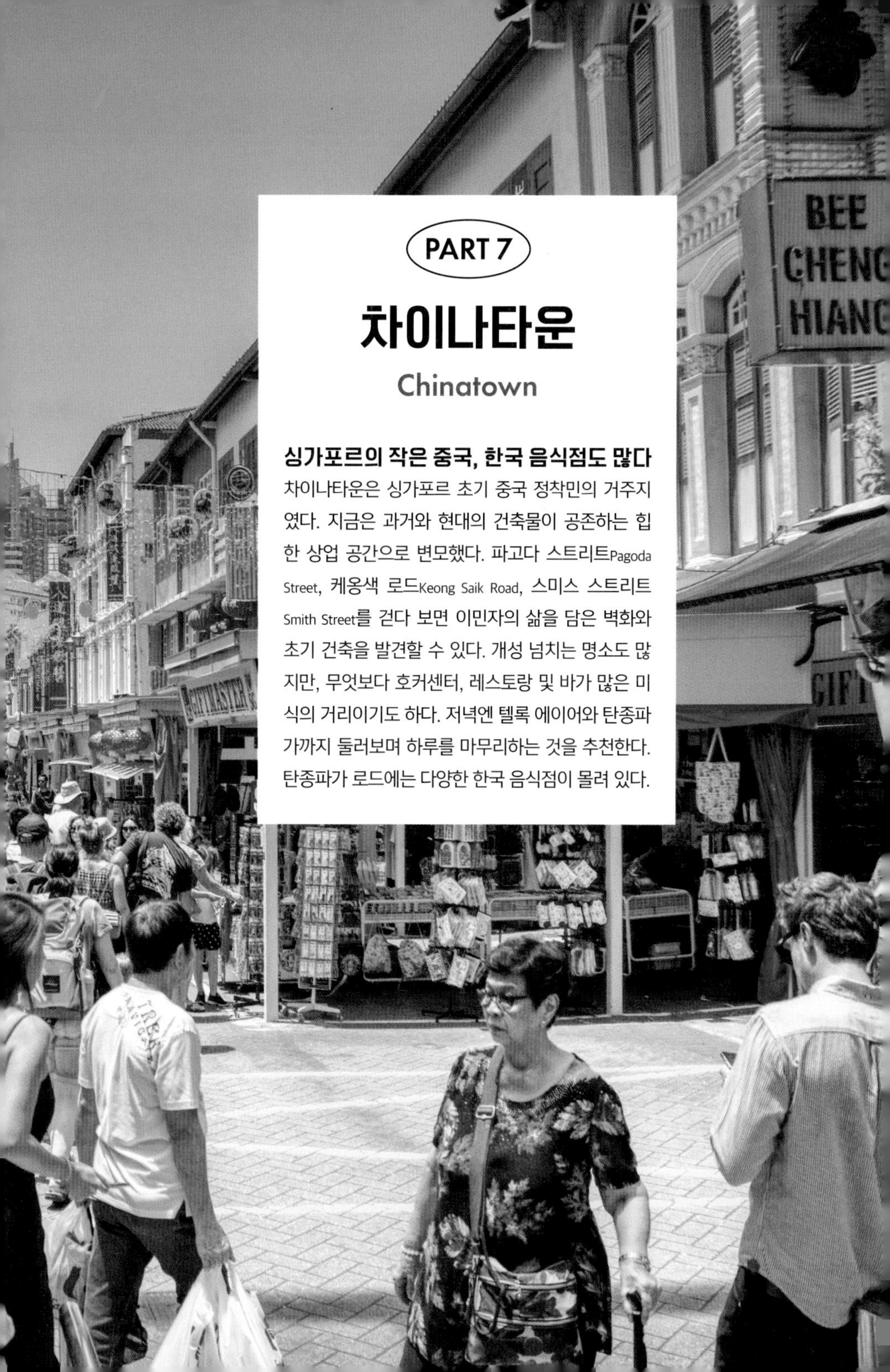

PART 7

차이나타운

Chinatown

싱가포르의 작은 중국, 한국 음식점도 많다

차이나타운은 싱가포르 초기 중국 정착민의 거주지였다. 지금은 과거와 현대의 건축물이 공존하는 힙한 상업 공간으로 변모했다. 파고다 스트리트Pagoda Street, 케옹색 로드Keong Saik Road, 스미스 스트리트Smith Street를 걷다 보면 이민자의 삶을 담은 벽화와 초기 건축을 발견할 수 있다. 개성 넘치는 명소도 많지만, 무엇보다 호커센터, 레스토랑 및 바가 많은 미식의 거리이기도 하다. 저녁엔 텔록 에이어와 탄종파가까지 둘러보며 하루를 마무리하는 것을 추천한다. 탄종파가 로드에는 다양한 한국 음식점이 몰려 있다.

차이나타운

Havelock Rd

Hong Lim Park

Upper Cross St

Eu Tong Sen St

Pickering St

출발

차이나타운역
Chinatown MRT station

파고다 스트리트
Pagoda Street

South Bridge Rd

동북인가
Dong Bei Ren Jia

림치관
Lim Chee Guan

비첸향
Bee Cheng Hiang

야쿤 카야 토스트
Yaknu Kaya Toast

Church St

차이나타운 헤리티지 센터
Chinatown Heritage Centre

호커찬
Hawker Chan

Pagoda St

페라나칸 타일 갤러리
Peranakan Tiles Gallery

얌차 차이나타운
Yum cha Chinatown

Corss St

Temple St

스리 마리암만 사원
Sri Mariamman Temple

차이나타운
콤플렉스 푸드 센터
Chinatown Complex Food Centre

Smith St

텔록 에이어역
Telok Ayer

난양 올드 커피
Nanyang Old Coffee

김주관 Kim Joo Guan

도착

차이나타운 방문객 센터
Chinatown Visitor Centre

안 시앙 힐 &
클럽 스트리트
Ann Siang Hill & Club Street

New Bridge Rd

South Bridge Rd

불아사
Buddha Tooth Relic Temple

Telok Ayer St

포테이토 헤드
싱가포르
Potato Head
Singapore

Kreta Ayer Rd

Amoy St

맥스웰 푸드 센터
Maxwell Food Centre

네이티브
Native

마이 어썸 카페
My Awesome Café

닐 로드 Neil Rd

티 챕터
Tea Chapter

에스퀴나
Esquina Tapas Bar

오션 커리 피시 헤드
Ocean Curry Fish Head

김슨
Gibson

어쿠스틱 커피 바
Acoustics Coffee Bar

아모이 스트리트
푸드 센터
Amoy Sreet Food Centre

만만
Unagi Tei Japanese
Restaurant

싱가포르 시티 갤러리
Singapore City Gallery

Cantonment Rd

Craig Rd

Duxton Rd

Maxwell

안슨 로드 Anson Rd

센텐 웨이 Shenton Way

Tg Pagar Rd

블루 진저
The Blue Ginger

wallich St.

하루 여행 추천 코스 지도의 빨간 실선 참고

MRT 차이나타운역 → 도보 1분 → **파고다 스트리트** → 도보 1분 → **페라나칸 타일갤러리** → 도보 1분 → **스리 마리암만 사원** → 도보 2분 → **불아사** → 도보 1분 → **맥스웰 푸드센터** → 도보 2분 → **싱가포르 시티갤러리** → 도보 5분 → **안 시앙 힐**

피나클 스카이 가든
The Pinnacle Sky Garden
50th Storey Skybridge

지거 & 포니
Jigger & Pony

안슨 로드

파고다 스트리트 Pagoda Street

MRT 차이나타운역Chinatown, 노스 이스트, 다운타운 라인 A출구로 나오면 된다.
48 Pagoda St, Singapore 059207 매장별 상이 S$ 매장별 상이

차이나타운의 중심

파고다 스트리트는 MRT 차이나타운역 A출구로 나오자마자 펼쳐지는 거리다. 원색적인 건물, 간판과 장식물이 차이나타운에 온 걸 실감 하게 해준다. 특히 싱가포르의 큰 명절인 설 연휴 기간에는 거리를 온통 빨간 장식으로 꾸며 화려한 거리로 변한다. 거리엔 오밀조밀 작은 상점들이 죽 늘어서 있다. 상인들이 가판대에 물건을 내놓고 관광객의 발길을 잡는다. 키 홀더, 마그네틱, 젓가락 등 저렴하게 여행 기념품을 사기 딱 알맞은 곳이다. 중국식 찻잔이나 수저 세트, 술잔 세트 등도 인기 품목이다. 쇼핑하다 허기가 지면 근처 식당으로 발길을 돌리자. 차이나타운엔 다양한 음식점이 성업 중이다. 중국 음식점뿐만 아니라 일식집, 서양 음식점, 인도 음식점도 있어서 선택의 폭이 넓다. 청량한 과일주스나 시원한 생맥주를 파는 곳도 있어 잠시 앉아서 쉬어가기 좋다.

차이나타운 헤리티지 센터 Chinatown Heritage Centre

초기 중국 이민자의 삶 엿보기

싱가포르 건설 초기 상인, 노동자, 무역업자로 자리를 잡은 중국인들의 이민문화를 살펴보기 좋은 박물관이다. 6개 전시실과 초기 이민자의 삶을 복원한 생활공간으로 구성돼 있다. 체험형 서비스를 제공해 입체적인 관람이 가능하다. 홈페이지에 예약하면 계절별 공예 워크숍에 참여할 수 있다. 멀티미디어 가이드영어, 북경어, 프랑스어, 일본어를 신청하면 더욱 자세한 설명을 들을 수 있다. 현재는 관리 주체 교체 과정에 있어서 임시 휴업 중이다.

MRT 차이나타운역Chinatown, 노스 이스트, 다운타운 라인 A출구에서 파고다 스트리트로 진입. 파고다 스트리트 중간 지점 왼쪽에 있다. 48 Pagoda St, Singapore 059207 +65 6224 3928 매일 09:30~18:30 S$ 무료(멀티미디어 가이드 3불) www.chinatownheritagecentre.com.sg

©Choo Yut Shing-flickr

©Choo Yut Shing-flickr

페라나칸 타일 갤러리 Peranakan Tiles Gallery

알록달록 독특한 디자인의 타일

차이나타운의 파고다 스트리트를 걷다 보면 알록달록 독특한 디자인을 자랑하는 페라나칸 타일 갤러리 앞에서 발걸음을 멈추게 된다. 독특한 기념품이나 선물을 찾는다면 이곳이 제격이다. 내부를 가득 채운 페라나칸 타일에 입이 떡 벌어진다. 생산지와 타일 상태에 따라 등급이 매겨지며 빈티지 제품은 타일 하나당 28불에서 최대 960불까지 한다. 특히 고가의 빈티지 타일은 더는 구할 수 없는 데다가 정교한 디자인, 고품질 유약 및 뛰어난 내구성으로 수집가들에게 인기가 높다.

MRT 차이나타운역Chinatown, 노스 이스트, 다운타운 라인 A출구로 나와 도보 2분
37 Pagoda St, Singapore 059196 +65 6684 8600 매일 12:00~18:00
S$ 무료 www.asterbykyra.sg

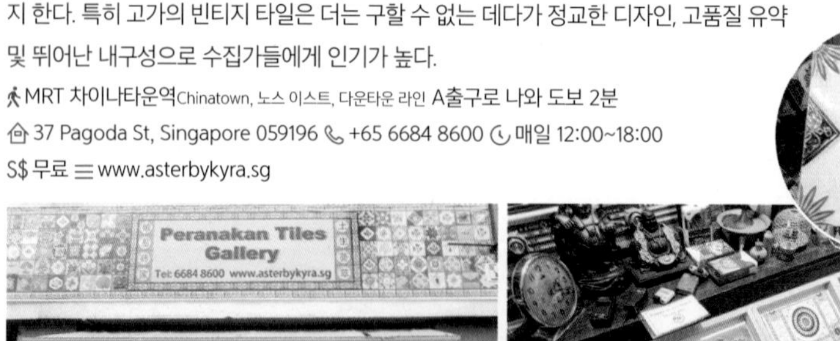

스리 마리암만 사원 Sri Mariamman Temple

싱가포르 최초의 힌두 사원

1827년에 지은 싱가포르에서 가장 오래된 힌두 사원이다. 인도 남부지역에서 온 이민자들이 예배를 드리기 위해 건축했다. 전염병과 질병을 치료하는 여신 마리암만을 모시고 있다. 누각처럼 생긴 사원 출입문을 '고푸람'이라고 부르는데, 힌두교 신화에 등장하는 다양한 신과 생물이 빼곡하게 조각되어 있다. 매년 10월과 11월 사이에 열리는 불 위를 걷는 행사가 볼만하다. 이 행사를 티미티Theemithi라고 부르는데 신앙심을 증명하는 의식이다. 사원 입장료는 무료지만 신발과 양말을 벗고 들어가야 한다.

MRT 차이나타운역Chinatown, 노스 이스트, 다운타운 라인 A출구에서 파고다 스트리트로 진입. 길이 끝나는 지점 오른쪽에 있다.
244 South Bridge Rd, Singapore 058793 +65 6223 4064 매일 07:00~12:00, 18:00~21:00
S$ 무료 www.smt.org.sg

©ScribblingGeek- Wikimedia Commons

차이나타운 방문객 센터 Chinatown Visitor Centre

여행지도 + 명소 티켓 + 기념품

복잡한 차이나타운을 어디서부터 어떻게 여행해야 할지 모르겠다면 차이나타운 방문객 센터로 가자. 싱가포르 전역 지도, 싱가포르에 관련된 도서, 차이나타운의 관광 명소 티켓 등을 함께 판매하고 있다. 여러 가지 싱가포르 기념품도 판매한다. 파고다 스트리트에서 파는 저렴한 상품보다 품질이 좋아 선물용으로도 그만이다. 불아사 뒤쪽에 있어 찾기 쉽다.

MRT 차이나타운역Chinatown, 노스 이스트, 다운타운 라인 A출구에서 파고다 스트리트, 트렝가누 스트리트Trengganu St 세이고 스트리트Sago St 경유하여 도보 4분 2 Banda St, Singapore 059962 매일 10:00~19:00
S$ 무료 @chinatownsingapore www.chinatown.sg

불아사 Buddha Tooth Relic Temple

MRT 차이나타운역Chinatown, 노스 이스트, 다운타운 라인 B출구에서 도보 5분. 사우스 브리지 로드 남쪽 끝 지점에 있다.
288 South Bridge Road, Singapore 058840 +65 6220 0220 매일 07:00~19:00(박물관 및 사리 봉안실 매일 09:00~18:00) S$ 무료 @btrts_singapore www.btrts.org.sg

부처의 송곳니를 품은 절

인도의 쿠시나가르에서 발굴한 부처의 왼쪽 송곳니를 보존하고 있는 5층짜리 사원이다. 비교적 최근인 2007년에 당나라풍으로 지었다. 쿠시나가르는 석가모니가 숨을 거두고 열반에 든 곳으로, 인도의 4대 불교 성지 가운데 하나이다. 불아사는 부처의 치아를 소장한 절이라는 뜻이다. 절 안에 박물관, 치아 보관탑사리탑 등을 갖추고 있다. 부처의 왼쪽 송곳니를 보관한 사리탑은 4층에 있다. 사리탑은 3.5톤에 이르는 아주 큰 조형물인데 무려 320kg의 금이 사용되었다. 이 중에서 234kg을 신자들이 기증했다. 사원 입장과 매주 토요일에 진행되는 가이드 투어는 무료다. 반바지, 미니스커트, 등이나 어깨가 드러나는 복장 등 노출이 심한 옷차림으로는 입장할 수 없다. 비채식주의 식품의 반입과 반려동물의 출입이 금지된다.

맥스웰 푸드 센터 Maxwell Food Centre

🚶 ❶ 불아사에서 남쪽으로 도보 1분. 사우스브리지 로드 남쪽 끝에 있다.
❷ MRT 차이나타운역Chinatown, 노스 이스트, 다운타운 라인 B출구에서 도보 6분
🏠 1 Kadayanallur St, Singapore 069184 🕓 매장별 상이 S$ 매장별 상이

차이나타운에서 가장 유명한 호커센터

차이나타운 중심부에 있다. 다양한 음식점 약 100개가 입점해 있다. 차이나타운에서 가장 유명한 호커센터로 손꼽힌다. 여행객은 물론 직장인, 현지인도 자주 찾는 곳으로 언제나 사람들로 북적인다. 미슐랭 빕 구르망에 오른 티엔티엔 치킨 라이스를 비롯해 딤섬, 차슈 포크, 피시 커리, 각종 디저트와 시원한 음료를 즐길 수 있다. 규모도 크고, 판매하는 음식도 워낙 다양해 뭘 골라야 할지 망설일 수 있다. 이럴 땐 줄이 길게 늘어선 곳 중심으로 선택하자. 이렇게 하면 후회할 일이 거의 없다. 회전율이 빨라서 생각보다 금방 순서가 돌아온다. 음식류는 보통 한 접시에 4~8불 내외다. 에어컨이 가동되지 않아 다소 더운 것은 감수해야 한다. 사람들이 몰리는 점심시간엔 4~6인용 테이블에 합석할 수도 있다.

ONE MORE

맥스웰 푸드 센터의 주요 맛집

Tian Tian Chicken Rice #01-10/11, 화~일 11:00~20:00
Tong Xin Ju Special Shanghai Tim Sum
#01-92, 화·목~일 11:00~20:00
Fu Shun Shao La Mian Jia #01-7, 매일 12:00~18:00
China Street Fritters #01-64, 화~일 11:30~20:00

안 시앙 힐 & 클럽 스트리트 Ann Siang Hill & Club Street

MRT 차이나타운역Chinatown, 노스 이스트, 다운타운 라인 A출구에서 파고다 스트리트, 사우스브리지 로드 경유 도보 5분

1 Ann Siang Hill, Singapore 069784

독특하고 힙한 나이트 라이프의 성지

안시앙 힐과 클럽 스트리트는 차이나타운의 도로 이름이다. 옛 모습에 새것을 덧댄 풍경이 조화를 이루며 독특하고 힙한 분위기를 자아낸다. 인근 직장인들이 퇴근 후 나이트 라이프를 즐기기 위해 자주 찾는다. 안 시앙 힐은 19세기 최고로 성공한 부동산 사업가였던 중국 이민자 치아 안 시앙Chia Ann Siang의 이름을 따왔다. 낮에는 고즈넉하고 아기자기하지만, 저녁이 되어 야외에 테이블이 놓이면 흥겹게 한잔하는 이들로 활기가 넘친다. 특히 차량진입이 통제되는 금~토 저녁에는 많은 인파가 몰린다. 노후 가옥을 리모델링했는데, 옛것과 새것이 만나는 묘한 분위기가 더욱 트렌디하게 느껴진다. 이곳의 독특한 풍경과 유산을 경험하려면 안 시앙 힐 공원과 텔록 에어 그린 Telok Ayer Green, 차이나타운의 파이오니어 트레일을 따라 걸어보자. 중국인 이민자들이 정착했던 과거의 흔적을 발견하는 재미가 있다.

차이나타운 콤플렉스 푸드 센터 Chinatown Complex Food Centre

스미스 스트리트의 차이나타운 콤플렉스 건물 2층. MRT 차이나타운역Chinatown, 노스 이스트, 다운타운 라인 A출구에서 도보 5분
335 Smith St, Singapore 050335 매장별 상이 S$ 매장별 상이

미슐랭 맛집이 있는 싱가포르 최대 호커센터

차이나타운 콤플렉스 푸드센터는 200개 식당이 모여 있는 싱가포르 최대 호커센터이다. 이곳엔 호커센터에서 최초로 미슐랭 1스타를 받은 맛집이 있다. 늘 북적이는 곳이라 식사 시간대보다 약간 이른 시간에 방문하길 추천한다. 세계에서 가장 저렴한 미슐랭 1스타로 유명한 '호커 찬'Hawker Chan의 3.5불짜리 소이소스 치킨라이스를 비롯해 미슐랭 빕 구르망 레스토랑으로 선정된 '랸 히 벤 지 클레이팟' Lian He Ben Ji Claypot의 클레이팟 라이스, 국수와 각종 채소와 어묵을 섞어 먹는 '쥬 지 아이캔 빌리즈 용 타우 푸'Xiu Ji Ikan Bilis Yong Tau Fu의 용 타푸가 인기가 많다. 다만 현지인이 주로 이용하는 재래시장에 있어서 동선이 조금 복잡하고 허름하기에 취향에 따라 호불호가 나뉠 수 있다. 카드 계산이 안 되는 곳이 많으므로 현금을 지참하는 편이 낫다.

©Enoo Yut Shing-flickr

©Ted McGrath-flickr

©Ted McGrath-flickr

ONE MORE

차이나타운 콤플렉스 푸드 센터의 주요 맛집

Hawker Chan #02-126, 월~토 10:30~15:30, 일 휴무
Ann Chin Popiah #02-112, 매일 08:30~20:00
Zhong Guo La Mian Xiao Long Bao #02-135, 수~일 11:30~15:00, 17:00~20:30
Lian He Ji Ben Claypot Rice #02-198/199, 금~수 16:30~10:30, 목 휴무
Jin Ji Teochew Braised Duck #02-15, 월~목 10:30~18:30, 토~일 10:00~18:30

 싱가포르 시티 갤러리 Singapore City Gallery

싱가포르의 발전 과정이 궁금하다면

영국 식민지였던 싱가포르는 1963년 말레이시아 소속이었다가 1965년에야 독립했다. 60년이라는 짧은 기간에 급속도로 세계적인 국가로 성장했다. 도시 국가 싱가포르의 발전 과정을 싱가포르 시티 갤러리에서 확인해 보자. 3층에 걸쳐 10개가 넘는 테마, 50개 이상의 시청각 자료를 전시하고 있다. 화요일, 목요일, 격주 토요일에 자원봉사가 무료 가이드 투어를 진행한다. 투어 소요 시간은 약 1시간이며 예약이 필요하다.

❶ 불아사에서 남쪽으로 도보 4분, 싱가포르 시티 갤러리에서 도보 2분 ❷ MRT 탄종파가역Tanjong Pagar, 이스트 웨스트 라인 B출구로 나와 맥스웰 로드를 따라 도보 5분 45 Maxwell Road, The URA Centre, Singapore 069118

+65 6221 6666 **월~토** 09:00~17:00 **일·공휴일** 휴무 S$ 무료 @urasingapore

https://www.ura.gov.sg/Corporate/Singapore-City-Gallery

아모이 스트리트 푸드 센터 Amoy Sreet Food Centre

다양한 나라의 음식점이 가득

차이나타운의 다른 푸드 센터보다 관광객들에게 상대적으로 덜 알려졌다. 대신 인근 직장인에게 인기가 많은 곳이다. 전통적인 현지식은 물론 멕시코, 일본, 베트남 등 다양한 나라 음식점이 많다. 점심시간에는 자리 잡기가 힘들다. 조금 이른 오전 시간을 공략하는 편이 좋다. 다른 푸드 센터보다 일찍 열고, 늦은 오후까지만 운영하고 대부분 일찍 문을 닫는다.

MRT 탄종파가역Tanjong Pagar, 이스트 웨스트 라인 G출구에서 북쪽으로 도보 2분 7 Maxwell Rd, Singapore 069111

+65 6225 5632 매장별 상이 S$ 매장별 상이

ONE MORE 아모이 스트리트 푸드 센터의 주요 맛집

Hong Kee Beef Noodle #01-42, 월~금11:00~19:30, 토~일 099~14:30

Piao Ji Fish Porridge #02-100, 화~일 11:00~15:30, 월 휴무

James' Quesadillas & Brunch #02-79, 월~금 07:30~15:00, 토 10:30~14:30, 일 휴무

Bake_Of #02-111, 월~금 07:00~14:30, 토~일 휴무

피나클 스카이 가든 The Pinnacle Sky Garden 50th Storey Skybridge

MRT 아우트램 파크역Outram Park, 이스트 웨스트 라인, 노스 이스트 라인 A번 출구로 나와 캔톤먼트 로드Cantonment Rd로 진입하여 도보 10분. 피나클 앳 덕스톤 G타워에서 올라간다.
Cantonment Rd, #1G, Singapore 085301 +65 180 0225 5432
매일 09:00~21:00 S$ 6불 @ pinnacleatduxton www.pinnacleduxton.com.sg

공중 정원에서 스카이라인을 한눈에

차이나타운 남쪽 피나클 앳 덕스톤 50층에 있는 전망대이자 공중 정원이다. 피나클 앳 덕스톤은 싱가포르에서 가장 오래된 정부 소유 공공 주택부지에 2009년 새롭게 지은 건축물이다. 여러 건축 디자인상을 받은 모던하고 혁신적인 건축물이다. 이곳이 유명해진 이유는 싱가포르에서 가장 멋진 공공주택인 데다, 50층에 있는 스카이브리지에서 일반인들도 저렴하게 멋진 전망을 감상할 수 있는 까닭이다. 차이나타운부터 싱가포르의 스카이라인을 한눈에 넣을 수 있다. 낮에 보는 전경도 아름답지만, 야경은 더 화려하고 환상적이다. 안타깝게도 주거용 건물이기 때문에 입장객은 하루 150명으로 한정하고 있다. 입장료는 6불이다. 싱가포르 교통카드인 이지 링크, 넷츠 카드나 싱가포르 투어리스트 패스, 싱가포르 투어리스트 패스 플러스 카드로만 결제할 수 있다. 피나클 앳 덕스톤 G타워 입구의 작은 사무실에서 결제 후 안쪽 엘리베이터를 타면 된다.

얌차 차이나타운 Yum Cha Chinatown

가격 부담이 적은 딤섬 맛집

차이나타운의 터줏대감 같은 딤섬 맛집이다. 빨간색 벽면과 나무장식, 동그란 대리석 테이블이 중국 분위기를 물씬 풍긴다. 테이블에 부착된 QR코드에 메뉴를 입력하면 직원이 재확인 후 주문에 들어간다. 서빙 속도가 제법 빠른 편이다. 보통 한 메뉴에 2~3개씩 나오므로 여러 개 시켜 나눠서 하나씩 맛보는 재미도 있다. 샤오롱바오와 프라운 덤플링, 트러플 머쉬룸 바오 등이 시그니처 메뉴다. 뜨거운 중국 차를 곁들여 마시면 느끼함을 잡아주어 입안이 개운하다. 가격은 큰 부담이 없다.

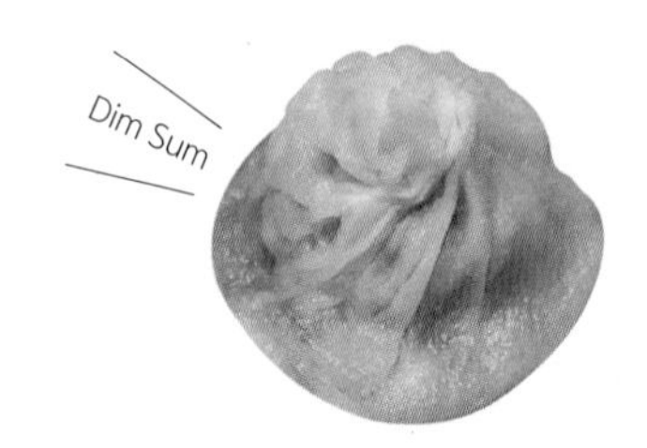

MRT 차이나타운역Chinatown, 노스 이스트, 다운타운 라인 A출구에서 템플 스트리트 경유하여 트렝가누Trengganu 스트리트가 나오면 우회전. 빨간 출입구를 따라 2층으로 올라가면 된다. 20 Trengganu St, #02-01, Singapore 058479 +65 6372 1717 **화~금** 10:30~20:30 **토~일** 09:00~20:30 **월** 휴무 S$ **스팀 딤섬류** 4.3~12.8불 **프라이드 딤섬류** 4.5~6.3불 **시푸드 프라이드 라이스** 16불 @yumchasg www.yumcha.com.sg

호커찬 Hawker Chan

미슐랭이 인정한 소야 소스 치킨 누들

세계 최초로 미슐랭 1스타를 받은 호커센터 맛집 호커찬의 분점이다. 이곳은 미슐랭 빕 구르망에 올랐다. 에어컨도 있고, 내부도 깔끔해 차이나타운 콤플렉스 푸드 센터의 1호점보다 훨씬 쾌적하다. 동행이 2명 이상이거나 가족 단위라면 이곳을 추천한다. 메뉴는 메인인 치킨, 차슈, 로스트 폭, 폭립 중 한 가지에 밥, 누들, 호펀 중 하나가 곁들여진다. 가장 인기 있는 메뉴는 소야 소스 치킨 라이스혹은 누들와 차슈 누들이다. 고기가 실하고 맛이 좋은 데다 특제 간장소스도 특별해 왜 이곳이 유명한지 고개가 끄덕여진다.

MRT 차이나타운역노스 이스트, 다운타운 라인 A출구로 나와 스미스 스트리트로 좌회전하여 도보 2분 78 Smith Street, Singapore 058972 +65 6221 1668 매일 10:30~20:00 S$ **소야 소스 치킨 라이스** 5불 **차슈 누들** 6.5불 **시즈널 베지터블** 5불 **음료** 1.6~5불 @liaofanhawkerchan liaofanhawkerchan.com

비첸향 Bee Cheng Hiang

그야말로 유명한 육포 전문점

싱가포르에 40개 넘는 지점이 있지만, 차이나타운지점은 매장이 커서 찾기 쉽고 회전율이 높아 육포가 더 신선하다. 네모난 육포는 대개는 그램당 판매한다. 낱개 포장 제품도 있으나 바로 먹을 용도라면 그램당으로 사는 게 가격과 신선도 면에서 더 낫다. 가장 인기 있는 제품은 슬라이스 포크와 칠리 포크이다. 더 부드러운 질감을 원한다면 민스드 포크를 선택하면 된다. '단짠단짠'의 전형적인 맛이다. 파인애플 타르트, 돼지고기 프로스, 피시 스킨 같은 제품도 판매한다.

MRT 차이나타운역노스 이스트, 다운타운 라인 A출구로 나오면 오른편에 바로 있다.
69 Pagoda St, Singapore 059228
+65 6323 0049 매일 09:00~21:00
@beechenghiangsg
www.beechenghiang.com.sg

김주관 Kim Joo Guan

숯불에 구운 훈제 향 좋은 육포

차이나타운에서 알아주는 육포 전문점이다. 몇 대에 걸쳐 내려오는 전통적인 조리법으로 육포를 만든다. 곡물을 먹인 호주산 돼지고기를 숯불에 구워서 고기 냄새가 거의 없다. 훈제 향이 섬세해 식어도 풍미가 그대로 살아있다. 싱가포르에 매장이 두 군데다. 김주관의 육포 제품 구성은 5가지 정도로 다른 곳보다 단출하다. 칠리 육포의 인기가 많고 프리미엄 포크벨리는 훈제 베이컨과도 모양이 비슷하다. 보통 그램당 판매하지만, 낱개로 소량 구매도 가능하다.

MRT 차이나타운역노스 이스트, 다운타운 라인에서 도보 3분. A출구로 나와 파고다 스트리트로 직진. 스리 마리암만 사원에서 우회전 후 길을 건너면 보인다.
257 South Bridge Rd, Singapore 058806 +65 6225 5257
매일 09:30~19:30 @limcheeguanofficial www.kimjooguan.com

림치관 Lim Chee Guan

현지인에게 인기 많은 담백한 육포

싱가포르에 육포 전문점이 많지만, 림치관은 다른 브랜드보다 현지인들에게 인기가 많다. 다른 육포보다 단맛이 덜한 게 특징이다. 이곳의 시그니처는 슬라이스 포크와 BBQ 칠리 포크이다. 칠리 포크는 기름기가 적고 매운맛이 강해 질리지 않고 먹을 수 있다. 다만 돼지 누린내가 살짝 나기도 한다. MRT 차이나타운역에서 가까운 게 큰 장점이다.

MRT 차이나타운역노스 이스트, 다운타운 라인에서 도보 2분. 피플스 파크 콤플렉스People's Park Complex 1층에 있다.
1 Park Rd, #01-25, Singapore 059108
+65 6933 7230 매일 10:00~21:00
@limcheeguanofficial
www.limcheeguan.com.sg

동북인가 Dong Bei Ren Jia, 东北人家

우리 입맛에 잘 맞는 중식집

호커센터 말고 중국식 음식을 저렴하게 먹기 좋은 곳이다. 1인에 2~30불이면 푸짐하게 먹을 수 있다. 한국인이 좋아하는 꿔바로우, 중국식 냉면, 건두부 샐러드, 마파두부, 가지볶음 등을 즐길 수 있다. 공간이 다소 협소해 저녁 시간에는 무척 붐빈다. 오후 6시 전에는 도착해야 대기하지 않고 들어갈 수 있다. 멀지 않은 곳에 동방미식東方美食, 동북소주東北小廚 등 비슷한 이름의 식당이 있다. 맛과 메뉴는 크게 차이는 없다. 싱가포르 직불카드인 넷츠나 현금결제만 가능하다. 중국어만 구사하는 직원이 대부분이다.

MRT 차이나타운역노스 이스트, 다운타운 라인 E출구로 나와 어퍼 크로스 스트리트Upper Cross St 쪽으로 도보 3분 22 Upper Cross, Singapore 058334 +65 6224 5258
매일 11:00~23:00 S$ **꿔바로우** 14불 **토마토 달걀볶음** 8불 **마파두부** 13불

야쿤 카야 토스트 Yakun Kaya Toast

본점에서 즐기는 단짠단짠의 행복

싱가포르에서 자주 볼 수 있는 카야잼 토스트 전문점 본점이다. 카야잼은 코코넛 밀크와 달걀, 판단잎, 설탕을 이용해 만든다. 외부 벽면의 노란 그래피티가 눈길을 끈다. 다른 매장은 주로 쇼핑몰 안에 있는데, 본점은 실내보다 야외에 더 자리가 많다. 잘 구운 갈색 식빵에 카야잼을 바르고 버터 조각을 넣은 다음 간장소스를 뿌린 수란에 찍어 먹는다. 한입 크게 먹으면 행복감이 밀려온다. 어느 매장이나 맛은 같지만, 야외인 데다가 본점이라 더욱 맛있게 느껴진다. 야외지만 캐노피와 선풍기가 있어 크게 덥지는 않다. 🚶 파 이스트 스퀘어Far East Square 몰 1층. MRT 텔록에이어역노스 이스트, 다운타운 라인 B출구로 나와 크로스 스트리트Cross St, 차이나 스트리트China St 경유하여 4분 🏠 18 China St, Far East Square #01-01, Singapore 049560 📞 +65 6438 3638 🕓 매일 07:30~16:30 S$ **카야 토스트 세트A**(카야 토스트+커피+수란) 5.6불

Instagram @yakunkayatoastsg ≡ www.yakun.com

오션 커리 피시 헤드 Ocean Curry Fish Head

취향 따라 골라 먹는 백반 맛집

수십 가지의 반찬을 밥과 함께 선택하여 먹는 일종의 백반 맛집이다. 점심시간 내내 식사나 포장을 하려는 인근 직장인들로 긴 줄이 늘어선다. 주문 방법은 포장인지 테이블에서 먹을지 이야기하고 먹고 싶은 음식을 골라 점원한테 말하고 계산하면 된다. 가격은 채소와 고기 가짓수로 계산한다. 피시 헤드 커리의 맛도 일품이다. 익숙하지 않은 비주얼 때문에 처음 먹기에 좀 꺼림직할 지 모르겠지만, 한 번쯤은 이색적인 맛을 경험해볼 만하다.

🚶 MRT 탄종파가역Tanjong Pagar, 이스트 웨스트 라인 G출구로 나와 5분 정도 직진하여 사거리 코너의 파란색 차양을 찾으면 된다.
🏠 181 Telok Ayer, Singapore 068629 📞 +65 6324 9226 🕓 **월~토** 10:30~15:00, 17:00~20:30 **일** 휴무
S$ **피시 헤드 커리** 28~45불 **채소1+고기1+밥** 3.5불 Instagram @oceancurry1984 ≡ www.oceancurryfishhead.com.sg

포테이토 헤드 싱가포르 Potato Head Singapore

MRT 아우트램 파크역Outram Park, 이스트 웨스트, 다운타운 라인 H출구로 나와 크레타 에어 로드Kreta Ayer Rd로 들어가서 케옹 색 로드Keong Saik Rd 방향으로 우회전하면 정면에 보인다. 36 Keong Saik Rd, Singapore 089143 +65 6222 1616
쓰리번즈(2층) 매일 11:00~24:00 스튜디오 1939와 루프톱(3·4층) **월~목** 17:00~24:00 **금~일** 16:00~24:00
S$ **칵테일** 21~25불 **버거** 18~36불 **점심** 2코스 24불, 3코스 28불 @potatoheadsg singapore.potatohead.co

루프톱을 갖춘 수제 햄버거 맛집

케옹색 로드Keong Saik Rd의 랜드마크 같은 수제 햄버거 맛집이다. 신선한 재료를 아낌없이 사용하고 독특한 소스 맛이 일품이다. 점심에는 메인과 음료가 포함된 2코스, 디저트까지 포함된 3코스의 가성비가 좋다. 전통적인 치즈 버거인 베이비 휴이버거와 손바닥처럼 두툼한 프라이드 치킨이 패티로 나오는 헝키 통크 버거, 칵테일 좀비 #36 등이 인기가 많다. 층마다 다른 인테리어 컨셉으로 꾸며 다른 공간에 있는 것 같은 느낌이 들어 좋다. 편안하게 식사를 하려면 2층을, 힙한 음악을 들으며 칵테일을 즐기고 싶을 때는 3층 스튜디오 1939를, 이국적인 칵테일과 도시의 야경을 즐기고 싶다면 탁 트인 루프톱을 이용하면 된다. 주말 늦은 밤에는 3층에서 라이브 디제이 퍼포먼스가 열리는데, 홈페이지를 통해 예약해야 한다.

에스퀴나 Esquina Tapas Bar

차이나타운의 타파스 맛집

에스퀴나는 '코너'를 뜻하는 스페인어다. 식당도 도로 끝 모퉁이에 있다. 야외, 1~2층으로 분리되어 있는데, 1층 바 테이블을 추천한다. 바르셀로나 태생의 헤드 셰프 카를로스 몬토비오Carlos Montobbio의 지휘 아래 젊은 셰프들이 분주히 요리하는 모습을 생생하게 볼 수 있기 때문이다. 1~2조각씩 제공되는 타파스는 입맛을 돋우기 좋다. 특히 오랜 기다림 끝에 맛볼 수 있는 베스트셀러 '레드 프라운 파에야'는 그야말로 입안에서 감칠맛이 팡팡 터진다. 위에 올린 촉촉하고 탱글탱글한 붉은 새우의 맛도 인상적이다.

MRT 아우트램 파크역Outram Park, 이스트 웨스트, 다운타운 라인 H출구로 나와 크레타 에어 로드Kreta Ayer Rd 따라 닐 로드Neil Rd까지 도보 3분. 우회전 후 50m 가서 테크 림 로드Teck Lim Rd로 우회전 후 도보 1분 16 Jiak Chuan Rd, Singapore 089267 +65 6222 1616 **화~목** 12:00~14:30, 18:00~22:30 **금~토** 12:00~14:00, 18:00~23:00 **일·월** 휴무 S$ **스낵** 8~34불 **메인** 12~98불 **디저트** 15~16불 **테이스팅 메뉴** 1인 138불 @esquinasg www.singapore.potatohead.co

만만 Unagi Tei Japanese Restaurant

민물장어 덮밥 전문점

싱가포르에서 정통 일본식 장어 덮밥을 찾는다면 만만이 최상의 선택이 될 수 있다. 겉은 약간 바삭하면서 부드럽게 씹히는 양념 장어 맛이 일품이다. 점심시간이 되면 웨이팅 라인이 길게 늘어서기 때문에 12시 전에 입장하는 편이 안전하다. 입구에 들어서자 마자 보이는 수조에서 장어 상태를 확인할 수 있다. 투명 유리로 되어 있는 오픈 주방이라 바 테이블에서 조리과정을 보는 것도 흥미롭다. 점심시간 이후 브레이크 타임이 있으니 참고하자.

MRT 아우트램 파크역Outram Park, 이스트 웨스트, 다운타운 라인 H출구로 나와 크레타 에어 로드Kreta Ayer Rd와 케옹색 로드Keong Saik Rd 따라 도보 5분 1 Keong Saik Rd, Singapore 089109 +65 6222 0678 **월~토** 11:30~14:25, 18:00~22:30 **일** 휴무 S$ **히츠마부시** 37.45불 **우나기롤** 17.65불 **우나기 본 크래커** 6.85불 @manmanunagi.keongsaik

블루 진저 The Blue Ginger

정갈한 페라나칸 요리를 찾는다면

내로라하는 음식점이 즐비한 차이나타운 탄종파가 거리에서 30년 가까이 영업한 숨은 진주이다. 소박하지만 정갈하고 푸근한 정통 페라나칸 요리를 선보인다. 꾸준히 미슐랭 빕 구르망에 선정되어 단골층도 꽤 많은 편이다. 푹 끓여 뭉근하게 졸인 부드러운 비프 렌당, 코코넛 밀크를 넣은 닭 다리 살 요리인 아얌 패강, 검은 견과류인 부아 켈루악을 넣어 마치 짜장처럼 보이는 매콤한 오징어 요리인 소통 켈루악 등은 이 집의 인기 메뉴이다. 깔끔하게 입가심을 해주는 디저트로 첸돌까지 먹으면 완벽하다.

MRT 탄종파가역Tanjong Pagar, 이스트 웨스트 라인 B번 출구로 나와 Wallich 스트리트를 따라 오키드 호텔이 보이면 오른쪽으로 도보 3분 97 Tg Pagar Rd, Singapore 088518 +65 6222 3928 매일 12:00~15:00, 18:30~22:30 S$ 쿠에 피티 9불, 비프 렌당 34.5불, 아얌 팽강 23불, 논야 피시 헤드 커리 40불 @the.blueginger www.theblueginger.com

난양 올드 커피 Nanyang Old Coffee

싱가포르 전통 커피 즐기기

싱가포르 '꼬삐'에 대해 제대로 알 수 있는 곳이다. 빨간색 외관이 인상적이다. 벽면과 테이블에는 싱가포르 커피 종류와 간단한 '싱글리쉬'에 관해 친절한 안내문이 붙어 있다. 야외석, 에어컨이 있는 1층, 커피 박물관 겸 매장인 2층으로 구성돼 있다. 카야 토스트 및 락사, 바쿠테 같은 간단한 음식도 판매한다. 굿즈 구성이 충실한데 책처럼 보이는 상자에 10개씩 들어있는 싱가포르 커피 믹스나 싱가포르 밀크티 믹스는 선물용으로 좋다. 싱가포르식 찻잔 세트와 빨간 주전자도 기념품으로 추천할 만하다.

MRT 차이나타운역노스 이스트, 다운타운 라인 B출구로 나와 사우스 브리지 로드 쪽으로 도보 5분 268 South Bridge Rd, Singapore 058817 +65 6221 6973 **1층** 매일 07:00~18:30 **2층** 매일 07:00~17:00 S$ **싱가포르식 꼬삐** 2.8불부터 **밀크티** 2.8불부터 **레몬 사우어 플럼** 2.8불 @nanyangoldcoffee www.nanyangoldcoffee.com

티 챕터 Tea Chapter

MRT 차이나타운역노스 이스트, 다운타운 라인 A출구로 나와 파고다 스트리트와 사우스 브리지 로드 경유하여 도보 7분
9 Neil Rd, Singapore 088808 +65 6226 1175 **일~목** 11:00~21:00 **금~토 및 공휴일** 11:00~22:30
S$ **티포트** 11~35불 **스낵 및 가벼운 식사** 4~10불 @tea.chapter www.teachapter.com

엘리자베스 여왕이 다녀간 찻집

전통 중국식 다도를 배울 수 있는 차 문화 공간이다. 1층은 차와 찻잔 세트 등을 판매하는 공간이자 다도茶道를 배울 수 있는 곳이다. 2층과 3층은 한국식, 오리엔탈식, 일본식 등으로 꾸민 차를 마실 수 있는 프라이빗한 공간이다. 특히 2022년에 사망한 영국의 엘리자베스 여왕이 다녀갔다는 '여왕의 방'Queen's Room은 가장 인기가 있는 곳으로 10%의 프리미엄 차지가 더 붙는다. 평일에만 예약 가능하며 주말과 공휴일에는 직접 와서 좌석을 안내받아야 한다. 티포트를 시키면 양이 많아 둘이서도 충분히 차를 즐길 수 있다. 다만 인당 9불의 룸 차지가 붙고 2시간으로 제한 시간이 있다. 차와 어울리는 딤섬이나 쿠키, 차 달걀, 연잎밥 같은 메뉴가 있어서 가벼운 식사까지 겸할 수 있다.

어쿠스틱 커피 바 Acoustics Coffee Bar

MRT 아우트램 파크역Outram Park, 이스트 웨스트, 다운타운 라인 H출구로 나와 크레타 에어 로드Kreta Ayer Rd, 닐 로드Neil Rd 경우하여 도보 6분. 닐 로드와 테크 림 로드가 만나는 지점 길 건너편에 있다. 61 Neil Rd, Singapore 088895
+65 8023 9619 **일~목** 08:30~17:30 **금~토** 08:30~21:30 S$ **커피** 3.5~13불 **디저트** 6~16불 **세트 런치** 12불(월~금 11:00~16:00) **브런치** 9~24불 **파스타** 16~20불 @acousticscoffeeabr www.acousticscoffee.com

커피만큼 인테리어도 돋보인다

모던한 빈티지 카페라고 해야 할까? 어쿠스틱 커피 바는 인테리어가 먼저 눈에 띈다. 의자와 테이블, 주방, 조명, 장식 소품 등 내부 인테리어에서 심플한 절제미가 돋보인다. 아울러 빈티지한 가구에 현대미를 보태어 아주 매력적이다. 실내 디자인뿐 아니라 커피 맛도 좋다. 산미가 풍부한 커피는 주변에서 입소문이 날 만큼 인기가 많다. 다양하고 귀여운 라테 아트가 이 집의 트레이드 마크다. 커피뿐 아니라 가볍게 먹을 브런치도 다양하다. 특히 라이스 볼2가지 중에서 선택과 아이스티커피는 2불 추가로 구성된 주중 런치 세트는 12불로 가성비가 좋은 편이다. 커피와 실내 디자인뿐 아니라 스피커 장비도 눈에 띄는데, 카페 이름처럼 에코를 최소화해 부드러운 사운드를 지향하는 점이 인상적이다.

마이 어썸 카페 My Awesome Café

낡은 외관이 오히려 힙한 매력

언제나 사람들로 북적인다. 수십 년 동안 무료 진료소로 사용한 중화의원中華醫院의 흰색 외관을 그대로 사용하여 오히려 힙한 분위기가 넘친다. 이름은 카페이지만, 커피 메뉴 외에 샌드위치나 샐러드, 버거 같은 음식과 주류도 판매한다. 이런 까닭에 커피보다는 식사하는 손님이 많은 편이다. 다만 전체적으로 좌석이 협소하고 테이블의 좌석 간격이 너무 좁은 편이라 조용하게 이야기 나누기는 힘들다.

❶ MRT 텔록에이어역Telok Ayer, 다운타운 라인에서 텔록에이어 스트리트Telok Ayer St 따라 도보 3분 ❷ MRT 차이나타운역노스 이스트, 다운타운 라인 B출구에서 도보 9분 202 Telok Ayer St, Singapore 068639 +65 87981783

월~금 11:00~23:00 **토** 10:30~24:00 **일** 10:30:~18:00 S$ **마이 어썸 샐러드** 17불 **마이 어썸 샌드위치** 17불 **커피** 3~5불

@myawesomecafe www.myawesomecafe.com

깁슨 Gibson

조용한 나만의 아지트 같은 곳

30명 남짓 수용할 수 있는 소규모이지만, '아시아 최고의 바 50' 목록에서 빠지지 않는다. 분위기는 고풍스러우면서도 조명의 조도가 낮아 아늑하게 느껴진다. 차분하게 이야기를 나누기 좋다. 양파가 로고처럼 그려진 상호 깁슨Gibson은 마티니의 일종인 깁슨올리브나 레몬 껍질 대신 양파를 넣은 마티니이라는 시그니처 칵테일 이름을 그대로 사용했다. 칵테일을 주문하면 양파 조각, 훈제 메추라기 알, 훈제 츠케모노가 기본으로 나온다. 매일 18:00~19:30 사이엔 해피 아워로 4가지 칵테일을 16불에 즐길 수 있다.

MRT 아우트램 파크역Outram Park, 이스트 웨스트, 다운타운 라인 H출구로 나와 뉴브리지 로드New Bridge Rd, Teo Hong Rd, Bukit Pasoh Rd 경유하여 도보 3~4분

20 Bukit Pasoh Rd, Level 2, Siangapore 089834

+65 9114 8385 **수~목, 일** 18:00~24:00 **금~토** 18:00~02:00 S$ **칵테일** 25불 **무알콜** 음료 15불 **스낵** 18~22불

@gibsonbarsg www.gibsonbar.sg

지거 & 포니 Jigger & Pony

MRT 탄종파가역Tanjong Pagar, 이스트 웨스트 라인 A출구에서 서남쪽으로 도보 3~4분. 아마라 싱가포르 호텔 로비 왼쪽에 있다.
Amara Singapore, 165 Tanjong Pagar Rd, Singapore 088539 +65 9621 1074
일~목 17:00~01:00(주문 마감 23:00) **금~토** 17:00~03:00(주문 마감 01:00) **해피 아워** 18:00~19:30
S$ **칵테일** 23불부터 **스낵** 10불부터 @jiggerandponysg www.jiggerandpony.com

아시아 3위, 세계 5위

차이나타운 남쪽 탄종파가의 아라마 호텔에 있는 유명한 칵테일 바이다. 칵테일을 만드는 계량 도구인 '지거 & 포니'를 상호로 내걸었다. 이곳은 '2024년 아시아 50 베스트 바'에서 3위, '2024년 세계 50 베스트 바'에서 당당히 5위를 차지했다. 호텔 옆 비밀스러운 입구를 지나 들어간다. 분위기가 캐주얼한 1층과 조용하고 프라이빗한 2층으로 나누어져 있다. 사진과 자세한 설명이 곁들여진 메뉴판은 미니 매거진이라고 해도 손색이 없다. 도수별로 구분해 놓은 'Quick Menu'도 칵테일을 선택하는데 꽤 도움이 된다. 프로답고 유쾌한 바텐더들이 솜씨 좋게 칵테일을 만드는 모습은 보는 사람까지 흥겹게 만든다. 평일 해피 아워 찬스를 사용하면 18불에 인기 칵테일을 즐길 수 있다.

네이티브 Native

현지 재료로 만든 독특한 칵테일

독창적인 오너 바텐더 비제이 무달리어Vijay Mudaliar는 아시아의 맛과 향을 담아내기 위해 현지 재료를 적극적으로 활용하는 것으로 유명하다. 칵테일은 독특하면서도 균형감을 잘 구현하고 있다. 분위기가 동네 아지트에 온 듯 친근하고 편안하다. 바텐더들은 서로 손발이 잘 맞고 손님에겐 친절하다. 내부를 재생 또는 재활용 재료로 만들어 더 특별하다.

MRT 탄종파가역Tanjong Pagar, 이스트 웨스트 라인 G출구로 나와 텔록 에이어 스트리트Telok Ayer St와 아모이 스트리트Amoy St 경유하여 북쪽으로 도보 4~5분
52A Amoy Street, Singapore 069878
+65 8869 6520
월~금 17:00~10:30 **토~일** 16:00~10:30
S$ **칵테일** 25불 **스낵** 10~12불
@nativebarsg
www.tribenative.com

차이나타운 포인트 Chinatown Point

쇼핑은 물론 식사까지 OK!

차이나타운 관문에 있는 쇼핑몰이다. 차이나타운 지하철역 E출구로 나오면 바로 찾을 수 있다. 1층 광장엔 늘 시즌에 맞는 포토 포인트를 꾸며 놓는다. 잠시 짬을 내 인증 사진을 찍어보자. 이곳엔 쇼핑 공간 만큼이나 식당이 많아서 좋다. 스타벅스와 맥도날드, 송파 바쿠테 분점 등이 들어서 있다. 2층에 있는 향연이라는 한국 BBQ 식당도 인기가 많다. 4층에는 누구나 들어갈 수 있는 공립도서관이 있다.

MRT 차이나타운역Chinatown, 노스 이스트, 다운타운 라인 E출구로 나오면 된다. 133 New Bridge Rd, Singapore 059413
+65 6702 0114 매일 09:00~22:00 @chinatownpoint_sg www.chinatownpoint.com.sg

PART 8

센토사

Sentosa Island

다채로운 체험, 싱가포르 대표 휴양지

센토사는 말레이어로 '평화와 고요함'을 뜻한다. 1972년 싱가포르 정부가 섬을 리조트로 개발할 때 지은 이름이다. 인기 높은 휴양지지만, 2차 세계대전 때는 일본군의 영국군 포로수용소, 60년 전에는 영국의 군사기지였다. 길이 2km가 넘는 3개 해변의 고운 백사장에서 휴식과 액티비티를 경험할 수 있다. 리조트 월드 센토사에는 유니버설 스튜디오, 카지노, 아쿠아리움, 호커센터, 미슐랭 레스토랑 등 보고 먹고 즐기는데 필요한 거의 모든 시설이 있다. 5성급 리조트형 고급 숙박 시설도 많아서 싱가포르의 대표적인 스테이케이션 명소이다.

센토사 여행 정보는 여기에서

+65 6736 8672

www.sentosa.com.sg @Sentosa_Island

APP 애플 아이튠스나 구글 플레이에서 'MySentosa'를 다운받으면 편리하다

센토사

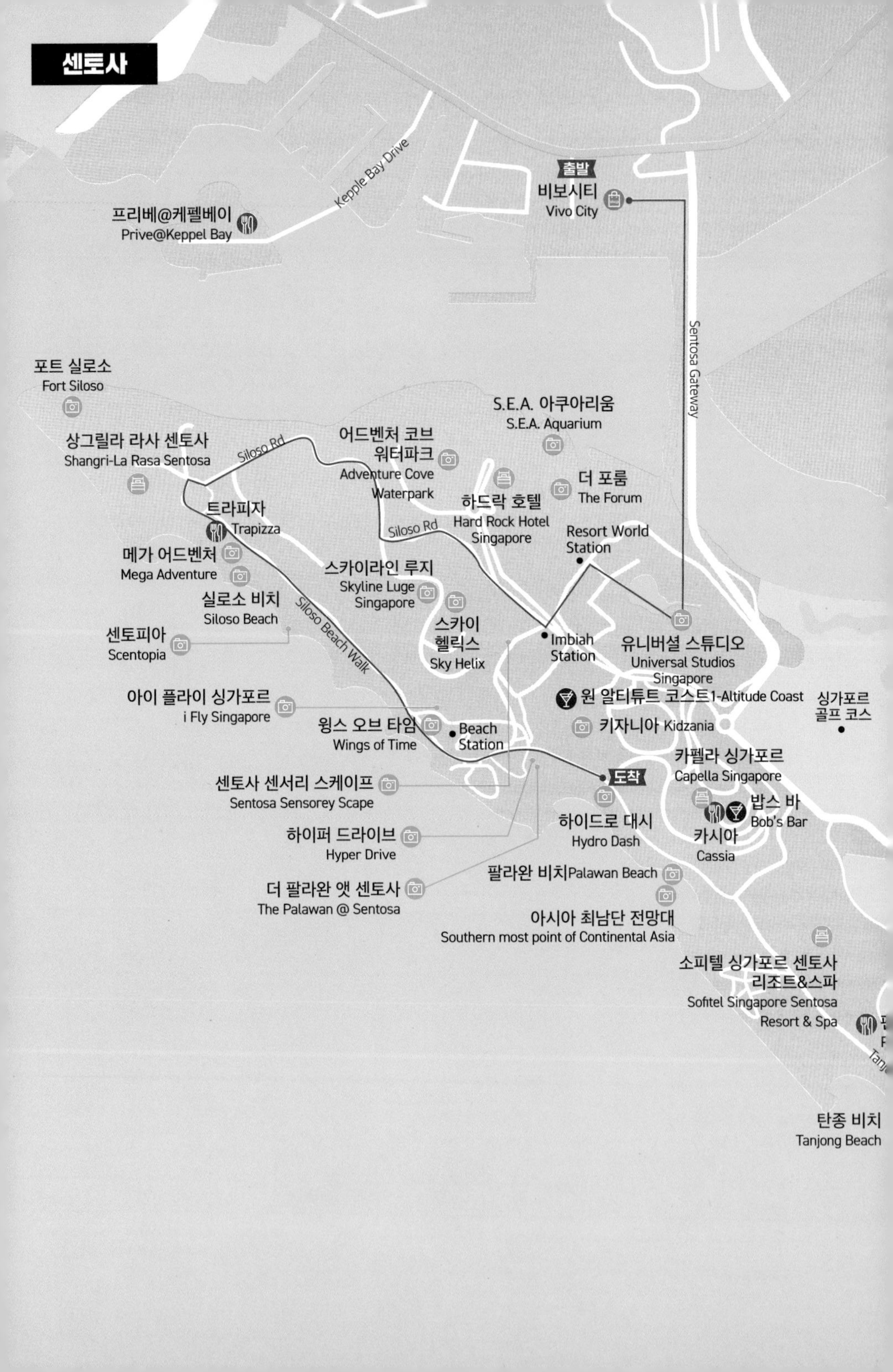

Kepple Bay Drive

출발
비보시티
Vivo City

프리베@케펠베이
Prive@Keppel Bay

Sentosa Gateway

포트 실로소
Fort Siloso

S.E.A. 아쿠아리움
S.E.A. Aquarium

상그릴라 라사 센토사
Shangri-La Rasa Sentosa

Siloso Rd

어드벤처 코브
워터파크
Adventure Cove
Waterpark

더 포룸
The Forum

하드락 호텔
Hard Rock Hotel
Singapore

트라피자
Trapizza

Siloso Rd

Resort World
Station

메가 어드벤처
Mega Adventure

스카이라인 루지
Skyline Luge
Singapore

실로소 비치
Siloso Beach

Siloso Beach Walk

스카이
헬릭스
Sky Helix

Imbiah
Station

유니버셜 스튜디오
Universal Studios
Singapore

센토피아
Scentopia

아이 플라이 싱가포르
i Fly Singapore

원 알티튜트 코스트1-Altitude Coast

싱가포르
골프 코스

윙스 오브 타임
Wings of Time

Beach
Station

키자니아 Kidzania

카펠라 싱가포르
Capella Singapore

센토사 센서리 스케이프
Sentosa Sensorey Scape

도착

밥스 바
Bob's Bar

하이드로 대시
Hydro Dash

카시아
Cassia

하이퍼 드라이브
Hyper Drive

팔라완 비치Palawan Beach

더 팔라완 앳 센토사
The Palawan @ Sentosa

아시아 최남단 전망대
Southern most point of Continental Asia

소피텔 싱가포르 센토사
리조트&스파
Sofitel Singapore Sentosa
Resort & Spa

탄종 비치
Tanjong Beach

하루 여행 추천 코스 지도의 빨간 실선 참고, 역방향 투어도 가능

하버프런트역 비보시티 → 센토사 익스프레스 5분 →

유니버설 스튜디오 → 도보 5분, 센토사 익스프레스 5분 →

실로소 비치 → 도보 또는 트램 5분 - **스카이라인 루지** →

도보 2분 → **윙스 오브 타임** → 도보 4분 → **하이드로 대시**

브라니 아일랜드
Brani Island

Ocean Drive

Ocean Drive

Allanbrooke Rd

요트 선착장
Sentosa Marina

센토사 골프 코스

Cove Drive

센토사 가는 방법

싱가포르 시내에서 센토사로 이동하는 방법은 모노레일, 케이블카, 버스, 택시, 도보 등 모두 5가지다. 센토사에서 숙박하거나 짐이 많으면 택시를 주로 이용하지만, 체험과 관광이 목적인 사람들은 대부분 버스, 모노레일, 케이블카를 이용한다. 상황에 맞춰 편리한 방법을 선택하자.

❶ 센토사 익스프레스(모노레일)

MRT 하버프런트역HarbourFront, 서클, 노스 이스트 라인과 연결된 비보시티 쇼핑몰 3층에 승차장이 있다. 푸드 리퍼블릭 옆에 센토사 익스프레스 탑승 입구가 보인다. 싱가포르 교통카드인 이지링크, 또는 티켓 판매기에서 센토사 패스를 구매하여 개찰구에 찍고 들어간다. 소요 시간은 5분 안팎이다.

S$ 4불

❷ 케이블카

MRT 하버프런트역HarbourFront, 서클, 노스 이스트 라인 B출구에서 이어지는 하버프런트 타워2의 15층에서 탑승한다. 센토사섬엔 케이블카 정류장이 여러 군데이다. 어디에서 내려야 하는지 목적지를 꼭 먼저 확인하자. 케이블카는 왕복으로만 구매 가능하다. 다소 비싸지만 센토사 풍경을 한눈에 담기엔 그만이다. 기념으로 한 번쯤 타볼 만하다. 운행시간은 5분 안팎이다.

🕓 매일 08:45~20:30(마지막 티켓팅 19:45 / 마지막 탑승 20:00)

S$ 성인 33불, 어린이(3-12세) 22불, 3세 미만 무료

❸ 택시 또는 그랩

짐 또는 동행이 많다면 택시가 편리하다. 호텔 숙박이 주요 목적일 때도 택시를 타는 게 좋다. 보통 할증이 붙는 택시보다는 고정 가격으로 이동하는 그랩이 저렴한 편이다. 주말 오후나 아주 늦은 시간대가 아니라면 시내 어느 곳이든 20불 내외면 충분하다.

❹ 버스

MRT 하버프런트역HarbourFront, 서클, 노스 이스트 라인 C출구로 나와 14141번 버스 정류장 앞에서 리조트 월드 센토사RWS 8번 버스를 탑승하고 RWS 지하층에서 내리면 된다.

S$ 2불

❺ 도보

MRT 하버프론트역HarbourFront에서 하차하여 비보시티 Lobby F, Level 1로 나가면 센토사 워크 보드가 나온다. 센토사 워킹 트레일의 일부 구간이다. 이 길을 통해 걸어서 센토사로 갈 수 있다. 햇빛이 약한 오전이나 늦은 오후라면 운동 삼아 걸어갈 만하지만 더위가 기승을 부리는 한낮에는 추천하지 않는다.

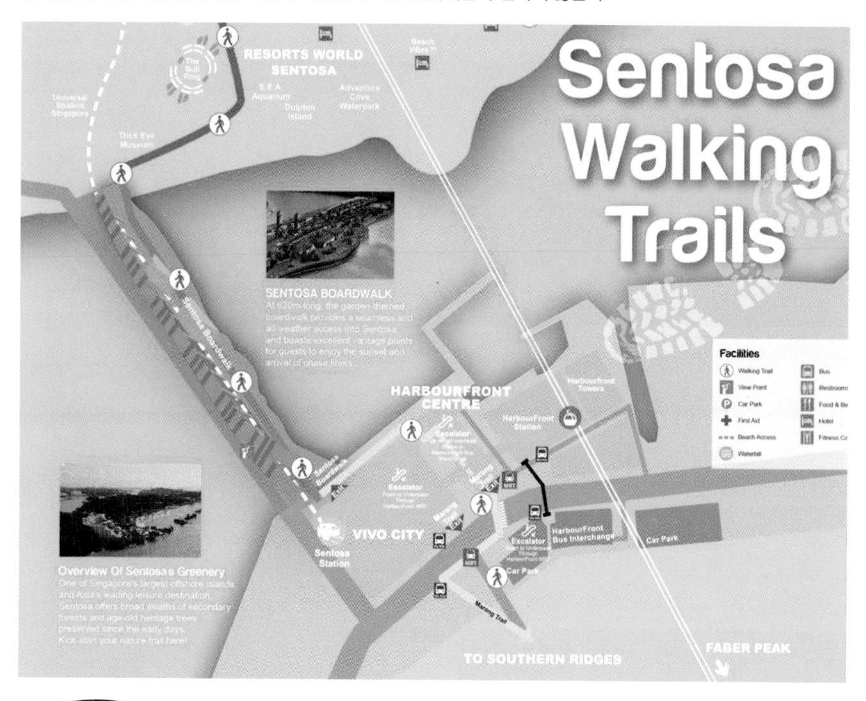

Special Tip

돈을 아껴주는 센토사 펀 패스

센토사에서 여러 체험을 할 예정이라면 센토사 펀 패스Sentosa FUN PASS를 구매하자. 체험 명소별로 구매하는 것보다 저렴하게 이용할 수 있다. 명소를 이용할 때마다 토큰이 차감되는 형식이다. 패스는 토큰 60개, 90개, 120개 등 3가지가 있다. 다만 유니버셜 스튜디오, 스카이라인 루지, 메가짚 등에서는 사용할 수 없다. 여행 동선에 맞는 어트렉션을 홈페이지에서 확인 후 이용하자. 센토사 펀 패스는 친구나 가족끼리 같이 사용할 수 있다.

주요 구매처 VivoCity Station, Beach Station, Resort World Station, Imbiah Lookout
S$ 60토큰 60불, 90토큰(+5프리토큰) 90불, 120토큰(+10프리토큰) 120불

ONE MORE

센토사에서 공작새 구경하기

센토사섬엔 방사한 공작새 100여 마리가 살고 있다. 특히 센토사 내 여러 호텔 수영장에 자주 출몰한다. 센토사에서 숙박할 계획이 있다면 꼭 인증 샷을 찍어보자.

센토사 내 교통편

센토사섬의 교통편은 무료로 순환하는 비치 트램과 센토사 전용 버스가 있다. 비치 트램은 이름처럼 해변을 따라 있는 주요 명소를 다닌다. 비치 트램만 타도 어트랙션 대부분을 갈 수 있다. 버스는 노선에 따라 A, B, C로 나뉘며 주요 리조트와 호텔에 정차한다.

©Choo-Yut Shing-flickr

❶ 비치 트램

운행 간격 10분 간격

운행 시간 일~금 09:00~22:30(비치스테이션 마지막 출발 22시), 토 09:00~24:00(비치스테이션 마지막 출발 23:30)

정류장 Beach Station – Bikini Bar – Opp Siloso Beach Resort – Mega Adventure – Siloso Point – Opp Mega Adventure – Siloso Beach Resort – Gogreen Segway Eco Adventure – Beach Station – Palawan Kidz City – Opp southernmost Point of Continental Asia – Opp Palawan Beach – Opp Palawan Carpark – Tanjong Beach – Palawan Carpark – Palawan Beach – Southernmost Point of Continental Asia – Opp Anaimal & Bird Encounters – Opp Palawan Kidz City – Beach Station

©Singapore Buses-flickr

❷ 센토사 버스

버스 A

운행 간격 15분

운행 시간 매일 7:00~01:10(비치스테이션 마지막 출발 01:10)

버스 정류장 Beach Station – Imbiah lookout – Siloso Point – Opp Village Hotel – Opp Amara Sanctuary Resort –Resorts World Sentosa(B1) – Amara Sanctuary Resort – Village Hotel – Beach Station

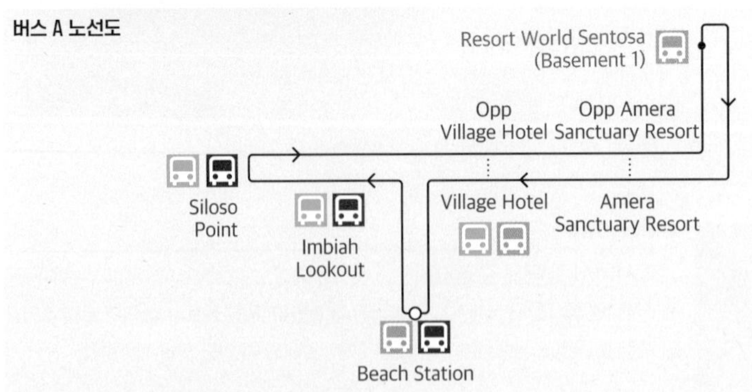

버스 B

운행 간격 15분 간격

운행 시간 매일 07:00~01:10(비치스테이션 마지막 출발 01:10, 22시 이후에는 W Hotel/Quayside isle은 운행 안 함)

버스 정류장 Beach Station – Opp Village Hotel – Opp Amara Sanctuary Resort – Sentosa Pavilion – W Hotel/Quayside isle – Sentosa Cove Village – Opp Sentosa Pavilion – Sentosa Golf Club – Eton House – Palawan Beach – Opp So Spa – Amara Sanctuary Resort – Village Hotel – Beach Station

버스 B 노선도

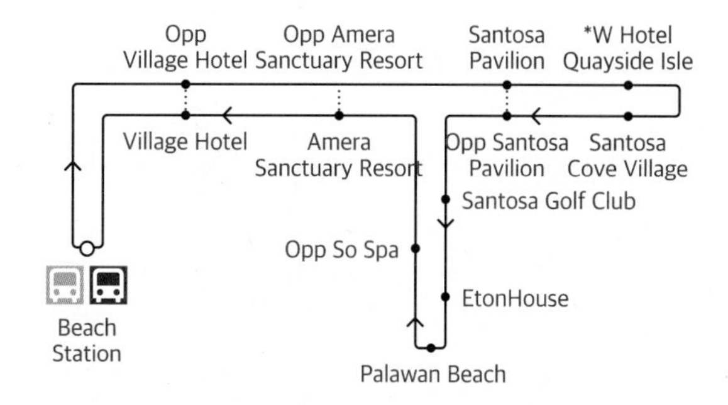

버스 C

운행 간격 15분

운행 시간 매일 08:00~22:00(비치스테이션 마지막 출발 22시)

버스 정류장 Beach Station – Opp Village Hotel – Opp Amara Sanctuary Resort – Resorts World Sentosa(B1) – Amara Sanctuary Resort – Village Hotel – Siloso Point – Imbiah lookout – Beach Station

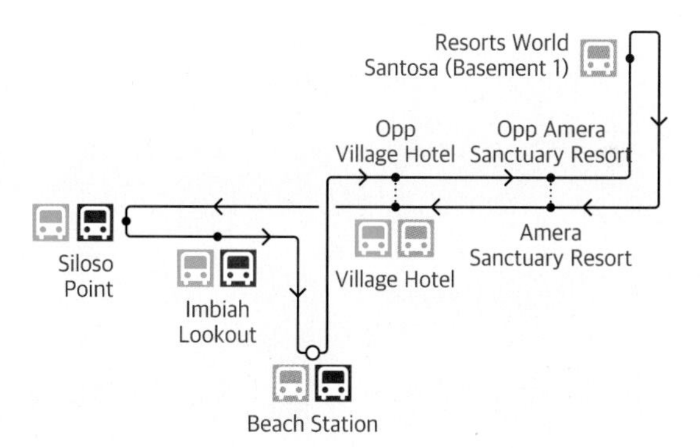

Special Tip

교통편 상세 홈페이지

센토사 전용 홈페이지 ≡ www.sentosa.com.sg나 공식 어플리케이션 마이 센토사My Sntosa를 이용하면 여러 가지 어트랙션, 다이닝, 바, 숙소, 이벤트, 프로모션 등 다양한 정보를 얻을 수 있다. 지도에는 버스 정류장 검색 기능이 있어 실시간으로 도착 정보를 알 수 있다.

유니버설 스튜디오 Universal Studios Singapore

MRT 하버프론트역HarbourFront, 서클, 노스 이스트 라인 비보시티 3층에서 센토사 익스프레스 승차 후 워터 프론트역WaterFront(리조트 월드역Resorts World Station)에서 하차
8 Sentosa Gateway, Singapore 098269 +65 6577 8888 매일 10:00~18:00
S$ **비거주자 성인(13세 이상)** 83불 **어린이(4~12세)** 62불 **익스프레스 티켓** 60불부터 **싱가포르 거주자** 성인 73불, 어린이 58불 @rwsentosa www.rwsentosa.com/en/attractions/universal-studios-singapore

©Evelyn Lim-flickr

©Studio Sarah Lou-flickr

©Jeremy Thompson-flickr

스릴, 흥미진진, 시간 가는 줄 모른다

할리우드 영화와 TV 프로그램을 기반으로 한 세계적인 놀이공원이다. 일본에 이어 아시아에서는 2번째이다. 유니버설 스튜디오 중 규모가 가장 작지만, 인기가 높고 알찬 어트랙션만 갖추고 있다. 동선을 잘 짜면 모든 기구를 다 탈 수 있다. 놀이기구는 6개 테마존으로 구성돼 있다. 스릴 넘치는 롤러코스터부터 실감 나는 4D 놀이기구, 귀여운 캐릭터를 보면서 휴식을 취하듯 잔잔하게 탈 것까지 즐길 거리가 다양하다. 어트랙션에 따라 오픈 시간이 다르므로 동선에 맞추어 원하는 곳을 먼저 공략하자. 유니버설 스튜디오 공식 모바일 앱을 다운 받으면 어트랙션 위치나 대기 시간, 캐릭터들의 공연 시간 등을 확인할 수 있다. 유니버설 스튜디오 안에 음식점이 있지만 비싸고 종류도 한정적이다. 유니버설 스튜디오를 큰 울타리처럼 둘러싸고 있는 리조트 월드 센토사RWS 안에 다양한 식당이 있다. 입장 전후 입맛 따라 이곳을 이용하길 권한다.

ONE MORE

새롭게 오픈하는 미니언 랜드 minion land

2025년 유니버설 스튜디오 싱가포르에 미니언 랜드가 새롭게 오픈한다. 〈슈퍼 배드〉와 〈미니언즈〉 시리즈를 재밌게 본 영화 팬이라면 더 반가울 것이다. 모션 시뮬레이터 놀이기구 Despicable Me Minion Mayhem, 최초의 미니언 댄스파티의 테마 회전목마인 Buggie Boogie, 독특한 모양의 차량으로 하늘을 날 수 있는 Silly Swirly 등 새로운 어트랙션이 기다리고 있다. 미니언즈 굿즈가 가득한 기념품 숍, 캔디 가게, 아케이드 게임장 등도 흥미를 자아낸다.

ONE MORE Universal Studios | 유니버셜 스튜디오 6대 테마존

1 Hollywood

미국 할리우드 거리를 재현한 구역이다. 유니버설 스튜디오에 들어서자마자 할리우드 구역이 시작된다. 처음부터 테마파크에 온 기분을 고조시켜준다. 거리를 따라 다양한 포토존과 기념품 가게, 캐릭터 숍 등이 여행자의 발길을 계속 멈추게 한다.

©Choo Yut Shing-flickr

2 New York

뉴욕의 길거리를 재현해 놓은 공간이다. 아기자기한 기념품 가게와 메인 식당가가 이곳에 있다. 세서미 스트리트에서는 주요 공연이 열리고, 캐릭터들과 사진을 찍을 수 있는 포토존이 있다. 공연 시간 확인 후 구경하자.
주요 놀이기구 세서미 스트리트 스파게티 체이스(Sesame Street Spaghetti Space Chase)

©Choo Yut Shing-flickr

3 Sci-Fi City

©Walter Lim-Wikimedia Commons

스릴이 넘치는 구역이다. 실감 나는 3D 트랜스포머, 보기만 해도 심장이 터질 것 같은 유니버설의 양대 롤러코스터인 휴먼과 사이클론이 한 곳에 있다. 실제 크기로 움직이는 옵티머스 프라임, 그리고 메가트론과 인증 샷을 찍을 수 있는 포토존도 있다. 미리 등장 시간을 확인하자.

주요 놀이기구 트랜스포머 더 라이드(Transformer the Ride), 휴먼(Human), 사이클론(Cylon)

4 Ancient Egypt

©Jeremy Thompson-flickr

이국적인 분위기가 물씬 풍기는 고대 이집트 테마존이다. '리벤지 오브 머미'의 입구가 가장 눈에 띈다. 신전을 지키는 2개의 거대한 아누비스 조각상이 보는 이를 압도한다. 주말에는 항상 긴 줄이 서는 인기 어트랙션 중 하나다.

주요 놀이기구 리벤지 오브 머미(Revenge of Mummy), 트레저 헌터스(Treasure Hunters)

5 The Lost World

©Joquinhosilva-flickr

영화 '쥬라기 공원'을 테마로 한 모험 가득한 공간이다. 적당한 스릴감과 많은 흥미 요소를 갖춘 어트랙션이다. 어른과 아이 모두 만족한다. 특히 물이 튀고 폭발하는 스턴트 쇼 '워터월드'는 액션 영화의 한 장면 같다. '쥬라식 파크 래피즈 어드벤처'는 거친 물살을 가르는 6인용 보트를 타고 모험을 즐기는 코스다. 실제 쥬라기 공원에 와 있는 것 같다. 둘 다 항상 인기가 많은 어트랙션이다.

주요 놀이기구 쥬라식 파크 래피즈 어드벤처(Jurassic Park Rapids Adventure), 워터월드(Waterworld), 캐노피 플라이어(Canopy Flyer)

6 Far Far Away

©Freddo-Wikimedia Commons

영화 '슈렉'에 등장하는 '겁나 먼 왕국'을 배경으로 만든 공간이다. 유아·아동과 함께 아기자기하게 탈 것이 있다. 스튜디오 가장 안쪽에 있다. 앞서 스릴 넘치는 놀이기구를 타고 잠시 쉬어가는 공간이라고 보면 된다. 슈렉이나 피오나, 장화 신은 고양이 등 슈렉의 캐릭터들을 만날 수 있다.

주요 놀이기구 인챈티드 에어웨어(Enchanted Airway), 슈렉 4D 어드벤처(Shrek 4D Adventure)

비보시티 Vivo City

MRT 하버프론트역Harbour Front, 서클, 노스 이스트 라인 E출구로 나오면 비보시티이다.
1 HarbourFront Walk, Singapore 098585 +65 6377 6860 매일 10:00~22:00
@vivocitysingapore www.vivocity.com.sg

싱가포르에서 가장 큰 쇼핑몰

싱가포르에서 손꼽히는 대형 쇼핑센터로 지하 2층부터 3층까지 300개가 넘는 패션 브랜드, 음식점, 대형 슈퍼마켓과 극장 등이 입점해 있다. 비보시티는 다른 패션몰보다 매장별 규모가 큰 편이라 상품이 많고 디자인도 더 다양하다. 다만 대중적인 브랜드나 현지 브랜드 중심이라 명품 브랜드 구성은 다소 약한 편이다. 그래도 주말이면 언제나 사람들로 붐빈다.

3층에는 20만 권이 넘는 책과 잡지가 가득한 library@harbourfront 공립 도서관이 있다. 앉거나 쉴 수 있는 공간도 넉넉하여 천천히 외국 도서관을 구경하면서 휴식을 취하기 좋다. 3층 야외는 어린이들을 위한 소소한 탈 거리와 놀이터가 있고 4층은 옥상 공원으로 조성되어 있다. 또 3층에는 센토사 익스프레스모노레일 승차장이 있다. 모노레일은 센토사섬으로 가는 주요 교통 수단 가운데 하나이다.

더 포룸 The Forum

비보시티에서 센토사 익스프레스 승차 후 리조트 월드 역Resorts World Station(워터 프론트역WaterFront)에서 하차. 1층으로 내려간다. 8 Sentosa Gateway, Singapore 098269
매일 10:30~21:30(매장별 상이) S$ 매장별 상이

카지노와 아케이드

리조트 월드 센토사RWS 안에 있는 아케이드이다. 레스토랑, 카페, 편의시설 등이 입점해 있다. 천장이 있어서 궂은 날씨에도 돌아다니기 좋다. 맥도날드, 토스트박스, 딘타이펑 등에서 센토사의 다른 지역보다 비교적 합리적인 가격에 식사를 해결할 수 있다.

포룸이 시작되는 입구에는 마리나 베이 샌즈 카지노에 이어 싱가포르의 2번째 카지노인 리조트 월드 카지노가 있다. 외국인은 무료 출입이 가능하며 입구에서 신분증여권 확인받은 후 입장할 수 있다. 슬롯머신과 테이블 게임을 즐길 수 있다. 주말 밤이면 메인 무대에서 공연도 열린다. 내부에는 레스토랑과 저렴한 간이 식당이 있으며 커피, 탄산음료 등은 무료 제공한다.

어드벤처 코브 워터파크 Adventure Cove Waterpark

비보시티에서 센토사 익스프레스 승차 후 워터 프론트 역WaterFron리조트 월드 역Resorts World Station에서 하차. S.E.A 아쿠아리움 표지판을 따라 도보 6분 8 Sentosa Gateway, Singapore 098269 +65 6577 8888
매일 10:00~17:00 S$ **성인** 40불 **어린이(4~12세) 및 시니어(60세 이상)** 32불
@adventurecovewaterpark www.rwsentosa.com/en/attractions/adventure-cove-waterpark

구성이 알차고 가성비 좋은 워터파크

싱가포르 내에서도 인기 있는 워터파크이다. 유수 풀, 파도 풀, 다양한 슬라이드 등 구성이 알차다. 2m 높이 파도가 치는 블루 워터 베이는 싱가포르 워터파크 중에서도 손에 꼽힌다. 스릴이 넘치는 슬라이드도 6개나 된다. 안전한 환경에서 스노클링을 즐기며 2만 마리의 해양 물고기를 가까이 볼 수 있는 '레인보우 리프'는 누구에게나 인기 만점이다. 시설은 만족스럽지만 가격이 저렴해 가성비가 높다. 입장료에는 간단한 식음료를 이용할 수 있는 푸드 쿠폰이 포함되어 있다. 로커는 크기에 따라 10불 또는 20불에 종일 이용할 수 있다. 카바나를 제외한 선베드나 구명조끼는 누구나 무료로 이용할 수 있다. 어드벤처 코브 안에는 추가 비용을 내면 전문 조련사와 함께 돌고래를 보고 만지면서 교감할 수 있는 '돌핀 아일랜드'Dolphin Island도 있다.

S.E.A. 아쿠아리움 S.E.A. Aquarium

비보시티에서 센토사 익스프레스 승차 후 워터 프론트 역에서 하차. S.E.A 아쿠아리움 표지판을 따라 도보 6분
8 Sentosa Gateway, Singapore 098269 +65 6577 8888 매일 10:00~17:00
S$ 성인 44불 어린이(4-12세) 및 시니어(60세 이상) 33불 @seaaquarium.sg
www.rwsentosa.com/en/attractions/sea-aquarium

©Choo Yut Shing-flickr

다양한 해양생물을 한눈에

40군데 이상의 다양한 서식지에서 사는 1000여 종, 10만 마리 해양동물을 한곳에서 볼 수 있다. 실내라서 센토사의 다른 체험 장소보다 시원하고 쾌적하게 둘러볼 수 있다. 아쿠아리움은 모두 7개 영역으로 구성돼 있다. 거대한 상어들이 유영하거나 먹이 먹는 모습을 볼 수 있는 Shark Seas Habitat, 화려한 색감의 열대어와 산호가 가득한 Live Coral Habitat, 쥐가오리·그루퍼·얼룩무늬 상어 등 수천 마리 해양 생물을 한눈에 관찰할 수 있는 대형 수족관 Open Ocean Habitat, 먹는 음식에 따라 색이 변하는 등 정말 신비한 해양동물을 구경할 수 있는 Sea Jellies, 사랑스러운 포유동물인 돌고래를 실컷 볼 수 있는 Dolphin Panel, 불가사리나 작은 수중 생물을 직접 만져볼 수 있는 Touch Pool, 난파선을 배경으로 물고기들이 은신하는 모습을 관찰할 수 있는 Shipwreck Habitat 등 어느 곳 하나 그냥 지나칠 수 없다.

©Choo Yut Shing-flickr

©awpixel

포트 실로소 Fort Siloso

①싱가포르 도심에서 센토사 익스프레스를 타고 Beach역에서 하차 후 센토사 버스 A 또는 비치 트램으로 환승. Siloso Point 정류장에서 하차 후 도보 2분
② 센토사섬에서 센토사 버스 A를 타고 실로소 포인트에서 하차 또는 센토사 비치 셔틀 이용하여 실로소 포인트에서 하차
Siloso Rd, Singapore 099981 +65 6736 8672 매일 10:00~18:00 S$ 무료

역사적인 해안가 요새이자 군사박물관

포트 실로소는 센토사의 북서쪽 언덕에 있는 해안 요새이다. 제2차 세계대전 때 탄약 저장고와 해군 기지가 있었다. 싱가포르의 중요한 군사 시설 가운데 하나이다. 싱가포르에서 벙커와 막사, 해안포의 상태가 잘 보존된 유일한 해안 군사 시설이기도 하다. 싱가포르 정부는 포트 실로소의 가치를 높이 평가하여 주요 국가 기념물로 지정하여 관리하고 있다. 여행자들은 해안포와 요새화된 군사 구조물, 터널 유적, 밀랍 인형으로 재현한 일본군과 영국군 병사들 모습에서 당시의 긴박했던 전쟁 상황을 간접적으로 경험할 수 있다.
포트 실로소에 가려면 엘리베이터를 타고 언덕 위로 올라가야 한다. 엘리베이터에서 내리면 포트 실로소로 가는 '스카이워크'가 펼쳐진다. 높이는 고층 빌딩 33층과 맞먹고, 길이는 181m로, 이곳에서 바라보는 경치가 그림처럼 아름답다. 남중국해엔 배들이 작은 섬처럼 떠 있고, 멀리 싱가포르 고층 빌딩도 시야에 들어온다. 포트 실로소와 스카이워크 이용료는 무료이다. 마지막 입장 시간은 5시 30분이다.

실로소 비치 Siloso Beach

🚶 비치 스테이션Beach Station에서 센토사 익스프레스 하차. 비치 트램으로 갈아타고 실로소비치에서 하차. 도보 3분쯤 걸어서 올라가 비치클럽Ola Beach Club을 지나면 실로소 비치 입구가 나온다.
🏠 8 Siloso beach Walk S$ 없음

인증 샷으로 유명한 센토사의 메인 해변

이곳에 와야 비로소 센토사에 왔구나, 느낄 수 있다. 신나는 음악이 흐르는 비치 바, 루지와 번지점프, 세그웨이 같은 체험시설이 한데 모여 있는 활기찬 센토사의 메인 해변이다. 하얗고 고운 모래사장에 누워 느긋하게 휴식을 취하기에도 좋다. 다만, 워낙 햇살이 강하고 그늘진 곳이 별로 없어서 래시가드나 선글라스 등은 필수다. 영문으로 된 'SILOSO' 조형물 앞은 관광객들의 인증 샷 필수 코스이다. 화장실과 가벼운 샤워시설을 갖추고 있다.

메가 어드벤처 Mega Adventure

센토사 익스프레스 승차 후 비치 역Beach Station에서 하차. 실로소 비치 방향으로 도보 10분
10A Siloso Beach Walk, Singapore 099008 매일 11:00~18:30
S$ **MegaBounce** 20불 **MegaZip** 66불(2회권 99불) @megaadventuresingapore
www.sg.megaadventure.com

숲과 바다를 가르는 자유

실로소 비치 근처에 있는 짚라인, 바운스, 클라임, 점프 등 4가지 코스로 구성된 어드벤처 종합 체험장이다. 주말은 물론 평일에도 체험객으로 붐빈다. 백미는 메가 짚을 꼽을 수 있다. 버기를 타고 임비아 숲을 따라 75m 높이까지 올라간 다음 와이어에 몸을 맡기고 450m 구간을 수직 활강하는 코스다. 눈앞에서 펼쳐지는 시원스러운 바다와 푸릇푸릇한 수풀 사이를 통과하는 기분은 말로 표현할 수 없을 만큼 짜릿하다.

단독 체험도 가능하고, 몇 가지를 묶은 콤보 티켓이나 4인 패키지 티켓도 판매한다. 취향에 따라 선택하면 된다. 키 120cm 이상, 몸무게 30kg 이상이어야 단독 체험이 가능하며 그 미만의 유아와 아동은 어른과 함께 탈 수 있다. 현장 발권도 가능하지만, 많이 기다릴 수 있으므로 온라인에서 예약하자. 날짜나 시간 지정은 따로 없고 90일 내 아무 때나 사용할 수 있다. 간단한 짐은 가지고 타도 되고, 큰 짐은 매표소 내 코인 로커에 맡길 수 있다.

센토피아 Scentopia

🚶 센토사 익스프레스를 타고 Beach역에서 하차 후 센토사 비치 트램 타고 Opp Siloso Beach Resort 정류장에서 하차
🏠 36 Siloso Beach Walk, Unit 01-04 Sentosa, Singapore 099007 📞 +65 8031 7081 🕓 매일 11:00~19:00(마지막 예약 18:00까지) S$ **체험비** 50ml 성인 95불, 어린이 65불(클룩 등 티켓 예매 사이트에서 구매하면 할인 가능)
📷 @scentopia_singapore ☰ www.scentopia-singapore.com

당신만의 시그니처 향수를 만드세요

실로소 비치 옆에 있는 조향 체험장이다. 크고 화려한 나비 조형물과 삼각형 모양의 건물이 눈길을 끈다. 이곳에서는 개인의 취향과 성향에 따라 맞춤형 향수를 만들 수 있다. 향수 만들기 체험은 약 1시간 동안 이어진다. 먼저, MBTI에 기반한 향수 취향에 관한 간단한 10가지 안팎의 문답이 진행된다. 이 취향 테스트를 통해 시트러스, 프레시, 플로럴, 우디, 오리엔탈 향 중에서 자신이 좋아하는 향을 선택할 수 있다. 향을 선택한 후 아로마 오일을 선택한다. 아로마 오일은 싱가포르에서 재배한 약 120가지의 난초를 베이스로 만든 것이다. 마지막으로 조향사의 도움을 받아 취향에 어울리는 향수를 만들면 된다. 나만의 향수 만들기는 잊을 수 없는 특별한 경험이 될 것이다. 직접 만든 향수는 100ml, 50ml, 또는 30ml 용기에 담아갈 수 있다. 시간 여유가 없어서 체험에 참여할 수 없다면 이곳에서 판매하는 향수를 구매해도 된다. 향수 외에 에센셜 오일과 소금 입욕제, 향초와 디퓨저 등도 판매한다.

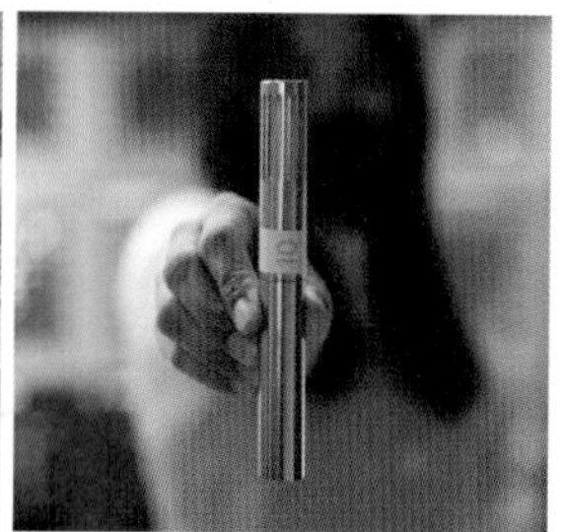

스카이라인 루지 Skyline Luge Singapore

센토사 익스프레스 승차 후 비치 역Beach Station 혹은 임비아 역Imbiah Station에서 하차하여 도보 2분
1 Imbiah Rd, Singapore 099692 +65 6274 0472 **일~목** 10:00~19:30 **금~토** 10:00~22:00(나이트 루지 20:00~22:00) S$ **루지+리프트 3회권** 33불(성수기 35불) **루지+리프트 4회권** 36불(성수기 38불) **리프트 단독(편도)** 12불 **나이트 루지 2회** 32불 @skylinelugesingapore www.skylineluge.com

계속 타고 싶은 스릴 만점 라이드

스카이라인 루지는 스스로 속도를 조절하면서 트랙을 내려오는 스릴 넘치는 어트랙션이다. 센토사의 대표적인 액티비티 체험 명소로 난이도와 길이에 따라 3가지 코스가 있다. 리프트를 타고 올라가면서 센토사 전경을 한눈에 담을 수 있어서 더욱 매력적이다. 정상으로 가는 도중 2개 포토존이 있는데 찍힌 사진은 헬멧에 있는 바코드를 찍어서 확인할 수 있다. 유료로 출력도 가능하다.

'한 번으로는 충분하지 않다'라는 슬로건처럼 보통 3~4회 정도는 탄다. 루지와 리프트 3회 패키지가 가장 인기가 많다. 저렴하게 이용하려면 루지와 리프트 4회권을 구매하면 된다. 이색적인 경험을 하고 싶다면 나이트 루지를 추천한다. 금요일과 토요일 저녁 7시부터 9시까지만 열리는데 날씨가 선선한 데다 화려한 조명을 받으며 내려오는 재미가 있다. 6세 이상, 키는 110cm 이상 되어야 혼자 탑승이 가능하며, 그 이하의 어린이나 유아는 성인과 함께 타야 한다. 비수기라면 현장에서 입장권을 구매해도 되지만 주말이나 성수기에는 홈페이지에서 미리 날짜와 시간대를 예약하고 가야 한다.

ⓒ-Skyline Luge

아이플라이 싱가포르 iFly Singapore

센토사 익스프레스를 타고 Beach역에서 하차 후 도보 2분
43 Siloso Beach Walk, #01-01, Singapore 099010 +65 6571 0000 **목~화** 09:00~22:00 **수** 11:00~22:00
S$ **체험비** 1회권 109불(최소 2일 전 예약 시 89불), 2회권 139불(최소 2일 전 예약 시 119불)
@iflyus www.iflysingapore.com

짜릿한 자유 낙하 시뮬레이션 체험

아이플라이 싱가포르는 세계 최초의 테마형 실내 스카이다이빙장이다. 수직 바람이 부는 폭 5m, 높이 17m인 거대한 풍동 터널을 보유하고 있다. 아이플라이 싱가포르의 풍동 시설은 기네스 세계 기록 5개를 보유하고 있다. 체험 참여자는 거대한 풍동 시설에서 스카이다이빙 시뮬레이션을 체험하는 모험을 즐길 수 있다. 멋진 실로소 비치를 배경으로 12,000피트 상공에서 자유 낙하하는 듯한 체험을 즐길 수 있는데, 아찔하지만 새로운 스릴을 경험할 수 있다. 전문 가이드가 국제신체비행협회(IBA)의 입증된 훈련 및 안전 시스템에 따라 안내해 주므로 안전하게 체험할 수 있다. 한 세션에 최대 16명까지 수용할 수 있어서, 가족이나 친구들과 함께 체험하기 좋다. 체험 시간에 장비 착용과 안전 브리핑 시간이 포함되어 있어서 실제 비행시간은 다소 짧게 느껴질 수 있다. 7세 이상부터 이용 가능하다. 아이플라이 싱가포르는 트립어드바이저로부터 우수 인증서를 받았다.

센토사 센서리 스케이프 Sentosa Sensoryscape

센토사 익스프레스를 타고 Imbiah역에서 하차하면 룩 아웃 루프로 연결된다. Beach역에서 하차하면 걸어서 2분이 소요된다. 3 Siloso Rd, 싱가포르 098977 매일 19:50~21:40 S$ 무료 www.sensoryscape.sentosa.com.sg

센토사의 새로운 야경 랜드마크

싱가포르 도심의 야경 명소가 가든스 바이 더 베이라면, 센토사에서는 센서리 스케이프를 제일 먼저 꼽아야 한다. 2024년 3월 오픈한 센토사 센서리 스케이프는 몰입형 조명 예술을 경험할 수 있는 야외 공원이다. 신비로운 빛의 정원 여섯 개로 구성돼 있다. 향기, 소리, 촉감 등을 주제로 한 신비롭고 화려하고 감각적인 빛의 예술 세계를 보여준다. 센서리 스케이프는 리조트월드 센토사부터 남쪽 해변에 이르는 넓은 구역을 차지하고 있다. 규모가 무려 30,000㎡이다. 이 유려한 랜드마크는 자연과 건축물, 디지털 기술이 조화롭게 어우러져 보는 이들의 감탄을 자아낸다. 매일 밤 7시 50분부터 9시 40분까지 'ImagiNite'라는 멀티미디어 조명 쇼가 펼쳐진다. 이때 'ImagiNite' 앱을 다운받아 실행하면 각 구역에서 다양한 동물, 식물, 해양 생물을 증강현실로 생생하게 볼 수 있다. 감각적인 빛의 예술이 센토사의 밤을 매혹적이고 신비롭게 만들어 준다.

ONE MORE

Sensoryscape

센서리 스케이프의 6개 감각 정원 시각, 청각, 촉각, 후각, 미각_오감을 즐겁게 해준다

❶ 그로우 가든 Grow Garden

센토사 익스프레스 Beach역에서 걸어서 2분 거리에 있다. 그로우 가든은 센서리 스케이프의 서막을 알리는 곳이다. 아치형 꽃줄기가 마치 인사하듯 방문객들을 맞아준다. 계단을 올라가면서 다양한 빛의 변화를 감상할 수 있다. 특히 계단 위쪽은 매일 실로소 비치에서 2차례 펼쳐지는 'Wings of Time'의 레이저 쇼와 불꽃놀이를 무료로 관람할 수 있는 명당이다.

❷ 룩아웃 루프 Lookout Loop

센토사 북쪽 언덕 제일 높은 곳에 있다. 룩아웃 루프는 시각적인 즐거움을 주는 정원이다. 이름에서 짐작할 수 있듯이 산 정상에 있어서 센토사의 탁 트인 전망을 감상할 수 있다. 가볍게 산책하기 좋은 코스다. 밤에는 바닥에서 조명과 함께 안개가 분사되면서 신비롭고 몽환적인 분위기를 연출한다.

❸ 택타일 트렐리스 Tactile Trellis

벌집을 연상시키는 원형 구조물이 인상적인 식물원 같은 공간이다. 이곳은 촉각을 주제로 하는 정원이다. 부드러운 풀과 가시가 있는 열대 식물 등 촉각을 자극하는 풀이 자란다. 직접 만지고 관찰하며 다양한 촉각의 질감을 체험할 수 있다. 밤에는 매혹적인 조명 쇼가 펼쳐진다.

❹ 심포니 스트림스 Symphony Streams

정원 이름처럼 음악과 소리가 흐르는 공간이다. 귀를 즐겁게 해주는 청각의 정원이라고 할 수 있다. 벽체를 따라 흐르는 물줄기가 평온함을 선사한다. 음악 소리에 맞춰 해양 생물로 가득한 수중 세계가 바닥에 펼쳐진다. 앱으로 증강현실 기능을 사용하면 사방에서 더욱 실감 나는 3D 수중 생물을 볼 수 있다.

❺ 센티드 스피어 Scented Sphere

이곳은 후각의 정원이다. 정원을 이루는 원형 조형물이 거대한 꽃을 연상시킨다. 조형물 안에 향기를 내고 아로마 효과가 있는 식물들이 자라고 있다. 이곳에 있으면 여행하면서 쌓인 피로가 한꺼번에 풀리는 것 같다. 꽃이 피는 식물도 있어서 낮에 사진을 찍으면 예쁘게 나온다. 꽃과 식물 사이를 오가며 후각의 즐거움을 느낄 수 있다. 밤이 되면 꽃과 나비들이 가득한 영상 쇼가 펼쳐진다.

❻ 패럿 플레이그라운드 Palate Playground

정원 이름처럼 이곳은 미각 놀이터이다. 싱가포르의 요리에 사용하는 허브 식물과 향신료가 전시되어 있어서 시각과 미각을 동시에 즐겁게 해준다. 낮에는 음식 관련 체험형 전시가 열리고, 밤에는 역동적인 조명 디스플레이가 또 다른 매력을 자아낸다.

키자니아 싱가포르 KidZania Singapore

새로 단장한 어린이 직업 체험장

키자니아 싱가포르가 대대적인 리뉴얼을 진행했다. 최신 트렌드와 관심사를 반영하여 체험 구역을 확장하고 새로운 레이아웃을 도입했다. 상호작용이 가능한 전시와 게임이 도입되어 놀이와 학습을 결합한 몰입적인 롤플레잉 활동을 즐길 수 있게 되었다. 전통적인 직업군부터 미래 떠오르는 직업들을 전문 스태프와 함께 어린이들이 직접 체험해 볼 수 있다. 부모나 보호자는 활동 공간에 같이 들어갈 수 없다. 키자니아에서 통용되는 현금(키조)을 받거나 직접 써야 하므로 작은 주머니가 있으면 편리하다. 오후나 주말은 혼잡하므로 평일 오전 시간을 공략하자.

①센토사익스프레스 탑승 후 Beach역에서 하차. 도보 5분 ②Beach역에서 비치 트램으로 환승 후 Palawan Kidz City/Opp Palawan Kidz City 정류장에서 하차. 도보 1분 31 Beach View Road #01-01/02 Sentosa Island, Singapore 098008 매일 10:00~18:00 S$ 유아(2~3세) 58불, 어린이·청소년(4~17세) 120불, 성인(18세 이상) 73불
@kidzaniasgofficial www.kidzania.com.sg

아시아 최남단 전망대 Southernmost Point of Continental Asia

팔라완 비치 앞 숨은 명소

팔라완 비치 앞에 작은 섬이 있다. 섬과 팔라완 비치를 연결하는 흔들 다리를 건너면 두 개의 목조 전망대가 나타난다. 전망대로 가는 현수교에서는 제법 근사한 인생 사진을 얻을 수 있다. 사람이 붐비지 않을 때 도전해 보자. 전망대에 오르면 싱가포르 해협의 섬과 바다가 파노라마처럼 펼쳐진다. 몸을 반대로 돌리면 팔라완 비치와 센토사섬의 아름다운 풍경이 안기듯 다가온다. 사실 전망대가 '아시아 최남단'이라는 명칭은 논란의 여지가 많다. 남쪽으로 많은 섬이 있고, 더 남쪽은 인도네시아이기 때문이다. 하지만 전망은 동서남북 어디를 봐도 매력적이다.

센토사 익스프레스 탑승. Beach역에서 하차 후 센토사 비치 트램 탑승. Opp Southernmost Point of continental Asia 정류장에서 하차. 팔라완 비치를 지나 다리를 건너면 된다. 3Palawan Island, Sentosa, Singapore 09:00~19:00 S$ 무료

윙스 오브 타임 Wings of Time

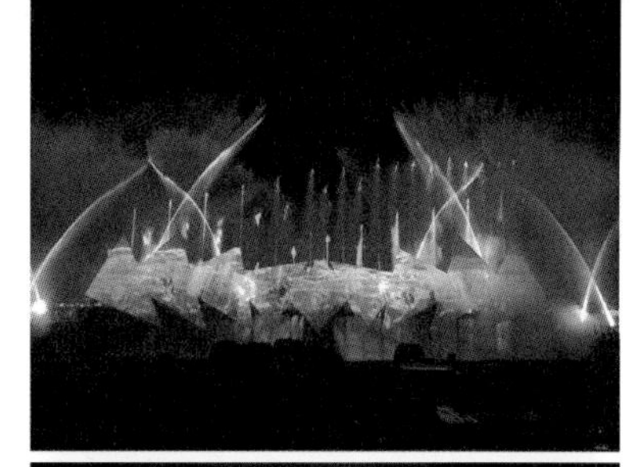

신비한 분수 레이저 쇼

시원하게 뻗어 나오는 분수와 현란한 레이저 효과가 가미된 라이트 워터 쇼이다. 윙스 오브 타임은 센토사에서의 하루를 마무리하면서 관람하기 좋다. 신비로운 선사시대 새 샤바즈Shahbaz와 그의 친구들이 시간여행을 하는 이야기로 구성됐다. 감각적인 연출과 화려한 조명효과가 볼만하다. 해가 지는 바다와 잘 어우러진다. 웅장한 사운드트랙과 어우러진 눈부신 화염과 불꽃놀이는 윙스 오브 타임의 백미다. 실로소 비치와 팔라완 비치 사이에서 열린다.

센토사 익스프레스의 비치 스테이션Beach Station에서 도보 2분
50 Beach View, Singapore 098604 +65 6361 0088
월~금 19:40~19:50 **토~일** 19:40~20:00, 20:40~21:00
S$ **일반석** 18불 **프리미엄석** 23불 @mountfaberleisure
www.mountfaberleisure.com/attraction/wings-of-time

스카이 헬릭스 Sky Helix

360도 파노라마 전망대

해발 79m 높이의 파노라마 전망대이다. 의자와 테이블로 구성된 원형 기구를 타고 올라간다. 부드럽게 회전하면서 정상에서 10분 동안 운행한다. 센토사와 주변 해안가를 360도로 볼 수 있는 광경은 그야말로 장관이다. 뜨거운 한낮보다는 일몰이 시작되는 시간을 공략하자. 음료를 들고 탈 수 있으므로 여느 전망대 카페 못지않은 분위기를 연출할 수 있다. 입장료에는 음료 쿠폰 혹은 기념품 숍 쿠폰이 포함되어 있다. 그룹당 최대 5명이 정원이며, 신장 105cm 이상부터 탑승할 수 있다. 12세 미만은 보호자를 동반해야 한다.

❶ 임비아 역Imbiah Station에서 센토사 익스프레스 하차 후 표지판을 따라 도보 5분 ❷ 케이블카 이용시 하버프론트 타워2 또는 마운트 페이버 역에서 탑승 후 임비아 센토사 역에서 하차 41 Imbiah Rd, Sentosa, Singapore 099707
+65 6361 0088 매일 10:00~21:30 S$ **성인** 20불 **어린이** 17불(온라인으로 예매하면 10% 할인)
@mountfaberleisure www.mountfaberleisure.com/attraction/skyhelix-sentosa

하이드로 대시

비보시티에서 센토사 익스프레스 승차 후 비치 역Beach Station에서 하차. 탄종 비치 방향 트램을 타고 팔라완 비치에서 내린다. Palawan Beach, Singapore 098498 +65 9783 7549 **월~금** 12:00~18:00 **토~일, 공휴일** 10:00~18:00 S$ **1시간** 22불 **2시간** 40불 @hydrodash.sg hydrodash.com.sg

©AAC Anna Maria-ALL ABOUT CITY - SINGAPORE

팔라완 비치의 수상 아쿠아 파크

팔라완 비치 해상에 있는 아쿠아 파크이다. 거대한 튜브로 만든 장애물 체험 워터파크에서 친구끼리, 가족 단위로 수상 액티비티를 즐기기 좋다. 경쟁하며 때로는 호흡을 맞추며 협동하기 좋은 체험이다. 체험은 1~2시간 중 선택할 수 있는데 은근히 체력이 요구되는 시설이라 1시간만 이용해도 충분하다. 미끄럼틀, 다이빙, 장애물 코스 등을 미끄러지지 않고 통과하는 것이 마음처럼 쉽지 않다. 6세 미만 유아는 부모 동반 아래 이용할 수 있는 구역이 따로 마련되어 있다. 한낮에는 햇살이 워낙 강렬해서 래시가드와 선글라스, 모자가 필수다. 가벼운 보슬비 정도가 내리면 그대로 진행하지만, 천둥과 번개를 동반한 비가 내리면 운영을 잠시 중단한다. 입장료를 구매할 때 2불을 더 내고 날씨 보험에 가입하면 악천우로 인한 날짜 변경이 가능하다.

©HydroDash

 더 팔라완 앳 센토사 The Palawan@Sentosa

팔라완 비치에서 즐기는 어드벤처

샹그릴라 그룹이 팔라완 비치에 만든 라이프 스타일 및 엔터테인먼트 공간이다. 비치클럽, 미니골프장, 고카트 장, 아쿠아 파크 등을 아우르고 있다. 전 연령이 즐길 수 있는 18홀 미니 골프 코스장인 'UltraGolf', 애완견이 목줄을 풀고 마음껏 뛰어놀 수 있는 공원 'The Palawan Dog Run'도 이색적이다. 'Splash Tribe'는 모래성을 테마로 한 수중 놀이터와 슬라이드, 인피니티 풀을 갖춘 가족 친화적 비치클럽이다. 12개의 고급 카바나, 전용 프라이빗 풀, 메인 수영장, DJ 칵테일바 등을 갖춘 성인 전용 비치클럽 '+Twelve'도 눈여겨볼 만하다.

🚶 ①모노레일 센토사 익스프레스를 타고 Beach역에서 하차 후 센토사 비치 트램을 타고 Palawan Kidz City/Opp Palawan Kidz City/Palawan West 정류장에서 하차 ②비보시티 또는 하버프론트 버스 터미널(HarbourFront Bus Terminal)에서 무료 센토사 셔틀버스 서비스를 타고 Beach역에서 하차하여 도보로 5분 🏠 54 Palawan Beach Walk, Singapore 098233 📞 +65 6277 7089 📷 @thepalawansentosa ≡ www.thepalawansentosa.com

ONE MORE

하이퍼드라이브 HyperDrive

증강현실 게임이 추가된 실내 전기 고카트

아시아 최초의 전기 실내 고카트 장이다. 배기가스 배출이 전혀 없는 36개의 친환경 전기 고카트가 당신을 기다린다. 3층으로 구성된 14개의 흥미진진한 회전 트랙에서 최대 12대의 카트가 동시에 경주할 수 있다. 레이저와 다양한 효과 음향이 더해진 'Game of Karts'는 가상 레이싱과 실제 카트가 만나는 색다른 경험의 세계로 안내한다. 가상 영역에서 보너스와 부스트를 수집하여 승리하면 실제 레이싱의 레벨을 한 단계 높일 수 있다. 이 몰입형 경주는 시니어 카트만 이용할 수 있다. 주니어 카트와 시니어 카트는 최대 30km/h의 속도로 달릴 수 있다. 카트 이용 가능한 조건은 9세 이상, 키 130cm시니어 140cm부터 이상부터다. 최대 50km/h의 속도를 낼 수 있는 어드밴스 시니어 카트는 자동차 혹은 오토바이 운전면허증이 있어야 이용할 수 있다.

🏠 54 Palawan Beach Walk, Singapore 098233 📞 +65 6277 7091 🕓 **월~금** 12:30~21:00, 토~일 10:00~21:00
S$ 초급 레벨(30km/h) **주니어카트** 세션별 40불, 76불, 108불 **시니어카트** 세션별 45불, 86불, 122불 **듀얼 카트** 세션별 50불, 95불, 135불 고급 레벨(50km/h) **세션별** 45불, 86불, 122불 📷 @thepalawansentosa ≡ www.thepalawansentosa.com/hyperdrive

센토사의 맛집·카페·바

트라피자 Trapizza

센토사 익스프레스 승차 후 비치 스테이션Beach Station에서 하차. 비치 트램을 타고 실로소 비치에서 하차
10 Siloso Beach Walk, Singapore 098995 +65 6376 2662 **월~목** 12:00~21:00 **금~일** 11:00~22:00
S$ **생맥주** 13불부터 **칵테일** 18불부터 **식사** 15불~46불 @trapizza.sg
www.shangri-la.com/singapore/rasasentosaresort/dining/restaurants/trapizza/

오션 뷰 피자 맛집

싱가포르의 여러 매체에서 소개한 맛집이다. 실로소 비치를 바라보며 피자와 더불어 시원한 맥주를 여유롭게 즐기기 그만이다. 한낮보다 해가 많이 들어간 늦은 오후에 가면 더 좋다. 날은 선선하고, 노을은 환상적이다. 분위기도 좋지만, 샹그릴라 리조트 계열 레스토랑이라 음식 맛도 좋다. 피자 종류가 다양한데 한국식 피자보다 약간 짭짤한 편이다. 한국인 스텝이 있고 점심이나 저녁 시간에는 온라인 예약이 필수다.

트라피자는 키즈 프렌들리 레스토랑이라 아이를 둔 부모에게 특히 인기가 많다. 아이들은 바다와 레스토랑을 오가며 자유롭게 놀 수 있고, 부모는 그 사이 여유를 즐길 수 있어서 좋다. 게다가 식당 바로 옆에는 '네스토피아'라는 키즈 놀이터입장료 10불가 있다. 샹그릴라 투숙객은 입장료가 무료이고, 월요일과 화요일은 휴무이다. 아이 동반 가족이라면 여러모로 더 만족스러울 것이다.

카시아 Cassia

MRT 하버프론트역Harbour Front, 서클, 노스 이스트 라인 1층 택시 승차장에서 택시 또는 그랩 탑승
1 The Knolls, Singapore 098297 +65 6591 5045 매일 12:00~14:00, 18:00~22:00
S$ **북경 오리 한 마리** 90불(반 마리 48불) **수프** 18~78불 **블랙 페퍼 와규 볶음** 38불 **채소요리** 20~28불
@capellassingapore www.capellahotels.com

카펠라 호텔의 중식 레스토랑

센토사섬의 카펠라 싱가포르는 호텔이 마치 요새 같을 만큼 이용자의 사생활을 최대로 보호한다. 이런 이유로 2018년 6월 북한 김정은과 미국 트럼프의 북미 정상회담 장소로 사용되기도 했다. 광둥식 레스토랑 카시아는 카펠라 호텔에 있다. 조용하고 느긋한 분위기가 장점이다. 5성급 호텔 레스토랑임에도 가격이 비교적 합리적인 데다 극진한 서비스를 받으며 식사할 수 있다. 재료 본연의 맛이 살아나도록 짧은 시간에 조리한 음식이 미각을 자극한다. 북경 오리구이가 카시아의 대표 메뉴이긴 하지만 블랙 페퍼 와규 볶음, 제비집 수프, 생선 수프 등 정통 광둥식 요리에도 한 번 도전해보자. 남은 음식은 포장해 갈 수도 있는데 종이나 비닐백이 아닌 에코백에 담아 주는 것이 인상적이다. 드레스 코드는 스마트 캐주얼이다.

팬아메리카나 Panamericana

센토사 익스프레스 타고 Beach역에서 하차. Intra-Island Bus로 갈아타거나 센토사 내부 순환 버스 B를 타고 Sentosa Golf Club 정류장에서 하차 27 Bukit Manis Rd, Sentosa Golf Club Singapore 099892 +65 6253 8182 월~목 12:00~15:00, 17:00~22:00 금 12:00~15:00, 17:00~24:00 토 12:00~24:00 일 12:00~22:00 S$ **양고기(150g) 35불, 세비체 32불, 추로스 15불, 립아이 스테이크(300g) 68불** @panamericanasg www.panamericana.sg

골프장 안 이국적인 그릴 레스토랑

싱가포르에서 유일하게 절벽 위에 있는 레스토랑이다. 높은 곳에 있어서 자연광이 레스토랑 내부로 가득 들어온다. 태양 빛이 만들어내는 실내 풍경도 매력적이지만, 레스토랑에서 바라보는 바깥 풍경은 더 아름답다. 한쪽으로는 바다가 푸른 융단처럼 펼쳐지고, 다른 쪽으로는 센토사 골프 클럽의 푸르른 필드가 기분을 상쾌하게 해준다. 레스토랑 이름에서 짐작할 수 있듯이 팬아메리카나는 북미, 중미, 남미를 관통하는 'Pan-American Highway' 주변 국가의 다양한 문화와 음식에서 영감을 받은 요리를 선보인다. 시그니처 메뉴는 화덕에서 7시간 동안 천천히 구워낸 어린 양고기구이다. 나무 향이 가득한 풍미와 아이스크림처럼 부드러운 육질이 예술적이다. 콜롬비아 치킨, 케일 크리스피가 들어간 부라타, 바삭한 농어구이 등 신선한 재료와 이국적인 레시피로 만든 메뉴가 당신을 기다린다. 야외 테이블 좌석은 인기가 많아 예약이 필수이다.

그린우드 피시 마켓 Greenwood Fish market

싱싱한 해산물 요리, 선착장 뷰는 못 참지

섬의 동쪽 끄트머리 요트 선착장 옆에 있는 해산물 레스토랑이다. 식재료는 싱가포르 현지 조달을 기본으로 하지만, 구할 수 없는 해산물들은 캐나다, 네덜란드, 미국, 뉴질랜드, 한국 등 글로벌 공급 업체를 통해 수입한다. 싱가포르에서 흔히 접하지 못하는 해산물로 만든 음식이 많아서 메뉴 선택의 폭이 넓다. 그린우드 피시 마켓은 해산물 레스토랑에서 확장하여 마켓, 베이커리, 오이스터 바까지 아우르고 있다. 합리적인 가격에 좋은 와인 리스트를 보유하고 있는 것도 이 집의 장점이다. 센토사 코브 특유의 여유롭고 느긋한 분위기를 제대로 느끼고 싶다면 야외석을 선택하자.

센토사 익스프레스를 타고 Beach역에서 하차. 센토사 내부 순환 버스 B를 타고 Sentosa Cove Village 정류장에서 하차 후 도보 2분
31 Ocean Way, #01 – 04/05, Singapore 098375
+65 6262 0450 매일 12:00~22:30 S$ 콜드 시푸드 플래터 119.95불, 하우스 피시 앱 칩스 26.95불, 랍스타&크랩 리소토 54.95불
@greenwoodfishmarket www.greenwoodfishmarket.com

프리베@케펠베이 Prive@Keppel Bay

브런치, 그리고 요트가 있는 풍경

민트색 로고가 산뜻한 프리베는 싱가포르에서 자주 보이는 카페 및 브런치 체인이다. 밝고 아늑한 인테리어로 어느 지점이든 분위기가 좋다. 노천카페 지점이 많아 운치도 있다. 케펠베이 지점은 싱가포르 본토와 센토사 사이 요트 선착장에 있다. 새하얀 요트를 배경으로 이국적이고 여유로운 식사를 즐길 수 있어 언제나 인기가 좋다. 서양식 브런치 메뉴뿐만 아니라 락사나 사테와 같은 현지식도 맛볼 수 있다. 다만 야외는 1시간 이상 앉아있기에는 더울 수 있으니 참고하자.

비보시티 1층 택시 승차장에서 택시나 그랩을10불 내외 이용하면 바로 앞까지 갈 수 있다. 2 Keppel Bay Vista, Singapore 098382 +65 6776 0777 **월~금** 19:00~10:30 **주말 및 공휴일** 08:00~22:30(브랙퍼스트 외 메뉴는 주말 11시, 주중 11시 30분부터 주문 가능) S$ **음료** 6불부터 **음식** 12불부터 @theprivegroup www.theprivegroup.com.sg

원 알티튜드 코스트 1-Altitude Coast

센토사 야경을 한눈에, 인피니티 풀 루프톱 바

키자니아 싱가포르 옆 아웃 포스트 호텔 옥상에 있다. 인피니티 풀을 겸비한 센토사 최초의 성인 전용 루프톱 바다. 눈을 바다로 돌리면 야자수와 팔라완 비치가 눈앞에 보이고, 그 너머로는 싱가포르 해협이 파노라마처럼 펼쳐진다. 시선을 반대로 돌리면 센토사섬이다. 밤에는 실로소 해변에서 펼쳐지는 불꽃놀이도 즐길 수 있어서 좋다. 편안한 소파 좌석부터 풀 사이드 테이블까지 갖추고 있어서 여유롭고 낭만적인 남국의 밤을 즐길 수 있다. 센토사에서 유일하게 레지던트 DJ가 음악을 틀어준다. 칵테일 맛이 수준급일 뿐만 아니라 창의적인 레시피도 돋보인다.

센토사 익스프레스를 타고 Imbiah역에서 하차. 센토사 내부 순환 버스 A 또는 B를 타고 Village Hotel이나 Opp Village Hotel 정류장에서 하차 후 도보 2분 The Outpost Hotel, 10 Artillery Ave, #07-01 Sentosa Island, Singapore 099951 +65 8879 8765 월~화 11:00~22:00, 수~목, 일 11:00~24:00, 금~토 11:00~02:00 S$ 해피아워 칵테일 12~16불, 스페셜 칵테일류 24불, 토~일 프리플로우 88불 @1altitudecoast.sg www.1-altitudecoast.sg

밥스 바 Bob's Bar

멋진 뷰를 감상하며 한적하게 즐기는 칵테일

비밀요새와 같은 고급 호텔 카펠라에 있다. 비치 스테이션과 센토사 리조트 월드의 시끌벅적한 분위기와는 달라 좋다. 바는 프라이빗하고 이국적인 분위기를 자아낸다. 카펠라만의 레시피를 가미한 다양한 칵테일 맛이 일품이며 간단한 안주도 즐길 수 있다. 운이 좋으면 화려한 자태를 뽐내며 유유히 돌아다니는 공작새도 구경할 수 있다. 특히 카펠라는 2018년 사상 최초 북미 정상회담이 열린 역사적인 장소이기 때문에 숙박하지 않더라도 한국인이라면 한 번쯤 방문해봐도 기념이 될만하다.

MRT 하버프론트역비보시티 1층 택시 승차장에서 택시 또는 그랩 탑승 1 The knolls, Singapore 098297 +65 6591 5047 매일 11:30~23:30 S$ **칵테일** 22불부터 **커피** 8불부터 **스낵** 15불부터 @capellassingapore www.capellahotels.com

파이어사이드 Fireside

센토사 익스프레스를 타고 Beach역에서 하차, 센토사 내부 순환 버스 B로 환승하여 Sentosa Cove Village 정류장에서 하차 후 도보 5분 31 Ocean Way, #01 - 15, Singapore 098375 +65 8181 6200
수~목 17:00~22:00 **금~토** 17:00~24:00 **일** 12:00~22:00 **월-화** 휴무 S$ 2트리플 쿡트 칩스 15불, 엔다이브 샐러드 16불, 이베리코 포크 28불, 비프 슬라이더 16불 @firesidesg www.fireside.sg

센토사 마리나 전망이 매력적인 라운지 바

섬의 동쪽 끄트머리 요트 선착장 바로 옆에 있다. 통창 너머로 센토사 마리나 뷰가 한눈에 펼쳐지는 매력적인 바 라운지이다. 키사이드라고 부르는 이 지역의 레스토랑은 대부분 1층에 있는데, 파이어사이드는 2층에 있다. 전망이 아름다워 바깥 풍경을 만끽하며 여유롭게 음식과 칵테일을 즐기기 좋다. 메뉴는 제법 다채롭다. 체더치즈가 듬뿍 들어간 비프 슬라이더, 세 번 튀겨 더 고소한 감자튀김 트리플 쿡트 칩스, 입맛을 돋우는 엔다이브 샐러드 등 감칠맛 넘치는 한 입 거리 메뉴가 많다. 살만 잘 발라 겉을 바싹 튀긴 오리 다리 구이, 눅진한 파스타도 만족스럽다. 파이어사이드는 본격적인 식사를 위한 자리보다는 늦은 오후 칵테일이나 와인, 간단한 음식을 즐기기에 더 적당하다. 매주 수요일과 금요일 17:00~19:00까지는 탭 맥주, 탭 와인, 와인과 리큐르를 베이스로 하는 칵테일 아페롤 스프리츠를 8불에 판매하는 해피아워를 진행한다. 1층에는 야외에서 즐기는 젤라토 바가 있다. 선착장 뷰 레스토랑 그린우드 피시 마켓에서 도보 2분 거리이다.

TURKISH

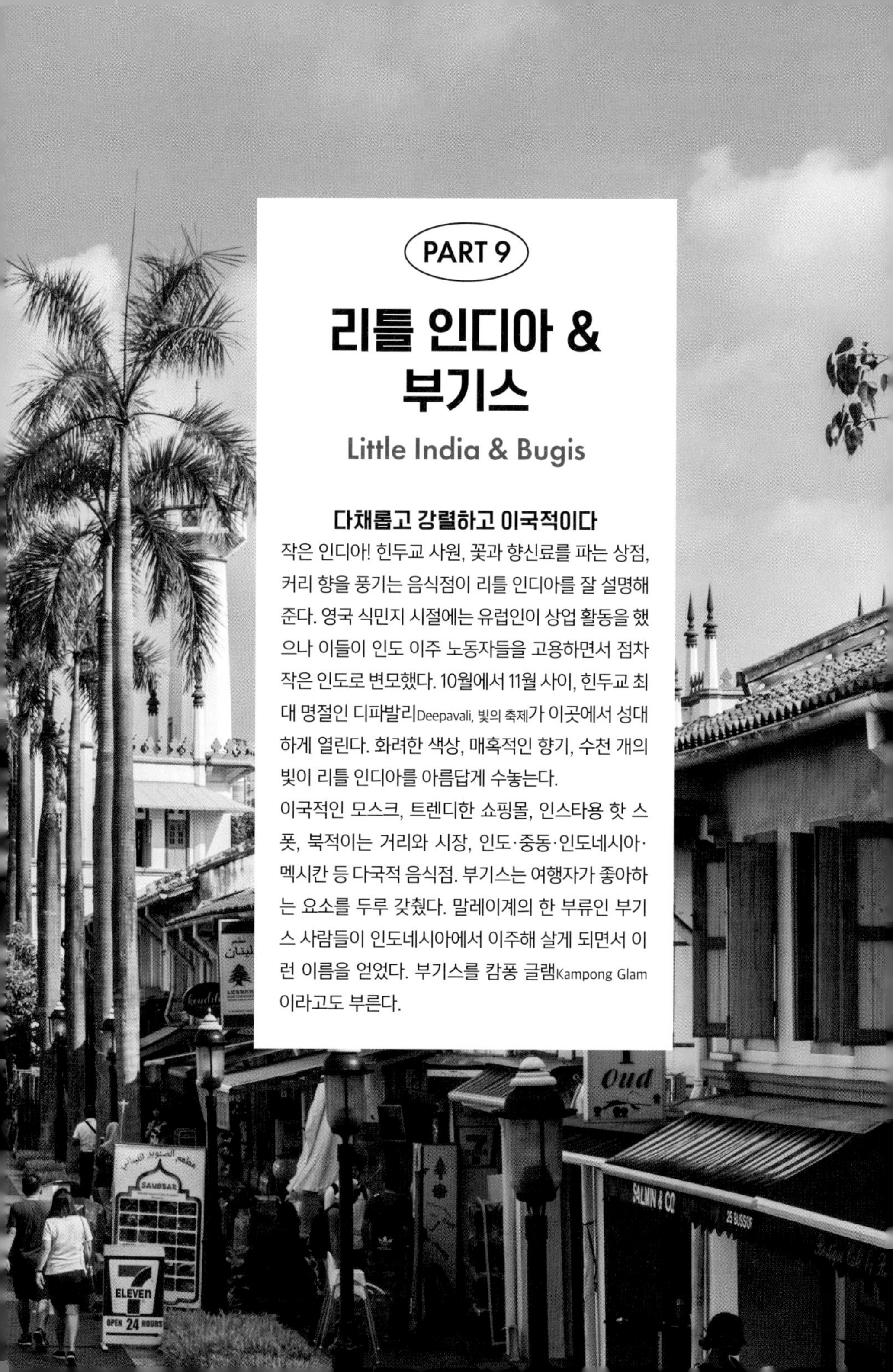

PART 9

리틀 인디아 & 부기스

Little India & Bugis

다채롭고 강렬하고 이국적이다

작은 인디아! 힌두교 사원, 꽃과 향신료를 파는 상점, 커리 향을 풍기는 음식점이 리틀 인디아를 잘 설명해 준다. 영국 식민지 시절에는 유럽인이 상업 활동을 했으나 이들이 인도 이주 노동자들을 고용하면서 점차 작은 인도로 변모했다. 10월에서 11월 사이, 힌두교 최대 명절인 디파발리Deepavali, 빛의 축제가 이곳에서 성대하게 열린다. 화려한 색상, 매혹적인 향기, 수천 개의 빛이 리틀 인디아를 아름답게 수놓는다.

이국적인 모스크, 트렌디한 쇼핑몰, 인스타용 핫 스폿, 북적이는 거리와 시장, 인도·중동·인도네시아·멕시칸 등 다국적 음식점. 부기스는 여행자가 좋아하는 요소를 두루 갖췄다. 말레이계의 한 부류인 부기스 사람들이 인도네시아에서 이주해 살게 되면서 이런 이름을 얻었다. 부기스를 캄퐁 글램Kampong Glam이라고도 부른다.

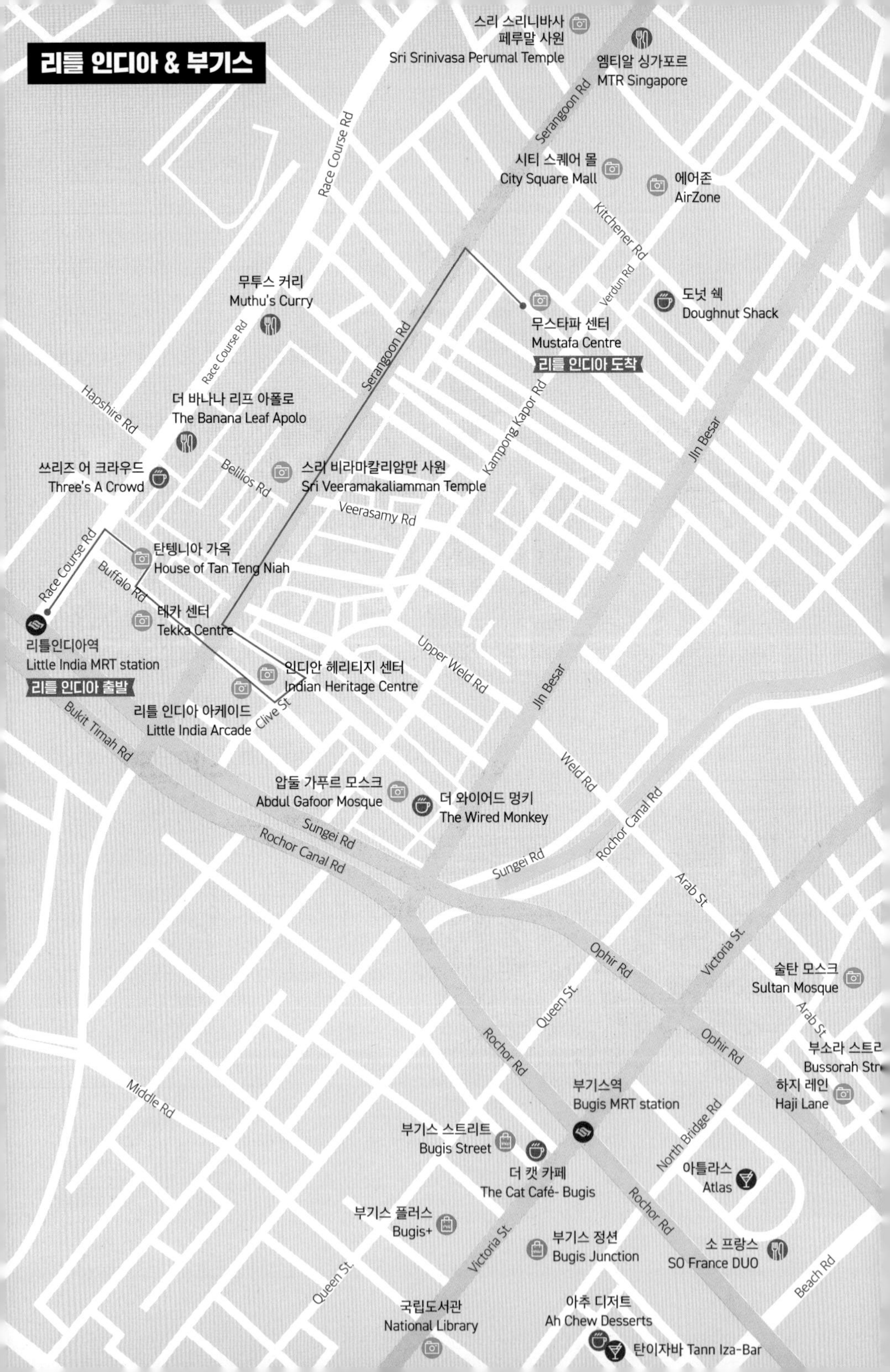
리틀 인디아 & 부기스
스리 스리니바사 페루말 사원
Sri Srinivasa Perumal Temple
엠티알 싱가포르
MTR Singapore
Serangoon Rd
Race Course Rd
시티 스퀘어 몰
City Square Mall
에어존
AirZone
Kitchener Rd
Verdun Rd
무투스 커리
Muthu's Curry
도넛 쉑
Doughnut Shack
무스타파 센터
Mustafa Centre
리틀 인디아 도착
Race Course Rd
Serangoon Rd
Kampong Kapor Rd
Hapshire Rd
더 바나나 리프 아폴로
The Banana Leaf Apolo
Jln Besar
쓰리즈 어 크라우드
Three's A Crowd
Belilios Rd
스리 비라마칼리암만 사원
Sri Veeramakaliamman Temple
Veerasamy Rd
Race Course Rd
탄텡니아 가옥
House of Tan Teng Niah
Buffalo Rd
테카 센터
Tekka Centre
리틀인디아역
Little India MRT station
리틀 인디아 출발
Upper Weld Rd
인디안 헤리티지 센터
Indian Heritage Centre
Jln Besar
리틀 인디아 아케이드
Little India Arcade
Clive St
Bukit Timah Rd
Weld Rd
압둘 가푸르 모스크
Abdul Gafoor Mosque
더 와이어드 멍키
The Wired Monkey
Rochor Canal Rd
Sungei Rd
Rochor Canal Rd
Sungei Rd
Arab St
Ophir Rd
Victoria St.
술탄 모스크
Sultan Mosque
Queen St.
Arab St
Ophir Rd
Rochor Rd
부소라 스트리
Bussorah Str
하지 레인
Haji Lane
Middle Rd
부기스역
Bugis MRT station
North Bridge Rd
부기스 스트리트
Bugis Street
더 캣 카페
The Cat Café- Bugis
아틀라스
Atlas
Rochor Rd
부기스 플러스
Bugis+
부기스 정션
Bugis Junction
소 프랑스
SO France DUO
Victoria St.
Queen St.
Beach Rd
국립도서관
National Library
아추 디저트
Ah Chew Desserts
탄이자바 Tann Iza-Bar

리틀 인디아 하루 여행 추천 코스 지도의 빨간 실선 참고

리틀 인디아역 → 도보 5분 → **탄텡니아 가옥** → 도보 5분 → **리틀 인디아 아케이드** → 도보 1분 → **인디안 헤리티지센터** → 도보 10분 → **스리 비라마칼리암만 사원** → 도보 15분 → **무스타파 센터**

부기스 하루 여행 추천 코스 지도의 빨간 실선 참고

부기스역 → 도보 10분 → **술탄모스크** → 도보 5분 → **말레이 헤리티지센터** → 도보 5분 → **부소라 스트리트** → 도보 10분 → **하지 레인** → 도보 10분 → **부기스 스트리트**

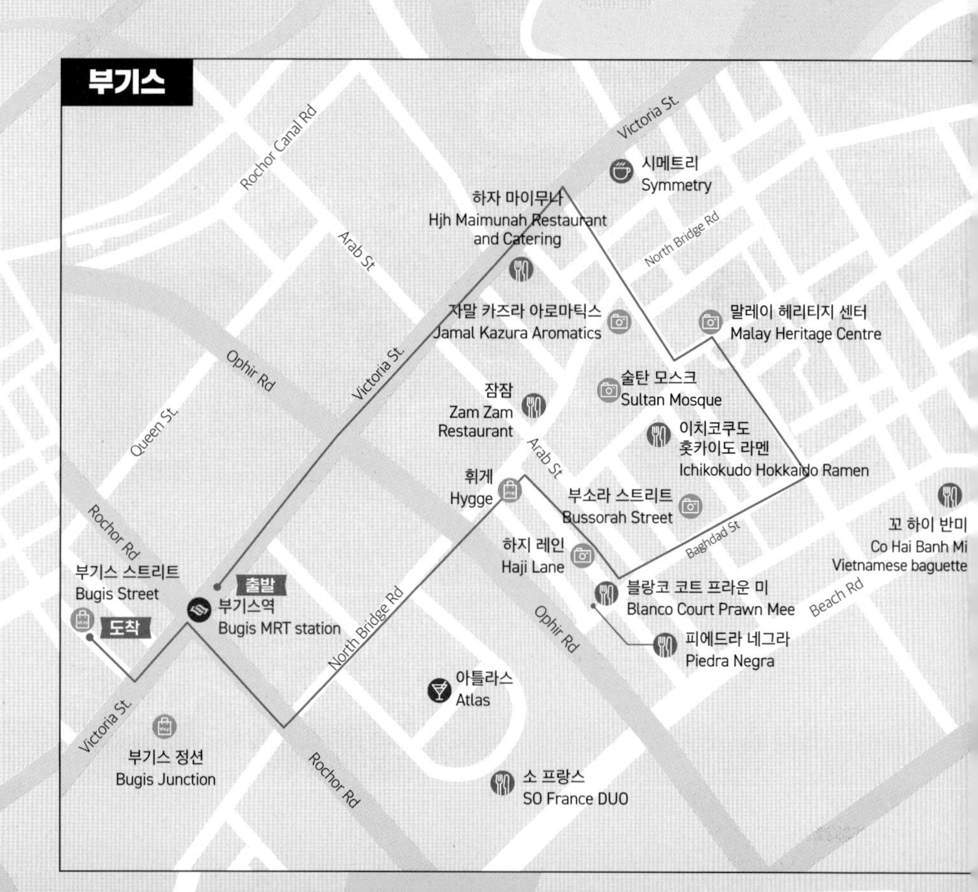

테카 센터 Tekka Centre

MRT 리틀 인디아역Little India, 노스 사우스 & 다운타운 라인 C출구로 나오면 바로 보인다.
665 Bufflao Rd, Singapore 210665 매장별 상이

재래시장과 호커센터, 리틀 인디아의 시작점

MRT 리틀 인디아역 바로 옆에 있다. 테카 센터는 리틀 인디아의 시작점이자 랜드마크로 재래시장, 푸드 코트, 인도 의상을 판매하는 상점으로 구성된 다목적 건물이다. 테카 센터 내 마켓은 싱가포르에서 가장 큰 재래시장으로 각종 지역 농산물과 해산물, 일반 마트에서는 보기 힘든 식재료까지 판매한다. 아침부터 현지인들로 북적인다. 바로 옆 호커센터에서는 브리야니, 탄두리치킨, 난 등을 리틀 인디아의 여러 레스토랑보다 훨씬 저렴하게 즐길 수 있다. 특히 '왓포아 프라운'Whampoa Prawn의 매콤한 새우국수는 우리 입맛에도 잘 맞는다. 2층에서는 인도 전통 의상인 사리, 직물, 각종 화려한 액세서리를 판매한다. 즉석에서 입어보고 몸에 맞춰 수선해주는 재단사까지 있어 인도 전통 의상을 구매하려는 이들이 많이 찾는다.

ONE MORE

테카 센터 주요 맛집

545 Whampoa Prawn #01-326, **월~금** 07:00~12:30 **토~일** 휴무 Heng Gi Goose and Duck Rice #01-335, **월~토** 08:00~15:00 **일** 휴무 Yakader #01-259, **수~월** 09:00~18:00 **화** 휴무 Temasek Indian Rojak #01-254, **화~일** 10:00~19:00 **월** 휴무 Delhi Lahori #01-266, #665, 매일 09:00~23:00

탄텡니아 가옥 House of Tan Teng Niah

리틀 인디아의 인증 샷 명소

1900년에 지은 중국식 2층 저택이다. 독특한 구조와 화려한 색감이 눈길을 끈다. 1980년대에 상업용으로 복원하여 보존하고 있다. 그 전에는 사탕 공장 소유주였던 유명 중국인 사업가 탄텡니아가 소유했던 가옥이다. 리틀 인디아에서는 식민지 시절 지은 몇 안 되는 중국식 건축물 가운데 하나이다. 특유의 쨍한 색감과 개성적인 스타일 때문에 사진작가들은 물론 리틀 인디아를 찾는 이들의 단골 인증 샷 장소이다.

MRT 리틀 인디아역Little India, 노스 사우스 & 다운타운 라인 E출구에서 레이스 코스 로드Race Course Rd 따라 도보 3분
37 Kerbau Rd, Singapore 219168 24시간 S$ 무료

리틀 인디아 아케이드 Little India Arcade

마치 인도에 온 듯하다

인디아의 향기가 강하게 느껴지는 곳이다. 장신구, 향신료, 인도 전통 의상, 수공예품 상점들이 미로처럼 늘어선 쇼핑공간이다. 특히 인도의 최대 축제인 디파발리 기간에는 더욱 활기를 띤다. 불상, 짙은 향, 좁은 골목 등으로 호불호가 갈리는 곳이지만, 이국적인 장식 소품이나 수공예품, 달콤한 간식, 화려한 코스튬 쥬얼리 등은 기념으로 한 번 사 볼 만하다.

MRT 리틀 인디아역Little India, 노스 사우스 & 다운타운 라인 E출구에서 버팔로 로드Buffalo Rd 따라 도보 3분 직진 후 세랑군 로드Serangoon Rd를 건너면 바로 보인다. 48 Serangoon Rd, Singapore 217959 +65 6295 5998 매일 09:00~22:00 www.littleindiaarcade.com.sg

인디안 헤리티지 센터 Indian Heritage Centre

싱가포르의 인도 문화 엿보기

©Choo Yut Shing-flickr

©Choo Yut Shing-flickr

리틀 인디아 아케이드 바로 옆에 있다. 인도의 역사적인 유물인 계단식 우물 '바올리'baoli에서 영감을 얻은, 센터 정면인 파사드 디자인이 인상적이다. 5,000여 개 복잡한 조각으로 장식한 높이 6m의 목조 출입구도 눈여겨보자. 인디안 헤리티지 센터에서는 싱가포르의 한 축을 담당하고 있는 인도인의 문화에 대해 살펴볼 수 있다. 5개 상설 갤러리에서 인도인과 남아시아 공동체의 풍부한 역사를 보여주는 유물과 공예품을 구경할 수 있다. 체험공간과 기념품 상점도 있다.

리틀 인디아 아케이드 옆에 위치. MRT 리틀 인디아역Little India, 노스 사우스 & 다운타운 라인 E출구에서 버팔로 로드Buffalo Rd 따라 도보 3분 직진 후 세랑군 로드Serangoon Rd를 건너서 도보 1분 직진 5 Campbell Ln, Singapore 209924

+65 6291 1601 매일 10:00~18:00 가이드 투어 **화~금** 11:00 **토~일·공휴일** 14:00 S$ **성인** 8불 **학생(7세부터) 및 시니어(60세 이상)** 5불 **6세 이하** 무료

@indianheritage_sg www.indianheritage.gov.sg

스리 비라마칼리암만 사원 Sri Veeramakaliamman Temple

힌두교 이해하기 좋은 곳

시바의 아내이자 파괴와 창조의 여신인 스리 비라마칼리암만혹은 칼리에게 헌정된 곳으로 힌두교를 이해하기 좋은 장소다. 1881년에 지은 사원은 제2차 세계 대전 때 싱가포르 시민들의 피난처로 사용되기도 했다. 입구를 장식하고 있는 화려하고 복잡한 조각상과 내부의 정교하고 다채로운 세부 양식이 눈길을 끈다. 사원 안에는 결혼식 및 행사에 사용되는 다목적 홀도 있다. 신발을 벗고 사원 안으로 입장해야 한다.

MRT 리틀 인디아역Little India, 노스 사우스 & 다운타운 라인 E출구에서 버팔로 로드Buffalo Rd 따라 도보 3분. 세랑군 로드Serangoon Rd를 따라 북동쪽으로 2분 141 Serangoon Rd, Singapore 218042

+65 6295 4538 매일 05:30~12:00 17:00~21:00 S$ 무료 www.srivkt.org

©Tim Adams-flickr

무스타파 센터 Mustafa Centre

MRT 패러파크역Farrer Park, 노스 이스트 라인 G출구에서 세랑군 로드Serangoon Road와 사이드 알위 로드Syed Alwi Rd 경유하여 도보 4분 145 Syed Alwi Rd, Mustafa Centre, Singapore 207704 +65 6295 5855
매일 9:30~02:00 www.mustafa.com.sg

선물과 기념품 사기 딱 좋은

일본에 돈키호테가 있다면 싱가포르에는 무스타파 센터가 있다. 2개 동으로 이뤄진 이 거대한 상점은 30만 개가 넘는 상품으로 가득하다. 생활용품부터 전자제품, 의류, 화장품, 건강식품, 기념품 등 이곳에서 모든 것을 해결할 수 있다. 현지인은 물론 여행자들도 즐겨 찾는다. 제품의 종류도 다양하지만 같은 제품이라도 다른 곳보다 약간 저렴하다. 선물이나 기념품을 대량으로 구매하기 적당하다. 기념품과 선물 매장은 주로 2층에 있다. 같은 층에 있는 슈퍼마켓도 놓치지 말자. 신선한 과일부터 베이커리, 이국적인 식재료가 가득하다. 무스타파 센터는 늦은 오후부터 저녁까지, 그리고 주말엔 매우 혼잡한 편이다. 평일 오전 시간을 공략하는 것이 좋다. 100불 이상 구매하면 지하 2층 택스 리펀 창구에서 GST 환급 확인증여권 필요을 받아 출국 시 공항에서 환급받을 수 있다. 캐리어나 큰 가방은 1층 입구 물품보관소에 보관할 수 있다.

ONE MORE 잠깐! 구매 팁 알려드려요

❶화장품과 바디 용품 상점이 1층에 몰려있다. 향이 좋은 빅토리아 시크릿 바디 제품이 인기 품목이다. 특가 제품 중에는 유통기한이 임박한 것도 있으므로 날짜를 꼭 확인하자.

❷선물과 기념품 마그넷, 티셔츠, 초콜릿, 싱가포르 항공사 유니폼, 멀라이언 장식품 등 기념품 상점이 2층에 몰려 있다. 낱개 포장된 '킨더 초콜릿 해피 히포'도 이곳이 저렴하다.

❸락사와 칠리 크랩 소스 2층 슈퍼마켓 소스 코너에는 락사나 칠리 크랩 만드는 상품이 많다. 'PRIMA' 제품이 맛이 좋고 인기도 많다.

시티 스퀘어 몰 City Square Mall

깔끔한 푸드 코트가 좋다

리틀 인디아에서 가장 크고 현대적인 쇼핑센터이다. 각종 레스토랑과 편의시설, 유아들을 위한 놀이터 등을 갖추고 있다. 쇼핑센터의 여러 공간 중에서 깔끔한 푸드 코트인 푸드 리퍼블릭을 추천한다. 저렴하게 다양한 현지식을 맛볼 수 있다. 세계 최초의 그물망 체험공간인 에어존, 일본 식료품 전문점 돈돈돈키, 가성비가 뛰어난 운동용품 전문점인 데카트론 등은 한 번쯤 둘러볼 만하다.

MRT 패러파크역Farrer Park, 노스 이스트 라인 H출구로 나오면 바로 보인다. 지하 연결 통로에서도 지하 1층과 연결된다. 180 KitchenerRd, Singapore 208539 +65 6595 6595 매일 10:00~22:00(매장별 상이) @citysquaremall.com www.citysquaremall.com.sg

에어존 AirZone

세계 최초의 실내 그물 놀이터

시티 스퀘어몰 2층에 있다. 세계 최초의 실내 그물 놀이터로 허공에 떠 있는 아찔한 스릴감을 느낄 수 있다. 거대한 볼 축구, 구불구불한 그물 미로, 볼 풀장, 슬라이드 등 다채로운 액티비티를 체험할 수 있다. 2명 이상 이용하려면 1회권은 시간 대비 가성비가 떨어진다. 평일, 2명 이상 이용하려면 와그와 같은 예매 사이트를 이용해 구매하는 게 훨씬 저렴하다. 슬리퍼나 샌들은 허용되지 않고 입구에서 신발을 대여해준다. 보통 체험 시간은 50분이다.

시티 스퀘어 몰 2층에 있다. MRT 패러파크역Farrer Park, 노스 이스트 라인에서 지하 연결 통로로 도보 1~2분 180 Kitchener Rd, #02-K4, K10, Singapore 208539 +65 6631 9789 **월~금** 10:00~20:30 **토~일** 10:00~21:00 S$ **1인** 27.9불 **2인** 55불(음료 2개 포함, 평일만 가능, 온라인 구매) **4회권** 88불 @airzone_sg www.airzone.sg

스리 스리니바사 페루말 사원 Sri Srinivasa Perumal Temple

타이푸삼 축제의 출발점

1885년 힌두교 3대 신 중 유지와 보존을 담당하는 비슈누Vishunu에게 헌정된 사원이다. 1978년에 싱가포르 국가 기념물로 지정되었다. 20m 높이의 고푸람힌두교 사원 입구에 있는 높은 누문은 싱가포르로 이주한 인도인 이민자 부호가 기부한 돈으로 지었다. 얼핏 스리 비라마칼리암만 사원 입구와 비슷하게 보이지만 모두 다른 장식물을 정교하게 조각했다. 매년 1~2월 사이 힌두교 전쟁의 신 무루간Murugan을 기리는 '타이푸삼'Thaipusam 축제 때에 대규모 거리 행진이 이 사원에서 출발한다.

MRT 패러파크역Farrer Park, 노스 이스트 라인 G출구로 나와 세상군 로드 Serangoon Road 따라 왼쪽으로 도보 3분
397 Serangoon Rd, Singapore 218123
+65 6298 5771
매일 08:30~12:00, 18:00~21:00
S$ 무료 www.sspt.org.sg

압둘 가푸르 모스크 Abdul Gafoor Mosque

해시계가 있는 이국적인 건축물

1907년 인도 무슬림 이민자들을 위해 세웠다. 역사적, 건축학적 가치를 인정받아 1979년 싱가포르 국가 기념물로 지정되었다. 건축은 인도 사라센 양식을 따르고 있다. 뾰족한 아치, 돌출된 처마, 돔 형태의 지붕 등이 그렇다. 최대 4000명을 수용할 수 있는 기도실이 있다. 기도실 정문 위에는 정교하게 세공한 해시계가 있다. 다른 사원보다 조용하고 경건한 분위기이므로 적절한 복장을 갖춰 입고 방문해보자. 신발은 벗고 입장해야 한다.

MRT 리틀 인디아역Little India, 노스 사우스 & 다운타운 라인 E출구에서 버팔로 로드와 던롭 스트리트를 경유하여 도보 8분
41 Dunlop St, Singapore 209369 +65 6295 4209 **월~금** 13:00~21:00 **토** 09:00~13:00 **일** 휴무 S$ 무료

더 바나나 리프 아폴로 The Banana Leaf Apolo

줄 서는 인도 맛집

1974년에 문을 연 50년 맛집이다. 바나나 잎에 음식을 내놓아 유명세를 탄 곳으로 현지인과 관광객들로 언제나 문전성시를 이룬다. 다양한 인도 요리를 즐길 수 있는데, 피시 헤드 커리, 치킨 마살라, 탄두리 치킨, 버터 치킨커리 등이 손꼽히는 메뉴다. 특히 매콤하면서도 끝 맛이 부드러운 피시 헤드 커리는 미국의 유명 셰프이자 방송인인 고 앤서니 보데인Anthony Bourdain이 본인의 TV 프로그램 'No Reservations'에서 극찬한 이후로 더욱 유명해졌다.
MRT 리틀 인디아역Little India, 노스 사우스 & 다운타운 라인 E출구에서 레이스 코스 로드Race Course Rd 따라 도보 2분 54 Race Course Rd, Singapore 218564 +65 6293 8682
매일 10:30~22:30 S$ **탄두리 치킨 하프** 17.9불 **피시 헤드 커리** S 28.8불 **브리야니** 6.6불부터 **난** 3.5불부터 @thebananaleafapolo www.thebananaleafapolo.com

무투스 커리 Muthu's Curry

피시 헤드 커리의 원조

2019년 미슐랭 빕 구르망에 선정된 인도 맛집이다. 다양한 채식 요리와 인도 북부에서 남부를 아우르는 요리를 선보이고 있다. 시그니처 메뉴는 피시 헤드 커리이다. 가족 대대로 내려오는 조리법으로 만드는데, 독특한 풍미가 살아있다. 가장 작은 사이즈를 시켜도 3~4인이 충분히 먹을 수 있다. 피시 헤드에는 살이 많이 붙어있고 파인애플, 오크라아열대 채소. 여자 손가락을 닮아 레이디핑거라고도 부른다.가 섞인 묽은 커리 국물은 시큼하면서도 제법 매콤한 맛이 올라온다. 처음 먹는 이들도 거부감 없이 즐길 수 있다. MRT 리틀 인디아역Little India, 노스 사우스 & 다운타운 라인 E번 출구에서 레이스 코스 로드Race Course Rd 따라 도보 5분 138 Race Course Rd, #01-01, Singapore 21859 +65 6392 1722 매일 10:30~22:30 S$ **피시 헤드 커리** 24불부터 **마살라 치킨** 12불 **사모사** 6불 @muthuscurry www.muyhuscurry.com

엠티알 싱가포르 MTR Singapore

정통 남인도 채식 식당

1920년대 인도 벵갈루루에서 시작하여 인도에 3개의 매장과 전 세계에 4개 지점이 있는 정통 남인도 채식 식당이다. 가볍게 한 끼를 해결할 수 있는 단순한 메뉴가 대부분이다. 렌틸콩으로 만든 '겉바속촉' 튀김 도넛인 우디나바다Uddhina Vada, 감자 커리와 처트니에 찍어 먹는 공갈빵처럼 생긴 푸리 사구Poori Sagu, 쌀과 우라드 콩 반죽을 발효시켜 얇고 바싹하게 구운 도사Dosa 등 평소 접해보지 못했던 인도 음식이 많다. 한번 도전해보자. 카운터에서 주문과 결제를 마치면 자리를 안내해준다.

스리 스리니바사 페루말 사원 맞은편에 위치. MRT 패러파크역Farrer Park, 노스 이스트 라인 G출구로 나와 왼쪽으로 도보 3분 440 Serangoon Rd, Singapore 218131 +65 6296 5800

월~목 08:30~15:00, 17:30~21:30 **토~일** 08:30~15:30, 17:30~22:00 **월** 휴무

S$ **마살라 도사** 7불 **마살라 티** 3불 @mtrsingapore www.mtrsingapore.com

쓰리즈 어 크라우드 Three's A Crowd

맛이 풍부한 젤라토

리틀 인디아에서 향과 맛이 강한 인도 음식을 먹었다면 쫀득하고 시원한 젤라토로 입안을 달래보는 것은 어떨까. 할랄 인증을 받은 수제 젤라토를 선보인다. 재료의 맛이 풍성하게 느껴지고 너무 달지 않은 고급스러운 맛이 혀를 사로잡는다. 여기에 바삭하고 폭신한 와플을 곁들여도 좋다. 꾸미지 않은 편안하고 아늑한 감성 인테리어로 잠깐 휴식을 취하기에 적당하다.

MRT 리틀 인디아역Little India, 노스 사우스 & 다운타운 라인 E출구에서 도보 3분. 줄 서는 인도 맛집 더 바나나 리프 아폴로 바로 옆에 위치

50 Race Course Rd, Singapore 218562

+65 9638 5296 매일 11:00~22:30

S$ **아이스크림 1스쿱** 3.5불부터 **와플** 6불~9불 **아사이** 12~13불 **커피** 4불 **라테** 5불

@threesacrowdcafe

www.threesacrowdcafe.com

더 와이어드 멍키 The Wired Monkey

향이 풍부한 스페셜티 커피

리틀 인디아의 동남쪽 끝에 있는 카페이다. 힌두교 사원과 인도 식당이 즐비한 리틀 인디아에서 이 재기발랄한 카페는 제법 귀한 존재다. 한쪽 벽면을 장식한 그래피티가 눈길을 끈다. 좌석을 일자 계단식으로 배열해 폭이 좁은 협소한 공간을 잘 활용하면서 오히려 힙한 분위기를 연출한다. 커피는 신선한 스페셜티 원두를 사용하여 향이 풍부하다. 촉촉한 라벤더 레몬 케이크와 커다란 초코 그런치 쿠키는 커피와 함께 곁들이기 좋다.

MRT 리틀 인디아역Little India, 노스 사우스 & 다운타운 라인 E출구로 나와 버팔로 로드와 던롭 스트리트를 경유하여 도보 8분
5 Dunlop St, #01-00, Singapore 209335
+65 9069 4569 **월~화, 목~금** 08:30~16:00 **토~일** 08:30~17:00 **수** 휴무 S$ **롱블랙** 4.5불 **플랫 화이트** 5불 **콜드브루** 6.5~9불 @thewiredmonkeysg
www.thewiredmonkeysg.com

도넛 쉑 Doughnut Shack

입소문 자자한 도넛 전문점

리틀 인디아의 중심 쇼핑몰 시티 스퀘어 몰에서 가깝다. 속이 가득 찬 필링과 개성 있는 메뉴 리스트로 디저트 마니아들 사이에서 입소문이 난 곳이다. 대표 메뉴는 가운데 구멍이 있는 도넛과 구멍이 없는 봄볼리니로 나뉘는데 피스타치오, 크림 브륄레가 시그니처 메뉴이다. 6개씩 구매하면 조금 더 저렴하다. 구매한 당일 바로 먹어야 질기지 않고 부드러운 도넛 본연의 맛을 제대로 음미할 수 있다.

MRT 패러파크역Farrer Park, 노스 이스트 라인 H출구로 나와 키치너 로드Kitchener Rd 따라 도보 5분
151 Kitchener Rd, Singapore 208526 +65 9109 6287 **화~일** 11:00~19:00 **월** 휴무 S$ **도넛 1개** 3.5불 **도넛 6개** 19.9불 **아메리카노** 4불 **라테** 4.5불 @doughnutshacksg
www.doughnutshacksg.com

하지 레인 Haji Lane

MRT 부기스역Bugis, 이스트 웨스트, 다운타운 라인 B번 출구로 나와 노스 브리지 로드 따라 북동쪽으로 도보 5분
Haji Lane, Singapore 189204 S$ 매장별 상이 매장별 상이

이국적이고 매력적인 골목

술탄 모스크에서 걸어서 3분 거리에 있는 좁고 작지만, 이국적이고 매력적인 골목이다. 예쁘고 독특한 의류와 액세서리 상점, 개성이 돋보이는 레스토랑과 바가 좁은 골목 양쪽으로 쭉 늘어서 있다. 잡화점, 공방, 카페 등 작지만 독특함이 넘치는 가게들이 가던 길을 멈추게 한다. 화려한 그래피티가 이 골목에 힙한 분위기를 더해준다. 낮에는 그래피티를 배경으로 인증 사진을 찍는 여행자들을 흔히 볼 수 있다. 밤이 되면 삼삼오오 하지 레인으로 몰려든다. 흥겨운 음악과 시원한 맥주를 즐기는 손님들로 골목이 금세 가득 찬다. 평일 오후부터 본격적으로 손님이 몰리는 저녁 시간 전까지는 하지 레인의 많은 바에서 해피 아워를 진행한다. 술과 음악을 좋아한다면, 시간 차를 두고 여러 곳을 방문하는 '바 호핑'을 해보는 것도 즐거운 경험이 될 것이다.

술탄 모스크 Sultan Mosque

MRT 부기스역Bugis, 이스트 웨스트, 다운타운 라인 B출구에서 노스 브리지 로드North Bridge Rd 따라 북동쪽으로 도보 7분. 도로 오른쪽에 술탄 모스크가 있다. 3 Muscat Street, Singapore 198833 +65 6293 4405
월~금 09:00~18:00 토 09:00~13:00 일 휴무 S$ 무료 @masjidsultan www.sultanmosque.sg

싱가포르 이슬람 사원의 종가

이국적인 황금 돔과 최대 5000명을 수용하는 대규모 기도실을 자랑하는 술탄 모스크마스지드 술탄이라고도 부른다.는 부기스캄퐁 글램 지역의 유명한 랜드마크다. 싱가포르 이슬람 사원 중에서 가장 화려하며, 싱가포르 무슬림 사회의 구심점이 되는 상징적인 건물이다. 1824년 싱가포르의 이전 이름인 '테마섹'의 통치자 '술탄 후세인 샤'Sultan Hussain Shah가 모스크 건설을 제안한 후 동인도 회사에서 2년 동안 모금한 자금으로 지었다. 더 많은 신도를 수용하기 위해 1932년 황금색 돔의 아라베스크 양식으로 재건축했다. 고대 페르시아와 무어, 튀르키예의 영향을 결합한 영국풍 인도 양식인 '인도 사라센 스타일'의 특징이 모두 담겨 있다. 1975년 국가 기념물로 지정되었다. 예배가 없는 시간에 본당 및 2층 기도실을 제외하고 입장할 수 있다.

Travel Tip

술탄 모스크 여행 팁

❶ 방문객은 부소라 스트리트Bussorah Street 방향의 5번 게이트를 이용해야 한다.
❷ 민소매나 반바지 같은 노출 복장이라면 모스크 카운터에서 제공하는 가운을 입고 들어가야 한다.
❸ 신발을 벗고 들어가야 하며 소란스러운 행동은 금물이다.
❹ 플래시 없는 사진 촬영은 가능하다.

말레이 헤리티지 센터 Malay Heritage Centre

싱가포르의 중심 말레이족 이해하기

싱가포르의 주축을 이루고 있는 말레이 민족의 풍부한 문화와 유산을 소개하는 곳이다. 말레이 헤리티지 센터는 170년 전 말레이인 술탄의 왕궁 건물 중 하나였다. 복원작업을 거쳐 2005년에 말레이 헤리티지 센터로 오픈했다. 양방향 멀티미디어 시설과 6개 상설 갤러리를 갖추고 있다. 내부엔 신발을 벗고 입장해야 한다. 프런트 데스크 겸 기념품 숍인 왼편 건물에 신청하면 자원 봉사자들이 무료 가이드 투어화~금 오전 11시, 토 오후 2시를 진행해준다. 아쉽게도 지금은 리뉴얼 공사로 휴관 중이다. MRT 부기스역Bugis, 이스트 웨스트, 다운타운 라인 B출구로 나와 노스 브리지 로드 따라 도보 8분. 술탄 모스크 동쪽 맞은편에 있다.

85 Sultan Gate, Singapore 198501

+65 6391 0450 **화~일** 10:00~18:00 **월** 휴무 S$ **성인** 6불 **학생 및 60세 이상** 4불 **6세 미만** 무료

@malayheritage www.malayheritage.org.sg

부소라 스트리트 Bussorah Street

황금색 돔이 있는 풍경

술탄 모스크 정문 앞, 그러니까 모스크에서 남동쪽으로 뻗은 거리이다. 길 양쪽으로 카페, 기념품 가게, 지역색이 강한 레스토랑 등이 몰려 있다. 늘 많은 관광객이 찾는 곳이다. 부소라 스트리트에 서면 야자나무를 배경으로 술탄 모스크의 황금색 돔이 시선을 끈다. 이국적인 분위기에 이끌려 누구나 인증 샷을 찍게 된다. 어스름이 지면 레스토랑에서 노천 테이블을 내놓는다. 이윽고 거리는 활기를 띠면서 조용했던 낮과는 전혀 다른 분위기가 펼쳐진다.

술탄 모스크 정문에서 아래로 내려가면 된다. MRT 부기스역Bugis, 이스트 웨스트, 다운타운 라인 B출구에서 노스 브리지 로드North Bridge Rd, 아랍 스트리트, 바그다드 스트리트Baghdad St 경유하여 도보 8분 Bussorah St, Singapore 199485

빈티지 카메라 뮤지엄 Vintage Cameras Museum

희귀 카메라가 무려 1천여 점

입구가 거대한 흰색 카메라 렌즈를 닮은 독특한 외관이 눈길을 사로잡는다. 1800년대부터 1980년대까지 다양한 국가에서 생산된 빈티지 및 클래식 카메라와 6m 길이의 거대한 매머드 카메라, 제1~2차 세계대전 당시 비둘기에 장착했던 카메라 등 희귀한 카메라 1000여 점을 전시하고 있다. 몇 가지 카메라는 직접 작동해 볼 수 있고 원근법을 이용한 클릭 아트 섹션 등도 마련되어 있다. 카메라에 관심이 많은 이들은 물론 일반인들도 흥미롭게 관람할 수 있다.

MRT 부기스역Bugis, 이스트 웨스트, 다운타운 라인 B출구로 나와 빅토리아 스트리트Victoria St 따라 북동쪽으로 도보 10분 직진 후 진 클레덱Jln Kledek 거리로 30m 진입 8C Jln Kledek, Singapore 199263 +65 6291 2278 매일 11:00~19:00 S$ 성인 20불, 시니어(60세 이상) 및 어린이(6~12세) 15불, 5세 이하 무료 @vintagecamerasmuseumsingapore www.vintagecamerasmuseumsg.com

자말 카즈라 아로마틱스 Jamal Kazura Aromatics

나만의 향수 만들기

원하는 향을 즉석에서 조합해 만들 수 있는 독특한 향수 전문점이다. 술탄 모스크 근처에 있다. 1933년 부기스의 노스 브리지 로드North Bridge Rd에 처음 오픈했다. 부기스의 부소라 스트리트에 지점 두 곳이 더 있다. 하나의 향을 선택할 수 있으나 보통 4~5개의 향을 혼합하여 만든다. 알코올을 함유하지 않아 향이 오래간다. 향을 골랐다면 본인의 취향에 맞는 공병에 골라 담을 수 있다. 중동, 인도, 유럽 등 전 세계에서 온 다양한 공병으로 내부를 꽉 채우고 있다. 천연 아로마 오일도 용량에 따라 판매한다. 술탄 모스크에서 북쪽에 위치. MRT 부기스역Bugis, 이스트 웨스트, 다운타운 라인 B출구에서 노스 브리지 로드North Bridge Rd 따라 북동쪽으로 도보 8분 728 North Bridge Rd, Singapore 198696 +65 6293 2350 **월~금** 10:00~18:00 **토** 10:00~14:00, 일 휴무 S$ **향수** 6ml당 12불부터 **에센셜 오일** 10ml당 14불부터 **공병** 5불부터 jamal-kazura-aromatics.myshopify.com

국립도서관 National Library

MRT 부기스역Bugis, 이스트 웨스트, 다운타운 라인 C번 출구로 나와 노스 브리지 로드 쪽으로 도보 6분

100 Victoria St, Singapore 188064 매일 10:00~21:00 @nlbsingapore www.nlb.gov.sg

싱가포르 성장의 숨은 엔진

싱가포르 국립도서관은 싱가포르를 만든 숨은 엔진이다. 역사도 깊어서 시작은 싱가포르 개척 초기로 거슬러 올라간다. 영국 식민지 시절 싱가포르를 개척한 스탬포드 래플스의 제안으로 처음 국립도서관이 설립되었다. 1823년이니까, 벌써 200년이 넘었다. 처음엔 시빅 지구로 불리는 올드 시티에서 시작했다. 지금의 래플스 시티 자리에 있다가 스탬퍼드 거리를 거쳐 2005년 차임스와 MRT 부기스역 사이 빅토리아 스트리트로 이전했다. 싱가포르 국립도서관은 2024년 1월 리뉴얼을 통해 새롭게 태어났다. 단순히 책을 빌리고 읽는 전통적인 역할을 넘어 지식과 정보를 공유하고, 창조적 상상력을 키우며, 프로젝트와 워크숍, 교육 프로그램이 다채롭게 진행되는 역동적인 공간으로 변모했다. 아이가 있다면 SEA 수족관과 협업한 '어린이 생물다양성 도서관Children's Biodiversity Library'이 흥미로울 것이다. 바다 해파리 비디오 프로젝션 및 해설 디스플레이 등을 갖추고 있다. 외국 관광객은 대여는 할 수 없지만, 도서관은 자유롭게 출입하고 책도 마음껏 열람할 수 있다.

잠잠 Zam Zam Restaurant

MRT 부기스역Bugis, 이스트 웨스트, 다운타운 라인 B출구에서 노스 브리지 로드North Bridge Rd 따라 북동쪽으로 도보 6~7분
697-699 North Bridge Rd, Singapore 198675 +65 6298 6320 매일 07:00~23:00
S$ **무르타박** 5~17불 **브리야니** 6~12불 **로타 프라타** 6.5~8불, 음료 1~3불 www.zamzamsingapore.com

아침부터 문전성시 무르타박 맛집

1908년에 문을 백년 맛집으로, 인도와 말레이 음식을 즐길 수 있다. 가족이 대를 이어 운영한다. 고기나 채소를 넣은 쌀 요리인 브리야니를 비롯해 한국의 부침개와 비슷한 무르타박, 납작한 밀가루빵을 구워 카레에 찍어 먹는 로타 프라타 등이 주요 메뉴이다. 특히 고기와 달걀, 채소를 듬뿍 넣은 밀가루 반죽을 바싹하게 구워서 커리와 곁들여 먹는 무르타박은 단연 으뜸으로 꼽힌다. 가격은 크기에 따라 달라진다. 고기 종류는 취향에 따라 선택할 수 있다. 소고기, 양고기, 닭고기, 사슴고기 외에도 특이하게 정어리도 있다. 정어리 고기는 생각보다 비리지 않고 담백한 맛이 난다. 한 번쯤 도전해 볼 만하다. 현지 커피와 차, 음료는 2불 내외로 매우 저렴하다. 맥주와 같은 주류는 판매하지 않는다. 시원한 자리를 원한다면 에어컨이 나오는 2층으로 올라가면 된다. 현금 결제만 가능하다.

이치코쿠도 홋카이도 라멘 Ichikokudo Hokkaido Ramen

할랄 인증 라멘 전문점

술탄 모스크 맞은 편, 부소라 스트리트에 있는 유일한 일본 라멘집이다. 할랄 인증으로 무슬림도 안심하고 찾는 곳이다. 2층으로 올라가면 술탄 모스크가 보이는 아늑한 공간이 마련돼 있다. 몇 시간씩 우려낸 닭 뼈 베이스에 가다랑어와 고등어, 홋카이도산 미역을 섞어 국물을 만든다. 국물 맛이 매우 진하고 감칠맛이 돈다. 간장 베이스의 오리지널 이치코쿠도 라멘이 가장 인기 있는 메뉴다. 특이하게 챠슈 대신 오리고기를 넣은 라멘도 선보이고 있다. 점심에는 음료, 가라아게가 포함된 런치 세트의 가성비가 좋다.

MRT 부기스역Bugis, 이스트 웨스트, 다운타운 라인 B출구에서 노스 브리지 로드, 아랍 스트리트, 머스켓 스트리트 경유하여 보도 7~8분 45 Bussorah St, Singapore 199463
매일 11:00~22:00 S$ **이치코쿠도 라멘 오리지널** 10.9불 **홋카이 지고쿠 라멘** 13.9불 **돈부리** 12.9~17.9불 **점심 세트 메뉴** 10.9불 @ichikokudosg www.ichikokudo.com

하자 마이무나 Hjh Maimunah Restaurant and Catering

소담한 말레이 인도네시아 가정식

저렴한 가격에 소박하면서도 깔끔한 말레이와 인도네시아 음식을 선보이고 있다. 하자 마이무나는 몇 년간 미슐랭 빕 구르망에 선정된 곳으로 늘 현지인들로 북적인다. 달콤한 간장 소스를 얹은 그릴드 치킨, 양념한 생선구이인 레막 시풋Lemak Siput, 쇠고기를 각종 양념에 천천히 조린 부드러운 비프 렌당 등 40여 가지의 음식 중에서 선택해서 밥과 함께 먹는 방식이다. 곁들여 주는 매콤한 삼발 소스는 마치 쌈장과도 비슷하여 입맛을 돌게 한다. 떡을 좋아한다면 비슷한 질감의 인도네시안 디저트도 도전해볼 만하다.

MRT 부기스역Bugis, 이스트 웨스트, 다운타운 라인 B출구로 나와 노스 브리지 로드North Bridge Rd, 잘란 피상 로드Jln Pisang 경유하여 도보 8분 11 Jln Pisang, Singapore 199078 **월~토** 07:30~18:30 **일** 휴무 S$ **미고랭** 3.5불 **나시레막 세트** 4불 **고기류** 3~10불 **디저트** 1~1.5불 @hjhmaimunahrestaurant www.hjmaimunah.com

블랑코 코트 프라운 미 Blanco Court Prawn Mee

MRT 부기스역Bugis, 이스트 웨스트, 다운타운 라인 H출구에서 비치 로드Beach Rd 따라 북동쪽으로 도보 5분
243 Beach Rd #01-01, Singapore 189754 +65 6396 8464 **수~월** 07:30~16:00 **화** 휴무
S$ **프라운&폭립 누들(소)** 6.5불 **점보 프라운 누들** 12불

새우국수의 성지

여행자들 사이에서 새우국수의 성지라고 불리는 곳이다. 하지레인 초입에 위치하여 바로 찾을 수 있다. 진하고 감칠맛 나는 시원한 국물에 통통한 새우와 쫄깃한 국수 면발의 조합이 한국인에게는 그야말로 취향 저격이다. 국물이 없는 드라이 버전은 강렬한 맛은 덜하지만 담백하면서도 새우의 향이 많이 살아있다. 드라이 버전은 국물을 따로 제공한다. 면은 4가지 중에서 고를 수 있는데 주로 노란색의 에그 누들이 많이 판매된다. 새우 크기와 폭립의 유무에 따라 가격이 달라진다. 먼저 자리를 맡고 카운터에 테이블 번호를 알려주고 주문하면 된다. 점심에는 많이 붐비는 편이므로 이른 오전 시간을 추천한다. 단 화요일은 휴무일이라 헛걸음하지 않도록 주의하자. 현금 결제만 가능하다.

피에드라 네그라 Piedra Negra

인증 샷 명소로 유명한 멕시칸 맛집

컬러풀한 외관과 그래피티로 하지 레인을 대표하는 단골 인증샷 장소이다. 비교적 합리적인 가격에 만족스러운 멕시칸 요리를 즐길 수 있다. 특히 과카몰리는 테이블에서 바로 만들기 때문에 더욱 신선한 맛을 자랑한다. 오후 3시부터 저녁 8시까지 이어지는 해피 아워에는 맥주와 마가리타를 비롯한 몇 가지 주류를 평소보다 저렴하게 판매한다.

MRT 부기스역Bugis, 이스트 웨스트, 다운타운 라인 H출구에서 비치 로드Beach Road 따라 동북쪽으로 도보 5분
241 Beach Road, Singapore 189753
+65 9199 0610
매일 12:00~24:00(해피 아워 15:00~20:00)
S$ **브리토** 13.9~14.9불 **퀘사딜라** 11.9~13.9불 **타코** 12.9불~14.9불 **나초** 13.9불 **마가리타** 14불
@piedranegrasg
www.blujazcafe.net/menus/piedra-negra

꼬 하이 반미 Co Hai Banh Mi Vietnamese baguette

직장인에게 인기 많은 베트남 음식점

비치로드Beach Road 대로변에 있다. 인근 직장인들이 점심에 많이 찾는 숨은 베트남 맛집이다. 매장에서 직접 구운 바삭한 바게트에 돼지고기, 고수, 당근 피클 등으로 속을 꽉 채운 반미가 시그니처 메뉴이다. 바싹한 식감이 끝까지 이어진다. 쌀국수, 밥·돼지갈비·사이드 메뉴가 나오는 껌승도 맛이 좋은 데다 비주얼까지 베트남 현지 느낌을 잘 살린다는 평을 듣고 있다. 싱가포르의 여러 베트남 식당에 납품하는 바게트는 낱개로 구매할 수 있다.

MRT 부기스역Bugis, 이스트 웨스트, 다운타운 라인 H출구에서 비치 로드Beach Rd 따라 동북쪽으로 도보 10분
359 Beach Rd, Singapore 199575 매일 11:00~21:30 S$ **반미** 8~12불 **퍼보** 10불부터 **분짜** 12불 **분팃능** 10불 **연유 커피** 4불~4.5불 www.cohaibaguette.com

소 프랑스 SO France DUO

MRT 부기스역Bugis, 이스트 웨스트, 다운타운 라인 E출구로 나와 남동쪽 Duo Galleria 방향으로 도보 2분 7 Fraser Street Duo Galleria #01-51/56, Singapore 189356
+65 6909 6449 **일~목** 08:00~21:00 **금~토** 09:00~22:00
S$ **블랙퍼스트** 16~24불 **런치 코스** 28~32불 **브런치** 18~36불 **디저트** 12~14불
@sofrancebistro so-france.sg

합리적인 가격에 즐기는 정통 프렌치 다이닝

유명 셰프 프레데릭 코이페Frederic Coiffé가 운영하는 프렌치 식당이다. 합리적인 가격에 정통 프렌치 음식을 즐길 수 있다. 프랑스 국기의 색을 테마로 꾸민 밝고 산뜻한 인테리어가 인상적이다. 직접 구운 빵과 다양한 프리미엄 치즈, 생햄, 프랑스에서 생산한 오일, 파스타 등 고품질 식재료를 구매할 수 있는 마켓도 있다. 보르도와 부르고뉴, 그 밖의 소규모 와인 산지에서 만든 100가지가 넘는 와인 리스트도 준비해놓고 있다. 식당 안쪽은 식사하는 공간이고, 입구 쪽은 카페처럼 이용할 수 있다.

시메트리 Symmetry

낮에는 브런치 카페, 밤에는 운치 있는 바

북적거리는 부기스 중심에서 살짝 벗어난 곳에 있는 호주식 올데이 다이닝 레스토랑이다. 푸릇푸릇한 식물과 아름다운 나무가 자라는 소박한 정원이 마음을 여유롭게 해준다. 풍성한 브런치 메뉴를 선보여 현지인에게 인기가 많다. 콜드브루 커피와 에그 베네딕트, 와플 등이 인기 메뉴이다. 낮에는 분위기가 편안한 브런치 카페지만, 저녁에는 운치 있는 바로 변신한다.

MRT 부기스역Bugis, 이스트 웨스트, 다운타운 라인 B출구로 나와 빅토리아 스트리트Victoria St 경유하여 잘란 쿠보 로드Jln Kubor까지 북동쪽으로 도보 8~9분 9 Jln Kubor, #01-01, Singapore 199206
+65 6291 9901 **화~금** 11:00~23:00 **토** 09:00~23:30 **일** 09:00~19:00 **월** 11:00~21:00
S$ **에그 베네딕트** 27불 **와플** 23불 **앵거스 비프버거** 26불 **콜드브루** 8불 **마치아노** 6불
@symmetrysg www.symmetry.com.sg

아추 디저트 Ah Chew Desserts

디저트 종류가 무려 50개

중국 고가구로 장식한 예스러운 분위기가 눈에 띄는 디저트 카페이다. 더위에 지친 발걸음을 잠시 쉬어 가기에 좋다. 50개가 넘는 다양한 전통 디저트를 선보이고 있다. 한 그릇에 5불을 넘지 않는 저렴한 가격임에도 재료를 넉넉히 사용하여 만족스럽다. 달콤한 망고 과육과 신맛이 나는 포멜로를 넣은 부드럽고 달콤한 '망고 위드 포멜로 사고'가 인기 메뉴이다. 질감이 인절미보다 부드러운 모찌 라이스 볼을 곁들여도 좋다. 두리안, 파파야, 팥 페이스트, 젤리 등을 이용한 여러 가지 디저트를 선보이고 있다.

MRT 부기스역Bugis, 이스트 웨스트, 다운타운 라인 D출구로 나와 노스 브리지 로드North Bridge Rd 건넌 후 리앙시아 스트리트Liang Seah Street 따라 도보 2분
Liang Seah Street #01-10/11, Singapore 189032
+65 6339 8198 **수~월** 12:30~24:00 **화** 휴무
S$ **망고 사고** 4.6불 **프레시 망고 소** 7불 **모찌 라이스볼(4개)** 2.8불 **커피** 3.5불 www.achewdesserts.com

아틀라스 Atlas

파크뷰 스퀘어 1층. MRT 부기스역Bugis, 이스트 웨스트, 다운타운 라인 B출구로 나와 노스 브리지 로드 North Bridge Rd 따라 도보 2분 600 North Bridge Rd, Parkview Square, Singapore 188778
+65 6396 4466 **월~목** 12:00~01:00 **금~토** 12:00~02:00 **일** 휴무 애프터눈 티 **월~금** 15:00, 16:00 **토 및 공휴일** 13:00, 14:00, 15:00, 16:00 S$ **바 바이트** 12~40불 **진토닉** 19~28불 **애프터눈 티** 56불부터 @atlasbarsg www.atlasbar.sg

압도적인 실내 디자인, 칵테일도 일품

MRT 부기스역 인근 파크뷰 스퀘어 1층에 있다. 문을 열고 들어가면 웅장하고 화려한 아르데코 실내 건축이 압도적이다. 특히 가운데 메인 바 라운지가 눈길을 끄는데, 1300개가 넘는 진으로 장식한 '진 타워'는 그야말로 명불허전이다. 몸을 감싸는 푹신한 암 체어와 대리석 테이블 세트가 아틀라스의 고급스러운 분위기에 화룡점정을 찍는다. 아틀라스 스위트Atlas Suite는 이 바에서 인기가 좋은 미니 마티니 3종을 모아 만든 메뉴이다. 처음 방문하는 사람이라면 이 시그니처 메뉴로 시작해보는 것도 좋다. 메뉴 선택이 고민이라면 스텝을 부르자. 친절한 스텝이 당신의 취향과 입맛에 잘 맞는 칵테일을 추천해준다. 아틀라스는 음식 맛으로도 정평이 나 있어서 점심 메뉴가 인기도 좋다. 애프터눈 티도 항상 인기가 많은 편이다. 애프터눈 티는 24시간 전 예약이 필수다. 오후 5시 이후부터는 드레스 코드가 스마트 캐주얼반바지, 슬리퍼 금지이다.

탄 이자바 Tann Iza-Bar

MRT 부기스역Bugis, 이스트 웨스트 라인 C번 출구에서 도보로 4분. C번 출구에서 부기스 정션 쪽으로 나와 횡단보도 건너 리앙 시아 스트리트 방면으로 가면 탄 이자바가 나온다. 1 Liang Seah St, #01-03/04 Liang Seah Place, Singapore 189022 +65 6264 6177 **일~목** 15:00~01:00 **금~토** 15:00~02:00 S$ 꼬치 1.8불~15불, 꼬치 세트 25.8불~39.8불, 명란 파스타 15불 @taan.sg www.taansg.com

편안한 선술집에서 즐기는 생맥주

일본 이자카야에 바탕을 두고 있지만, 이자카야 분위기는 많이 나지 않는다. 오히려 일본식 퓨전 술집이라는 표현이 더 잘 어울린다. 조금 투박한 실내 벽화가 인상적인데, 도쿄의 작은 골목 '요코초'를 묘사한 것이다. 실제로 탄 이자바는 소박한 뒷골목 정취가 묻어난다. 선술집 특유의 편안함이 부드럽게 발길을 잡는다. 재즈 음악과 부드러운 조명이 은근하게 분위기를 북돋아 준다. 무엇보다 싱가포르에서 흔히 볼 수 없는 산토리 프리미엄 몰트 생맥주를 즐길 수 있어서 좋다. 매실주를 베이스로 한 우메슈도 이 집을 찾는 이유가 된다. 생맥주나 하이볼에 어울리는 안주가 제법 다양하다. 꼬치구이는 3~5.9불, 국수류, 덮밥, 각종 한 입 거리 음식은 8~15불 선으로 가격이 비교적 합리적이다. 파스타도 15불 안팎이다. 저녁 8시 이전까지 한 잔 가격으로 두 잔을 즐기는 해피아워도 놓치지 말자.

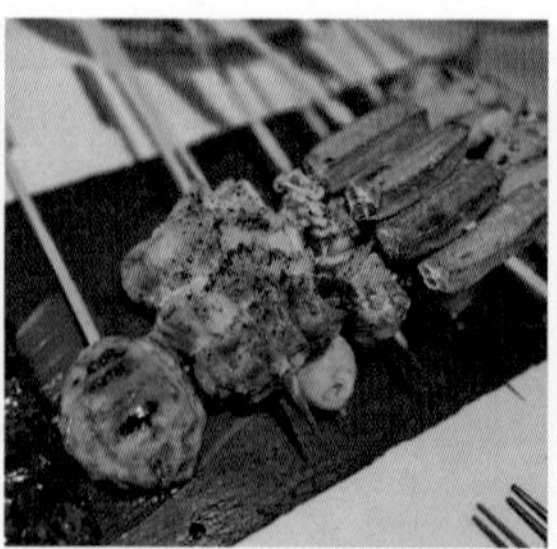

더 캣 카페 The Cat Café- Bugis

고양이와 힐링 타임

고양이를 사랑하는 집사들이라면 느긋한 시간을 보낼 수 있는 더 캣 카페로 가보자. 15마리 안팎인데, 주인이 길에서 구조한 고양이가 대부분이다. 고양이 종이 다양해 각각 개성이 넘친다. 냄새나 털 날림이 없을 정도로 카페가 깔끔하다. 1인당 16불을 내면 음료를 마시며 2시간 동안 이용할 수 있다. 이후 30분마다 4불이 추가된다. 음료 외에 페스트리도 판매한다. 만 6세 이상부터 이용할 수 있다. 수용 인원이 정해져 있으므로 홈페이지에서 예약해야 한다.

MRT 부기스역Bugis, 이스트 웨스트, 다운타운 라인 A출구 건너편 빅토리아 스트리트Victoria St 옆 흰색 건물 3층에 있다.
241B Victoria St Level 3, Singapore 188030
+65 6338 6815 **월~금** 10:00~21:00
토~일 10:00~22:00
S$ 인당 16불(2시간, 청량음료 제공)
@sgcatcafe www.thecatcafe.sg

부기스 정션 Bugis Junction

10~20대 중심의 트렌디 쇼핑몰

돔 형태의 아케이드와 쇼핑몰이 합쳐진 구조가 인상적이다. MRT 부기스역과 바로 연결되어 언제나 유동인구가 많다. 유명 브랜드는 많지 않지만 커스텀 주얼리, 여행 가방, 아로마 테리피 매장 등 개성 있는 상점이 많아 둘러볼 만하다. 층별로 간단하게 식음료를 즐길 수 있는 공간이 많은 편이다. 에어컨이 가동되는 아케이드 1층 매대에도 흥미로운 상품이 많다. 잠깐 더위를 식히면서 구경하기에 적당하다.

MRT 부기스역Bugis, 이스트 웨스트, 다운타운 라인 C출구 지하에서 바로 연결된다. 200 Victoria St, Singapore 188021
+65 6557 6557 매일 10:00~22:00(매장별 상이) www.capitaland.com/sg/malls/bugisjuntion

부기스 플러스 Bugis+

SPA 브랜드, 그리고 식당가

부기스 정션 서북쪽 건너편, 빅토리아 스트리트Victoria St에 있는 10층짜리 쇼핑몰이다. 독특한 외관으로 눈길을 끈다. 부기스의 다른 쇼핑몰보다 널찍하고 한산한 편이다. 유니클로, 버시카, 폴앤베어 같은 SPA 브랜드, JD스포츠, 싱가포르 패션 브랜드 편집 숍인 에디터스 마켓 등은 제법 규모가 큰 편이다. 4~5층은 주로 식당가이다. 부기스 정션보다 조용하게 식사를 즐길 수 있는 단독 레스토랑이 더 많아 선택의 폭이 넓다. MRT 부기스역Bugis, 이스트 웨스트, 다운타운 라인 C출구로 나와 길을 건너면 된다. 부기스 정션 3층 육교에서도 부기스 플러스와 연결된다.

201 Victoria St, Singapore 188067 +65 6634 6810

매일 10:00~22:00(매장별 상이) www.capitaland.com/sg/malls/bugisplus

부기스 스트리트 Bugis Street

골목골목 구경하는 재미

부기스 정션 서북쪽 건너편에 있다. 부기스 스트리트는 저렴하게 쇼핑을 하려는 10~20대와 여행객들로 항상 활기가 넘친다. 과거에는 휴가 나온 군인과 선원들에게 밤의 유흥을 제공하는 화려한 나이트 라이프 장소였으나, 지금은 핸드폰 액세서리, 보세 옷, 기념품 상점, 저렴한 길거리 음식이 즐비한 시장 골목으로 변했다. 동남아시아의 야시장을 연상시킨다. 3개 층에 600여 상점이 미로처럼 연결되어 있다. 발길 닿는 대로 구경하는 재미가 있다. 흥미로운 제품이 많긴 하지만 품질은 크게 기대하지 말자.

MRT 부기스역Bugis, 이스트 웨스트, 다운타운 라인 A번 출구 길 건너편에 있다. 3 New Bugis Street, Singapore 188867

매일 10:00~22:00(매장별 상이)

휘게 Hygge

MRT 부기스역Bugis, 이스트 웨스트, 다운타운 라인 B번 출구로 나와 노스 브리지 로드 따라 동북 쪽으로 도보 5분 672 North Bridge Rd, Singapore 188803

+65 8163 1893 **수~일** 11:30~19:30, **월~화** 11:30~17:00

S$ **키 체인** 13.9~15.9불 **에코백** 15~35불 **키친 웨어** 16.9~28.9불

@shophygge.sg shophygge.sg

북유럽 감성의 소품 가게

휘게는 덴마크와 노르웨이어로 편안함, 따뜻함 등을 의미한다. 휘게는 낱말 뜻과 딱 어울리는 소박하고 아기자기한 북유럽 감성의 소품 가게이다. 귀여운 캐릭터가 그려진 머그잔부터 주방 소품, 에코백, 액세서리, 키 체인 등 소소한 행복을 느낄 수 있는 제품이 가득하다. 싱가포르 특징이 살아있는 제품도 있다. 상품 품질도 괜찮은 편인 데다 작은 소품이 대부분이라 부피 걱정 없이 기념품으로 구매하기 좋다.

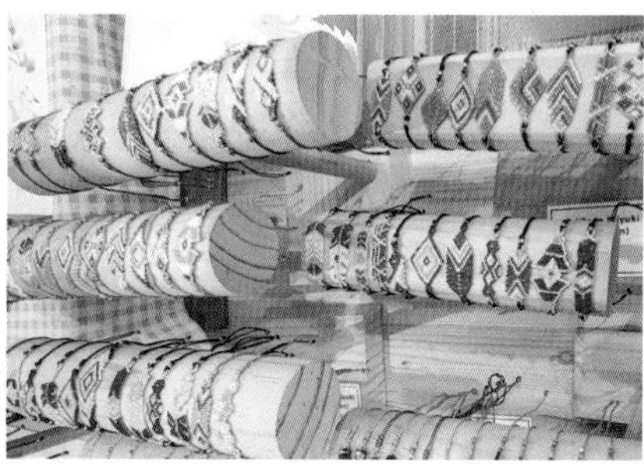

PART 10

프로미나드 & 이스트 코스트 파크

Promenade & East Coast Park

대관람차, 덕 투어, 그리고 해안 산책

프로미나드는 부기스와 마리나베이 사이에 있다. 작은 구역이지만 대관람차 싱가포르 플라이어, 대공연장 에스플러네이드 등 굵직한 명소와 쇼핑몰, 컨벤션센터 등이 몰려있는 복합 상업지구다. 시간이 많지 않다면 싱가포르의 주요 명소를 빠르게 둘러볼 수 있는 수륙양용 오리 버스를 타고 도로와 강을 누비는 1시간짜리 '덕 투어'를 추천한다.

이스트 코스트 파크는 길이 15km의 아름다운 공원과 해안가를 따라 자전거를 타거나 해변에서 느긋하게 시간을 보낼 수 있는 곳이다. 야자수가 우거진 산책로, 바다, 해변 풍경이 이국적인 느낌을 자아낸다. 미리 홈페이지에 예약하면 캠핑이나 바비큐도 즐길 수 있다. 자전거 대여점, 각종 액티비티, 레스토랑, 카페, 호커센터 등이 공원과 해안가를 따라 이어져 있어서 하루를 즐겁고 알차게 보낼 수 있다.

*이스트 코스트 파크는 MRT 노선이 없고, 버스 노선도 많지 않다. 택시나 그랩, 고젝과 같은 차량 서비스를 이용하는 편을 추천한다.

*이스트 코스트 파크 홈페이지

https://www.nparks.gov.sg/gardens-parks-and-nature/parks-and-nature-reserves/east-coast-park

PAN PACIFIC
PAN PACIFIC

프로미나드
도착
부의 분수
Fountain of Wealth
선텍 시티
Suntec City
출발
프로미나드역
Promenade MRT station
Temasek Ave
Benjamin Sheares Br
Bras Basah Rd
Nicoll Hwy
빅 버스 & 덕투어
Big bus & Duck tour
북창동 순두부
SBCD Korean Tofu House
Temasek Blvd
파울라너
Paulaner Brauhaus Singapore
Raffles Blvd
규카쿠
Gyu-kaku
Raffles Link
밀레니아 워크
Millenia Walk
마리나 스퀘어
Marina Square
리츠 칼튼 밀레니아 싱가포르
The Ritz-Carlton, Millenia Singapore
마리나 만
Marina Bay
만다린 오리엔탈 싱가포르
Mandarin Oriental
썸머 파빌리온
Summer Pavilion
싱가포르 플라이어
Singapore Flyer
Raffles Ave
에스플러네이드-베이 극장
Esplanade-Theatres on the Bay
마칸수트라 글루턴스 베이
Makansutra Gluttons Bay
이스트 코스트 파크
East Coast Rd
친미친 컨펙셔너리
Chin Mee Chin Confectionery
Still Rd South
마린 테라스역
Marine Terrace MRT Station
Marine Parade Rd
328 카통 락사
328 Katong Laksa
Haig Rd
Joo Chiat Rd
마린 퍼레이드역
Marine Parade MRT Station
Mountbatten Rd
Amber Rd
마린 코브 플레이 그라운드
Marine Cove Playground
East Coast Parkway
East Coast Park Service Rd
탄종 카통역
Tanjong Katong MRT Station
스타벅스
Starbucks
코스탈 플레이그로브
Coastal Playgrove
올드타운 화이트 커피
Old Town White Coffee

프로미나드 하루 여행 추천 코스 지도의 빨간 실선 참고, 역방향 투어도 가능

MRT 프로미나드역 → 도보 10분 → **싱가포르 플라이어** → 도보 13분 →

에스플러네이드-베이 극장 → 도보 12분 → **선텍 시티** → 도보 1분 → **부의 분수**

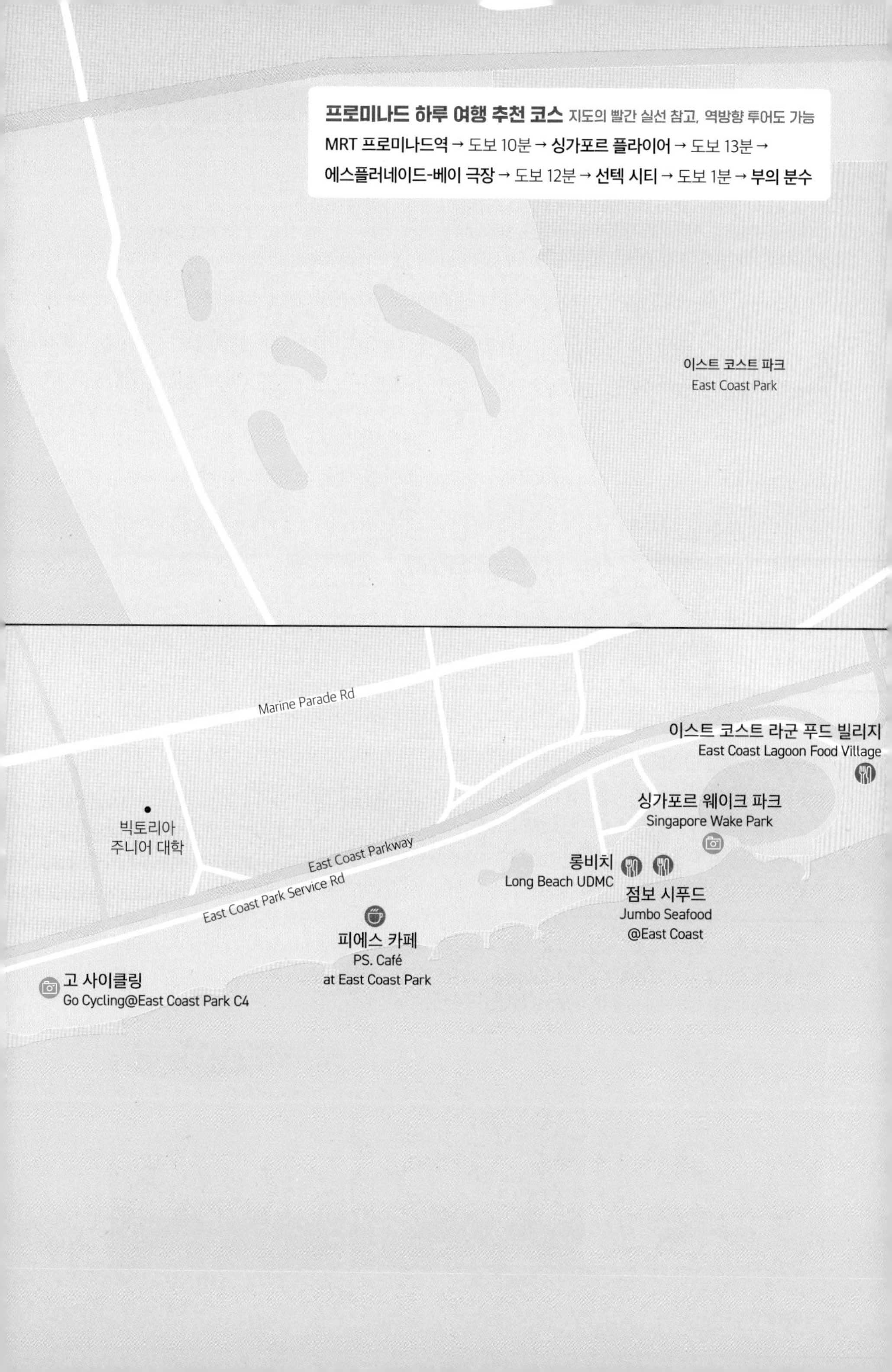

이스트 코스트 파크
East Coast Park

Marine Parade Rd

이스트 코스트 라군 푸드 빌리지
East Coast Lagoon Food Village

싱가포르 웨이크 파크
Singapore Wake Park

빅토리아
주니어 대학

East Coast Parkway

East Coast Park Service Rd

롱비치
Long Beach UDMC

점보 시푸드
Jumbo Seafood
@East Coast

피에스 카페
PS. Café
at East Coast Park

고 사이클링
Go Cycling@East Coast Park C4

프로미나드 Promenade

싱가포르 플라이어 Singapore Flyer

MRT 프로미나드역Promenade, 서클, 다운타운 라인 A출구로 나와 남동쪽으로 도보 10분 30 Raffles Avenue, Singapore 039803 +65 6333 3311 매일 10:00~22:00 S$ 싱가포르 플라이어+타임캡슐 성인 40불, 아동 25불, 시니어 25불 싱가포르 슬링 체험 성인 79불, 아동(3~12세) 31불(아동은 알코올이 없는 목테일 제공) @singaporeflyer www.singaporeflyer.com

©Uwe Schwarzbach-flickr

싱가포르 전경을 한눈에

아시아 최대 대관람차로 최고의 시티뷰를 감상할 수 있는 장소로 손꼽힌다. 회전하며 지상에서 165m건물 42층 높이 높이로 올라가면 싱가포르 전경이 화려하게 펼쳐진다. 낮에는 좀 더 자세하게 풍경을 볼 수 있고 밤에는 야경이 그야말로 장관이다. 냉방이 가동되는 28개의 유리 캡슐 안에서 30분 동안 마리나베이, 래플즈 플레이스, 멀라이언 파크 등 상징적이고 역사적인 랜드마크를 구경할 수 있다. 날씨가 좋은 낮에는 창이공항, 센토사섬은 물론 45km 떨어진 말레이시아와 인도네시아 일부까지 볼 수 있다. 특별한 이벤트를 원한다면 4가지 코스 다이닝 혹은 칵테일이나 샴페인을 마실 수 있는 프로그램을 예약할 수 있다. 입구에는 체험형 전시장인 '타임캡슐'이 있는데 싱가포르의 역사를 한번 훑어볼 수 있어 유익하다. 싱가포르 플라이어 입장권과 같이 구매하면 저렴하게 이용할 수 있다. '클룩' 같은 예매사이트를 이용하면 조금 더 저렴하게 이용할 수 있다.

©Choo Yut Shing-flickr

©ngoton-flickr

에스플러네이드-베이 극장 Esplanade-Theatres on the Bay

MRT 시티홀역City Hall, 이스트 웨스트, 노스 사우스 라인 A출구 쪽 시티 링크몰CityLink 경유하여 동남쪽으로 도보 10분
1 Esplanade Drive, Singapore 039803 +65 6828 8377 매일 12:00~20:30 S$ 공연별 상이, 에스플러네이드 투어 20불(야간 25불), 에스플러네이드 야간 투어 with dinner 40불, 에스플러네이드 백스테이지 투어 50불
@esplanadesingapore www.esplanade.com

건축이 독특한 음악 공연장

싱가포르 사람들이 '두리안'이라는 애칭으로 부른다. 1,600석 규모의 콘서트홀과 2,000석 규모의 극장 및 다양한 소형 공연장을 갖추고 있다. 음악 공연, 뮤지컬 유료 공연 외에도 댄스, 연극 등 다양한 무료 행사가 정기적으로 열린다. 종종 올라오는 무료 공연 홈페이지에서 일정을 확인해보자. 더 자세히 둘러보고 싶다면 가이드와 함께 45분 동안 탐방하는 에스플러네이드 워크 투어에 신청하자. 에스플러네이드 몰에는 쇼핑몰, 도서관, 카페, 레스토랑이 입점해 있으며, 극장 주변으로는 마칸수트라 호커센터가 있어서 볼거리와 먹을거리가 풍부하다. 밤이 되면 야외 공연장에서 각종 무료 공연이 펼쳐지니 이 또한 놓치지 말자.

빅 버스 & 덕투어 Big bus & Duck tour

🚶 ❶ MRT 에스플러네이드역Esplanade, 서클 라인 A출구로 나와서 배가 보이는 북동쪽으로 3분 직진하면 여행사 BIG BUS & DUCK이 나온다. ❷ 택시를 이용할 때는 선텍 시티 컨벤션 센터Suntec Singapore Convention & Exhibition Centre 택시 스탠드를 하차 지점으로 잡으면 된다. 3 Temasek Blvd #01-330 Suntec Shopping Mall, Singapore 038983
+65 6338 6877 목~화 09:00~18:00, 수 휴무 S$ 덕 투어(60분 소요) 성인 45불, 아동(2~12세) 35불
빅 버스 투어 1일권 성인 53.10불, 아동 44.10불 빅 버스 투어 2일권 성인 66.60불, 아동 57.60불
디럭스 티켓(2일권&나이트 시티투어) 성인 98.10불, 아동 89.10불
@bigbusduck www.ducktour.com.sg

아주 특별한 시티 투어 버스

싱가포르를 빠르게 둘러보기에는 빅 버스와 덕 투어BIG BUS & DUCK 만한 것이 없다. 빅 버스는 하루 혹은 이틀 동안 무제한 승하차가 가능해 본인의 여행 페이스에 따라 오차드 로드, 차이나타운, 리틀 인디아, 보타닉가든, 나이트 사파리 등 싱가포르의 주요 권역과 명소를 자유롭게 둘러보는 패키지 투어 프로그램이다. 빅 버스 앤 덕BIG BUS & DUCK에서 같이 운영하는 덕 투어도 추천할 만하다. 지상에서 달리다 강으로 들어가는 수륙양용버스로, 싱가포르 관광상을 수상한 패키지 상품이다. 마리나베이 구역의 싱가포르 주요 명소들을 강 위에서 색다른 각도로 둘러볼 수 있어 만족스럽다. 물에서 나와서는 시빅 디스트릭스 구역을 한 바퀴 돌면서 투어를 마무리한다. 가이드가 탑승하여 친절하게 설명을 해준다. 투어 시간 30분 전까지 체크인해야 하고 온라인 예매를 했다면 직원에게 e-티켓을 제시하면 된다.

© Jerry Lim-Wikimedia Commons

선텍 시티 Suntec City

MRT 에스플러네이드역Esplanade, 서클 라인 A출구로 또는 MRT시티홀역CityHall, 이스트 사우스, 노스 웨스트 라인 C출구에서 시티링크몰CityLink 경유하여 각각 도보 6분, 15분 3 Temasek Blvd, Singapore 038983
+65 6266 1502 매일 10:00~22:00(매장별 상이)
@sunteccity www.sunteccity.com.sg

프로미나드를 대표하는 쇼핑몰

1984년 '도시 속의 도시'라는 콘셉트로 개발한 대단위 비즈니스 지구로, 쇼핑몰을 포함해 모두 5개 동으로 이루어져 있다. 워낙 규모가 커서 처음 방문하는 사람은 약간 헤맬 수 있다. 풍수 설계를 기반으로 만들어진 센텍 시티는 쇼핑센터, 전시 및 컨퍼런스 센터, 오피스 타워 등을 갖추고 있다. 한국의 코엑스몰과 비슷하다고 보면 된다. 노스 윙North Wing에는 카페, 레스토랑, 쇼핑몰 등이 들어서 있다. 이스트 윙East Wing에는 영화관과 레스토랑이, 웨스트 윙West Wing에는 뷰티와 의류 브랜드가 주로 입점해 있다. 5개 동이 정면으로 보이는 한 가운데 설치된 '파운틴 오브 웰스'라는 거대한 분수는 선텍 시티의 트레이드 마크다. 지하층 파운틴 테라스 구역의 크리스탈 제이트 키친이나 딘타이펑, 푸드코트 등 식당가에서 분수를 더 가까이에서 즐길 수 있다.

ONE MORE
Suntec City

선텍 시티의 명소와 맛집

1 부의 분수 Fountain of Wealth

©William Cho-flickr
©William Cho-flickr

화려한 조명과 레이저쇼

선텍 시티 외부 중앙에 있다. 1998년 세계에서 가장 큰 분수로 기네스북에 등재됐다. 손에 물을 적시면서 분수 주위를 돌며 소원을 빌면 부유하게 된다는 속설이 전해진다. 속설이야 그냥 웃어넘길 수 있지만, 아름다운 분수는 그냥 지나칠 수 없다. 특히 저녁이 되면 화려한 조명과 레이저쇼로 사람들의 눈길을 사로잡는다. 일부러 찾을 정도는 아니지만, 선텍 시티 근처에 갔다면 놓치지 말고 구경해보자.

선텍 시티몰 지하 1층으로 가면 분수로 통하는 입구가 있다.
3 Temasek Blvd, Singapore 038983
매일 10:00~12:00, 14:00~16:00, 18:00~19:30
S$ 무료

2 슈퍼 파크 SuperPark Singapore

다양한 액티비티를 한곳에서

2시간 동안 다양한 액티비티를 즐길 수 있다. 어드벤처 구역에는 트램펄린, 짚와이어, 페달 카 레이싱 트랙, 튜브 슬라이드가 있다. 게임 아레나에서는 야구, 농구, 양궁, 볼링 등을 즐길 수 있다. 프리스타일 홀에서는 스케이트와 스쿠터, 암벽등반 등을 경험할 수 있다. 만 8세 미만 아동은 성인18세 이상 1인과 동반해야티켓 별도 구매 한다. 나이를 확인하므로 여권이 필요하다. 입장하기 전 Waiver Form을 온라인으로 작성해야 한다. 또 슈퍼 파크 그립 양말별도 판매, 3.5불을 꼭 신어야 한다. 주말에는 단체 체험객이 몰리므로 주중에 이용하길 권한다.

선텍 시티 노스 윙(타워1) 2층에 있다.
3 Temasek Blvd, Tower1 #02-477 +65 6239 5360
월~목 10:30~20:00 **금~일** 09:00~21:00
S$ **성인** 월~금 30.9불, 주말 및 공휴일 33.9불 **주니어(키 100cm 이하)** 22.9불 **인펀트(1살 이하)** 무료
@superparksg www.superpark.com.sg

3 쉑쉑버거 Shack Shack Suntec City

신선한 재료와 풍부한 육즙

주문과 동시에 만들기에 재료의 신선함과 풍부한 육즙을 제대로 느낄 수 있다. 다만 성인 남성에게는 다소 작은 사이즈가 조금 아쉽다. 하지만 매장이 타 지점보다 큰 편이고 깔끔하게 잘 관리되어 있어 언제 가도 쾌적하게 이용할 수 있다. 맥주와 와인도 준비해놓고 있다. 강아지를 위한 비스킷도 있다.

🚶 선텍 시티 컨벤션 센터Suntec Singapore Convention & Exhibition Centre 입구로 들어가면 오른쪽에 바로 보인다.
🏠 3 Temasek Blvd #01-357, Singapore 038983
🕓 **월~금** 10:30~22:00 **토~일** 10:00~22:00
S$ **버거** 9.2~14.4불 **쉐이크** 6.9~7.8불
음료 4.3~5.3불 **프렌치프라이** 4.5~5.9불
📷 @shackshacksg
☰ www.shackshack.com.sg

4 딘타이펑 Din Tai Fung@Suntec City

육즙이 가득한 샤오롱바오

넓은 좌석, 빠른 서빙, 육즙이 가득한 샤오롱바오…. 딘타이펑 선텍 시티점은 한국인의 입맛에 잘 맞는 음식 리스트가 많아 언제 가도 만족스러운 한 끼를 해결할 수 있다. 테이블에 안내된 QR코드로 주문한다. 메뉴를 선택하고 주문을 완료하면 QR코드가 생성되는데 그것을 종업원에게 보여주면 된다. 물과 차는 주문하면 계속 리필해준다. 다만 주말 낮 12~1시 사이에는 가족 단위 손님이 많아 대기 시간이 좀 길어질 수 있다.

🚶 센텍 시티의 타워 5Tower 5 2층에 있다. H&M과 유니클로 사이 에스컬레이터를 타고 2층으로 올라가면 바로 보인다.
🏠 3 Temasek Blvd, Tower 5 #02-302
📞 +65 6338 2422 🕓 **월~목** 11:30~15:00, 17:30~21:30 **금** 11:30~15:00, 17:30~22:00 **토** 11:30~22:00 **일** 11:00~21:30
S$ **샤오롱바오 10개** 10.3불 **스파이시 살라탕 중** 9불 **폭찹 프라이드 라이스** 13불 📷 @dintaifungSG
☰ www.dintaifung.com.sg

마칸수트라 글루턴스 베이 Makansutra Gluttons Bay

MRT 시티홀역City Hall, 이스트 웨스트, 노스 사우스 라인 A 출구 쪽 시티링크몰을 경유하여 에스플러네이드로 연결되는 방향으로 도보 10분 Esplanade Mall 8 Raffles Ave #01-15 Singapore 039802 +65 6438 4038 화~목 16:00~23:00, 금~토 16:00~23:30, 일 15:00~23:30(마지막 주문은 영업 종료 30분 전까지, 월 휴무) @Makansutra Singapore www.makansutra.com

마리나 베이 샌즈가 보이는 호커센터

마리나 베이 북쪽 프로미나드 지구에 있는 야외 호커센터이다. 두리안을 닮은 예술 극장 에스플러네이드가 바로 서쪽에 있다. 남북으로 긴 직사각형 모양인데, 한쪽엔 테이블이 쭉 놓여있고, 다른 한쪽엔 음식점이 줄지어 있다. 시원한 음료와 맥주를 비롯하여 칠리크랩, 바쿠테, 락사, 사테, 로티, 캐롯 케이크 등 다양한 현지 음식을 즐길 수 있다. 남쪽으로는 마리나 만과 싱가포르강, 그 너머로는 마리나 베이 샌즈 호텔이 배경처럼 서 있다. 싱가포르의 다른 호커센터보다 입지가 좋다. 낭만적인 분위기가 남다르다. 주변 풍경이 아름다워 저녁이면 관광객과 현지인들로 항상 붐빈다. 간혹 시간대가 잘 맞는다면 에스플러네이드의 야외극장에서 펼쳐지는 라이브 공연을 즐길 수 있다. 술자리를 마친 뒤에는 해안 산책로와 주빌리 브리지Jubilee Bridge를 거쳐 머라이언 공원까지 산책을 즐겨도 좋겠다. 마리나 만의 고층빌딩과 마리나 베이 샌즈의 야경을 맘껏 즐길 수 있다.

썸머 파빌리온 Summer Pavilion

미슐랭 1스타 광둥요리 레스토랑

리츠칼튼 밀레니아 싱가포르 호텔 3층에 있다. 홍콩 출신인 Cheung 셰프가 이끄는 썸머 파빌리온은 6년 연속 미슐랭 1스타를 받은 현대식 광둥요리 전문점이다. 우아한 중국 정원에서 영감을 받은 실내 디자인이 매력적이다. 낮에는 자연광이, 저녁에는 멋진 조명이 우아한 공간을 연출한다. 손으로 그림을 그린 독특한 식기가 눈길을 사로잡는다. 아귀, 전복, 바다소라 등을 이용한 클래식한 광둥식 해산물 요리가 특히 유명하다. 랍스터를 곁들인 시그니처 포치드 라이스, 야생 버섯을 곁들인 팬 프라이드 와규 소고기, 꿀 소스를 곁들인 이베리코 돼지고기 바비큐, 간장으로 튀긴 새우 등도 해산물 요리 못지않다. 8명부터 최대 30명까지 아우르는 프라이빗 룸도 있다. 프라이빗 룸은 예약 필수이다.

MRT 프로미나드역Promenade, 서클, 다운타운 라인 A번 출구에서 도보 8분 The Ritz-Carlton, Millenia, Level 3, 7 Raffles Avenue, Singapore 039799 +65 6434 5286 매일 11:30~14:30, 18:30~22:30 S$ 딤섬 5~15불, 제비집 수프 48불부터, 바비큐 이베리코 포크 48불부터, 페킹덕 하프 45불, 런치 세트 128불부터 www.summerpavilion.com.sg

북창동 순두부 SBCD Korean Tofu House

칼칼한 한국 음식이 생각난다면

현지음식이 살짝 물리고 칼칼한 한국 음식이 생각난다면 북창동 순두부를 추천한다. 건축으로 유명한 쇼핑몰 밀레니아 워크 1층에 있다. 우선 싱가포르에서 흔하지 않은 엄청난 규모에 한번 놀라고 한국의 맛을 제대로 구현한 음식에 다시 한번 놀란다. 경기도 파주에서 공수받는 콩으로 매일 주방에서 신선한 두부를 만들어 판매한다. 특히 현지인들에게는 맛집으로 손꼽히는 곳이라 점심시간에는 거의 만석이다. 한국의 여러 식당처럼 후식으로 요구르트를 서비스로 제공한다. MRT 프롬나드역Promenade, 서클, 다운타운 라인 A출구로 나와 밀레니아 워크로 들어간다. 1층에 있다 9 Raffles Boulevard, #01-114, Millenia Walk, Singapore 039596 +65 6873 6441 **월~금** 11:30~15:00, 17:00~22:00 **토~일** 11:30~22:00 S$ **순두부** 19.9~21.9불 **순두부 콤보 세트** 29.9불~42.9불 **키즈 밀** 14.9불 @sbcdsingapore www.sbcd.com.sg

파울라너 Paulaner Brauhaus Singapore

맥주 맛이 좋은 독일식 펍

싱가포르에서 맥주 맛이 신선하고 맛있는 곳으로 꼽히는 독일식 펍이다. 밀레니아 워크 1층에 있다. 거대한 브루어리, 독일식 인테리어, 귀여운 체크무늬 유니폼이 이국적인 분위기를 풍긴다. 스크린을 통해 스포츠 경기도 관람할 수 있다. 요일별로 1+1 혹은 2+1 같은 행사를 해 다른 곳보다도 조금 저렴하게 맥주를 즐길 수 있다. 소시지를 포함한 세트 안주가 매우 푸짐한 편이고 따끈하게 구운 프레첼도 맥주와 함께 먹으면 별미다.

MRT 프로미나드역Promenade, 서클, 다운타운 라인 A출구로 나와 밀레니아 워크로 들어간다. 반대편 입구 쪽 끝에 있다.
9 Raffles Blvd #01-01, Singapore 039596 +65 6592 7912 **일~목** 11:00~24:00 **금~토** 11:00~01:00
S$ **생맥주** 14~36불 **프레첼** 5불 **로스트 비프** 22불 **비어 바이트** 10~25불 **파울라너 플래터 2~3인용** 70불(매주 수 14:00~22:00 무제한 맥주 1인당 45불) @paulaner_sg www.paulaner-brauhaus-singapore.com

밀레니아 워크 Millenia Walk

쇼핑몰보다 건축이 더 유명한

독특한 외관이 눈에 띄는 쇼핑몰이다. 건축계의 노벨상이라고 불리는 프리츠커상을 받은 필립 존슨이 디자인한 건물로 건축을 보려고 일부러 찾아오는 사람이 있을 정도다. 패션 브랜드는 없지만 일식 레스토랑과 카페가 많은 편이다. Mediya라는 일본계 슈퍼마켓도 있다. 가구와 전자기기 등을 판매하는 호주의 초대형 매장 하비 노만Harvey Norman은 볼 만하다. 한국 음식이 그립다면 1층 입구 초입에 있는 북창동 순두부를 찾아가자.

MRT 프로미나드역Promenade, 서클, 다운타운 라인 A출구로 나오면 바로 보인다.
9 Raffles Blvd, Singapore 039596 +65 6883 1122
매일 10:00~22:00(매장별 상이)
@milleniawalk
www.milleniawalk.com

마리나 스퀘어 Marina Square

체험공간부터 쇼핑몰까지

마리나 스퀘어는 패션 매장, 생활용품점, 음식점, 카페, 그리고 어린이 체험공간까지 갖춘 쇼핑몰이다. 뽀로로 파크 같은 어린이 체험공간을 겸비해 주말에는 아이 손을 잡고 가족 단위로 많이 찾는다. 주변에 만다린 오리엔탈 싱가포르, 팬퍼시픽 싱가포르, 리츠 칼튼 밀레니아 싱가포르와 같은 5성급 호텔이 몰려 있어서 투숙객들의 접근성이 좋은 편이다. 리츠칼튼 밀레니아 싱가포르엔 미슐랭 레스토랑 썸머 파빌리온이 있다.

MRT 에스플러네이드역Esplanade, 서클 라인에서 마리나 스퀘어 표지판을 보고 지하 통합 통로인 마리나 링크를 걸어가면 바로 연결된다. 6 Raffles Blvd, Singapore 039594 +65 6339 8787 매일 10:00~22:00 @marinasquare
www.marinasquare.com.sg

규카쿠 Gyu-kaku

일본식 야키니쿠 전문점

여러 군데 체인점이 있다. 마리나 스퀘어 매장은 2층 식당가에 있다. 야키니쿠는 재일 조선인에 의해 일본으로 전해진 음식이기에 한국인의 입맛에 비교적 잘 맞는 편이다. 가루비라고 표기한 양념 갈빗살이 가장 무난하다. 고기를 좋아하는 사람이라면 사이드 메뉴가 포함된 와규 뷔페일본산 와규 가격이 호주산 와규 가격보다 더 비싸다.도 추천할 만하다. 다만 사이드 메뉴로 나오는 음식이 한국식 국물이나 반찬과 비교하면 양과 맛에서 다소 실망스럽다.

MRT 에스플러네이드역Esplanade, 서클 라인에서 지하 통합 통로인 마리나 링크를 통해 마리나 스퀘어로 들어간다. 푸드 코트가 있는 2층 식당가 안쪽에 있다. 6 Raffles Blvd, #02-106, Singapore 039594 +65 6273 4001
매일 11:30~22:00 S$ **규카쿠 플래터(260g)** 52.8불 **갈비 1인분** 15.8불 **삼겹살 1인분** 7.8불 **콘치즈** 5.8불 **채소쌈 세트** 5.8불 @gyukakujbbq www.gyu-kaku.com.sg

이스트 코스트 파크 East Coast Park

*이스트 코스트 파크는 대중교통으로 가기에 다소 불편하다. 택시나 그랩, 고젝과 같은 차량 서비스를 이용하는 편을 추천한다. ***이스트 코스트 파크 홈페이지** https://www.nparks.gov.sg/gardens-parks-and-nature/parks-and-nature-reserves/east-coast-park

코스탈 플레이그로브 Coastal Playgrove

❶ **택시와 그랩** East Coast Park Car Park B2에서 하차 후 동쪽으로 도보 1분 ❷ **버스** 401번 탑승하여 Opp P/G@Big Splash 정류장 하차 후 서남쪽으로 도보 3분 902 East Coast Park Service Rd, Singapore 449874
플레이 타워 슬라이드 **화~일** 08:00~20:00(월요일은 정기점검) 버티컬 챌린지 **화~일** 08:00~20:00 (운동화 착용 권장, 장비가 젖었을 시 사용금지, 월요일은 정기 점검) 네이처 플레이 가든 화~일 08:00~22:00(5~12세 권장, 월요일은 정기 점검) S$ 무료 www.nparks.gov.sg/gardens-parks-and-nature/parks-and-nature-reserves/east-coast-park/coastal-playgrove

입장료가 없는 공공 놀이 공원

이스트 코스트 파크에서 가장 가족 친화적인 명소이다. 4층 수직 그물 놀이터, 플레이 타워 슬라이드, 물놀이 분수, 모래 놀이터를 갖추고 있다. 수직 그물 놀이터인 버티컬 챌린지에는 지그재그 다리, 그네, 후프 미로, 해먹 같은 시설이 있다. 스릴 넘치는 2개의 야외 금속 슬라이드는 높이가 7.3m, 11.9m로 보기만 해도 아찔하다. 레깅스나 긴 바지를 입어야 잘 내려갈 수 있다. 한낮에는 너무 뜨겁다. 이른 오전이나 늦은 오후에 이용하는 게 좋다. 4층 수직 그물 놀이터, 야외 금속 슬라이드는 13세 이상이 권장 시설이지만, 부모가 동반하면 110cm 이상 어린이도 이용할 수 있다. 좀 더 어린아이를 동반했다면 바로 옆 녹음이 우거진 자연 놀이터와 모래 놀이터, 물놀이 분수가 있는 네이처 플레이 가든에서 시간을 보내도 좋다. 샤워 시설을 갖춘 화장실이 있어 편리하다. 버거킹을 비롯해 피자, 커피, 한식까지 판매하는 다양한 식당가도 있어서 가볍게 피크닉 온 기분을 내기에 좋다.

마린 코브 플레이 그라운드 Marine Cove Playground

아이들의 신나는 놀이터

2세부터 12세 아이들을 위한 개방형 놀이터이다. 그네, 시소, 슬라이드, 미끄럼틀은 물론 로프 피라미드 등 놀이 시설이 가득하다. 2~5세를 위한 유아용 전용 놀이 공간도 두 군데나 있다. 유아와 어린이의 동선을 분리하고 있어서 안심이 된다. 유모차와 휠체어도 편하게 운행할 수 있다. 근처에는 샤워 시설을 겸한 화장실을 비롯해 맥도날드, 커피빈 등 식음료를 해결할 수 음식점과 카페도 여럿이어서 어린아이를 동반한 가족에게 제격이다. 주말에는 가족 단위 이용자로 많이 붐비는 편이다.

❶ **택시와 그랩** East Coast Park Car Park C2 하차 후 남동쪽으로 도보 2분 ❷ **버스** 401번 탑승하여 Marina Cove 정류장에서 하차 후 동쪽으로 도보 2분 1000 East Coast Park, Singapore 449876 24시간 S$ 무료 www.nparks.gov.sg/gardens-parks-and-nature/parks-and-nature-reserves/east-coast-park/marine-cove-playground

고 사이클링 Go Cycling@East Coast Park C4

숲과 바다를 옆에 두고 라이딩

이스트 코스트 파크에서 꼭 해봐야 하는 체험 중 하나가 바로 자전거 타기다. 해변과 녹음이 우거진 나무 사이를 달리다 보면 싱가포르의 또 다른 표정을 경험하게 될 것이다. 고 사이클링은 성인용부터 아동용, 뒤에 아이를 태울 수 있는 자전거, 4인이 탈 수 있는 패밀리 바이크 등을 준비해놓고 있다. 원하는 자전거를 선택하고 인적사항을 기록한 후 보증금 50불을 현금으로 지급하면 대여할 수 있다. 평일에는 1시간을 이용하면 1시간을 무료로 더 탈 수 있어 중간중간 바닷가에서 쉬면서 느긋하게 이용하기 좋다.

❶ **택시와 그랩** GoCycling@East Coast Park에서 하차 ❷ **버스** 401번 탑승하여 Opp CP C4 정류장 하차 후 남쪽으로 도보 1분 1030 ECP, East Coast Park Carpark C4, Singapore 449893 +65 9183 6964 매일 08:00~22:00 S$ **성인** 1시간 10불 **어린이** 1시간 8불 **패밀리 바이크** 1시간 40불 www.gocycling.sg

싱가포르 웨이크 파크 Singapore Wake Park

🚶 ❶ **택시와 그랩** East Coast Park Car Park E1에서 하차 후 남동쪽으로 도보 6분 ❷ **버스** 401번 탑승하여 Cable Ski Pk 정류장 하차 후 남쪽으로 도보 4분 🏠 1206A ECP, Singapore 449891 📞 +65 6636 4266 🕓 매일 10:00~21:00 S$ 1시간 50불, 2시간 80불, 10시간 패스 350불 📷 @singaporewakepark ☰ www.singaporewakepark.com

물 위를 가르는 짜릿함

싱가포르에서 유일하게 케이블 웨이크 보드를 탈 수 있는 곳이다. 6세 이상부터 이용할 수 있다. 고급 라이더를 위한 풀 사이즈 케이블 시스템 1개와 초보자와 중급 라이더를 위한 직선형 케이블 코스 2개가 있다. 초보자 코스는 1시간 동안 5명 이내로 수업이 진행돼 기본기를 다지기 좋다. 케이블 시스템은 한 번에 한 명만 탈 수 있어서 1:1 강습처럼 느껴진다. 순번이 빨리 돌아오기 때문에 운동신경이 좋은 사람은 시간 안에 몇 바퀴도 돌 수 있다. 이용료에 보드·헬멧·구명조끼 대여비, 샤워장 사용료가 포함돼 있다. 가족이나 여러 명이 함께 이용하려면 10시간 이용권사용기한 1년을 사는 것이 더 이득이다. 홈페이지에서 미리 날짜 예약을 하고 결제는 탑승 당일 현장에서 한다. 오늘을 기준으로 2주 후까지 예약할 수 있다. 주말에는 예약 전쟁이 치열해 주중을 공략하는 게 좋다. 입구에 식사와 커피, 맥주를 판매하는 Coastal Rhythm 카페 & 바가 있다. 기다리면서 휴식을 즐기기 좋다.

이스트 코스트 파크의 맛집과 카페

점보 시푸드 Jumbo Seafood@East Coast

❶ **택시와 그랩** East Coast Seafood centre에 하차 ❷ **버스** 401번 승차하여 Cable Ski Pk 정류장 하차 후 남서쪽으로 도보 5분 1206 East Coast Parkway, #01-07/08, Singapore 449883 +65 6442 3435 **월~금** 16:30~23:00(주문 마감 22:00) **토~일** 11:00~23:00(주문 마감 22:00) S$ 머드 크랩 100g당 10.8불(3~4인 1.5kg이 적당), 시리얼 새우 26불, 캉콩 볶음 16불부터, 타이거 맥주 8.8불 @jumboseafoodsg www.jumboseafood.com.sg

칠리 크랩하면 점보 시푸드지!

싱가포르의 점보 시푸드 매장 중 처음으로 오픈한 곳이다. 눈앞으로 펼쳐지는 바다를 배경으로 낭만적인 분위기에서 식사할 수 있어서 여행자들 사이에서는 꼭 가봐야 하는 곳으로 손꼽힌다. 사방이 탁 트이고 연회장처럼 넓지만, 저녁에는 인기를 증명하듯 어김없이 만석이 된다. 대표 메뉴는 칠리 크랩이다. 점보 시푸드는 칠리 크랩이라는 공식이 떠오를 만큼 명성이 높다. 신선한 머드 크랩에 계란을 풀어 부드러우면서 달큼한 매운맛까지 가미되어 남녀노소 누구에게나 잘 맞는다. 블랙 페퍼 크랩, 시리얼 새우, 맛조개찜, 캉콩으로 불리는 공심채모닝 글로리 등도 빠지지 않는 메뉴다. 크랩 가격은 무게에 따라 달라진다. 땅콩이나 차 등은 모두 유료이며, 비닐장갑은 무료로 계속 제공된다. 주말 저녁 시간대는 예약이 필수이다.

이스트 코스트 라군 푸드 빌리지 East Coast Lagoon Food Village

❶ **택시와 그랩** East Coast Park Car Park E2에서 하차
❷ **버스** 401번 승차하여 Opp Cable Ski Pk 정류장 하차 후 바다 쪽으로 도보 1~2분
1220 East Coast Parkway, Singapore 468960 11:00~22:00(매장, 요일별로 상이)

해안가의 이름난 호커센터

1978년에 개장한 오래된 호커센터이다. 2021년 새롭게 단장해 시설이 깔끔하다. 늦은 오후가 되면 사테한입 크기 꼬치구이 굽는 냄새가 솔솔 피어오른다. 다양한 음식 냄새가 사람들의 발길을 붙잡는다. 인근 지역 주민들은 물론 주말이면 일부러 많은 사람이 이곳을 찾는다. BBQ 윙, 사테, 조개구이, 바쿠테돼지갈비에 다양한 약재와 허브를 넣고 푹 고아낸 음식. 말레이시아와 싱가포르의 보양식이다. 호키엔미말레이시아와 싱가포르의 국수 요리부터 생과일주스, 맥주 등 음식과 음료도 다채로워 선택의 폭이 넓다. 게다가 대를 이어 운영하는 오래된 맛집이 대부분이다. 테이블을 먼저 맡아 놓고 맛집을 돌아다니며 주문 후 찾아오면 된다. 보통 양에 따라 가격이 달라지며 현금만 받는 가게가 많다.

ONE MORE

이스트 코스트 라군 푸드 빌리지의 주요 맛집

Han Jia Bak Kut Teh & Pork Leg #42 **월~금** 10:00~20:30, **토·일** 09:00~20:30
Lagoon Famous Carrot Cake and Popiah #40 **월·수~금** 12:00~22:00 **토~일** 08:30~ 22:00 **화** 휴무
Ah Hwee BBQ Chicken Wing & Spring Chicken #14 매일 15:00~22:00
Haron Satay 55 #55 **수·목·일** 15:00~20:00 **금·토** 15:00~21:00 **월·화** 휴무
Song Kee Fried Oyster #15 **토~화·목** 16:30~21:30 **금** 24시간 영업 **수** 휴무
Geylang 29 Charcoal Fried Hokkien Mee #32 **화~일** 16:00~21:00 **월** 휴무

롱비치 Long Beach UDMC

현지인이 선호하는 크랩 맛집

점보 시푸드 바로 옆에 있다. 현지인들은 점보 시푸드보다 롱비치를 더 선호한다. 시그니처 메뉴는 킹크랩과 머드 크랩을 향긋하고 매콤한 후추소스에 볶은 블랙 페퍼 크랩이다. 촉촉하고 통통하게 오른 살이 양념과 어우러져 입이 즐겁다. 칠리나 페퍼 양념 모두 다른 레스토랑보다 살짝 매콤한 것이 특징이다. 크랩은 무게로 주문한다. 머드 크랩의 최소 무게는 1kg이며, 알래스카 킹크랩과 호주 킹크랩은 보통 3~10kg 내외다. 랍스터 튀김, 삭스핀, 두리안 푸딩 등 다른 메뉴도 다양하다. 점심에는 6~10불 내외의 딤섬 메뉴를 선보인다.

❶ 택시와 그랩 East Coast Seafood centre에 하차
❷ 버스 401번 탑승하여 Cable Ski Pk 정류장 하차 후 남서쪽으로 도보 5분 1202 East Coast Parkway, #01-04, Singapore 449881 +65 6448 3636 **월~목** 11:00~15:00, 18:00~23:00 **금** 11:00~15:00, 17:00~23:30 **토~일** 11:00~23:30
S$ 머드 크랩 100g당 10.8불(보통 한 마리당 1kg 안팎), 하우스 스페셜 티 프라운 25불, 삭스핀 핫스톤 팟 78불, 아이리시 로스트 덕 하프 38불, 시푸드 프라이드 라이스 20불 @longbeachseafood
www.longbeachseafood.com.sg

328 카통 락사 328 Katong Laksa

싱가포르 대표 락사 맛집

락사는 말레이시아와 싱가포르가 고향인 매콤한 쌀국수이다. 생선이나 닭고기를 이용해 육수를 낸다. 328 카통 락사는 원래 유명한 맛집이었지만, TV 요리 프로그램에서 영국의 유명 셰프인 고든 램지와 락사 챌린지 대결에서 승리한 뒤 더 인기를 끄는 곳이다. 카통 락사의 특징은 끈기 없는 두껍고 짧은 쌀국수에 칠리와 새우 기름을 섞은 풍부하고 진한 코코넛 그레이비에 있다. 여기에 새우, 조개, 오타다져서 찐 생선 살 등을 토핑으로 곁들인다. 양에 따라 스몰, 라지 두 가지 중에서 고를 수 있다. 쌀국수 면발이 짧아 숟가락으로 떠먹어야 한다.

MRT 마린 퍼레이드역Marine Parade, 톰슨 이스트 코스트 라인에서 나와 브룩 로드를 따라 도보 7분
51 East Coast Road, Singapore 428770 매일 09:00~21:30 S$ 스몰 7.3불, 라지 9.3불, 딤섬류 3.8~4.5불
@328katonglaksa www.328katonglaksa.sg

친미친 컨펙셔너리 Chin Mee Chin Confectionery

오래된 카야 토스트 카페

오래된 역사를 자랑하는 카야 토스트 카페다. 외관과 가구도 오래되어 세월이 느껴지지만, 반대로 내부와 외부를 쨍하고 산뜻한 컬러로 마감하였다. 이런 상반된 이미지가 오히려 요즘 세대들에게 마음을 움직여 힙한 공간으로 자리 잡았다. 둥근 모양의 카야 토스트가 이 집의 시그니처 메뉴다. 수제 카야 스프레드를 듬뿍 바르고 버터를 올려서 맛이 부드럽다. 철제 접시에 담겨 나오는 게 인상적이다. 런천미트 번, 말린 새우로 만든 삼발 소스를 넣은 해비히암 번 Hae Bee Hiam Bun, 오타 번, 각종 컵케이크 등 베이커리 메뉴도 판매한다.

MRT 마린 퍼레이드역Marine Parade, 톰슨 이스트 코스트 라인에서 나와 주치앗 로드Joo Chiat Rd와 이스트 코스트 로드E Coast Rd 따라 도보 10분 204 E Coast Rd, Singapore 428903
화~목·일 08:00~16:00, 금 08:00~16:00, 18:00~23:00, 월 휴무 S$ 카야 토스트 세트 5.9불, 컵케이크 2.2불, 런천미트 번 2.4불 @chinmeechin.sg
www.chinmeechin.sg

올드타운 화이트 커피 Old Town White Coffee

간단한 음식도 판매한다

입장료가 없는 공공 놀이 공원인 코스탈 플레이그로브 옆에 있다. 올드타운 화이트 커피는 말레이시아 커피 프랜차이즈 가운데 하나이다. 이스트 코스트 파크 매장은 몇 안 되는 싱가포르 지점 중에서 가장 크다. 커피 맛은 진한 싱가포르의 '꼬삐'와 거의 비슷하다. 하지만 좀 더 부드럽고 은은한 견과류 향이 나는 것이 특징이다. 국수 및 카야 토스트 같은 간단한 식사도 함께 판매한다. 음식과 음료가 포함인 세트 메뉴의 가성비가 좋은 편이다.

❶ **택시와 그랩** East Coast Park Car Park B2에서 하차 후 동쪽으로 도보 1분 ❷ **버스** 401번 탑승하여 Opp P/G@ Big Splash 정류장 하차 후 서남쪽으로 도보 3분 902 ECP, #01-03, Singapore 449874 +65 6592 6276 **월~목** 11:00~21:00 **금~토** 08:00~22:00 **일** 08:00~21:00 S$ 카야 토스트 2.9불, 세트 밀(1식사+1음료) 11.5~18불, 커피&티 3.2~4.6불 @oldtownSingapore www.oldtown.com.my

스타벅스 Starbucks

바다를 보며 커피 한 잔

여기저기 흔하게 보이는 게 스타벅스이지만, 이스트 코스트 파크 지점은 왠지 느낌이 색다르다. 해안 라이딩을 하다가 편하게 들를 수 있어서 좋다. 야외 테이블은 언제나 인기가 많다. 야외 좌석에 앉아 탁 트인 바다를 바라보며 커피 한 잔 천천히 마시면 저절로 힐링이 된다. 내부가 다른 지점보다 작아 다소 아쉽지만, 그래도 평일은 비교적 한산한 편이다.

❶ **택시와 그랩** 920 East Coast Park Parkland Green에서 하차 후 서남쪽으로 도보 3분 ❷ **버스** 401번 탑승하여 Opp Parkland Green 정류장에서 하차 후 바닷가 쪽으로 도보 5분 920 ECP, #01-17 Parkland Green, Singapore 449880 +65 6910 1211 매일 07:30~22:30 S$ 아메리카노 4.5불 @starbuckssg www.starbucks.com.sg

PS 카페 PS. Café at East Coast Park

나무, 바다, 브런치

우거진 나무 사이로 바다를 전망할 수 있는 브런치 카페이다. 카페 입구에 있는 자전거가 PS카페의 시그니처 풍경이다. PS 카페는 편안하고 세련된 분위기에서 여유롭게 브런치나 와인은 즐기기에 좋은 곳이다. 실내보다는 야외 테라스 좌석이 더 인기가 높다. 비교적 일찍 오픈하는 편이라 이른 아침부터 브런치를 먹거나 커피를 마시는 이들이 적지 않다. 가격대가 다소 높은 것이 아쉽지만, 다행히 음식의 양이 많아 두 명이 나눠 먹기 적당하다.

❶ **택시와 그랩** East Coast Park Car Park D4에서 하차 후 서남쪽으로 도보 2~3분
❷ **버스** 401번 탑승하여 Opp CP D3 정류장 하차 후 바다 방향으로 도보 3분
1110 ECP, 01-05/06/07, Singapore 449880 +65 6708 9288
매일 08:00~23:00(주문 마감 21:30) S$ 커피 6~8.5불, 글라스 와인 17~19불, 샐러드 21.5~29.5불, 파스타 26~30불, 피자23~29불
@pscafe www.pscafe.com/pscafe-east-coast-park

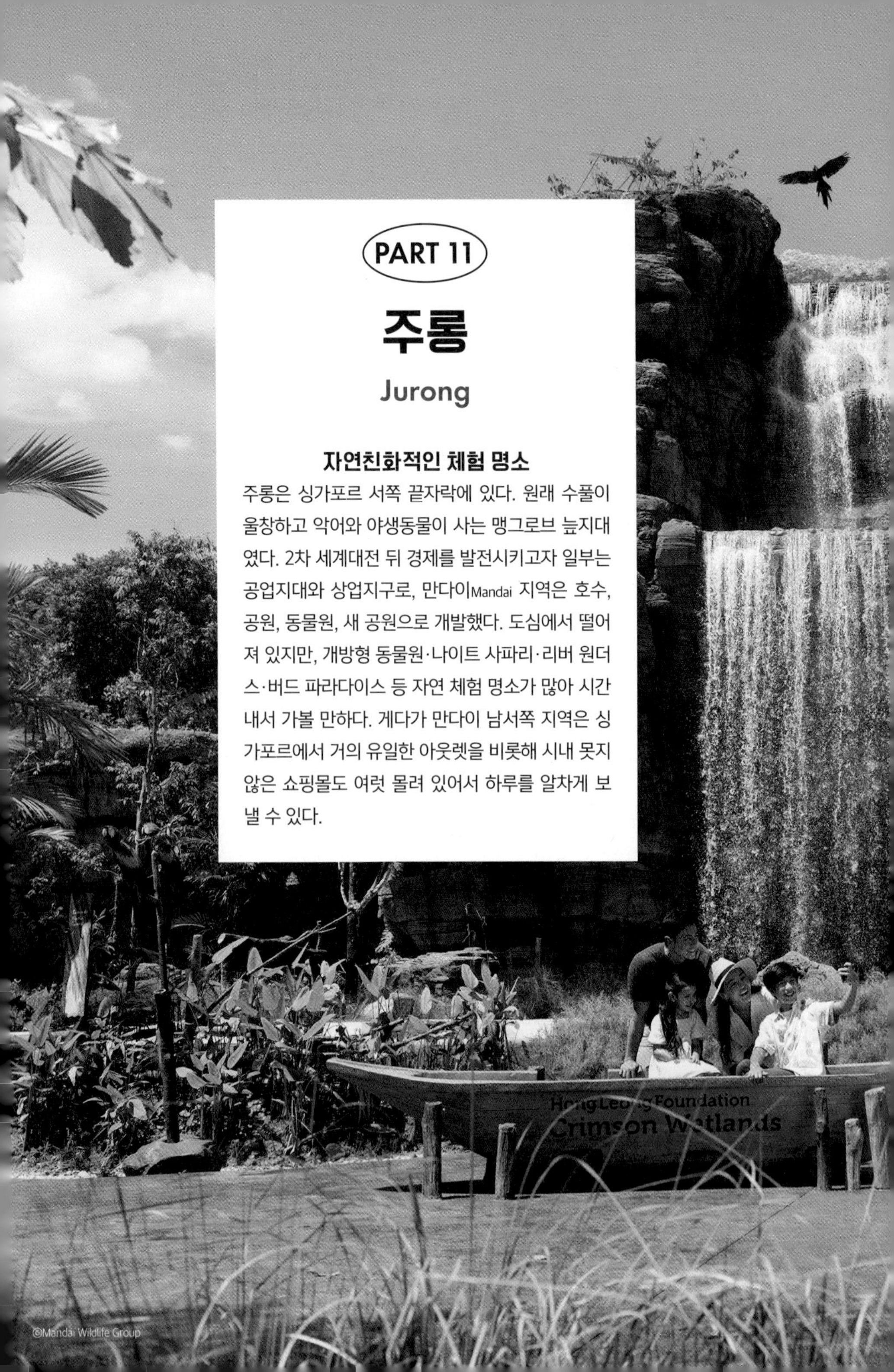

PART 11

주롱

Jurong

자연친화적인 체험 명소

주롱은 싱가포르 서쪽 끝자락에 있다. 원래 수풀이 울창하고 악어와 야생동물이 사는 맹그로브 늪지대였다. 2차 세계대전 뒤 경제를 발전시키고자 일부는 공업지대와 상업지구로, 만다이Mandai 지역은 호수, 공원, 동물원, 새 공원으로 개발했다. 도심에서 떨어져 있지만, 개방형 동물원·나이트 사파리·리버 원더스·버드 파라다이스 등 자연 체험 명소가 많아 시간 내서 가볼 만하다. 게다가 만다이 남서쪽 지역은 싱가포르에서 거의 유일한 아웃렛을 비롯해 시내 못지 않은 쇼핑몰도 여럿 몰려 있어서 하루를 알차게 보낼 수 있다.

©Mandai Wildlife Group

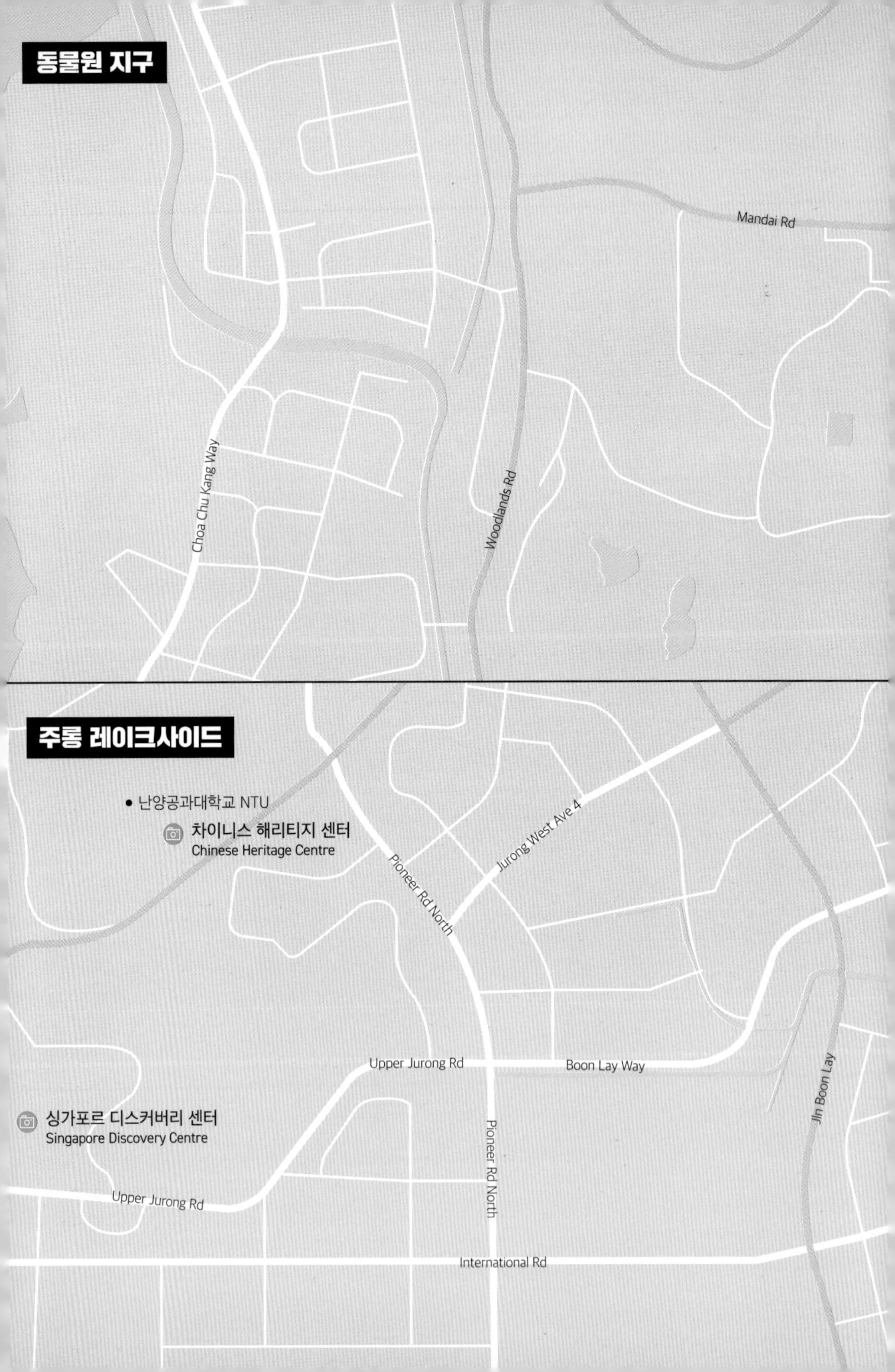
동물원 지구
Mandai Rd
Choa Chu Kang Way
Woodlands Rd
주롱 레이크사이드
난양공과대학교 NTU
차이니스 헤리티지 센터
Chinese Heritage Centre
Pioneer Rd North
Jurong West Ave 4
Upper Jurong Rd
Boon Lay Way
Jln Boon Lay
싱가포르 디스커버리 센터
Singapore Discovery Centre
Upper Jurong Rd
Pioneer Rd North
International Rd

Mandai Rd
Mandai Rd
SLE 셀레타 엑스프레스웨이
Mandai Rd
만다이 와일드라이프 웨스트
Mandai Wildlife WEST
버드 파라다이스
Bird Paradise
Mandai Lake Rd
리버 원더스
River Wonders
싱가포르 동물원
Singapore Zoo
싱가포르
나이트 사파리
Night Safari
어퍼 셀레타 저수지
Upper Seletar Reservoir
어퍼 셀레타
저수지 공원
BKE 부킷 티마 엑스프레스웨이
Boon Lay Way
Boon Lay Way
Boon Lay Way
Jurong Central
주롱 레이크사이드 가든
Jurong Lakeside Garden
중국 정원
Chinese Garden
Corporation Rd
일본 정원
Jurong Town Hall Rd
웨스트게이트
Westgate
아이엠엠
IMM
젬
JEM
Boon Lay Way
Yuan Ching Rd
사이언스 센터
싱가포르
Science Centre
Singapore
International Rd
주롱 호
Jurong Lake

주요 교통편 싱가포르 동물원·나이트 사파리·리버원더스·버드 파라다이스 가는 방법

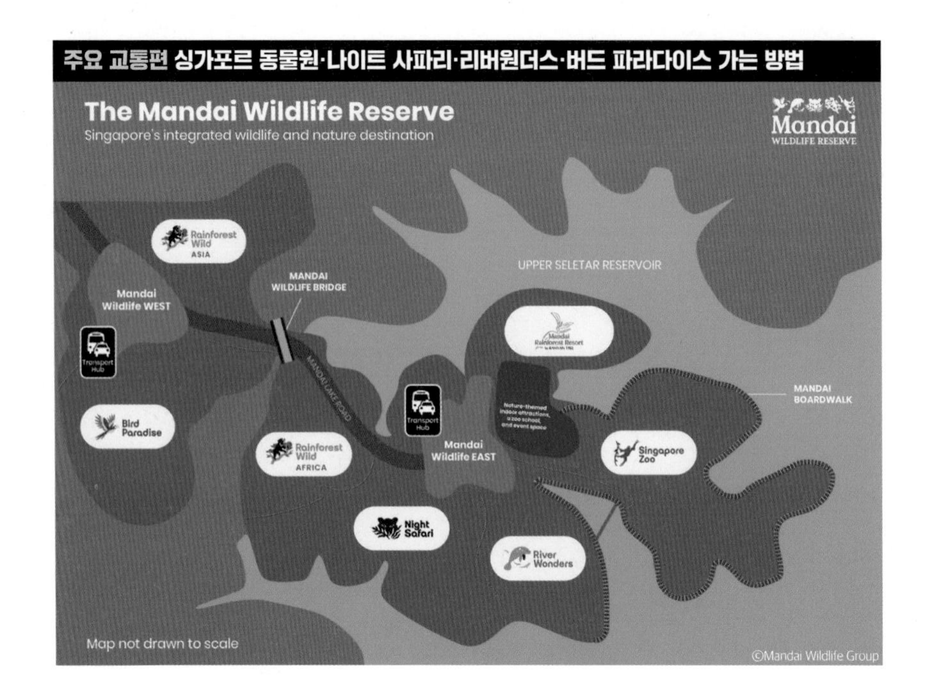

❶ 만다이 시티 익스프레스

빅버스 투어에서 제공하는 만다이 시티 익스프레스는 시내 주요 쇼핑몰 및 호텔에서 만다이의 싱가포르 동물원까지 왕복 운행한다. 싱가포르 동물원 교통편 중에서 가장 편리하다. 온라인에서 예약 후 좌석까지 선택하면 된다.

🕓 운영 요일 목~일 S$ 성인 및 어린이 편도 8불, 왕복 16불(3세 미만 무료) ☰ 예약 www.affiliates.bigbuspartners.com

싱가포르 시티에서 만다이 방면 운행 시간

승차 장소	승차 시간
오차드 호텔(버스정류장 #09169)	09:00, 11:30, 14:30
윌락 플레이스(버스정류장 #09179)	09:02, 11:32, 14:32
힐튼 오차드(버스정류장 #09037)	09:05, 11:35, 14:35
오차드 플라자(버스정류장 #08137)	09:08, 11:38, 14:38
랑데부 호텔(버스 정류장 #08069)	09:12, 11:42, 14:42
래플스 호텔(버스 정류장 #02049)	09:15, 11:45, 14:45
선텍 허브(테마섹대로)	09:30, 12:00, 15:00

만다이에서 싱가포르 시티 방면 운행 시간

버드 파라다이스에서 출발 시

승차 위치 Mandai Wildlife WEST Coach Bay, Bay 2 (Exit C)

시간 13:30, 16:30

싱가포르 동물원, 리버 원더스, 나이트 사파리 출발 시

승차 위치 Mandai Wildlife EAST Coach Bay, Bay 3 **시간** 13:40, 16:40

ⓒfortherock-flickr

❷ 만다이 카팁 셔틀 Mandai Express

싱가포르 북부의 MRT 카팁역Khatib, 노스 사우스 라인에서 싱가포르 동물원 코치 베이Singapore Zoo Coach Bay까지 매일 운행한다. 운행 간격과 시간은 교통 상황에 따라 달라질 수 있다. 금액은 1달러로 현금은 받지 않고 싱가포르 교통카드인 이지링크나 넷츠 등을 이용해야 한다.
운행 간격 10분(23:00~24:00는 20분 간격) 이동 시간 15분
*MRT Khatib역 출발 첫차 08:00, 막차 23:40
*싱가포르 동물원 코치 베이 출발 첫차 08:20, 막차 24:00

❸ MRT & 일반 버스

MRT역에서 하차하여 버스 환승소에서 일반 버스를 타고 싱가포르 동물원으로 바로 갈 수 있다. 하지만 이동 시간이 다소 오래 걸리고 승하차 시간이 정해져 있지 않은 단점이 있다. 요금은 1.45불로 교통카드인 이지링크나 넷츠, 현금 모두 가능하다.
*MRT 초아 추 캉역Choa Chu Kang, 노스 사우스 , 이스트 웨스트 라인에서 927번 버스 승차
*MRT 앙모키오역Ang Mo Kio, 노스 사우스 라인에서 138번 버스 승차
*MRT스프링리프역Springleaf, 톰슨 이스트 코스트 라인에서 138번 버스 승차

❹ 택시 및 그랩 등 공유 차량 서비스

3명 이상, 또는 가족 단위 관람객이라면 가장 편하게 갈 수 있는 교통수단이다. 가격은 보통 시내에서 동물원까지 20~30불 내외다. 만다이에서 시내로 출발할 시, 오후 4시~23시 59분까지는 택시에 3불의 추가 요금을 붙는다. Grab 그랩Grab이나 TADA 타다Tada, 고젝Gojek 같은 공유 차량 서비스는 고정된 가격으로 간다. 대체로 택시보다 조금 저렴하다.

싱가포르 동물원 Singapore Zoo

80 Mandai Lake Rd, Singapore 729826 +65 6269 3411 매일 08:30~18:00
S$ **성인** 49불 **어린이(3~12세)** 34불 **시니어(60세 이상)** 20불/무료 트램 포함 가격 @mandaiwildlifereserve
www.mandai.com/en/singapore-zoo.html

개방형 동물원, 바로 눈앞에서 백호를!

1973년에 개장했다. 세계적으로 명성이 높은 동물원이다. 연간 100만 명 이상이 방문한다. 싱가포르 관광청에서 선정하는 최고의 레저 명소에 9번이나 뽑혔다. 가장 유명한 동물은 백호랑이다. 백호랑이 말고도 사자, 얼룩말, 말레이언 테이퍼, 악어 등 300 여종 2,800마리가 넘는 동물이 살고 있다. 울타리나 창살이 없는 개방형 구조는 싱가포르 동물원의 가장 주목할 만한 특징이다. 자연 서식지와 비슷한 환경으로, 손에 닿을 듯 가까이에서 동물의 생태를 관찰할 수 있다. 실제로 내부를 걷다 보면 길을 유유히 지나다니는 원숭이, 타마린, 공작과 심심치 않게 마주친다. 동물원은 11개의 방대한 구역으로 이루어져 있다. 아이나 노인은 한낮의 뜨거운 날씨 때문에 걷기 힘들 수 있다. 이럴 땐 유료 트램성인 5불, 아동 3불을 이용하자. 한번 결제하면 무제한 승하차 할 수 있다. 유아, 아동과 함께라면 동물원의 키즈월드Rainforest KidzWorld를 기억하자. 로프 코스, 조랑말 타기 등 다양한 액티비티일부 유료를 즐길 수 있어서 유·아동에게는 최적의 장소다. 근처에는 작은 물놀이장과 샤워시설도 있다. 수영복과 타월을 챙기는 것도 잊지 말자.

ONE MORE
Singapore Zoo

싱가포르 동물원의 주요 공연과 체험 프로그램

1 스플래시 사파리 쇼 Splash Safari Show

바다사자가 공을 가지고 재주를 부리는 공연이다. 바다사자의 모습이 꽤 익살스럽다. 하지만 쇼의 내용은 바다에 함부로 버려지는 플라스틱과 같은 환경문제를 우리에게 환기시킨다. 의미가 있는 공연이다.

공연 시간 10:30, 17:00
Shaw Foundation Amphitheatre
S$ 무료

2 애니멀 프렌즈 쇼 Animal Friends Show

개, 고양이, 생쥐 등 주변에서 흔히 볼 수 있는 동물들이 각종 묘기를 펼치는 쇼다. 훌라후프를 통과하거나 점프를 하는 등 귀여운 모습에 어른, 아이 할 것 없이 즐겁게 관람할 수 있다.

공연 시간 11:00, 14:00
Rainforest KidzWorld Amphitheatre
S$ 무료

3 인투 더 와일드 Into The Wild

다양한 열대우림 동물이 등장하는 쇼이다. 인간에 의해 동물들이 어떻게 영향을 받는지 한 번쯤 생각해 볼 수 있는 내용이다. 쇼 중반에 관람객이 뱀을 만져볼 기회를 준다. 관심 있으면 참여해 보자.

공연 시간 : 12:00, 14:30 S$ 무료
Shaw Foundation Amphitheatre

4 동물 먹이 주기 체험

싱가포르 동물원에서는 오전과 오후에 다양한 동물에게 먹이를 주는 체험 프로그램을 운영한다. 코끼리, 기린, 염소, 흰코뿔소, 자이언트 거북 등에게 먹이를 줄 수 있다. 아이들이 더 좋아하지만, 어른들에게도 특별한 경험이 될 것이다. 요금은 각 8불.

코끼리 먹이 주기 09:30, 11:45, 16:30 Elephants of Asia
기린 먹이 주기 10:45, 13:50, 15:45 Wild Africa
염소 먹이 주기 11:30, 15:30 Rainforest KidzWorld
흰코뿔소 먹이 주기 13:15 Wild Africa
자이언트 거북 먹이 주기 13:15 Reptile Garden
얼룩말 먹이 주기 10:15, 14:15 Wild Africa

리버 원더스 River Wonders

⌂ 80 Mandai Lake Rd, Singapore 729826 ☏ +65 6269 3411 S$ **성인** 43불 **어린이(3~12세)** 31불 **시니어(60세 이상)** 20불 ◷ 운영시간 매일 10:00~19:00(입장 마감 18:00)
@mandaiwildlifereserve ≡ www.mandai.com/en/river-wonders/.html

판다를 보는 즐거움

세계 7대 강을 테마로 한 수중과 육지 동물 전문관이다. 싱가포르 동물원 옆에 있다. 총 260종 11,000여 마리 육상 및 수중 동물이 관람객을 맞이하고 있다. 특히 양쯔강 존인 자이언트 판다 포레스트에서는 중국에서 온 자이언트 판다 부부를 볼 수 있다. 자연 짝짓기를 통해 2021년 새끼를 낳는 데 성공하여 더욱 인기를 끌고 있다. 이동 거리가 짧고 실내에서 관람할 수 있거나 캐노피가 설치된 관람로를 따라 조금 시원하게 관람할 수 있다.

리버 원더스의 주요 공연과 체험 프로그램

1 아마존 리버 퀘스트 Amazon River Quest

보트를 타고 물살을 가르며 수풀 사이에 숨은 동물들을 관찰할 수 있는 체험 프로그램이다. 리버 퀘스트는 유일한 탑승형 어트랙션으로 어린이들에게 특히 인기가 많다. 키 106cm 이상부터 체험이 가능하며 135cm 이하 어린이는 보호자 동반이 필수이다. 마지막 탑승 시간은 오후 6시이다.
◷ 11:00~18:00 ⊙ Boat Plaza 옆 S$ 1인 5불

2 원스 어폰 어 리버 Once Upon a River

조련사들의 동작에 따라 여러 동물이 귀여운 연기를 한다. 자연스럽게 관객들에게 플라스틱의 유해함과 플라스틱을 줄이는 방법을 알려준다. ◷ 매일 11:30, 14:30, 16:30 ⊙ Boat Plaza S$ 무료(홈페이지에서 좌석 예약)

나이트 사파리 Night Safari

80 Mandai Lake Rd, Singapore 729826 +65 6269 3411
매일 19:15~24:00(입장 마감 23:15, 식당·기념품 가게 오픈 17:30) S$ **성인** 56불 **어린이(3~12세)** 39불 **시니어(60세 이상)** 20불(무료 트램 포함 가격) @mandaiwildlifereserve
www.mandai.com/en/night-safari.html

©Mandai Wildlife Group

©Alexander Isreb-pexels

트램 타고 야생동물 구경하기

세계 최초의 야간 동물 공원이다. 싱가포르 동물원과 리버 원더스 근처에 있다. 트램을 타고 돌면서 밤에 활동하는 동물들을 직접 볼 수 있는 흥미로운 체험공간이다. 아시안 코끼리, 말레이언 테이퍼, 말레이 호랑이 등 100종이 넘는 동물 900마리가 서식하고 있다. 트램에서 내려 산책로를 따라 직접 걸어 다니며 동물을 더 가까이에서 볼 수도 있다. 동물을 위해 조명을 최소화하기 때문에 너무 늦은 시각에는 위치에 따라 동물들이 잘 안 보일 수 있다. 가능하면 개장시간대에 타는 것을 추천한다.

ONE MORE Night Safari | 나이트 사파리의 주요 공연과 체험 프로그램

1 크리쳐스 오브 더 나이트 Creatures of the Night

수달, 사향 고양이 같은 귀여운 동물들이 차례차례 나와 절로 미소를 짓게 만드는 야간 동물쇼다. 나이트 사파리에서 가장 인기 있는 하이라이트 공연이라 인기가 많다. 적어도 20~30분 전에는 자리를 잡고 앉아야 공연을 볼 수 있다. 공연은 약 25분 동안 무료로 이어진다.
19:30, 20:30, 21:30(공연 2시간 전부터 온라인 예약 www.mandai.com/en/book-presentation-seats) Amphitheatre

2 트와이라이트 퍼포먼스 TwiLIGHT Performance

나이트 사파리 입장에 앞서 사파리 입구에서 펼치는 LED 손전등을 이용한 깜짝 퍼포먼스이다. LED 손전등을 흔드는 공연자들의 손놀림이 흥을 돋운다. 퍼포먼스는 매일 2회20:00, 21:00 5분 동안 무료로 진행한다.

버드 파라다이스 Bird Paradise, 구 주롱 새 공원

20 Mandai Lake Road, Singapore 729825
매일 09:00~18:00(입장 마감 17:00) S$ 성인 49불, 어린이(3-14세) 34불, 시니어(60세 이상) 20불
@mandaiwildlifereserve www.mandai.com/en/jurong-bird-park.html

©Mandai Wildlife Group

개방형 조류 동물원에서 희귀 새와 놀기

아시아에서 규모가 가장 큰 새 전용 공원이다. 버드 파라다이스는 2023년 주롱 새 공원Jurong Bird Park이 나이트 사파리와 싱가포르 동물원 근처로 이전하면서 바꾼 이름이다. 모두 400종, 5,000여 마리 새가 모여 산다. 버드 파라다이스는 지금까지 우리가 봤던 조류 동물원과 규모와 결이 다르다. 버드 파라다이스엔 대부분 창살이나 그물망이 없다. 새들은 탁 트인 공간에서 자유롭게 비행한다. 덕분에 관람객들은 희귀한 새를 가까이서 볼 수 있다. 9층 건물보다 높은 세계 최대의 로리 로프트에서는 15종의 화려한 앵무새가, 아프리칸 트리 탑에서는 코뿔새와 투라코 등 희귀한 새들이 서식하고 있다. 이들 새에게 먹이를 주면서 자세히 관찰 체험을 할 수 있다. 그리고, 플라밍고 레이크에는 수백 마리 핑크 플라밍고들이 모여 산다. 손에 닿을 듯 가까운 거리에서 그 모습을 보고 있으면 저절로 카메라 셔터를 누르게 된다.

*버드 파라다이스의 이전(2023년 2분기)으로 콘텐츠와 주요 공연, 체험 프로그램이 바뀔 수 있다. 방문 전에 홈페이지에서 내용을 다시 확인하자.

©Mandai Wildlife Group

ONE MORE
Bird Paradise

버드 파라다이스의 주요 공연과 체험 프로그램

1 윙스 오브 더 월드 Wings of The World

다양한 새들이 조련사와 함께 호흡을 맞춰 원형극장에서 진행하는 쇼이다. 버드 파라다이스에서 가장 인기가 높다. 원형극장 주변에는 인기 있는 메인 새들의 현수막이 걸려 있어 마치 인기스타 콘서트장을 방불케 한다. 특히 마지막에 플라밍고 떼가 중앙 무대로 지나가는 모습은 정말 장관이다. 중간중간 관객이 직접 참여할 수 있는 무대도 있다.

12:30, 17:00 Pools Amphitheatre S$ 무료

2 프레데터스 온 윙스 Predators on Wings

날개를 펼치면 1m에 달하는 매와 독수리들이 민첩하고 정확하게 사냥하는 쇼다. 공연장과 관객석의 거리가 가까운 편인 데다 새들이 낮고 빠르게 날아다녀 더욱 실감 나는 공연을 즐길 수 있다.

10:30, 14:30

Sky Amphitheatre S$ 무료

3 먹이 주기 체험

공원 관리인의 설명을 직접 들으며 아프리카 코뿔새와 투라코 같은 진귀한 새, 앵무새, 펭귄에게 먹이를 주는 체험이다. 화려하고 아름다운 새들을 가까이서 볼 수 있어서 무척 흥미롭다. 주변에 서식하는 원숭이도 덤으로 볼 수 있다. 홈페이지에서 예약해야 하며, 세 군데에서 먹이 주기 유료 체험을 할 수 있다.

코뿔새 먹이 주기 아프리칸 버즈 피딩 앳 트리탑스 African Birds Feeding at Treetops
09:30, 13:00, 16:30 African Treetops S$ 1인당 8불

앵무새 먹이 주기 로리 피딩 앳 로리 로프트 Lory Feeding at Lory Loft 11:30, 13:30 Lory Loft S$ 1인당 8불

펭귄 먹이 주기 펭귄 피딩 앳 펭귄 코스트 Penguin Feeding at Penguin Coast 10:30, 15:30 Penguin Coast S$ 1인당 8불

만다이 와일드 라이프 웨스트 Mandai Wildlife West

자연 친화적인 어린이 놀이터

만다이 와일드 라이프 웨스트는 어린이 친화적인 체험 및 식사 공간이다. 버드 파라다이스를 방문했다면 바로 인근에 있으므로 만다이 와일드 라이프 웨스트도 놓치지 말자. 버드 파라다이스에서 걸어서 불과 몇 분 거리에 있다. 입장료는 따로 없는 공원이다. 셔틀버스로 연결되는 싱가포르 동물원, 버드 파라다이스, 리버 원더스 등을 즐기고 아이와 더불어 휴식을 취하기 적합한 장소다. 인도네시아의 마다카리푸라 폭포에서 영감을 받은 10m 높이의 인공폭포를 비롯해 어린이들의 눈높이에 맞춘 놀이터 시설을 아주 잘 마련해 놓았다. 폭포를 배경으로 사진을 찍어도 좋겠다. 식당가에선 입맛대로 골라 먹을 수 있는 다양한 음식을 판매한다. 정원을 테마로 한 인테리어가 퍽 인상적이다. 식물성 메뉴, 지속 가능한 재료 공급, 환경친화적 포장 등 지구를 생각하는 특별한 식사를 경험할 수 있다.

만다이 와일드 라이프 웨스트의 주요 공간

A B 팡골린 은신처+어드벤처 Pangolin Hideout+Adventure

스릴 만점의 슬라이드와 정글짐이 있다. 효율적으로 몸을 움직이게 한다. 몇 번을 올라타도 지겹지 않다. 특히 바닥은 충격을 완화해 주는 부드러운 우레탄 소재를 사용해 부상 위험을 낮췄다.

C 워터폴 캐번 Waterfall Cavern

보기만 해도 시원한 거대한 폭포가 바로 눈앞에서 쏟아진다. 인스타그램용으로도 손색없고 한낮의 더위를 한풀 꺾어줄 고마운 장소다.

©Mandai Wildlife Group

D 포레스트 스트림 트레일 Forest Stream Trail

맹그로브 숲에서 영감을 받은 놀이 구조물이다. 얕은 물가는 더위를 식혀주고, 자연 친화적인 놀이터는 어린이들의 탐험 욕구를 충족시켜 준다.

아이엠엠 IMM

MRT 주롱 이스트역Jurong East, 이스트 웨스트, 노스 사우스 라인에서 하차하여 워터게이트 몰(L2)에서 Ng Teng Fong 병원까지 이어지는 J-Walk 링크 A를 따라 IMM 쇼핑몰 방향으로 도보 15분 2 Jurong East Street 21, Singapore 609601
+ 65 6665 8268 매일 10:00~22:00(매장별 상이) @immoutletmall www.imm.sg

싱가포르 최대 아웃렛

주말에는 현지인들로 매우 붐비는 곳이다. 하지만 '아웃렛'이라는 말만 믿고 기대하고 가면 실망할 수 있다. 생각보다 할인 폭이 크지 않고 명품 브랜드는 거의 찾아볼 수 없다. 반면 주요 스포츠 매장은 대부분 입점해 있고 상품 종류도 다양한 편이다. 코치, 마이클 코어스 같은 매장은 항상 인기가 많아 주말에는 입장하기 위해 긴 줄을 선다. 1층에는 자이언트라는 대형 슈퍼마켓이 있어 장보기에 편리하다. 버거킹, 서브웨이, 맥도날드 외 다양한 레스토랑과 호커센터도 다수 있다. 특히 '안데스 바이 애스턴스'Andes by Astons는 메인 메뉴, 음료, 사이드 메뉴까지 포함된 세트 메뉴를 15불에 먹을 수 있어서 가성비 좋은 식당으로 손꼽힌다. 고객 서비스 카운터1층 맥도날드 옆에서는 유모차나 휠체어를 무료 대여할 수 있고, 여권을 보여주면 5불 바우처를 받을 수 있다. 3층 야외 가든 플라자에는 유아들이 물놀이를 겸할 수 있는 작은 놀이터가 있다.

ONE MORE IMM 층별 주요 매장

1층 코치, 라코스테, 빅토리아 시크릿, 배스 앤 바디웍스, 코튼온, 캘빈클라인, 스와로브스키, 자이언트 슈퍼마켓, 안데스 바이 아스톤스, 버거킹, 서브웨이, 맥도날드

2층 나이키, 아디다스, 크록스, 언더 아머, 뉴발란스, 반스, 컨버스, 푸마, 리복, 스케쳐스, 핏플랍, 멜리사, 찰스앤키스, 페드로, 샘소나이트

3층 다이소, 리빙 용품, 가구류, 푸드 코트

웨스트게이트 Westgate

다이닝이 강점인 쇼핑몰

주롱 이스트 MRT 역에서 바로 이어지는 대형 쇼핑몰이다. 소매, 다이닝, 엔터테인먼트에 강점을 보인다. 일반 쇼핑몰과는 달리 자연광이 들어오는 탁 트인 구조가 눈길을 끈다. 세포라, 유니클로, 코튼온, 자라와 같은 인기 브랜드가 입점해 있다. 이세탄과 같은 대형 백화점도 들어와 있다. 웨스트게이트는 식당가가 잘 갖춰져 있다. 푸드코트를 비롯해 딘타이펑, 와인커넥션, 쉑쉑버거, 팀호완 등 다양한 브랜드가 입점해 있다. 관광객은 물론 주변의 직장인들도 자주 방문하는 맛집 명소이다. 4층 옥외에 있는 '웨스트게이트 원더랜드'는 어린이를 위한 테마형 놀이터이다. 아이 동반 방문객에게 인기가 높다.

MRT 주롱 이스트역Jurong East, 이스트 웨스트 라인에서 바로 연결 3 Gateway Dr, Singapore 608532 +65 6908 3737
매일 10:00~22:00(입점 업체마다 시간 다름) @westgatesg www.capitaland.com/sg/malls/westgate

차이니스 헤리티지 센터 Chinese Heritage Centre

동남아 최초의 해외 중국 연구 센터

화교 사회와 그들의 문화를 살펴볼 수 있는 곳이다. 싱가포르 명문 공대인 난양공과대학교NTU에 있다. 헤리티지 센터가 대학교 안에 있는 이유는 난양공대를 화교들이 세웠기 때문이다. 센터의 주요 전시물로는 오래된 문서와 유물, 중국 이주민들의 문화유산을 꼽을 수 있다. 1955년 설립 이후 난양공대의 역사를 보여주는 'Nantah 화보 전시회'도 인기 전시물 중 하나이다. 차이니스 헤리티지 센터는 지은 지 70년이 넘은 동서양 융합 건물이다. 싱가포르 국가 기념물로, 1950년대 건축 양식을 잘 보여준다. 센터 앞 윈난 정원Yunnan Garden과 난타 호수Nantah Lake도 아름답다.

MRT 파이니어역Pioneer, 이스트 웨스트 라인 B번 출구로 나와 도보 4분 직진, 파이니어 정류장에서 'Rider Green' 버스를 타고 3개 정류장 이동, 'University Health Service' 정류장에서 하차 후 도보 4분 46 Nanyang Ave, Singapore 639817
월~화, 금~토 09:30~17:00(목, 일 휴무) S$ 성인 12불, 학생 8불, 만 6세 미만 무료 www.ntu.edu.sg/chc

사이언스 센터 싱가포르 Science Centre Singapore

MRT 주롱 이스트역Jurong East, 이스트 웨스트, 노스 사우스 라인에서 도보 10분 15 Science Centre Rd, Singapore 609081
+65 6425 2500 **화~일** 10:00~17:00 (파이어 토네이도 쇼 14:30) **월** 휴무 S$ 사이언스 센터 **성인 및 시니어(60세 이상)** 12불(기념품 숍 5불 바우처 포함) **어린이(3~12세)** 8불 **키즈 스탑**Kids STOP **성인** 주말 및 공휴일 13불, 평일 10불 **어린이(18개월~8세)** 주말 및 공휴일 23불, 평일 20불 **시니어(60세 이상)** 주말 및 공휴일 13불, 평일 무료 **버터플라이즈 업클로즈**Butterflies Up-Close 나이 무관 14불 **옴니 시어터**Omni-Theatre 나이 무관 14불 **스노우 시티**Snow City 성인 29불(2시간), 어린이(3~12세) 24불(2시간) @sciencecentresg www.science.edu.sg

©Ars Electronica-flickr

흥미롭고 다채로운 과학 체험

아이들은 물론 어른에게도 꽤 유익한 과학 체험공간이다. 착시 현상을 이용한 포토존, 3D 프린터 구동, 불을 이용한 토네이도 쇼, STEAM 무료 워크숍 등 흥미로운 체험 프로그램이 다양하다. 상설 전시장 안과 밖에는 유료 체험공간도 있다. 수만 개 거울로 이루어진 Mirror Maze, 어둠 속에서 레이저를 닿지 않게 통과하는 Laser Maze, 수많은 종류의 나비를 가까이에서 보고 직접 만져볼 수 있는 Butterflies Up-Close 등은 꼭 체험해봐야 할 리스트이다. 5층 높이의 IMAX 돔 스크린이 설치된 옴니 시어터Omni-Theatre에서는 사전 예약을 통해 몰입형 디지털 영화를 관람할 수 있다. 그리고 스노우 시티Snow City에서는 스노우 튜브를 타고 3층 높이의 슬로프를 내려오거나 범퍼카 등을 탈 수 있다. 주말과 공휴일은 인파가 많고 가격도 더 비싸므로 주중을 이용하자. 입장권과 유료 체험 티켓은 온라인에서 예약해야 한다. 와그Waug나 클룩Klook 등 예매 사이트를 이용하면 통합권을 좀 더 저렴하게 구매할 수 있다.

©Choo Yut Shing-flickr

주롱 레이크사이드 가든 Jurong Lakeside Garden

MRT 레이크사이드역Lakeside, 이스트 웨스트 라인에서 도보 5분
Yuan Ching Rd, 싱가포르 24시간
S$ 무료 www.nparks.gov.sg/juronglakegardens

싱가포르 3대 국립 공원

보타닉 가든, 가든 바이 더 베이에 이어 싱가포르에서 세 번째로 큰 국립 공원이다. 가장 최근에 지어진 대규모의 공원이다. 놀이터와 물놀이장이 많아 아이를 둔 현지인들이 많이 찾는다. 90헥타르에 이르는 녹지는 각기 다른 콘셉트로 구성해 지루할 틈이 없다. 주롱 호숫가를 따라 조성된 산책로 라사우 워크Rasau Walk에서는 느긋하게 자연을 즐길 수 있다. 다람쥐, 긴꼬리원숭이, 수달 등을 어렵지 않게 마주칠 수 있다. 포레스트 램블Forest Ramble에는 다람쥐 둥지, 나무 캐노피, 트램펄린, 정글짐 등 자연에서 영감을 받은 13가지 창의적인 놀이기구가 있다. 패션웨이브PassionWave는 싱가포르 서쪽 지역의 첫 수상 레저 시설로 카약, 페달 보트 등 다양한 수상 액티비티를 즐길 수 있다. 유·아동과 함께라면 얕은 물놀이 공간인 클러시아 코브Clusia Cove를 기억하자. 해안가를 모티브로 하여 바닥에 하얀 모래를 깔아놓아 매력적이다. 퓨전 스푼Fusion Spoon은 공원 안에 있는 카페 겸 식당이다. 요기를 하고 휴식을 취하기 적당하다.

©Choo Yut Shing-flickr

싱가포르 디스커버리 센터 Singapore Discovery Centre

MRT 주쿤역JooKoon, 이스트 웨스트 라인 B출구로 나와 베노이 로드Benoi Rd와 어퍼 주롱 로드Upper Jurong Rd 경유하여 도보 6분
510 Upper Jurong Rd, Singapore 638365 +65 6792 6188 **월~금** 12:00~19:00 **토~일** 11:00~20:00
S$ 상설 전시장 **성인** 10불 **어린이(3~12세)** 8불 가이드 투어(1시간) 1인당 4불(월~금 14:00, 16:00, 18:00 / 주말 및 공휴일 12:00, 14:00, 16:00, 18:00) 방탈출 **성인** 30불 **어린이** 24불 XD Theatre Ride **성인** 10불 **어린이(3~12세)** 8불 양궁 **1인당** 10불(팀플레이, 9세 이상 추천, 30분) 레이저 태그 **어른** 15불 **어린이(7세 이상 추천)** 12불
@singaporediscoverycentre www.sdc.com.sg

싱가포르의 역사와 미래를 한눈에

싱가포르는 작은 도시국가이지만, 이런 한계를 극복하고 아시아를 대표하는 금융과 물류 중심 국가로 발전했다. 싱가포르 디스커버리 센터에 가면 말레이 왕국 통치 초기부터 고속 경제 성장을 이룬 현대까지, 싱가포르의 발전 과정을 시청각 전시물을 통해 살펴볼 수 있다. 가이드 투어를 신청하면 더 다양하고 구체적인 정보를 얻을 수 있다. 그 외에도 방 탈출, 양궁, 레이저 태그, XD영화 관람 등 색다른 유료 체험 프로그램도 있다. 가족 단위나 친구들끼리 간다면 레이저 태그는 꼭 경험해 보자. 예약 플랫폼을 활용하면 조금 저렴하게 이용할 수 있다. 다만, 싱가포르 디스커버리 센터 홈페이지에서 날짜와 시간대를 정하고 예약 플랫폼 코드를 넣어야 확약이 된다. 현장 티켓 구매도 가능하다.

젬 JEM

이케아와 한국 식당도 있는 쇼핑몰

주롱 이스트 부근에서 가장 번화한 몰을 꼽자면 단연 JEM이다. MRT역과 바로 연결돼 편리하다. 6개 층으로 이루어져 있으며, 쇼핑 아이템이 제법 다양하다. 2층에는 동남아시아 최초의 소규모 콘셉트의 이케아도 입점해 있다. 딘타이펑을 비롯하여 몬스터 커리, 송파 바쿠테, 캔톤 파라다이스 등 인기 있는 프랜차이즈 레스토랑이 영업 중이다. 서래 갈매기, 니뽕내뽕 등의 한국 식당도 눈길을 끈다.

MRT 주롱 이스트역Jurong East, 이스트 웨스트, 노스 사우스 라인에서 하차하여 JEM 표지판을 따라 도보 5분
50 Jurong Gateway Rd, Singapore 608549
\+ 65 6225 5536 매일 10:00~22:00(매장별 상이)
@jemsingapore www.jem.sg

중국 정원 Chinese Garden

2024년 재개장한 고즈넉한 산책로

지난 2019년 리노베이션을 위해 문을 닫았던 차이니스 가든이 2024년 9월 재개장했다. 전통적인 중국 디자인을 보전하면서 현대적인 조경이 매력적인 조화를 이루고 있다. 특히 정교한 건축 디테일을 강조하기 위해 세심하게 복원된 '트윈 파고다'는 방문객들에게 멋진 파노라마 뷰를 제공한다. 전통 식물이 가득한 대나무 숲과 폭포는 여유롭게 산책하기에 그만이다. 크랜베리, 히비스커스, 허브 등이 자라는 식용 정원은 사람들을 자연과 연결하고 식물을 재배하는 방법에 대한 지식을 공유하도록 설계되었다. 어린이를 위한 놀이 공간과 교육 워크숍, 레크레이션과 커뮤니티 공간도 있다.

MRT 차이니스 가든역Chinese Garden, 이스트웨스트 라인에서 내려 차이니스 가든 브릿지 쪽으로 도보 23분
Boon Lay Wy, Singapore 619795 +65 1800 471 7300 매일 06:00~22:00 S$ 무료 www.nparks.gov.sg

PART 12

뎀시힐 & 티옹바루

Dempsey Hill & Tiong Bahru

자연, 고급 주택가, 맛집과 카페 투어

뎀시힐은 한때 육두구 농장이었다가 식민지 시절엔 영국 군대 캠프로 사용되었다. 2007년 재개발을 거쳐 지금은 카페, 갤러리, 레스토랑이 들어선 근사한 공간으로 변모했다. 오차드 거리에서 차로 불과 5분 거리이지만 자연 친화적인 분위기로 도심과는 전혀 다른 매력을 내뿜는다. 카페, 상점, 레스토랑이 걸어서 다닐 거리에 있으므로, 산책하듯 가볍게 다닐 수 있다.

티옹바루는 1927년 싱가포르 최초 공공 주택단지로 개발된 지역이다. 티옹Tiong은 중국 한족의 한 갈래인 호키엔의 방언으로 '죽는다' 또는 '끝'을, 바루Bahru는 말레이어로 '새로운'이라는 뜻으로 한때 공동묘지터로 사용되기도 했으나, 현재는 유행을 선도하는 거주자들이 모여들면서 고급스러운 주택가로 변모했다. 특색 있는 카페나 상점들을 발견하는 재미가 있다. 오래된 것과 새것의 조화가 의외로 힙한 분위기를 연출한다.

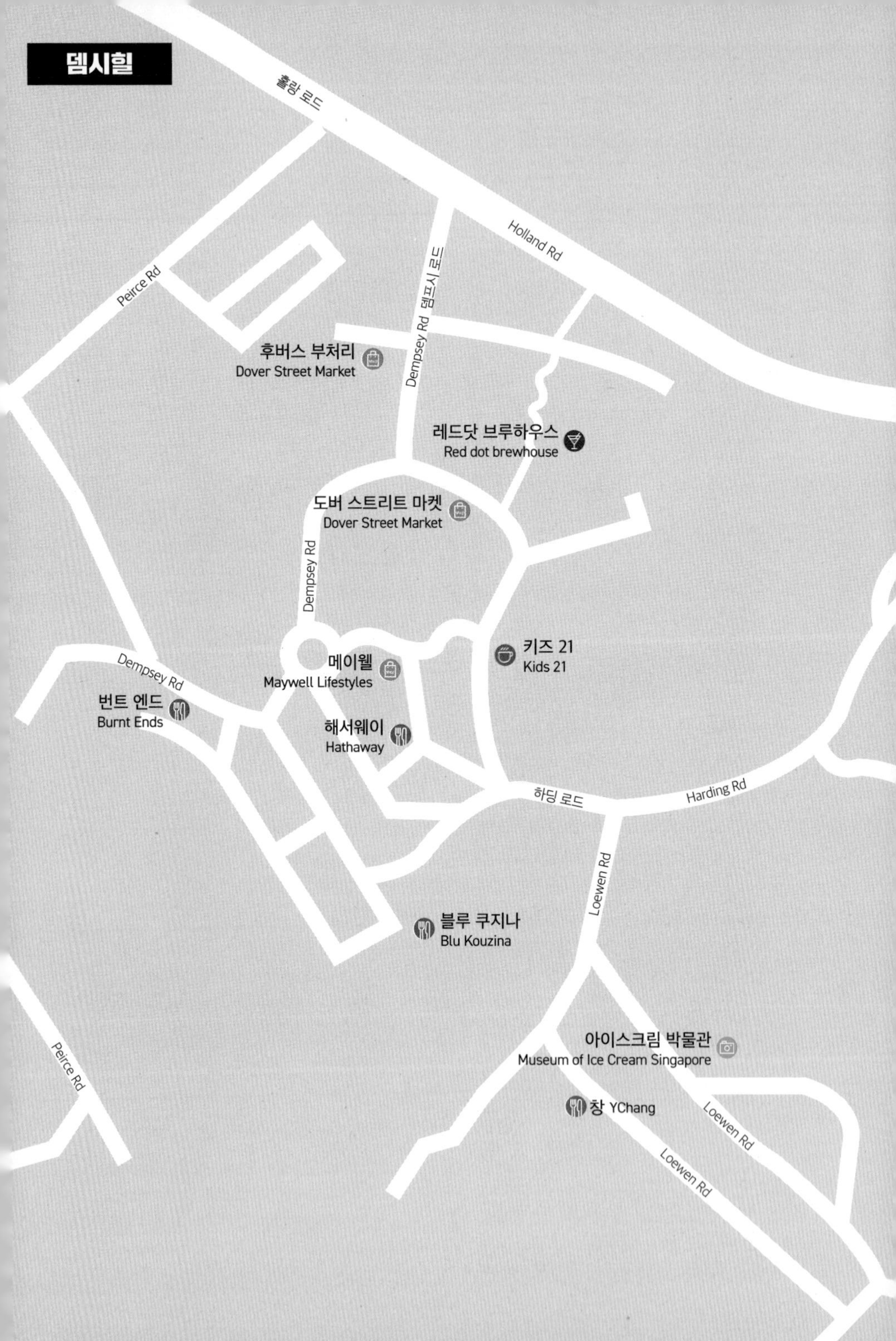

뎀시힐
홀랑 로드
Holland Rd
Peirce Rd
뎀프시 로드
Dempsey Rd
후버스 부처리
Dover Street Market
레드닷 브루하우스
Red dot brewhouse
도버 스트리트 마켓
Dover Street Market
Dempsey Rd
메이웰
Maywell Lifestyles
키즈 21
Kids 21
Dempsey Rd
번트 엔드
Burnt Ends
해서웨이
Hathaway
하딩 로드
Harding Rd
Loewen Rd
블루 쿠지나
Blu Kouzina
아이스크림 박물관
Museum of Ice Cream Singapore
Peirce Rd
창 YChang
Loewen Rd
Loewen Rd

티옹바루

지온 로드 Zion Rd

Tiong Bhru Rd

Tiong Bhru Rd

티옹바루 우체국

Lim Liak St

프리베
Prive

티옹바루 마켓
Tiong Bahru Market

Tiong Bhru Rd

티옹바루 베이커리
Tiong Bahru Bakery

Kim Tian Rd

Kim Pong Rd

Kim Cheng St

Eng Hoon St

Seng Poh Rd

커뮤니티 가든 앳 티옹바루
Seng Poh Garden

Eng Watt St

킴 퐁 공원
Kim Pong Park

시민문화회관
Tiong Bahru
Community Centre

캣 소크라테스
Cat Socrates

Guan Chuan St

Tiong Poh Rd

마뉴먼트
Monument Lifestyle
at Tiong Bahru

Chay Yan St

플레인 바닐라
Plain Vanilla Tiong Bahru

화이트 스페이스
아트 아시아
White Space Art Asia

뎀시힐 Dempsey Hill

• 뎀시힐은 지하철과 거리가 있다. 시내에서 이동하려면 버스보다 택시나 그랩을 타는 게 편리하다. 비용은 평일 낮에는 10불 이내, 주말 저녁은 20불 정도는 예상해야 한다. 가는 방법은 근처 정류장과 그랩 포인트로 표기한다.
• 주요 레스토랑은 대부분 예약제로 운영한다. 홈페이지에서 예약하자.

아이스크림 박물관 Museum of Ice Cream Singapore

❶ 버스정류장 CSC Dempsey Clubhse에서 남쪽으로 오솔길을 따라 올라오다 PS카페를 지나 하딩 로드Harding Rd와 로웬 로드Loewen Rd 경유하여 도보 10분 ❷ 그랩 포인트 Museum of Ice Cream 100 Loewen Rd, Singapore 248837
월,수 10:00~18:00 **목~일** 10:00~21:00 **휴무** 화 S$ 일반 43불(2세 이하 무료, 12세 미만은 보호자 동반)
@museumoficecream www.museumoficecream.com/singapore

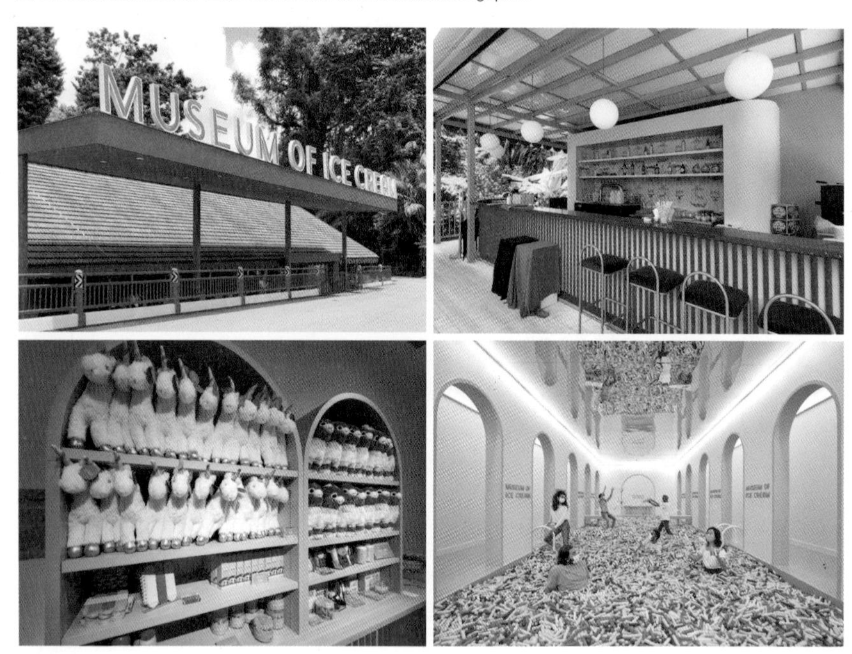

핑크빛 천국, 인스타그램 성지

아이스크림 박물관은 핫 핑크 컬러 외관으로 존재감을 확실히 드러낸다. 그야말로 인스타그램 인증 샷 명소이다. 내부 역시 눈이 시릴 만큼 핑크 테마에 집중하고 있다. 휴대폰을 내려놓지 못할 정도로 포토존이 많다. 내부엔 14개 설치물과 아이스크림 시음 스테이션이 곳곳에 마련되어 있다. 입장객은 하겐다즈부터 소프트아이스크림, 싱가포르의 명물 와플 아이스크림까지 총 10여 개 아이스크림을 무제한으로 먹을 수 있다. 하이라이트는 알록달록한 대형 플라스틱 스프링클케이크나 아이스크림을 장식할 때 사용하는 형형색색 과자이 잔뜩 쌓여 있는 스프링클 풀이다. 신발을 벗고 들어가는데, 풀에 떨어질 수 있는 소지품은 미리 빼놓아야 한다. 입장료가 다소 높은 것에 반해 체험할 거리가 별로 없다는 평도 있지만, 주중 가격이라면 한 번쯤 방문해 볼 만하다. 한 번 입장하면 90분 동안 관람·이용할 수 있다.

창 Chang

뎀시힐의 유일한 한국식 BBQ 식당

고급스러운 분위기와 친절하고 정성스러운 서비스가 돋보이는 곳이다. 가격대는 높은 편이나 고기의 품질과 신선도가 우수하다. 직원들이 제때 알맞게 고기를 구워 주어 편리하다. 단품으로 제공되는 음식 또한 한국에서 먹는 맛과 거의 흡사하다. 업무 중심 지구인 탄종파가에 밀집한 한식당들과 달리 뎀시힐이 주는 여유로운 분위기 때문에 한국인은 물론 현지인들에게도 인기가 높다. 손님 접대용으로도 많이 이용한다.

❶ 버스정류장 CSC Dempsey Clubhse에서 남쪽으로 오솔길을 따라 올라오다 PS카페를 지나 하딩 로드 Harding Rd와 로웬 로드 Loewen Rd 경유하여 도보 10분. 아이스크림 박물관 맞은편 계단을 따라 올라간다. ❷ 그랩 포인트 Chang Korean BBQ 71 Loewen Rd, #01-01, Singapore 248847 +65 6473 9005 매일 12:00~15:00, 18:00~22:00 S$ **삼겹살**(160g) 32불 **흑돼지 모듬**(2인분) 98불 **돼지 양념갈비**(300g) 42불 **등심불고기**(200g) 62불 **왕생갈비**(300g) 69불 www.changbbq.com.sg

해서웨이 Hathaway

현지 음식에 중동과 프랑스의 풍미를 더했다

인도·말레이·페라나칸 스타일의 현지 요리에 프랑스 및 중동의 풍미를 가미한 창의적인 요리를 선보인다. 보편적인 브런치 메뉴를 약간씩 변형한 독창적인 비주얼이 인상적이다. 맛이 일품이며 커피도 전문점 못지않게 훌륭하다. 저녁에 디너 테이스팅 메뉴98불를 선택하면 시그니처 음식들을 코스별로 맛볼 수 있어 만족도가 높다. 원목 의자와 테이블, 라탄 베이스 천장과 벽 장식, 금색 식기 세트, 작은 꽃병 등이 아늑하면서도 고급스러운 분위기를 자아낸다. 할랄 전용 식당은 아니지만, 돼지고기나 술은 판매하지 않는다. ❶ 버스정류장 CSC Dempsey Clubhse에서 도보 7분. 정류장에서 남쪽으로 오솔길을 따라 올라오다 kid21을 지나 1~2분 직진 ❷ 그랩 포인트 Hathaway Block 13 Dempsey Rd, #01-07, Singapore 249674 +65 9665 0681 **월~금** 10:30~22:00 **토** 09:30~22:00 **일** 휴무 S$ **히커리 스모크드 에그** 28불 **그릴드 본 매로우** 24불 **피시 커리** 32불 **포치드 치킨** 36불 **디저트** 12~16불 @hathawaysingapore www.hathaway.com.sg

번트 엔드 Burnt Ends

🚶 ❶ 버스정류장 Aft Peirce Rd에서 홀란드 로드Holland Rd와 뎀프시 로드Dempsey 경유하여 도보 8분 ❷ 그랩포인트 Burnt Ends Dempsey Road 🏠 7 Dempsey Rd, #01-04, Singapore 249671 📞 + 65 6224 3933 🕓 **화~토** 12:00~14:30, 18:00~23:00 **일~월** 휴무
S$ **웨스턴 플레인 포크** 40불 **헤이즐넛 앤 브라운 버터 리크** 19불 **쉐프 셀렉트** 250~350불
@burntends.sg ≡ burtntends.com.sg

미슐랭 1스타, 호주식 바비큐 레스토랑

2018년 미슐랭 1스타를 획득한 이래 '아시아 최고 레스토랑 50'에 지속해서 랭크되는 맛집이다. 싱가포르에서 가장 예약하기 힘든 곳 중 하나이다. 나무와 금속, 브라운과 블랙 테마로 꾸민 인테리어가 고급스럽다. 오너 셰프인 데이브 핀트가 주문 제작한 4톤짜리 벽돌 화덕과 이중 캐비티 오븐, 그리고 4개 입면 그릴이 있는 개방형 주방에서 셰프들이 분주하게 음식을 만든다. 그 모습을 보는 것도 흥미롭다. 구운 양파와 골수를 곁들인 플랫 아이언 스테이크, 갈릭 브라운 버터 킹크랩, 헤이즐넛과 블랙 트러플을 곁들인 구운 리크대파처럼 생긴 수선화과 채소 등은 누구나 손꼽는 번트 엔드의 대표 메뉴이다. 레스토랑 옆에서 번트 엔드 베이커리도 운영한다. 커피와 도넛, 머핀, 스콘, 타르트, 샤워도우 등을 판매한다. 매장 안에는 좌석이 없다. 야외 테이블을 이용하자.

블루 쿠지나 Blu Kouzina

인기 많은 그리스 레스토랑

싱가포르 최초 그리스 레스토랑이다. 블루와 화이트 컬러를 기본 테마로 나무, 돌과 같은 자연 친화적인 재료를 사용하여 인테리어를 했다. 꾸민 듯 안 꾸민 듯 자유분방한 실내는 꽤 인상적이다. 플레이팅은 일반 가정집에서 내놓는 것처럼 소박하지만 맛은 일품이다. 여러 딥크래커, 채소 따위와 같이 먹는 소스에 곁들여 먹는 피타이스트를 넣지 않고 만든 둥근 모양의 납작한 빵는 물론 각종 농산물과 음료수 및 맥주 등도 그리스에서 직접 수입한다. 할랄 전용 식당은 아니지만, 고기류는 모두 할랄 인증 제품이다. 주말에 이용하려면 예약은 필수다.

버스정류장 CSC Dempsey Clubhse에서 오솔길을 따라 올라와서 뎀시힐 분수까지 도보 10분. 분수 지나 왼쪽으로 돌아 파란 간판을 찾으면 된다. 10 Dempasey Rd, #01-20, Singapore 247700 +65 6875 0872 매일 11:30~15:30, 17:30~10:30 S$ **샐러드** 21.5~31.5불 **비프 케밥** 3조각 38.5불 **미트 플래터** 79.5~139.5불 **런치 파스타** 16.5불, **후무스** 18.5불 @blukouzina blukouzina.com

PS카페 PS.Cafe at Harding

저절로 힐링이 되는 숲속 브런치 카페

2005년에 문을 연 PS 카페 1호점이다. 시내에 지점이 많지만, 사람들은 하딩 지점을 가장 멋진 PS카페로 꼽는다. 특히 야외 좌석은 울창한 숲에 둘러싸여 있어서 앉아 있기만 해도 힐링이 되는 것 같다. 실내 좌석보다 인기가 높다. 압도적인 대형 유리 화병에 가득 담긴 실내 꽃장식은 PS카페의 트레이드 마크이다. 브런치 메뉴가 다양하다. 가격대가 약간 높은 편이나 두 명이 먹을 수 있을 정도로 양이 많다. 파마산 치즈를 듬뿍 올린 트러플 슈스트링 프라이가 시그니처 메뉴이다. 디저트 라인도 훌륭한 편이다. ❶ 버스정류장 CSC Dempsey Clubhse에서 오솔길을 따라 올라와 kid21 경유하여 도보 5분 ❷ 그랩 포인트 28B Harding RD, PS Café 28B Harding Rd, Singapore 249549 +65 6708 9288 매일 08:00~23:00 S$ **트러플 슈스트링 프라이** 16불 **블랙퍼스트** 24불부터 **팟타이 샐러드** 26불 **PS 카야토스트** 5.5불 **앵거스 텐더로인** 45불 **버거** 29불부터 @pscafe www.pscafe.com/pscafe-at-harding-road

레드닷 브루하우스 Red dot brewhouse

🚶 ❶버스정류장 CSC Dempsey Clubhse에서 남쪽 주차장 쪽으로 도보 2분쯤 가면 레드닷 브루하우스로 올라가는 계단이 나온다. ❷그랩 포인트 Red dot brewhouse Dempsey
🏠 25A Dempsey Rd, #01-01, Singapore 247691
📞 +65 6475 0500 🕓 **월** 11:30~22:00 **일·화~목** 11:30~22:30 **금~토** 11:30~23:00
S$ **맥주 샘플러** 18불 **초록 맥주** 17불(파인트) **피시 앤 칩스** 25불 **포크 너클** 39불 **버거** 20~24불 **파스타** 22~25불 @reddotbrewhouse ≡ www.reddotbrewhouse.com.sg

수제 맥주 양조장 겸 레스토랑

스피룰리나를 함유한 초록 맥주로 유명세를 탔다. 레드닷 브루하우스는 싱가포르 최초의 수제 맥주 브루어리 겸 레스토랑이다. 1860년대, 영국 식민지 시절 방갈로로 이용되던 공간을 개조하여 독일의 바이에른 비어 가든을 연상시키는 야외 정원으로 만들었다. 면적이 약 3천 평으로, 300명을 수용할 수 있다. 결혼 피로연이나 기업 행사도 많이 열린다. 레드닷 브루하우스의 주요 맥주 맛이 궁금하다면 6가지로 구성된 맥주 샘플러를 먼저 시음해 보자, 그런 다음 취향에 맞는 맥주를 고르길 추천한다. 음식과 안주 구성, 그리고 맛은 보통 수준이다. 하지만 맥주는 어떤 것을 선택해도 만족할 만하다. 홈페이지에서 예약하면 양조장 투어도 할 수 있다.

후버스 부처리 Huber's Butchery & Bistro

고급 식료품점 겸 음식점

질 좋은 햄, 육류, 수제 소시지, 와인과 그 밖의 고급 식재료를 판매하는 식료품점이다. 매장 안에 드라이 에이징 캐비닛이 있어 요청하면 원하는 날짜에 숙성된 고기를 살 수 있다. 100가지가 넘는 치즈 섹션과 시중에서 흔히 찾기 힘든 토끼나 비둘기 고기도 판매한다. 1층 안쪽에는 식사할 수 있는 후버스 비스트로Huber's Bistro가 있다. 주변의 고급 레스토랑에 비할 수는 없지만, 부처리에서 판매하는 양질의 고기와 신선한 농산물로 조리한 요리를 저렴한 가격에 즐길 수 있다. 일부러 찾아오는 단골도 많다. ❶버스정류장 CSC Dempsey Clubhse에서 뎀시 로드Dempsey Rd 따라 도보 3분 ❷그랩 포인트 Huber's Butchery & Bistro 22 Dempsey Rd, Singapore 249679 + 65 6737 1588
식료품점 매일 09:30~19:00 비스트로 **화~금** 11:00~22:00 **토~일** 09:30~22:00 **월** 휴무 S$ **아르헨티나 필렛** 100g당 10.3불 **호주 페드 필렛** 100g당 12.5불 **램 찹** 100g당 9.4불 **소시지류** 100g당 2.9불부터 @hubersbutchery www.hubers.com.sg

도버 스트리트 마켓 Dover Street Market

멀티 레이블 패션 스토어

꼼데가르송 디자이너 '카와쿠보 레이'가 설립한 독특한 스타일의 멀티 레이블 콘셉트 스토어이다. 런던, 뉴욕, 도쿄에 이어 세계에서 네 번째로 선보인 곳이다. 감각적인 디스플레이에 의류, 가방, 신발, 쥬얼리에 이르기까지 흔히 볼 수 없는 희귀한 디자인 셀렉션을 선보인다. 패션에 관심이 많은 사람이라면 열광할 만한 곳이다. 주요 브랜드로는 꼼데가르송, 구찌, 프라다, 나이키, 스투시, 발렌시아가, JW 앤더스 등이 있다. ❶버스정류장 CSC Dempsey Clubhse에서 왼쪽 오솔길로 따라 남쪽으로 도보 3분 ❷그랩 포인트 Dover Street Market 18 Dempsey Rd, Singapore 249677 +65 6304 1388 매일 11:00~20:00 S$ 브랜드별 상이 @doverstreetmarketsingapore shop-sg.doverstreetmarket.com

키즈 21 Kids 21

어린이 전용 프리미엄 패션 매장

명품 패션 공급업체인 Club21의 어린이 전용 프리미엄 패션 및 라이프스타일 브랜드다. 주로 아크네 스튜디오, 발망, 지방시 등 명품 브랜드와 독립 디자이너의 엄선된 의류와 액세서리 및 장난감 등을 판매하고 있다. 가격이 만만치 않지만 흔하지 않은 독특한 디자인이 많다. 가끔 할인하는 제품도 있으니 잘 찾아보면 의외의 수확물을 건질 수 있다.

❶버스정류장 CSC Dempsey Clubhse에서 왼쪽 오솔길 따라 남쪽으로 도보 4분
❷그랩 포인트 Kids21@Dempsey Road
16 Dempsey Rd, Singapore 249685
+65 6304 1435
매일 10:00~19:00
S$ 브랜드별 상이
@kids21 kids21.com

메이웰 Maywell Lifestyles

오리엔탈 수공예품 전문점

오리엔탈 인테리어에 관심이 많다면 시간을 내어 둘러볼 만하다. 실내는 진한 향이 가득하다. 큰 가구부터 작은 소품까지 주로 천연 티크 목으로 제작한 수공예 작품이 대부분이다. 불교에 관련된 그림도 전시되어 있다. 자연스러운 나뭇결이 살아있는 개성 있는 티라이트 홀더나 도어 스토퍼는 휴대하기 편리하고 가격도 적당해서 여행 기념품으로 제격이다. ❶버스정류장 CSC Dempsey Clubhse에서 남쪽으로 오솔길을 따라 올라와서 kid21을 지나 도보 10분 직진 ❷그랩 포인트 Maywell Lifestyles 13 Dempsey Rd, #01-06, Singapore 249674 +65 9693 2974 매일 11:00~19:00 www.maywell.com.sg

티옹바루 마켓 Tiong Bahru Market

MRT 티옹바루역Tiong Bahru, 이스트 웨스트 라인 B 출구로 나와 티옹바루 로드를 따라 동쪽으로 도보 7분 후, 우회전하여 셍포 로드Seng Poh Rd 따라 도보 3분

30 Seng Poh Rd, Singapore 168898 tiongbahru.market

유서 깊은 재래시장 겸 호커센터

티옹바루 하면 가장 먼저 떠오르는 유선형의 건물로 1955년에 오픈한 유서 깊은 재래시장 겸 호커센터이다. 아침부터 시장 특유의 활기가 넘친다. 신선한 과일이나 채소, 육류 및 해산물을 사러 오는 현지인들을 구경하는 재미가 있다. 호커센터는 2층에 있다. 점심시간 때 로컬들이 많이 찾는다. 미슐랭 가이드 빕 구루망으로 선정된 하이나니즈 본리스 치킨Tiong Bahru Hainanese Boneless Chicken, 홍 헹 프라운 누들Hong Heng Fried Sotong Prawn Noodles을 비롯해 줄이 늘어선 맛집이 많다. 규모가 커서 피크 시간대도 자리를 찾아 헤매지 않아서 좋다. 역사가 깊은 곳이지만 최근 리뉴얼을 해서 내부가 깔끔하고 위생적이다.

ONE MORE

티옹바루 마켓의 주요 맛집

Tiong Bahru Hainanese Boneless Chicken #02-82 **화~일** 10:00~17:00, **월** 휴무

Hong Heng Fried Sotong Prawn Noodles #02-01 **화~토** 11:00~17:00 **일~월** 휴무

Min Nan Pork Ribs and Prawn Noodles #02-31, **화~일** 08:00~14:30 **월** 휴무

Hui Ji Fish Noodle & Yong Tau Foo #02-44 **목~화** 05:30~14:30 **수** 휴무

Chen Ming Ji Wantan Noodle #02-79 **매일** 07:00~15:00

화이트 스페이스 아트 아시아 White Space Art Asia

아시아의 신예작가 만나기

1984년에 문을 연 오래된 미술관이다. 주로 동북아시아와 동남아시아의 떠오르는 현대 예술가를 발굴하여 작품을 전시한다. 미술관 주변으로 카페, 맛집, 옷가게 같은 다양한 상점과 다른 갤러리도 있으므로 오가는 길에 가볍게 둘러보기 좋다. 신예 작가의 예술작품에서 신선한 영감을 얻을 수 있다.

MRT 티옹바루역Tiong Bahru, 이스트 웨스트 라인 B출구로 나와 티옹바루 로드, 킴퐁 로드Kim Pong Rd, 용시악 스트리트Yong Siak St 경유하여 도보 9분 1H Yong Siak St, Singapore 168641 +65 6738 4380 매일 10:00~19:00
S$ 무료 @whitespaceartasia www.wsartasia.com

플레인 바닐라 Plain Vanilla Tiong Bahru

공들여 만든 컵케이크

푸드 앤 리빙 브랜드를 표방하는 심플하면서도 감각적인 카페이다. 오브제가 될 만한 생활 소품도 판매한다. 시그니처 메뉴는 인공 방부제를 넣지 않은 컵케이크이다. 프렌치 버터, 마다가스카르 버번 바닐라, 벨기에산 초콜릿 등 재료에 공을 들여 만든다. 크림이 너무 달지 않아 좋다. 레드 벨벳, 솔티드 카라멜, 다크 초콜릿 가나슈 컵케이크가 많이 판매된다. 6개 세트로 구매하면 조금 저렴하다. MRT 티옹바루역Tiong Bahru, 이스트 웨스트 라인 B출구로 나와 티옹바루 로드, 킴퐁 로드Kim Pong Rd, 용시악 스트리트Yong Siak St 경유하여 도보 9분

1D Yong Siak St, Singapore 168641

+65 8363 7614

월~금 07:30~17:00 **토~일** 07:30~19:00

S$ **컵케이크** 1개 4.2불, 6개 24불 **커피** 4~7.5불

@plainvanillasg

www.plainvanilla.com.sg

티옹바루 베이커리 Tiong Bahru Bakery

MRT 티옹바루역Tiong Bahru, 이스트 웨스트 라인 B출구로 나와 티옹바루 로드를 따라 도보 7분 후, 셍포 로드Seng Poh Rd가 시작되는 곳에서 우회전하여 도보 2분 56 Eng Hoon St, #01-70, Singapore 160056 +65 6220 3430
매일 07:30~20:00 S$ **크루아상** 3.5불 **아몬드 크루아상** 4.8불 **퀸아망** 4.5불 **커피** 4.5~7.5불
@tiongbahrubakery www.tiongbahrubakery.com

대표 메뉴는 크루아상

오래된 로컬 타운 티옹바루가 널리 알려지게 된 일등공신이다. 티옹바루 베이커리는 싱가포르의 유명 F&B 회사인 스파 에스프리 그룹Spa Esprit Group과 파리의 유명 베이커인 곤트란 쉐리에Gontran Cherrier가 콜라보하여 2012년에 오픈했다. 싱가포르 내 여러 군데 매장이 있지만 아무래도 본점이 갖는 위상은 남다르다. 어떤 것을 골라도 실패가 없지만 바삭한 크루아상이 대표 메뉴이다. 확실히 당 충전이 되는 퀸아망, 바삭하지만 촉촉함이 살아있는 아몬드 크루아상, 크림 향이 풍부한 헤이즐넛 슈도 대표적인 메뉴이다. 쓴맛이 거의 느껴지지 않는 부드러운 커피 맛도 수준급이다. 브런치로 먹을 수 있는 메뉴도 다양하다. 크루아상을 테마로 만든 귀여운 굿즈들도 눈여겨볼 만하다.

마뉴먼트 Monument Lifestyle at Tiong Bahru

MRT 티옹바루역Tiong Bahru, 이스트 웨스트 라인 B출구로 나와 티옹바루 로드, 킴퐁 로드Kim Pong Rd, 용시악 스트리트Yong Siak St 경유하여 도보 9분 21 Yong Siak St, Singapore 168651
+65 8950 8724 **화~금** 08:00~18:00 **토~일** 09:00~18:00
S$ **베이글** 4.5불~ **베이글 샌드위치** 12~16불 **커피** 5~8불
@monumentlifestyle www.monumentlifestyle.com

소품과 의류를 파는 카페

카페인지 잡화점인지 구분이 안 가는 융합적인 상업 공간이다. 마뉴먼트는 카페이면서 동시에 생활 소품과 의류, 신발을 파는 잡화점이다. 커피와 잡화가 얼핏 서로 충돌할 것 같은데 의외로 잘 조화를 이룬다. 꾸미지 않은 듯 무심하면서도 스타일리시한 내부 분위기가 인상적이다. 휴양지 분위기가 나는 화려한 의류제품이 먼저 눈에 띈다. 싱가포르 현지 디자이너의 브랜드가 주를 이루는데, 다른 곳에서는 찾아볼 수 없는 독특한 디자인이 많다. 유아 의류도 판매한다. 샌들, 머그잔, 액세서리도 보인다. 카페 메뉴 중에서는 쫀득한 뉴욕식 베이글과 샌프란시스코의 포 배럴Four Barrel 원두를 사용한 진한 커피가 일품이다.

프리베 Prive

올데이 다이닝 카페

캐주얼하고 편안한 분위기의 올데이 다이닝 콘셉트 카페이다. 식사, 커피, 음료를 두루 즐길 수 있어서 좋다. 시내에도 많은 매장이 있지만, 티옹바루 지점은 동네 단골 카페 특유의 느긋한 분위기가 매력으로 다가온다. 다른 브런치 카페보다 메뉴가 다양하고 비건을 위한 옵션도 있다. 티옹바루 마켓 맞은편에 있어 찾기 수월하다. 아이들이나 애완견도 환영하는 분위기다.

MRT 티옹바루역Tiong Bahru, 이스트 웨스트 라인 B 출구로 나와 티옹바루 로드를 따라 도보 7분 후, 우회전하여 셍포 로드 따라 도보 3분 57 En Hoon St, #01-88, Singapore 160057 +65 6776 0777

매일 08:00~22:30(주문 마감 22:00)

S$ **올데이 블랙퍼스트** 13~25불 **피자** 19.5~21.5불 **피시앤 칩스** 25불 @theprivegroup

www.theprivegroup.com.sg/prive-tiong-bahru

캣 소크라테스 Cat Socrates

에코백부터 고양이 소품까지

독특한 기념품 혹은 고양이 관련 소품을 찾는다면 캣 소크라테스가 정답이다. 작은 문구류부터 에코백, 주방용품, 패션 액세서리까지 톡톡 튀는 디자인이 많다. 품질이 떨어지지 않는 현지 디자이너들의 상품이 가득하다. 특히 고양이를 테마로 한 다양하고 독특한 소품이 많아 고양이 애호가라면 더욱 만족스러울 것이다. 운이 좋다면 이곳의 터줏대감인 고양이도 만나볼 수 있다.

MRT 티옹바루역Tiong Bahru, 이스트 웨스트 라인 B출구로 나와 티옹바루 로드, 킴퐁 로드Kim Pong Rd, 용시악 스트리트Yong Siak St 경유하여 도보 9분 78 Yong Siak St, #01-14, Singapore 163078 +65 6333 0870

일 0:00~18:00 **월** 10:00~18:00 **화~목** 10:00~19:00 **금~토** 10:00~20:00

S$ **코스터** 3.9불부터 **에코백** 19.9불부터 **페라나칸 파우치** 12.8불 **500 pcs 퍼즐** 29.9불부터 @cat_socrates

cat-socrates.myshopify.com

PART 13

보타닉 가든과 레일 코리도

Singapore Botanic Gardens & Rail Corridor

열대의 자연 속으로

보타닉 가든은 열대 식물의 보고이다. 2015년 식물원 중에서 아시아 최초이자 세계에서 세 번째로 세계문화유산에 등재되었다. 난초 정원과 어린이 정원이 특히 유명하다.

레일 코리도는 싱가포르와 말레이시아를 연결하는 철도가 폐쇄되면서 생긴 트레킹 코스이다. 도시와 자연이 절묘하게 어우러진 싱가포르의 떠오르는 핫 스폿이다.

보타닉 가든 Singapore Botanic Gardens

MRT 보타닉가든역Botanic Gardens, 서클, 다운타운 라인 B번 출구를 나와 National Orchid Garden 하차장, Singapore Botanic Gardens 방향으로 도보 1분. 1 Cluny Rd, Singapore 259569

매일 05:00~24:00 S$ 무료(국립난초정원은 유료: 성인 15불, 학생 3불, 12세 미만 무료)

가이드 투어 매주 주말 무료 가이드 투어(15분 전 세션별 등록 가능), 자세한 내용은 홈페이지 참조(https://www.nparks.gov.sg/sbg/visit-us/guided-tours)

©Jnzl_s Photos_flickr

©pavan_flickr

©Geoff Whalan_flickr

싱가포르 최초 세계문화유산

2015년 7월 4일은, 싱가포르 사람들에게 특별한 날이다. 이날 싱가포르인들은 처음으로 유네스코 세계문화유산을 갖게 되었다. 독일 본에서 열린 제39차 세계유산위원회WHC 총회에서 보타닉 가든이 공식적으로, 세계문화유산으로 등재되었다. 보타닉 가든은 세계문화유산에 등재된 최초이자 유일한 열대 식물원이다. 식물원을 통틀어서도 아시아 최초이자 세계에서 세 번째로 세계문화유산에 등재되었다.

보타닉 가든엔 6만여 종의 진귀하고 독특한 열대 식물이 자란다. 식민지 시절인 1859년, 영국인들이 설계하여 조성하였다. 전체적으로 영국식 정원의 면모가 보이는 것은 이런 배경 때문이다. 식물원 전체 규모는 약 82헥타르, 약 25만 평이다. 보타닉 가든을 크게 한 바퀴만 돌아도 2시간은 족히 소요된다. 보타닉 가든은 그동안 동남아시아 식물 연구의 중심으로 자리 잡았다. 특히 20세기 들어서는 대규모 고무 재배 확산에도 크게 기여했다.

보타닉 가든은 매일 오전 5시부터 자정까지 개방한다. 산책하거나 조깅, 피크닉을 위해 많은 사람이 찾는다. 식물원은 '오키드 가든'국립난초정원을 제외하고는 모두 무료이다. 평소 접하지 못했던 희귀한 열대 식물을 구경하고 관찰하는 재미가 쏠쏠하다. 식물원 안에는 호수, 놀이터, 다목적 무대, 레스토랑 등 다양한 시설이 있어서 자연을 만끽하며 여유로운 하루를 보낼 수 있다.

©Geoff Whalan_flickr

보타닉 가든 상세 지도

보타닉 가든은 이탈리아의 파도바식물원과 영국의 큐왕립식물원에 이어 세계에서 세 번째로 유네스코 세계문화유산에 등재되었다. 식물원은 남북으로 길쭉한 모양이고, 남쪽 끝에서 북쪽 끝까지의 거리는 약 2.5㎞이다. 다만, 이 책에서는 지면에 담기 위해 시계 방향으로 90도 회전하여 표현하였다. 한 예로 지도 오른쪽 끝의 에코호수Eco-Lake의 원래 위치는 북쪽 끝이다.

오픈 팜 커뮤니티 Open Farm Community
자연 속에서 즐기는 매력적인 식사

오픈 팜 커뮤니티는 보타닉 가든 남쪽 길 건너편에 있는 레스토랑이다. 도시 농장과 자연 친화적 다이닝 콘셉트를 우아하게 결합했다. 레스토랑 바로 옆의 커다란 정원도 자유롭게 산책할 수 있어서 더 좋다. 아이나 반려견과 함께 가도 마음 편하게 식사를 즐길 수 있다. 허브와 채소는 뒷마당에서 수확하여 사용한다. 부족한 재료는 현지 농장이나 윤리적으로 수입한 것을 사용한다. 개방형 주방이 믿음을 준다. 플레이팅이 화려하지는 않지만, 재료의 신선함을 잘 살린다. 비건, 베지테리언 및 글루텐 프리 옵션도 제공한다. 메뉴는 정기적으로 바뀐다.

보타닉 가든 남쪽 호수 스완 호Swan Lake에서 홀랑로드Holland Rd와 민든로드Minden Rd 경유하여 도보 7분
130E Minden Rd, Singapore 248819 +65 6471 0306
월~금 12:00~15:00, 18:00~23:00 **토~일** 11:00~16:00, 18:00~23:00
S$ 주중 런치 세트 38불, 어린이 메뉴 19불, 화~수 모든 와인 20% 할인
@open-farm-community www.openfarmcommunity.com

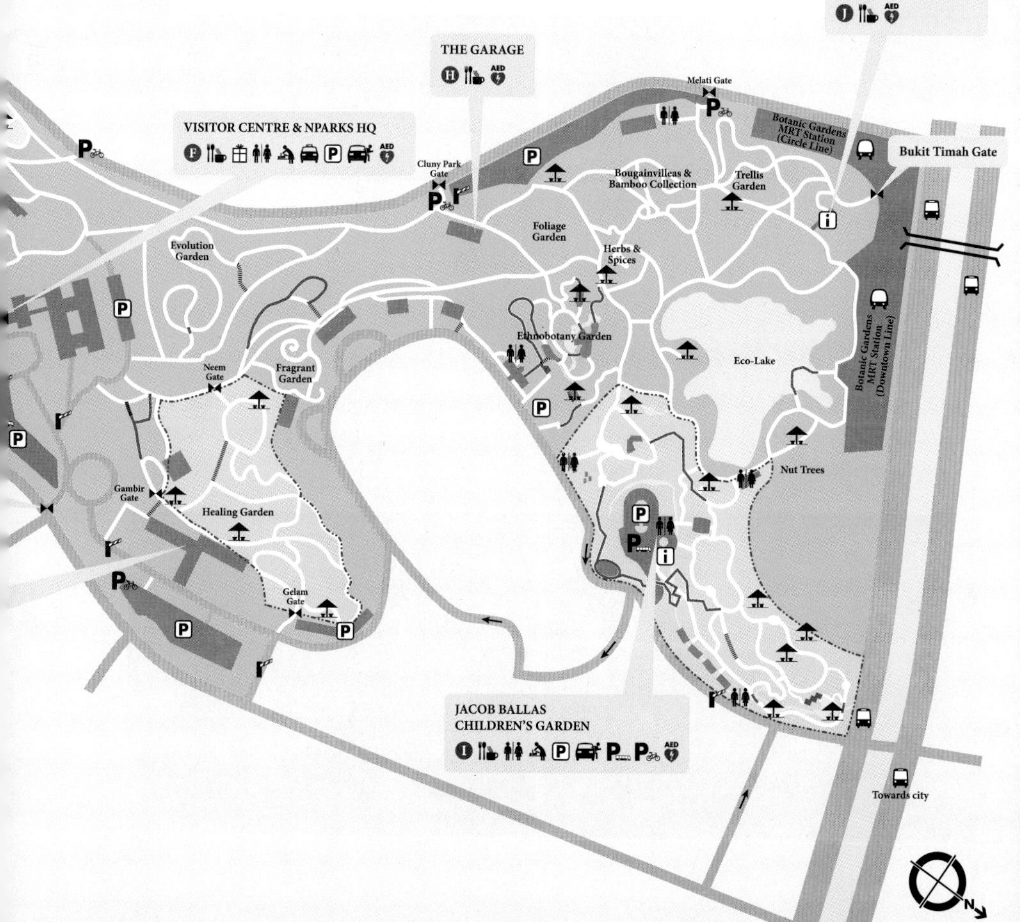

보타닉 가든의 주요 정원과 추천 장소

1 국립 난초 정원 National Orchid Garden

보타닉 가든에서 가장 유명한 장소는 오키드 가든이다. 입구부터 잘 가꾸어져 있다. 형형색색의 희귀한 난초들이 방문객을 반긴다. 1928년부터 싱가포르 정부는 이곳에서 난초 교배 시험관 기술로 다양한 교배종을 탄생시켰다. 그 덕에 싱가포르는 주요 난초 수출국으로 당당히 이름을 올렸다. 넬슨 만델라, 성룡, 전 영국 엘리자베스 2세 여왕 등 싱가포르를 방문한 귀빈들의 이름을 딴 200개가 넘는 VIP 난초를 찾아보는 것도 흥미롭다.

S$ 성인 15불, 시니어(60세 이상) 및 청소년 3불, 12세 미만 무료 ◷ 매일 08:30~19:00

2 민족 식물학 정원 Ethnobotany Garden

에코 호수 근처에 있다. 민족 식물학 정원은 말레이 군도, 인도차이나, 남아시아의 원주민들이 토착 문화를 이루며 실제 생활에서 사용한 식물을 관찰할 수 있는 곳이다. 식물로 만든 각종 직물과 의류, 나무로 만든 악기와 사냥 도구 등 동남아시아 전 지역에서 수집한 120개 이상의 유물도 전시하고 있다.

3 제이콥 발라스 어린이 정원
Jacob Ballas Children's Garden

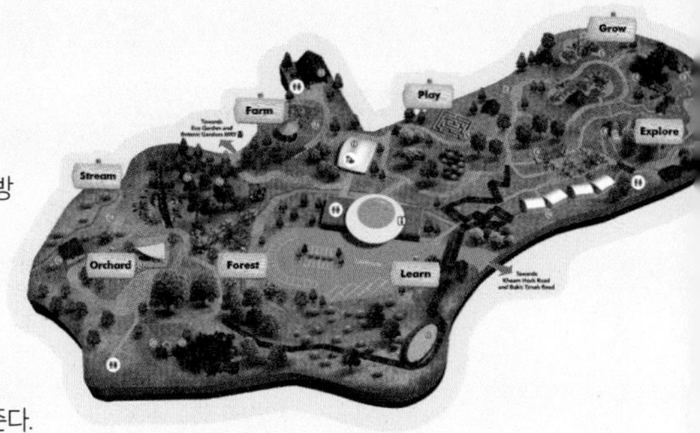

제이콥 발라스 어린이 정원은 어린아이와 더불어 방문하는 여행자들에게 강력 추천 장소다. 숲길을 따라가다 보면 곳곳에 멋진 자연 친화적 놀이 공간이 숨겨져 있다. 모래 놀이터, 집라인, 시소, 하이킹, 생태 공원 등이 지루할 틈 없이 이어진다. 마치 아이들에게 탐험대장이 된 듯한 기분이 느끼게 해준다. 게다가 이 모든 것이 무료라 더욱 만족스럽다.

MRT 보타닉가든역Botanic Gardens, 서클, 다운타운 라인에서 내려서 북쪽 끝 에코 가든 쪽으로 도보 8분
481 Bukit Timah Rd, Singapore 259769 +65 1800 471 7300 화~일 08:00~19:00, 월 휴무 S$ 무료

4 쇼 심포니 스테이지 Shaw Symphony Stage

탁 트인 대자연을 무대로 클래식 음악부터 대형 밴드의 공연을 무료로 즐길 수 있는 곳이다. 레이크 호수 가운데 위치한 쇼 심포니 스테이지는 음악을 들으며 근사한 피크닉을 즐길 수 있는 최적의 장소이다. '싱가포르 심포니 오케스트라' 홈페이지에서 공연 소식이나 일정을 참고하자. 담요와 간단한 스낵 등을 준비해 가는 것도 좋다.
www.sso.org.sg/whats-on

레일 코리도 Rail Corridor

울창한 철도 회랑 트레킹

레일 코리도는 도시와 자연경관이 절묘하게 어우러지는 싱가포르의 대표적인 트레킹과 라이딩 코스이다. 레일 코리도는 싱가포르와 말레이시아를 연결하는 말레이시아 KTM 철도 노선의 일부였다. 2011년 열차 운행이 중단되자 철도 일부를 걷어내고 산책로로 바꾸었다. 공식적인 명칭은 철길 회랑Rail Corridor이지만, 자연의 놀라운 회복력을 목격한 싱가포르 사람들은 이곳을 녹색 회랑Green Corridor이라고도 부른다. 산책로는 옛 철도 노선을 따라 탄종파가Tanjong Pagar에서 우드랜드 검문소Woodlands Checkpoint까지 24km 정도 이어진다. 산책로는 비교적 잘 관리되어 접근성이 좋다. 구불구불한 길과 다리, 선로의 잔재, 무성한 녹지 등 새로운 풍경이 끊임없이 펼쳐져서 지루할 틈이 없다. 특히 싱가포르에서 유일한 프랫 트러스Pratt Truss. 가운데 수직재를 중심으로 부재를 역삼각형 모양으로 만든 트러스트도 볼 수 있다. 트러스트 다리는 보는 이를 압도할 만큼 웅장하다. 부킷 티마 자연보호지역Bukit Timah Nature Reserve과 싱가포르의 옛 산업 지역도 구경할 수 있다. 레일 코리도는 야생 동물의 생태공간이기도 하기에 저녁 조명을 최소화한다. 조명은 주요 접근 지점, 산책로, 공공 화장실과 부킷 티마 기차역 건물, 철도 직원 숙소로 이어지는 벤치 등 일부에만 들어온다. 안전을 위해 오전에 방문하는 게 좋다. 인파와 더위까지 피하기엔, 오전 중에서도 이른 오전이 좋다.

레일 코리도의 주요 진입 지점

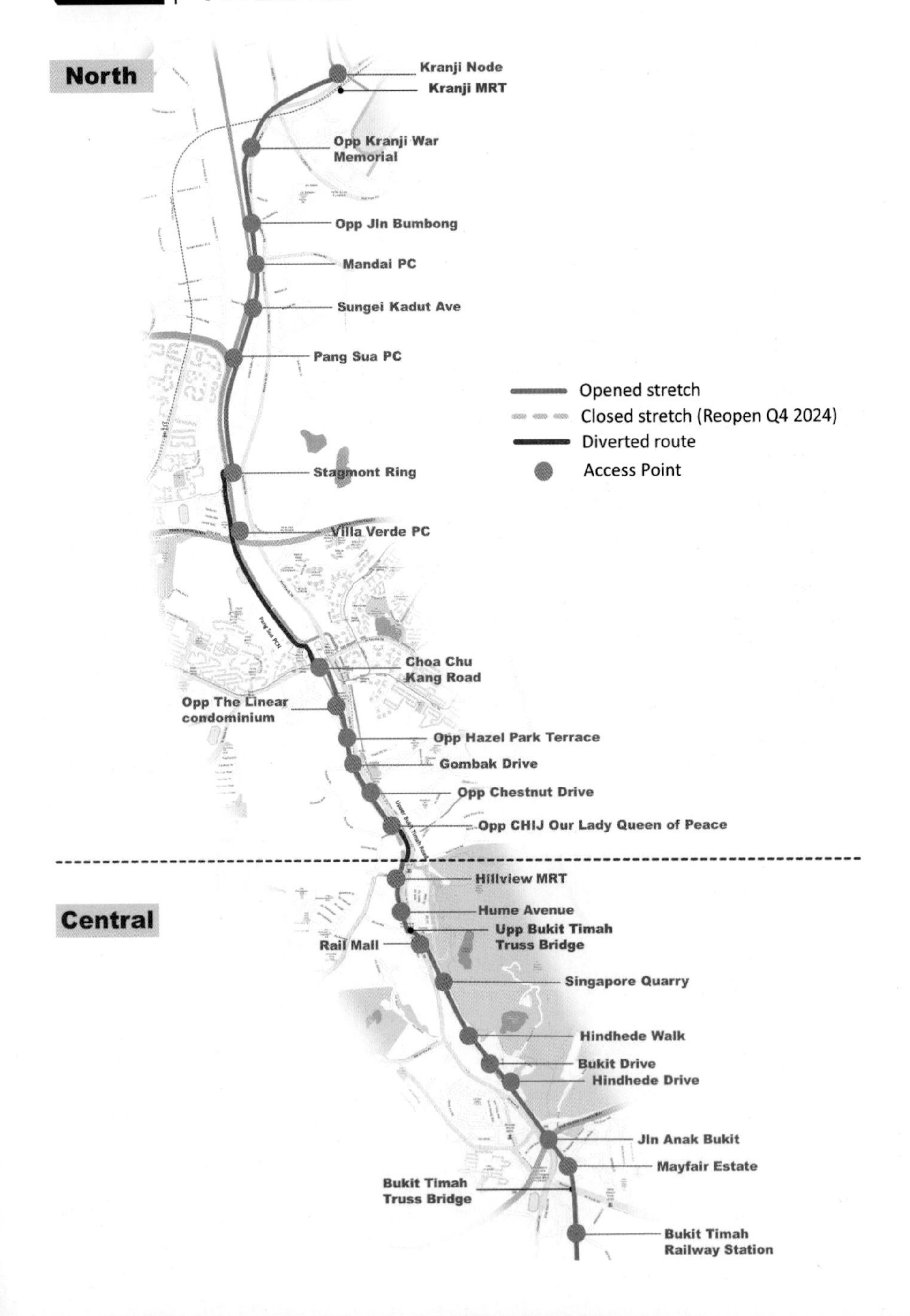

① 철도 중앙통로 Rail Corridor Central

힐뷰Hillview 지역과 부킷 티마 기차역Bukit Timah Railway Station 사이의 4km 구간이다. 자연환경, 철도 유산, 철도 구조물, 여러 자연 지형을 볼 수 있는 인기 구간이다. 대부분은 자연 그대로의 흙길이어서 운치가 넘치고 편하게 다닐 수 있어서 좋다. 이 구간에 레스토랑과 카페 등이 입점한 레일 몰Rail Mall이 있어서 휴식을 취하기도 좋다.

② 철도 남쪽 통로 Rail Corridor South

힐뷰에서 시작하여 남쪽으로 이어지는 10km 구간이다. 길은 클레멘티 숲Clementi Forest을 지나 스푸너 로드Spooner Road로 향한다. 이 구간에 있는 부킷 티마 기차역과 카페 1932 스토리는 감성 깊은 공간으로 인기가 높다. 인스타그램에도 사진이 많이 올라오는 곳이다.

③ 철도 북쪽 통로 Rail Corridor North

MRT 크란지역Kranji MRT Station에서 시작하여 남쪽으로 MRT 힐뷰역까지 약 10km 이어지는 구간이다. 철도 통로를 따라 크란지 전쟁 기념관, 초아추강 로드, 힐뷰 MRT역를 포함해 30개가 넘는 접근 지점이 있다.

🚶 ①MRT 크란지역Kranji, 노스 사우스 라인에서 하차 후 육교를 이용해 도보 5분 이동 ② MRT 힐뷰역Hillview, 다운타운 라인에서 하차. B 출구로 나와 우회전한 후 Rail Corridor로 이어지는 경사로를 따라 도보 5분 🕓 연중무휴 홈페이지 www.railcorridor.nparks.gov.sg/visit-rail-corridor/

④ 부킷 티마 기차역 Bukit Timah Railway Station

1932년에 지은, 오래된 기차역이다. 싱가포르에 현존하는 두 개 기차역 중 하나다. 기차역의 주요 건축물과 부대시설이 세심하게 복원되었다. 지금은 기차역과 철도 회랑의 역사를 배울 수 있는 문화유산 갤러리로 사용하고 있다. 역 건물 앞쪽에는 역 표지판, 토큰 폴 등을, 내부에서는 매표소, 선로 전환 레버, 철도 교통 통제실에서 사용했던 신호실의 신호 다이어그램 복제품 등을 볼 수 있다. 시그널 룸은 입장이 불가능하며, 입구에서 내부를 관람할 수 있다.

🚶 MRT 킹앨버트파크역King Albert Park, 다운타운 라인 A번 출구로 나와 좌회전한 후 부킷 티마 로드Bukit Timah Road를 따라 도보 5분 🕓 연중무휴

Travel Tip

철도 회랑 트레킹을 위한 필수 팁

1. 다양한 지면을 걸을 수 있는 편안하고 내구성이 좋은 운동화 신기
2. 더위와 인파를 피해 이른 아침에 출발하기
3. 수분과 에너지를 유지할 수 있도록 충분한 물과 간식 챙기기
4. 지도나 앱을 이용해 미리 갈 곳을 정리해 보기
5. 기상 상황을 체크하여 미리 우비, 모기 퇴치제, 모자 등 챙기기
6. 탐방로 폐쇄 여부를 미리 확인하기

PART 14

싱가포르 섬 여행

Island Trip

페리 타고 떠나는 싱가포르 남섬 여행

세인트존스, 쿠수, 라자루스…. 싱가포르에서 조금 특별한 경험을 하고 싶다면 페리를 타고 싱가포르 남쪽으로 6.5km 거리에 펼쳐진 섬으로 가자. 섬끼리 연결되어 있거나 가까운 거리에 있어서 같이 둘러보기 좋다. 센토사나 이스트 코스트 파크의 해변보다 더 깨끗하고, 무엇보다 사람들로 북적이지 않아 여유로운 하루를 보낼 수 있다. 다만, 섬 안에는 샤워 시설을 갖춘 화장실은 있으나 상점이나 레스토랑은 없다. 음식이나 음료는 미리 준비해야 한다. 소풍 가는 마음으로 간단한 깔개와 먹거리를 싸서 반나절 동안 오롯한 휴식을 즐겨보자.

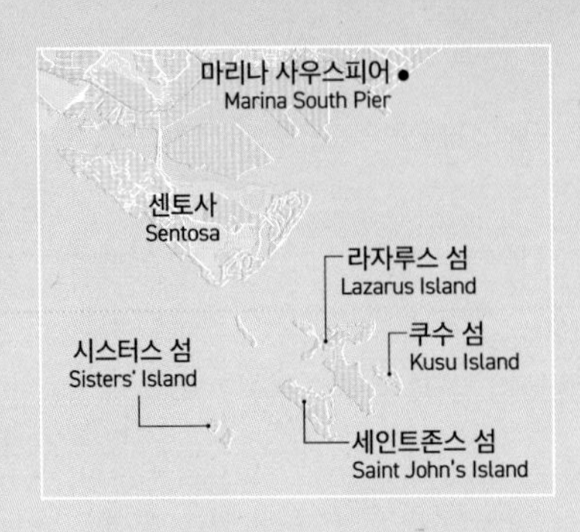

라자루스 아일랜드 해변
Lazarus Island Beach

토르토즈 보호구역

Kusu Island Pier

라자루스 섬
Lazarus Island

Saint John's Island Pier

세인트존스 섬
Saint John's Island

쿠수 섬
Kusu Island

시스터스 섬
Sisters' Island

남섬으로 가는 방법

남섬에 가려면 미리 왕복 티켓을 예약하고, 마리나베이 남쪽의 페리 터미널 '마리나 사우스 피어'Marina South Pier에서 페리에 탑승해야 한다. 세인트존스 섬에서 머물다 싱가포르로 돌아오는 코스와 세인트존스 섬에서 다시 페리를 타고 근처의 쿠수 섬까지 갔다가 마리나 사우스 피어로 귀환하는 코스가 있다. 스케줄에 맞춰 원하는 시간에 페리에 탑승하면 된다.

©Piet Sinke-flickr

❶ 페리 티켓 구매 방법

남섬 행 페리는 아일랜드 크루즈Island Cruise와 마리나 사우스 페리Marina South Ferries, 이렇게 두 업체에서 운영한다. 업체마다 각각 하루 4~7회 운행한다. 터미널 1층에 있는 카운터에서도 현장 구매할 수 있으나, 주말엔 좌석이 매진될 수도 있으니 홈페이지에서 예매하는 게 안전하다. 클룩이나 와그 같은 여행 예매 플랫폼에서도 티켓을 판매한다. 시즌별로 특별 프로모션이나 할인을 적용받을 수 있으니 관련 홈페이지를 참고해보자.

❷ 아일랜드 크루즈로 가는 방법

마리나 사우스 페리보다 주말 운행 편수가 많다. 다만, 주말에는 세인트존스 섬에서 마리나 사우스 피어 터미널로 바로 돌아오는 배편이 없다. 주말에 싱가포르 본섬으로 돌아올 때는 쿠수 아일랜드에서 페리를 타야 한다.

MRT 마리나 사우스 피어역Marina South Pier, 노스 사우스 라인 B출구 바로 위에 있다.
예매 티켓을 받으려면 부두에 있는 주황색 매표소로 가면 된다. 31 Marina Coastal Drive, Marina South Pier, #01-04
+65 6534 9339(부상, 사고 등 긴급 상황 시 +65 8511 5551) S$ **어른** 15불 **어린이** 12불 islandcruise.com.sg

주중 운행 시간표

마리나 사우스 피어 → 세인트존스 아일랜드	09:00	10:00	11:00	14:00
세인트존스 아일랜드 → 쿠수 아일랜드	10:45	14:45		
세인트존스 아일랜드 → 마리나 사우스 피어	15:00	17:00		
쿠수 아일랜드 → 마리나 사우스 피어	12:30	16:00		

주말 운행 시간표

마리나 사우스 피어 → 세인트존스 아일랜드	08:30	09:00	10:00	11:00	13:00	15:00	17:00
세인트존스 아일랜드 → 쿠수 아일랜드	09:50	11:50	13:50	15:50	17:50		
쿠수 아일랜드 → 마리나 사우스 피어	10:15	12:15	14:15	16:15	18:15		

❸ 마리나 사우스 페리로 가는 방법

아일랜드 크루즈Island Cruise는 마리나 사우스 피어 터미널에서 쿠수 섬으로 직접 가는 페리가 없지만, 마리나 사우스 페리Marina South Ferries는 하루 2회 운행한다. 또 쿠수 섬에서 세인트존스 섬으로 가는 페리도 하루 2편 운행한다.

MRT 마리나 사우스 피어역Marina South Pier, 노스 사우스 라인 B출구로 나와 노란색 매표소에서 예매 티켓을 찾으면 된다. 31 Marina Coastal Drive, #01-03, Singapore 018988
+65 9012 8000(부상, 사고 등 긴급 상황 시 +65 6325 2488)
S$ **성인** 15불 **어린이(3~12세) 및 시니어(만 60세 이상)** 12불
패밀리 패키지(어른 2명+어린이 2명) 50불 **2세 이하** 무료
marinasouthferries.com

운행 시간표

마리나 사우스 피어 → 세인트존스 아일랜드	09:00	10:00	11:00	13:00
세인트존스 아일랜드 → 쿠수 아일랜드	09:30	11:30	13:30	
쿠수 아일랜드 → 마리나 사우스 피어	10:00	12:00	14:00	
마리나 사우스 피어 → 쿠수 아일랜드	15:00	17:00		
쿠수 아일랜드 → 세인트존스 아일랜드	15:30	17:30		
세인트존스 아일랜드 → 마리나 사우스 피어	16:00	18:00		

©Bob Tan-Wikimedia Commons

세인트존스 섬 Saint John's Island

피크닉 즐기고, 해양생물 관찰하기

싱가포르 본섬에서 남쪽으로 6.5km 떨어진 곳에 있다. 세인트존스 섬은 한때 전염병 검역소, 마약 재활 센터가 있던 곳이었다. 하지만 혐오 시설을 철거하고, 대대적으로 섬을 정비하여 1975년부터 싱가포르 시민이 즐겨 찾는 휴양지로 변모시켰다. 지금은 해수욕을 즐기거나 피크닉과 트레킹을 하는 소소한 휴양지로 사랑받고 있다. 해양 동물을 관찰할 수 있는 석호 구간도 있다. 썰물 때 이곳을 방문하면 말미잘부터 작고 다양한 게, 해삼 등 해양생물을 볼 수 있다. 아이들과 방문하기에도 최적의 장소다.

©Mark-flickr

라자루스 섬 Lazarus Island

자연과 해변을 즐기기 좋다

세인트존스 섬 바로 동쪽에 있다. 산책로로 연결되어 있어서 세인트존스 섬에서 걸어서 이동할 수 있다. 라자루스 섬은 말레이어로 풀라우 세키장 펠레파Pulau Sekijang Pelepah라는 이름으로도 불린다. 고요하고 평화로운 분위기가 큰 장점이다. 인파로 붐비지 않아 자연과 해변을 실컷 즐길 수 있다. 이 섬에는 고양이들이 제법 산다. 운이 좋다면 길에서 느긋하게 낮잠을 자는 고양이와 기분 좋은 조우를 할 수 있다.

시스터스 섬 Sisters' Island

©Ria Tan-flickr

스노클링 하기 딱 좋은

©Ria Tan-flickr

시스터스 섬은 좁은 수로 같은 바다를 사이에 두고 두 섬이 가까이서 마주 보고 있다. 자매가 이곳에서 익사했다는 설화에서 섬 이름이 유래했다. 우울한 이야기와 달리 시스터 섬은 나무그늘 아래에서 바다를 내려다 보며 여유로운 휴식을 즐기기 좋은 곳이다. 특히 풍부한 해양생물이 서식하기 때문에 수영이나 스노클링을 하기에 제격이다. 그뿐만 아니라 싱가포르 고유의 다양한 해양생물을 관찰할 수 있는 시스터즈 아일랜드 해양 공원Sisters' Island Marine Park도 둘러볼 수 있다. 또 싱가포르 최초의 거북이 부화장이 있는 곳으로도 유명하다. 아쉽게도 당분간 페리가 운행하지 않는다.

쿠수 섬 Kusu Island

거북이, 사원, 캠핑장

'쿠수'는 호키엔어로 '거북'을 의미한다. 싱가포르 근처 난파선에서 겨우 탈출한 말레이와 중국 선원 두 명을 구하기 위해 거대한 거북이가 스스로 섬으로 변했다는 전설이 전해진다. 쿠수 섬에 도착하자마자 보이는 다보공 사원Da Bo Gong Temple에서는 실제로 수십 마리의 거북이를 볼 수 있다. 쿠수 섬은 해안가에서 피크닉을 즐기기 좋다. 바비큐 시설을 갖춘 캠핑장도 있다. 섬에는 중국 사원과 말레이 사원 세 개가 있다. 중국의 번영의 신인 투아픽콩Tua Pek Kong 또는 자비의 여신인 관인Guan Yin에게 기도하러 일부러 찾아오는 이들도 많다. 매년 음력 9월 쿠수 순례 기간에는 수만 명이 다녀간다.

PART 15

권말부록

실전에 꼭 필요한 여행 영어

이것만은 꼭! 여행 영어 패턴 10

1 ~주세요. ~ please. 플리즈

영수증 주세요. Receipt, please. 뤼씨트, 플리즈.

닭고기 주세요. Chicken, please. 취킨, 플리즈.

2 어디인가요? Where is ~? 웨얼 이즈

화장실이 어디인가요? Where is the toilet? 웨얼 이즈 더 토일렛?

버스 정류장이 어디인가요? Where is the bus stop? 웨얼 이즈 더 버쓰 스탑?

3 얼마예요? How much ~? 하우 머취

이건 얼마예요? How much is this? 하우 머취 이즈 디스?

전부 얼마예요? How much is the total? 하우 머취 이즈 더 토털?

4 ~하고 싶어요. I want to ~. 아이 원트 투

룸서비스를 주문하고 싶어요. I want to order room service. 아이 원트 투 오더 룸 썰비쓰.

택시 타고 싶어요. I want to take a taxi. 아이 원트 투 테이크 어 택시.

5 ~할 수 있나요? Can I/you ~? 캔 아이/유

펜 좀 빌릴 수 있나요? Can I borrow a pen? 캔 아이 바로우 어 펜?

영어로 말할 수 있나요? Can you speak English? 캔 유 스피크 잉글리쉬?

6 저는 ~ 할게요. I'll ~. 아윌

저는 카드로 결제할게요. I'll pay by card. 아윌 페이 바이 카드.

저는 2박 묵을 거예요. I'll stay for two nights. 아윌 스테이 포 투 나잇츠.

7 ~은 무엇인가요? What is ~? 왓 이즈

이것은 무엇인가요? What is it? 왓 이즈 잇?

다음 역은 무엇인가요? What is the next station? 왓 이즈 더 넥쓰트 스테이션?

8 ~ 있나요? Do you have~? 두유 해브

다른 거 있나요? Do you have another one? 두유 해브 어나덜 원?

자리 있나요? Do you have a table? 두유 해브 어 테이블?

9 이건 ~인가요? Is ~? 이즈 디스

이 길이 맞나요? Is this the right way? 이즈 디스 더 롸잇 웨이?

이것은 여성용/남성용인가요? Is this for women/men? 이즈 디스 포 위민/맨?

10 이건 ~예요. It's ~. 잇츠

이건 너무 비싸요. It's too expensive. 잇츠 투 익쓰펜시브.

이건 짜요. It's salty. 잇츠 썰티.

01 공항 · 기내에서

1 탑승 수속할 때

자주 쓰는 여행 단어

여권 passport 패쓰포트
탑승권 boarding pass 볼딩 패쓰
창가 좌석 window seat 윈도우 씻
복도 좌석 aisle seat 아일 씻
앞쪽 좌석 front row seat 프뤈트 로우 씻
무게 weight 웨잇
추가 요금 extra charge 엑쓰트라 차알쥐
수하물 baggage/luggage 배기쥐/러기쥐

여행 회화

여기 제 여권이요. Here is my passport. 히얼 이즈 마이 패쓰포트.
창가 좌석을 받을 수 있나요? Can I have a window seat? 캔 아이 해브 어 윈도우 씻?
앞쪽 좌석을 받을 수 있나요? Can I have a front row seat? 캔 아이 해브 어 프뤈트 로우 씻?
무게 제한이 얼마인가요? What is the weight limit? 왓 이즈 더 웨잇 리미트?
추가 요금이 얼마인가요? How much is the extra charge? 하우 머취 이즈 디 엑쓰트라 차알쥐?
13번 게이트가 어디인가요? Where is gate thirteen? 웨얼 이즈 게이트 떨틴?

2 보안 검색 받을 때

자주 쓰는 여행 단어

액체류 liquids 리퀴즈
주머니 pocket 포켓
전화기 phone 폰
노트북 laptop 랩탑
모자 hat 햇
벗다 take off 테이크 오프
임신한 pregnant 프레그넌트
가다 go 고우

여행 회화

저는 액체류 없어요. I don't have any liquids. 아이 돈 해브 애니 리퀴즈.
주머니에 아무것도 없어요. I have nothing in my pocket. 아이 해브 낫띵 인 마이 포켓.
제 백팩에 노트북이 있어요. I have a laptop in my backpack. 아이 해브 어 랩탑 인 마이 백팩.
모자를 벗어야 하나요? Should I take off my hat? 슈드 아이 테이크 오프 마이 햇?
저 임신했어요. I'm pregnant. 아임 프레그넌트.
이제 가도 되나요? Can I go now? 캔 아이 고우 나우?

3 면세점 이용할 때

자주 쓰는 여행 단어

면세점 duty-free shop 듀티프뤼 샵
화장품 cosmetics 코스메틱스
향수 perfume 퍼퓸
가방 bag 백
선글라스 sunglasses 썬글래씨스
담배 cigarette 씨가렛
주류 alcohol 알코홀
계산하다 pay 페이

여행 회화

얼마예요? How much is it? 하우 머치 이즈 잇?

이 가방 있나요? Do you have this bag? 두유 해브 디스 백?

이걸로 할게요. I'll take this one. 아윌 테이크 디스 원.

이 쿠폰을 사용할 수 있나요? Can I use this coupon? 캔 아이 유즈 디스 쿠펀?

여기 있어요. Here you are. 히얼 유 얼.

이걸 기내에 가지고 탈 수 있나요? Can I carry this on board? 캔 아이 캐뤼 디스 온 볼드?

4 비행기 탑승할 때

자주 쓰는 여행 단어

탑승권 boarding pass 볼딩 패스

좌석 seat 씻

좌석 번호 seat number 씻 넘버

일등석 first class 펄스트 클래쓰

일반석 economy class 이코노미 클래쓰

안전벨트 seatbelt 씻벨트

바꾸다 change 췌인쥐

마지막 탑승 안내 last call 라스트 콜

여행 회화

제 자리는 어디인가요? Where is my seat? 웨얼 이즈 마이 씻?

여긴 제 자리입니다. This is my seat. 디스 이즈 마이 씻.

좌석 번호가 몇 번이세요? What is your seat number? 왓 이즈 유어 씻 넘벌?

자리를 바꿀 수 있나요? Can I change my seat? 캔 아이 췌인지 마이 씻?

가방을 어디에 두어야 하나요? Where should I put my baggage? 웨얼 슈드 아이 풋 마이 배기쥐?

제 좌석을 젖혀도 될까요? Do you mind if I recline my seat? 두 유 마인드 이프 아이 뤼클라인 마이 씻?

5 기내 서비스 요청할 때

자주 쓰는 여행 단어

간식 snacks 스낵쓰

맥주 beer 비얼

물 water 워럴/워터

담요 blanket 블랭킷

식사 meal 미일

닭고기 chicken 취킨

생선 fish 퓌쉬

비행기 멀미 airsick 에얼씩

여행 회화

간식 좀 먹을 수 있나요? Can I have some snacks? 캔 아이 해브 썸 스낵쓰?

물 좀 마실 수 있나요? Can I have some water? 캔 아이 해브 썸 워럴?

담요 좀 받을 수 있나요? Can I get a blanket? 캔 아이 겟 어 블랭킷?

식사는 언제인가요? When will the meal be served? 웬 윌 더 미일 비 설브드?

닭고기로 할게요. Chicken, please. 취킨, 플리즈.

비행기 멀미가 나요. I feel airsick. 아이 퓔 에얼씩.

6 기내 기기/시설 문의할 때

자주 쓰는 여행 단어

등 light 라이트
작동하지 않는 not working 낫 월킹
화면 screen 스크린
음량 volume 볼륨
영화 movies 무비쓰
좌석 seat 씻
눕히다 recline 뤼클라인
화장실 toilet 토일렛

여행 회화

등을 어떻게 켜나요? How do I turn on the light? 하우 두 아이 턴온 더 라이트?
화면이 안 나와요. My screen is not working. 마이 스크린 이즈 낫 월킹
음량을 어떻게 높이나요? How can I turn up the volume? 하우 캔 아이 턴업 더 볼륨?
영화 보고 싶어요. I want to watch movies. 아이 원트 투 워치 무비쓰.
제 좌석을 어떻게 눕히나요? How do I recline my seat? 하우 두 아이 뤼클라인 마이 씻?
화장실이 어디인가요? Where is the toilet? 웨얼 이즈 더 토일렛?

7 환승할 때

자주 쓰는 여행 단어

환승 transfer 트뤤스풔
탑승구 gate 게이트
탑승 boarding 볼딩
연착 delay 딜레이
편명 flight number 플라이트 넘벌
갈아탈 비행기 connecting flight 커넥팅 플라이트
쉬다 rest 뤠스트
기다리다 wait 웨이트

여행 회화

어디에서 환승할 수 있나요? Where can I transfer? 웨얼 캔 아이 트뤤스풔?
몇 번 탑승구로 가야 하나요? Which gate should I go to? 위취 게이트 슈드 아이 고우 투?
탑승은 몇 시에 시작하나요? What time does the boarding begin? 왓 타임 더즈 더 볼딩 비긴?
화장실은 어디에 있나요? Where is the toilet? 웨얼 이즈 더 토일렛?
제 비행기 편명은 ooo입니다. My flight number is ooo. 마이 플라이트 넘벌 이즈 ooo.
라운지는 어디에 있나요? Where is the lounge? 웨얼 이즈 더 라운지?

8 입국 심사받을 때

자주 쓰는 여행 단어

방문하다 visit 비짓
여행 traveling 트뤠블링
관광 sightseeing 싸이트씨잉
출장 business trip 비즈니스 트립
왕복 티켓 return ticket 뤼턴 티켓
지내다, 머무르다 stay 스테이
일주일 a week 어 위크
입국 심사 immigration 이미그뤠이션

여행 회화

방문 목적이 무엇인가요? What is the purpose of your visit? 왓 이즈 더 펄포스 오브 유얼 비짓?

여행하러 왔어요. I'm here for traveling. 아임 히어 포 트뤠블링.

출장으로 왔어요. I'm here for a business trip. 아임 히어 포 비즈니스 트립.

왕복 티켓이 있나요? Do you have your return ticket? 두유 해브 유얼 뤼턴 티켓?

호텔에서 지낼 거예요. I'm going to stay at a hotel. 아임 고잉 투 스테이 앳 어 호텔.

일주일 동안 머무를 거예요. I'm staying for a week. 아임 스테잉 포 어 위크.

02 교통수단

자주 쓰는 여행 단어

표 ticket 티켓

사다 buy 바이

매표소 ticket office 티켓 오피스

발권기 ticket machine 티켓 머쉰

시간표 timetable 타임테이블

편도 티켓 single ticket 씽글 티켓

어른 adult 어덜트

어린이 child 촤일드

여행 회화

표 어디에서 살 수 있나요? Where can I buy a ticket? 웨얼 캔 아이 바이 어 티켓?

발권기는 어떻게 사용하나요? How do I use the ticket machine? 하우 두 아이 유즈 더 티켓 머쉰?

왕복 표 두 장이요. Two return tickets, please. 투 뤼턴 티켓츠, 플리즈.

어른 세 장이요. Three adults, please. 쓰리 어덜츠, 플리즈.

어린이는 얼마인가요? How much is it for a child? 하우 머취 이즈 잇 포 어 촤일드?

마지막 버스 몇 시인가요? What time is the last bus? 왓 타임 이즈 더 라스트 버스?

2 버스 이용할 때

자주 쓰는 여행 단어

버스를 타다 take a bus 테이크 어 버스

내리다 get off 겟 오프

버스표 ezlink card 이지링크 카드

버스 정류장 bus stop 버스 스탑

버스 요금 bus fare 버스 풰어

이번 정류장 this stop 디스 스탑

다음 정류장 next stop 넥스트 스탑

셔틀 버스 shuttle bus 셔틀 버스

여행 회화

버스 어디에서 탈 수 있나요? Where can I take the bus? 웨얼 캔 아이 테이크 더 버스?

버스 정류장이 어디에 있나요? Where is the bus stop? 웨얼 이즈 더 버스 스탑?

이 버스 ooo로 가나요? Is this a bus to ooo? 이즈 디스 어 버스 투 ooo?

버스 요금이 얼마인가요? How much is the bus fare? 하우 머취 이즈 더 버스 풰어?

다음 정류장이 무엇인가요? What is the next stop? 왓 이즈 더 넥스트 스탑?

어디서 내려야 하나요? Where should I get off? 웨얼 슈드 아이 겟 오프?

3 지하철·기차 이용할 때

자주 쓰는 여행 단어

지하철 MRT 엠알티
타다 take 테이크
내리다 get off 겟 오프
노선도 line map 라인 맵
승강장 platform 플랫폼
역 station 스테이션
환승 transfer 트렌스펄

여행 회화

지하철 어디에서 탈 수 있나요? Where can I take the MRT?
웨얼 캔 아이 테이크 더 엠알티?
노선도 받을 수 있나요? Can I get the line map? 캔 아이 겟 더 라인 맵?
승강장을 못 찾겠어요. I can't find the platform. 아이 캔트 파인 더 플랫폼.
다음 역은 무엇인가요? What is the next station? 왓 이즈 더 넥쓰트 스테이션?
어디에서 환승하나요? Where should I transfer? 웨얼 슈드 아이 트렌스펄?

4 택시 이용할 때

자주 쓰는 여행 단어

택시를 타다 take a taxi 테이크 어 택씨
택시 정류장 taxi stand 택씨 스탠드
기본요금 minimum fare 미니멈 풰어
공항 airport 에어포트
트렁크 trunk 트뤙크
더 빠르게 faster 풰스털
세우다 stop 스탑
잔돈 change 췌인쥐

여행 회화

택시 어디서 탈 수 있나요? Where can I take a taxi? 웨얼 캔 아이 테이크 어 택씨?
기본요금이 얼마인가요? What is the minimum fare? 왓 이즈 더 미니멈 풰어?
공항으로 가주세요. To the airport, please. 투 디 에어포트, 플리즈.
트렁크 열어줄 수 있나요? Can you open the trunk, please? 캔 유 오픈 더 트뤙크, 플리즈?
저기서 세워줄 수 있나요? Can you stop over there? 캔 유 스탑 오버 데얼?
잔돈은 가지세요. You can keep the change. 유 캔 킵 더 췌인쥐.

5 거리에서 길 찾을 때

자주 쓰는 여행 단어

주소 address 어드뤠쓰
거리 street 스트뤼트
모퉁이 corner 코널
골목 alley 앨리
지도 map 맵
먼 far 퐈
가까운 close 클로쓰
길을 잃은 lost 로스트

여행 회화

박물관에 어떻게 가나요? How do I get to the museum? 하우 두 아이 겟 투 더 뮤지엄?
모퉁이에서 오른쪽으로 도세요. Turn right at the corner. 턴 롸잇 앳 더 코널.
여기서 멀어요? Is it far from here? 이즈 잇 퐈 프롬 히얼?
길을 잃었어요. I'm lost. 아임 로스트.
이 건물을 찾고 있어요. I'm looking for this building. 아임 룩킹 포 디스 빌딩.
이 길이 맞나요? Is this the right way? 이즈 디스 더 롸잇 웨이?

6 교통편 놓쳤을 때

자주 쓰는 여행 단어

비행기 flight 플라이트
놓치다 miss 미쓰
연착되다 delay 딜레이
다음 next 넥쓰트
기차, 열차 train 트뤠인
변경하다 change 췌인쥐
환불 refund 뤼풘드
기다리다 wait 웨이트

여행 회화

비행기를 놓쳤어요. I missed my flight. 아이 미쓰드 마이 플라이트.
제 비행기가 연착됐어요. My flight is delayed. 마이 플라이트 이즈 딜레이드.
다음 비행기는 언제예요? When is the next flight? 웬 이즈 더 넥쓰트 플라이트?
어떻게 해야 하나요? What should I do? 왓 슈드 아이 두?
변경할 수 있나요? Can I change it? 캔 아이 췌인쥐 잇?
환불받을 수 있나요? Can I get a refund? 캔 아이 겟 어 뤼풘드?

03 숙소에서

 체크인할 때

자주 쓰는 여행 단어

체크인 check-in 쉐크인
일찍 early 얼리
예약 reservation 뤠저베이션
여권 passport 패쓰포트
바우처 voucher 봐우처
추가 침대 extra bed 엑쓰트롸 베드
보증금 deposit 디파짓
와이파이 비밀번호 Wi-Fi password 와이파이 패스월드

여행 회화

체크인할게요. Check in, please. 췌크인 플리즈.
일찍 체크인할 수 있나요? Can I check in early? 캔 아이 췌크인 얼리?
예약했어요. I have a reservation. 아이 해브 어 뤠저베이션
여기 제 여권이요. Here is my passport. 히얼 이즈 마이 패쓰포트.
더블 침대를 원해요. I want a double bed. 아이 원트 어 더블 베드.
와이파이 비밀번호가 무엇인가요? What is the Wi-Fi password? 왓 이즈 더 와이파이 패스월드?

② 체크아웃할 때

자주 쓰는 여행 단어

체크아웃 check-out 쉐크아웃
늦게 late 레이트
보관하다 keep 킵
짐 baggage 배기쥐
청구서 invoice 인보이쓰
요금 charge 차알쥐
추가 요금 extra charge 엑스트라 차알쥐
택시 taxi 택시

여행 회화

체크아웃할게요. Check out, please. 쉐크아웃 플리즈.
체크아웃 몇 시예요? What time is check-out? 왓 타임 이즈 쉐크아웃?
늦게 체크아웃할 수 있나요? Can I check out late? 캔 아이 쉐크아웃 레이트?
늦은 체크아웃은 얼마예요? How much is it for late check-out? 하우 머취 이즈 잇 포 레이트 쉐크아웃?
짐을 맡길 수 있나요? Can you keep my baggage? 캔 유 킵 마이 배기쥐?
청구서를 받을 수 있나요? Can I have an invoice? 캔 아이 해브 언 인보이쓰?

③ 부대시설 이용할 때

자주 쓰는 여행 단어

식당 restaurant 뤠스터런트
조식 breakfast 브뤸퍼스트
수영장 pool 풀
헬스장 gym 쥠
스파 spa 스파
세탁실 laundry room 뤈드리 룸
자판기 vending machine 벤딩 머쉰
24시간 twenty-four hours 트웬티포 아워쓰

여행 회화

식당 언제 여나요? When does the restaurant open? 웬 더즈 더 뤠스터런트 오픈?
조식 어디서 먹나요? Where can I have breakfast? 웨얼 캔 아이 햅 브뤸퍼스트?
조식 언제 끝나요? When does breakfast end? 웬 더즈 브뤸퍼스트 엔드?
수영장 언제 닫나요? When does the pool close? 웬 더즈 더 풀 클로즈?
헬스장이 어디에 있나요? Where is the gym? 웨얼 이즈 더 쥠?
자판기 어디에 있나요? Where is the vending machine? 웨얼 이즈 더 벤딩 머쉰?

④ 객실 용품 요청할 때

자주 쓰는 여행 단어

수건 towel 타월
비누 soap 쏩
칫솔 tooth brush 투쓰 브러쉬
화장지 tissue 티쓔
베개 pillow 필로우
드라이기 hair dryer 헤어 드롸이어
침대 시트 bed sheet 베드 쉬이트

여행 회화

수건 받을 수 있나요? Can I get a towel? 캔 아이 겟 어 타월?
비누 받을 수 있나요? Can I get a soap? 캔 아이 겟 어 솝?
칫솔 하나 더 주세요. One more toothbrush, please. 원 모어 투쓰 브러쉬, 플리즈.
베개 하나 더 받을 수 있나요? Can I get one more pillow? 캔 아이 겟 원 모어 필로우?
드라이기가 어디 있나요? Where is the hair dryer? 웨얼 이즈 더 헤어 드롸이어?
침대 시트 바꿔줄 수 있나요? Can you change the bed sheet? 캔 유 췌인쥐 더 베드 쉬이트?

5 기타 서비스 요청할 때

자주 쓰는 여행 단어

룸 서비스 room service 룸 썰비스
주문하다 order 오더
청소하다 clean 클린
모닝콜 wake-up call 웨이크업 콜
세탁 서비스 laundry service 뤈드리 썰비스
에어컨 air conditioner 에얼 컨디셔널
휴지 toilet paper 토일렛 페이퍼
냉장고 fridge 프리쥐

여행 회화

룸서비스 되나요? Do you have room service? 두 유 해브 룸 썰비스?
샌드위치를 주문하고 싶어요. I want to order some sandwiches. 아이 원트 투 오더 썸 쌘드위치스.
객실을 청소해 줄 수 있나요? Can you clean my room? 캔 유 클린 마이 룸?
7시에 모닝콜 해 줄 수 있나요? Can I get a wake-up call at 7? 캔 아이 겟 어 웨이크업 콜 앳 쎄븐?
세탁 서비스 되나요? Do you have laundry service? 두 유 해브 뤈드리 썰비스?
히터 좀 확인해 줄 수 있나요? Can you check the heater? 캔 유 췌크 더 히터?

6 불편사항 말할 때

자주 쓰는 여행 단어

고장난 not working 낫 월킹
온수 hot water 핫 워터
수압 water pressure 워터 프레슈어
변기 toilet 토일렛
귀중품 valuables 밸류어블즈
더운 hot 핫
추운 cold 콜드
시끄러운 noisy 노이지

여행 회화

에어컨이 작동하지 않아요. The air conditioner is not working. 디 에얼 컨디셔널 이즈 낫 월킹.
온수가 안 나와요. There is no hot water. 데얼 이즈 노 핫 워터.
수압이 낮아요. The water pressure is low. 더 워터 프레슈어 이즈 로우.
변기 물이 안 내려가요. The toilet doesn't flush. 더 토일렛 더즌트 플러쉬.
귀중품을 잃어버렸어요. I lost my valuables. 아이 로스트 마이 밸류어블즈.
방이 너무 추워요. It's too cold in my room. 잇츠 투 콜드 인 마이 룸.

04 식당에서

예약할 때

자주 쓰는 여행 단어

예약하다 book 북
자리 table 테이블
아침 식사 breakfast 브렉퍼스트
점심 식사 lunch 런취
저녁 식사 dinner 디너
예약하다 make a reservation 메이크 어 뤠저붸이션
예약을 취소하다 cancel a reservation 캔쓸 어 뤠저붸이션
주차장 parking lot/car park 파킹 랏/카 파크

여행 회화

자리 예약하고 싶어요. I want to book a table. 아이 원트 투 북 어 테이블.
저녁 식사 예약하고 싶어요. I want to book a table for dinner. 아이 원트 투 북 어 테이블 포 디너.
3명 자리 예약하고 싶어요. I want to book a table for three. 아이 원트 투 북 어 테이블 포 뜨리.
000 이름으로 예약했어요. I have a reservation under the name of 000. 아이 해브 어 뤠저붸이션 언덜 더 네임 오브 000.
예약 취소하고 싶어요. I want to cancel my reservation. 아이 원트 투 캔쓸 마이 뤠저붸이션.
주차장이 있나요? Do you have a parking lot? 두 유 해브 어 파킹 랏?

2 주문할 때

자주 쓰는 여행 단어

메뉴판 menu 메뉴
주문하다 order 오더
추천 recommendation 뤠커멘데이션
스테이크 steak 스테이크
해산물 seafood 씨푸드
짠 salty 쏠티
매운 spicy 스파이씨
음료 drink 드링크

여행 회화

메뉴판 볼 수 있나요? Can I see the menu? 캔 아이 씨 더 메뉴?
지금 주문할게요. I want to order now. 아이 원트 투 오더 나우.
추천해줄 수 있나요? Do you have any recommendations? 두 유 해브 애니 뤠커멘데이션스?
이걸로 주세요. This one, please. 디스 원 플리즈.
스테이크 하나 주시겠어요? Can I have a steak? 캔 아이 해브 어 스테이크?
제 스테이크는 중간 정도로 익혀주세요. I want may steak medium, please. 아이 원트 마이 스테이크 미디엄, 플리즈.

3 식당 서비스 요청할 때

자주 쓰는 여행 단어

닦다 wipe down 와이프 다운
접시 plate 플레이트
떨어뜨리다 drop 드롭
칼 knife 나이프
데우다 heat up 힛 업
잔 glass 글래쓰
휴지 napkin 냅킨
아기 의자 high chair 하이 췌어

여행 회화

이 테이블 좀 닦아줄 수 있나요? Can you wipe down this table? 캔 유 와이프 다운 디스 테이블?

접시 하나 더 받을 수 있나요? Can I get one more plate? 캔 아이 겟 원 모얼 플레이트?

나이프를 떨어뜨렸어요. I dropped my knife. 아이 드롭트 마이 나이프.

냅킨이 없어요. There is no napkin. 데얼 이즈 노우 냅킨.

아기 의자 있나요? Do yon have a high chair? 두 유 해브 어 하이 췌어?

이것 좀 데워줄 수 있나요? Can you heat this up? 캔 유 힛 디스 업?

4 불만사항 말할 때

자주 쓰는 여행 단어

너무 익은 overcooked 오버쿡트

덜 익은 undercooked 언더쿡트

잘못된 wrong 뤙

음식 food 푸드

음료 drink 드륑크

짠 salty 쏠티

싱거운 bland 블랜드

새 것 new one 뉴 원

여행 회화

실례합니다. Excuse me. 익스큐스 미.

이것은 덜 익었어요. It's undercooked. 잇츠 언더쿡트.

메뉴가 잘못 나왔어요. I got the wrong menu. 아이 갓 더 뤙 메뉴.

제 음료를 못 받았어요. I didn't get my drink. 아이 디든트 겟 마이 드륑크.

이것은 너무 짜요. It's too salty. 잇츠 투 쏠티.

새 것을 받을 수 있나요? Can I have a new one? 캔 아이 해브 어 뉴 원?

5 계산할 때

자주 쓰는 여행 단어

계산서 bill 빌

지불하다 pay 페이

현금 cash 캐쉬

신용카드 credit card 크뤠딧 카드

잔돈 change 췌인쥐

영수증 receipt 뤼씨트

팁 tip 팁

포함하다 include 인클루드

여행 회화

계산서 주세요. Bill, please. 빌, 플리즈.

따로 계산해 주세요. Separate bills, please. 쎄퍼뤠이트 빌즈, 플리즈.

계산서가 잘못 됐어요. Something is wrong with the bill. 썸띵 이즈 뤙 위드 더 빌.

신용카드로 지불할 수 있나요? Can I pay by credit card? 캔 아이 바이 크레딧 카드?

영수증 주시겠어요? Can I get a receipt? 캔 아이 겟 어 뤼씨트?

팁이 포함되어 있나요? Is the tip included? 이즈 더 팁 인클루디드?

6 패스트푸드 주문할 때

자주 쓰는 여행 단어

세트 combo/meal 컴보/미일

햄버거 burger 벌거얼

감자튀김 chips/fries 칩스/프라이스

케첩 ketchup 켓첩

추가의 extra 엑쓰트라

콜라 coke 코크

리필 refill 뤼필

포장 takeaway/to go 테이크어웨이/투 고

여행 회화

2번 세트 주세요. I'll have meal number two. 아이윌 햅 미일 넘벌 투.

햄버거만 하나 주세요. Just a burger, please. 저스트 어 벌거얼, 플리즈.

치즈 추가해 주세요. Can I have extra cheese on it? 캔 아이 해브 엑쓰트라 치즈 언 잇?

리필할 수 있나요? Can I get a refill? 캔 아이 겟 어 뤼필?

여기서 먹을 거예요. It's for here. 잇츠 포 히얼.

포장해 주세요. Takeaway, please. 테이크어웨이 플리즈.

7 커피 주문할 때

자주 쓰는 여행 단어

아메리카노 americano 아뭬리카노

라떼 latte 라테이

차가운 iced 아이쓰드

작은 small 스몰

중간의 regular/medieum 뤠귤러/미디엄

큰 large 라알쥐

샷 추가 extra shot 엑쓰트롸 샷

두유 soy milk 쏘이 미일크

여행 회화

차가운 아메리카노 한 잔 주세요. One iced americano, please. 원 아이쓰드 아뭬리카노, 플리즈.

작은 사이즈 라떼 한 잔 주시겠어요? Can I have a small latte? 캔 아이 해브 어 스몰 라테이?

샷 추가해 주세요. Add an extra shot, please. 애드 언 엑쓰트롸 샷, 플리즈.

두유 라떼 한 잔 주시겠어요? Can I have a soy latte? 캔 아이 해브 어 소이 라테이?

휘핑크림 추가해 주세요. I'll have extra whipped cream. 아윌 해브 엑쓰트롸 휩트 크림.

얼음 더 넣어 주시겠어요? Can you put extra ice in it? 캔 유 풋 엑쓰트롸 아이쓰 인 잇?

05 관광할 때

1 관람권 구매할 때

자주 쓰는 여행 단어

표 ticket 티켓

입장료 admission fee 어드미쎤 퓌

공연 show 쑈

인기 있는 popular 파퓰러

뮤지컬 musical 뮤지컬

다음 공연 next show 넥쓰트 쑈

좌석 seat 씻

매진된 sold out 쏠드 아웃

여행 회화

표 얼마예요? How much is the ticket? 하우 머취 이즈 더 티켓?

표 2장 주세요. Two tickets, please. 투 티켓츠, 플리즈.

어른 3장, 어린이 1장 주세요. Three adults and one child, please. 뜨리 어덜츠 앤 원 차일드, 플리즈.

가장 인기 있는 공연이 뭐예요? What is the most popular show? 왓 이즈 더 모스트 파퓰러 쑈?

공연 언제 시작하나요? When does the show start? 웬 더즈 더 쑈 스타트?

매진인가요? Is it sold out? 이즈 잇 솔드 아웃?

② 투어 예약 및 취소할 때

자주 쓰는 여행 단어

투어를 예약하다 book a tour 북 어 투어

시내 투어 city tour 씨티 투어

박물관 투어 museum tour 뮤지엄 투어

버스 투어 bus tour 버스 투어

취소하다 cancel 캔쓸

바꾸다 change 췌인쥐

환불 refund 뤼펀드

취소 수수료 cancellation fee 캔쓸레이션 퓌

여행 회화

시내 투어 예약하고 싶어요. I want to book a city tour. 아이 원트 투 북 어 씨티 투어.

이 투어 얼마예요? How much is this tour? 하우 머취 이즈 디스 투어?

투어 몇 시에 시작해요? What time does the tour start? 왓 타임 더즈 더 투어 스타트?

투어 몇 시에 끝나요? What time does the tour end? 왓 타임 더즈 더 투어 엔드?

투어 취소할 수 있나요? Can I cancel the tour 캔 아이 캔쓸 더 투어?

환불 받을 수 있나요? Can I get a refund? 캔 아이 겟 어 뤼펀드?

③ 관광 안내소 방문했을 때

자주 쓰는 여행 단어

추천하다 recommend 뤠커멘드

관광 sightseeing 싸이트시잉

관광 정보 tour information 투어 인포메이션

시내 지도 city map 씨티 맵

관광 안내 책자 tourist brochure 투어뤼스트 브로슈얼

시간표 timetable 타임테이블

가까운 역 the nearest station 더 니어리스트 스테이션

예약하다 make a reservation 메이크 어 뤠저베이션

여행 회화

관광으로 무엇을 추천하시나요? What do you recommend for sightseeing? 왓 두유 뤠커멘드 포 싸이트씨잉?

시내 지도 받을 수 있나요? Can I get a city map? 캔 아이 겟 어 씨티 맵?

관광 안내 책자 받을 수 있나요? Where can I find a tourist brochure? 웨얼 캔 아이 파인드 어 투어리스트 브로슈얼?

버스 시간표 받을 수 있나요? Can I get a bus timetable? 캔 아이 겟 어 버스 타임테이블?

가장 가까운 역이 어디예요? Where is the nearest station? 웨얼 이즈 더 니어리스트 스테이션?

거기에 어떻게 가나요? How do I get there? 하우 두 아이 겟 데얼?

4 관광 명소 관람할 때

자주 쓰는 여행 단어

대여하다 rent 렌트
오디오 가이드 audio guide 오디오 가이드
가이드 투어 guided tour 가이디드 투어
입구 entrance 엔터런쓰
출구 exit 엑씨트
기념품 가게 gift shop 기프트 샵
기념품 souvenir 수브니어

여행 회화

오디오 가이드 빌릴 수 있나요? Can I borrow an audio guide? 캔 아이 보로우 언 오디오 가이드?
오늘 가이드 투어 있나요? Are there any guided tours today? 얼 데얼 애니 가이디드 투얼스 투데이?
안내 책자 받을 수 있나요? Can I get a brochure? 캔 아이 겟 어 브로슈얼?
출구는 어디인가요? Where is the exit? 웨얼 이즈 디 엑씨트?
기념품 가게는 어디인가요? Where is the gift shop? 웨얼 이즈 더 기프트 샵?
여기서 사진 찍어도 되나요? Can I take pictures here? 캔 아이 테잌 픽쳐스 히얼?

5 사진 촬영 부탁할 때

자주 쓰는 여행 단어

사진을 찍다 take a picture 테이크 어 픽쳐
누르다 press 프레쓰
버튼 button 버튼
하나 더 one more 원 모얼
배경 background 백그라운드
플래시 flash 플래쉬
셀카 selfie 셀피
촬영 금지 no pictures 노 픽쳐스

여행 회화

사진 좀 찍어 주실 수 있나요? Can you take a picture? 캔 유 테이크 어 픽쳐?
이 버튼 누르시면 돼요. Just press this button, please. 저스트 프레쓰 디스 버튼, 플리즈.
한 장 더 부탁드려요. One more, please. 원 모얼, 플리즈.
배경이 나오게 찍어주세요. Can you take a picture with the background? 캔 유 테이크 어 픽쳐 윗 더 백그라운드?
제가 사진 찍어드릴까요? Do you want me to take a picture of you? 두 유 원트 미 투 테이크 어 픽쳐 옵 유?
플래시 사용할 수 있나요? Can I use the flash? 캔 아이 유즈 더 플래쉬?

06 쇼핑할 때

1 제품 문의할 때

자주 쓰는 여행 단어

제품 item 아이템
인기 있는 popular 파퓰러
얼마 how much 하우 머취
세일 sale 쎄일
이것·저것 this·that 디스·댓
선물 gift 기프트
지역 특산품 local product 로컬 프러덕트
추천 recommendation 뤠커멘데이션

여행 회화

가장 인기 있는 것이 뭐예요? What is the most popular one? 왓 이즈 더 모스트 파퓰러 원?
이 제품 있나요? Do you have this item? 두 유 해브 디스 아이템?
이거 얼마예요? How much is this? 하우 머취 이즈 디스?
이거 세일하나요? Is this on sale? 이즈 디스 언 쎄일?
스몰 사이즈 있나요? Do you have a small size? 두 유 해브 어 스몰 싸이즈?
선물로 뭐가 좋은가요? What's good for a gift? 왓츠 굿 포 어 기프트?

2 착용할 때

자주 쓰는 여행 단어

사용해보다 try 트롸이
탈의실 fitting room 퓌팅 룸
다른 것 another one 어나더 원
다른 색상 another color 어나더 컬러
더 큰 것 bigger one 비걸 원
더 작은 것 smaller one 스몰러 원
사이즈 size 싸이즈
좋아하다 like 라이크

여행 회화

이거 입어볼 볼 수 있나요? Can I try this on? 캔 아이 트롸이 디스 온?
이거 사용해 볼 수 있나요? Can I try this? 캔 아이 트롸이 디스?
탈의실은 어디인가요? Where is the fitting room? 웨얼 이즈 더 퓌팅 룸?
다른 색상 착용해 볼 수 있나요? Can I try another color? 캔 아이 트롸이 어나더 컬러?
더 큰 것 있나요? Do you have a bigger one? 두 유 해브 어 비걸 원?
이거 마음에 들어요. I like this one. 아이 라이크 디스 원.

3 가격 문의 및 흥정할 때

자주 쓰는 여행 단어

얼마 how much 하우 머취
가방 bag 백
세금 환급 tax refund 택쓰 뤼펀드
비싼 expensive 익쓰펜씨브
할인 discount 디스카운트
쿠폰 coupon 쿠펀
더 저렴한 것 cheaper one 취퍼 원
더 저렴한 가격 lower price 로월 프라이쓰

여행 회화

이 가방 얼마예요? How much is this bag? 하우 머취 이즈 디스 백?
나중에 세금 환급 받을 수 있나요? Can I get a tax refund later? 캔 아이 겟 어 택쓰 뤼펀드 레이러?
너무 비싸요. It's too expensive. 잇츠 투 익쓰펜씨브.
할인 받을 수 있나요? Can I get a discount? 캔 아이 겟 어 디스카운트?
이 쿠폰 사용할 수 있나요? Can I use this coupon? 캔 아이 유즈 디스 쿠펀?
더 저렴한 거 있나요? Do you have a cheaper one? 두 유 해브 어 취퍼 원?

4 계산할 때

자주 쓰는 여행 단어

총 total 토털
지불하다 pay 페이
신용 카드 credit card 크뤠딧 카드
체크 카드 debit card 데빗 카드
현금 cash 캐쉬
싱달러 S$ 싱달러
할부로 결제하다 pay in installments 페이 인 인스톨먼츠
일시불로 결제하다 pay in full 페이 인 풀

여행 회화

총 얼마예요? How much is the total? 하우 머취 이즈 더 토털?
신용 카드로 지불할 수 있나요? Can I pay by credit card? 캔 아이 페이 바이 크뤠딧 카드?
현금으로 지불할 수 있나요? Can I pay in cash? 캔 아이 페이 인 캐쉬?
영수증 주세요. Receipt, please. 뤼씨트, 플리즈.
할부로 결제할 수 있나요? Can I pay in installments? 캔 아이 페이 인 인스톨먼츠?
일시불로 결제할 수 있나요? Can I pay in full? 캔 아이 페이 인 풀?

5 포장 요청할 때

자주 쓰는 여행 단어

포장하다 wrap 뤱
뽁뽁이로 포장하다 bubble wrap 버블 뤱
따로 separately 쎄퍼랫틀리
선물 포장하다 gift wrap 기프트 뤱
상자 box 박쓰
쇼핑백 shopping bag 샤핑 백
비닐봉지 plastic bag 플라스틱 백
깨지기 쉬운 fragile 프뤠질

여행 회화

포장은 얼마예요? How much is it for wrapping? 하우 머취 이즈 잇 포 뤠핑?
이거 포장해줄 수 있나요? Can you wrap this? 캔 유 뤱 디스?
뽁뽁이로 포장해줄 수 있나요? Can you bubble wrap it? 캔 유 버블 뤱 잇?
따로 포장해줄 수 있나요? Can you wrap them separately? 캔 유 뤱 뎀 쎄퍼랫틀리?
선물 포장해 줄 수 있나요? Can you gift wrap it? 캔 유 기프트 뤱 잇?
쇼핑백에 담아주세요. Please put it in a shopping bag. 플리즈 풋 잇 인 어 샤핑 백.

6 교환·환불할 때

자주 쓰는 여행 단어

교환하다 exchange 익쓰췌인쥐
반품하다 return 뤼턴
환불 refund 뤼펀드
다른 것 another one 어나덜 원
영수증 receipt 뤼씨트
지불하다 pay 페이
사용하다 use 유즈
작동하지 않는 not working 낫 월킹

여행 회화

교환할 수 있나요? Can I exchange it? 캔 아이 익쓰췌인지 잇?

환불 받을 수 있나요? Can I get a refund? 캔 아이 겟 어 뤼풘드?

영수증을 잃어버렸어요. I lost my receipt. 아이 로스트 마이 뤼씨트.

현금으로 계산했어요. I paid in cash. 아이 페이드 인 캐쉬.

사용하지 않았아요. I didn't use it. 아이 디든트 유즈 잇.

이것은 작동하지 않아요. It's not working. 잇츠 낫 월킹.

07 위급 상황

1 아프거나 다쳤을 때

자주 쓰는 여행 단어

약국 pharmacy 퐈마씨

병원 hospital 하스피탈

아픈 sick 씩

다치다 hurt 헐트

두통 headache 헤데이크

복통 stomachache 스토먹에이크

인후염 sore throat 쏘어 뜨로트

열 fever 퓌버

어지러운 dizzy 디지

토하다 throw up 뜨로우 업

여행 회화

가까운 병원은 어디인가요? Where is the nearest hospital? 웨얼 이즈 더 니어뤼스트 하스피탈?

응급차를 불러줄 수 있나요? Can you call an ambulance? 캔 유 콜 언 앰뷸런쓰?

무릎을 다쳤어요. I hurt my knee. 아이 헐트 마이 니.

배가 아파요. I have a stomachache. 아이 해브 어 스토먹에이크.

어지러워요. I feel dizzy. 아이 퓔 디지.

토할 것 같아요. I feel like throwing up. 아이 퓔 라이크 뜨로잉 업.

2 분실·도난 신고할 때

자주 쓰는 여행 단어

경찰서 police station 폴리쓰 스테이션

분실하다 lost 로스트

전화기 phone 폰

지갑 wallet 월렛

여권 passport 패쓰포트

신고하다 report 뤼포트

도난 theft 떼프트

훔친 stolen 스톨른

귀중품 valuables 밸류어블즈

한국 대사관 Korean embassy 코뤼언 엠버씨

여행 회화

가장 가까운 경찰서가 어디인가요? Where is the nearest police station? 웨얼 이즈 더 니어뤼스트 폴리쓰 스테이션?

제 여권을 분실했어요. I lost my passport. 아이 로스트 마이 패쓰포트.

이걸 어디에 신고해야 하나요? Where should I report this? 웨얼 슈드 아이 뤼포트 디스?

제 가방을 도난당했어요. My bag is stolen. 마이 백 이즈 스톨른.

분실물 보관소는 어디인가요? Where is the lost-and-found? 웨얼 이즈 더 로스트앤퐈운드?

한국 대사관에 연락해 주세요. Please call the Korean embassy. 플리즈 콜 더 코뤼언 엠버씨.

INDEX
찾아보기

기호·숫자·알파벳

ㄱ

ㄴ

ㄷ

ㅅ

ㅇ

ㅌ

ㅍ

ㅎ